AF555615

Thomas Danne, Olga Kordonouri (Hrsg.)

Adipositas, Diabetes und Fettstoffwechselstörungen im Kindesalter

Thomas Danne, Olga Kordonouri (Hrsg.)

Adipositas, Diabetes und Fettstoffwechselstörungen im Kindesalter

DE GRUYTER

Herausgeber
Prof. Dr. med. Thomas Danne
Allgemeine Kinderheilkunde, Diabetologie, Endokrinologie, Klinische Forschung
Kinder- und Jugendkrankenhaus AUF DER BULT
Janusz-Korczak-Allee 12
30173 Hannover
E-Mail: danne@hka.de

Prof. Dr. med. Olga Kordonouri
Allgemeine Kinderheilkunde, Diabetologie, Endokrinologie, Klinische Forschung
Kinder- und Jugendkrankenhaus AUF DER BULT
Janusz-Korczak-Allee 12
30173 Hannover
E-Mail: kordonouri@hka.de

ISBN 978-3-11-045936-4
e-ISBN (PDF) 978-3-11-046005-6
e-ISBN (EPUB) 978-3-11-045947-0

Library of Congress Cataloging-in-Publication Data
A CIP catalog record for this book has been applied for at the Library of Congress.

Bibliografische Information der Deutschen Nationalbibliothek
Die Deutsche Nationalbibliothek verzeichnet diese Publikation in der Deutschen Nationalbibliografie; detaillierte bibliografische Daten sind im Internet über http://dnb.dnb.de abrufbar.

Umschlaggestaltung: Azurita/iStock/thinkstock
Satz: PTP-Berlin, Protago-TEX-Production GmbH, Berlin
Druck und Bindung: CPI books GmbH, Leck
♾ Gedruckt auf säurefreiem Papier
Printed in Germany

www.degruyter.com

Paradigmenwechsel bei Adipositas, Diabetes und Fettstoffwechselstörungen im Kindesalter: Vorwort und Einführung

Im Spektrum der relevanten somatischen Erkrankungen im Kindes- und Jugendalter hat im vergangenen Jahrhundert ein erheblicher Paradigmenwechsel stattgefunden, der die Kindermedizin vor neue Herausforderungen stellt. Ansteckende Krankheiten waren noch zu Beginn des 20. Jahrhunderts die häufigste Todesursache im Kindesalter. In Deutschland und in anderen entwickelten Ländern haben die Kindersterblichkeit sowie die Morbidität und Mortalität durch Infektionskrankheiten deutlich abgenommen. Erkrankungen durch Unterernährung sind selten geworden. Gegenwärtig sind aber 6 % der deutschen Kinder adipös und 13 % übergewichtig, mehr als doppelt so viele wie noch vor zehn Jahren. Auch die Zahlen des pädiatrischen Typ-1-Diabetes verdoppelten sich innerhalb der letzten zwölf Jahre. Heute wird beim Typ-1-Diabetes von einer Häufigkeit von 1 : 600 Kindern ausgegangen, mit einer jährlichen Inzidenz-Steigerung von etwa 4 %. Die familiäre Hypercholesterinämie hat eine Prävalenz von ca. 1 : 300, wird aber oft viel zu spät diagnostiziert und behandelt. Nichtübertragbare chronische Krankheiten kommen zwar bei Kindern und Jugendlichen insgesamt seltener vor als im Erwachsenenalter, sie sind aber in dieser Lebensphase von besonderer Bedeutung, weil sie die Entwicklung des Kindes nachhaltig beeinträchtigen können und das Auftreten chronischer (Folge-)Erkrankungen im Erwachsenenalter mitbestimmen. Allen diesen häufigen chronischen Erkrankungen im Kindesalter gemein ist die Notwendigkeit einer multidisziplinären Betreuung mit besonderen Schwerpunkten auf Prävention, Ernährungsberatung, psychosozialer Betreuung und altersentsprechender Schulung. Hinzu kommt, dass chronische Erkrankungen mit besonderen psychosozialen Belastungen für die Betroffenen und ihre Familien verbunden sind sowie erhebliche Kosten verursachen, so dass in den vergangenen Jahren das Interesse an dieser Thematik gestiegen ist.

Die Hannoversche Kinderheilanstalt ist mit ihrer über 150-jährigen Geschichte im Bewusstsein der regionalen Bevölkerung tief verwurzelt. Seit ihrer Gründung durch hannoversche Bürger im Jahr 1863 fördert sie mit ihren Einrichtungen die Gesundheit und Entwicklung von Kindern und Jugendlichen. Im Leitbild der Stiftung ist das besondere Engagement, Initiativen für die Gesundheit von Kindern und Jugendlichen anzustoßen, verwurzelt. So entstanden das größte Diabeteszentrum für Kinder und Jugendliche, das KiCK-Programm zum Coaching von übergewichtigen Jugendlichen und aktuell die niedersachsenweite Fr1dolin-Studie zum Screening von Kleinkindern auf familiäre Hypercholesterinämie und Typ-1-Diabetes.

Typ-1-Diabetes stellt die zweithäufigste chronische Erkrankung im Kindesalter dar. Die Inzidenz steigt mit jährlich ca. 3–4 % und insbesondere im Vorschulalter (mit 5–7 %) dramatisch an. Die familiäre Hypercholesterinämie ist im Allgemeinen die

DOI 10.1515/9783110460056-001

genetisch bedingte Ursache für eine vorzeitige koronare Herzkrankheit. Aktuelle Studien zeigen, dass die Prävalenz einer familiären Hypercholesterinämie in den europäischen Ländern massiv unterschätzt wird und dass eher von einer Prävalenz von 1 : 200 und nicht mehr von 1 : 500 auszugehen ist. Trotz der hohen Prävalenz wird weniger als 1 % der Betroffenen rechtzeitig erkannt; Vorreiter sind hierbei Länder wie die Niederlande mit 71 % und Norwegen mit 43 %, während in Island (19 %), der Schweiz (13 %), Großbritannien (12 %) und Spanien (6 %) nur ein kleiner Prozentsatz der Patienten mit familiärer Hypercholesterinämie rechtzeitig durch ein Screening erkannt wird. Wird die familiäre Hypercholesterinämie frühzeitig im Kindesalter diagnostiziert und sachgerecht therapiert, haben diese Personen eine normale Lebenserwartung. Somit ist es notwendig, die Bevölkerung für eine frühzeitige Diagnose und Behandlung sowohl von familiärer Hypercholesterinämie als auch von Typ-1-Diabetes bei Kindern zu sensibilisieren. Um Änderungen in den Richtlinien hinsichtlich der Früherkennung und Durchführung von Therapiestudien herbeizuführen, müssen zuvor für beide Krankheiten die Machbarkeit eines pädiatrischen Screenings und dessen Folgen überprüft werden. Derzeit ist es möglich, beide Krankheitsbilder mittels einer kapillaren Blutentnahme zwischen dem 2. und 6. Lebensjahr zu identifizieren. Verstärkte Aufmerksamkeit, Früherkennung und optimale Behandlung bereits in der Kindheit sind entscheidend für ein zukünftiges gesundes Leben von Kindern und Jugendlichen mit familiärer Hypercholesterinämie und möglicherweise auch für den Typ-1-Diabetes, sofern dies zu erfolgreichen Sekundärpräventionsstrategien führen würde.

Die Prävention, Früherkennung und Frühbehandlung nichtübertragbarer Krankheiten stehen dabei vor besonderen Herausforderungen. Erschwert wird alles als Folge unserer „westlichen" Lebensweise – mit zu kalorienreicher Ernährung, zu wenig Bewegung und mangelnder Stressbewältigung. Diese Faktoren treten überproportional häufig in bildungsfernen Schichten auf. Fettleibigkeit findet sich bei Männern mit niedriger Bildung doppelt so häufig wie bei Männern mit hohem Schulabschluss, bei Frauen sogar dreimal so häufig. Die „oberen" 20 % der Bevölkerung in Deutschland leben zehn Jahre länger als die „unteren" 20. Eine „Nachschulung" in gesundem Lebensstil, die auch im Rahmen des gerade in der Bundesrepublik verabschiedeten Präventionsgesetzes empfohlen wird, kommt also nicht nur spät – sie wird auch nicht alle Schichten gleichermaßen erreichen, am wenigsten mutmaßlich die sozioökonomisch schlechtergestellten. Der individuelle Lebensstil wird in den ersten Lebensjahren geprägt und vom nahen sozialen und kulturellen Umfeld, dem der Familie, der Peergroup und in den Lebenswelten Kindergarten und Schule, beeinflusst. Diese grundlegenden Verhaltensprägungen lassen sich im Erwachsenenalter deutlich schwerer verändern. In der internationalen Diskussion vollzieht sich aus diesen Gründen zurzeit ein Paradigmenwechsel hin zu einer stärkeren Berücksichtigung von populationsbezogenen, verhältnispräventiven Maßnahmen. Die Kernbotschaft lautet: gesundes Verhalten leichter machen!

Auch was die medikamentöse Behandlung angeht, gibt es völlig neue Entwicklungen. Während bislang die medikamentöse Behandlung der Adipositas unmöglich erschien, sind gegenwärtig mehrere verschiedene Präparate in der Entwicklung. Ein Diabetesmedikament, das demnächst auch in Deutschland als „Diätspritze" auf den Markt kommt, hat in einer für die Zulassung maßgeblichen Studie im New England Journal of Medicine das Körpergewicht teilweise deutlich gesenkt. Sogenannte GLP1-Analoga imitieren die Wirkung des Darmhormons Glucagon-like Peptid, das den Beta-Zellen das baldige Eintreffen von Glukose signalisiert und zur vermehrten Insulinproduktion anregt. Schon in den Typ-2-Diabetes-Zulassungsstudien war aufgefallen, dass die meisten Patienten unter der Therapie mehrere Kilogramm an Gewicht verloren. Der Effekt kommt durch eine frühzeitige Sättigung zustande, die über GLP-1-Rezeptoren im Gehirn vermittelt werden soll. Erste Studien bei pädiatrischen Patienten laufen gerade. Ebenso bei der Hypercholesterinämie: Vor nicht einmal zehn Jahren berichteten US-Forscher, dass Menschen mit Loss-of-Function-Mutationen im PCSK9-Gen ein niedriges LDL-Cholesterin haben und extrem selten an einer koronaren Herzkrankheit erkranken. Gesundheitliche Nachteile der Gendefekte waren nicht erkennbar. Mehrere Firmen haben daraufhin Antikörper entwickelt, die die gleiche Auswirkung zeigen wie die Genmutation. Sie blockieren das Genprodukt von PCSK9, einem Enzym, das das Recycling des LDL-Rezeptors hemmt. Das Ergebnis ist eine vermehrte Bildung von LDL-Rezeptoren, die vermehrt Cholesterin aus dem Blut entfernen. Die Auswirkungen von PCSK9-Inhibitoren auf den LDL-Cholesterinwert sind beachtlich, so dass sich hier in Zukunft vielleicht auch für an familiärer Hypercholesterinämie betroffene Kinder, die ein Statin nicht vertragen, neue Behandlungsmöglichkeiten ergeben. Auch wenn zurzeit noch unklar ist, inwieweit diese beiden Medikamente Relevanz für die Kindermedizin bekommen werden, wird anhand dieser Beispiele klar, dass sich auch in der Pädiatrie das therapeutische Spektrum für Adipositas, Diabetes und Fettstoffwechselstörungen in den nächsten Jahren erheblich verändern wird.

Aus diesen Überlegungen entstand das Konzept zu diesem Buch, um die aktuellen, parallel verlaufenden und sich gegenseitig befruchtenden Entwicklungen in Prävention, Früherkennung, Diagnostik und Behandlung dieser drei für die Kindermedizin bedeutenden Erkrankungen gegenüberzustellen. Daher werden die drei Problembereiche abschnittsweise gemeinsam behandelt, und zwar zunächst hinsichtlich der Ätiologie und Pathogenese, dann bezüglich Epidemiologie, Screening und Prävention, als Nächstes das diagnostische Verfahren betreffend, gefolgt von der diätetischen und medikamentösen Behandlung, danach den Akut- und Langzeit-Komplikationen und schließlich werden die Schulung und psychosoziale Betreuung der drei Krankheitsbilder gegenübergestellt. Damit wird angestrebt, sowohl im Verständnis der Herangehensweise als auch im klinischen Alltag Synergieeffekte zu nutzen.

Wir sind überzeugt, dass die neuen Erkenntnisse rasch einer großen Öffentlichkeit bekannt gemacht werden müssen, damit möglichst viele Kinder und Familien davon profitieren. Entsprechend den aktuellen KiGGS-Daten, der Langzeitstudie des Robert Koch-Instituts zur gesundheitlichen Lage der Kinder und Jugendlichen in Deutschland, hat die Kindermedizin dabei gute Interventionschancen: Über 90 % der

Kinder und Jugendlichen nehmen mindestens einmal pro Jahr ambulante ärztliche Leistungen in Anspruch. Rund zwei Drittel der Kinder und Jugendlichen suchen innerhalb eines Jahres eine Praxis für Kinder- und Jugendmedizin auf, ein Drittel eine Praxis für Allgemeinmedizin. Insofern richtet sich das vorliegende Buch nicht nur an Pädiater, sondern auch an Internisten und Allgemeinmediziner und nichtärztliche Mitarbeiter der Behandlungsteams.

Wir möchten an dieser Stelle insbesondere den Autoren danken, denen es trotz eines ehrgeizigen Zeitplans gelungen ist, kompakt praxisbezogene Erkenntnisse in übersichtlicher Form entsprechend den aktuellen Leitlinien darzustellen, die für die Verbesserung der langfristigen Prognose der betroffenen Familien von großer Bedeutung sind. Ein besonderer Dank gilt auch dem deGruyter Verlag, insbesondere Frau Simone Witzel, die den Anstoß für dieses Buch gab, und Frau Julia Reindlmeier, die die Entstehung dieses Buchs engagiert und kompetent betreut hat.

Hannover im Sommer 2016

Thomas Danne
Olga Kordonouri

Inhalt

Autorenverzeichnis

Prof. Dr. med. Tadej Battelino
Univerzitetni Klinični Center Ljubljana
Zaloška cesta 2
1000 Ljubljana, Slowenien
E-Mail: tadej.battelino@mf.uni-lj.si
Kapitel 3.3

Dr. med. Torben Biester
Allgemeine Kinderheilkunde, Diabetologie, Endokrinologie, Klinische Forschung
Kinder- und Jugendkrankenhaus AUF DER BULT
Janusz-Korczak-Allee 12
30173 Hannover
E-Mail: biester@hka.de
Kapitel 5.2

Dr. med. Nataša Bratina
Univerzitetni Klinični Center Ljubljana
Zaloška cesta 2
1000 Ljubljana, Slowenien
E-Mail: natasa.bratina@kks-kamnik.si
Kapitel 3.3

Prof. Dr. med. Thomas Danne
Allgemeine Kinderheilkunde, Diabetologie, Endokrinologie, Klinische Forschung
Kinder- und Jugendkrankenhaus AUF DER BULT
Janusz-Korczak-Allee 12
30173 Hannover
E-Mail: danne@hka.de
Kapitel 3.2, 4.2, 4.3

Prof. Dr. med. Anibh Martin Das
Klinik für Pädiatrische Nieren-, Leber- und Stoffwechselerkrankungen
Medizinische Hochschule Hannover
Carl-Neuberg-Straße 1
30625 Hannover
E-Mail: das.anibh@mh-hannover.de
Kapitel 1.3

Dr. med. Nicolin Datz
Allgemeine Kinderheilkunde, Diabetologie, Endokrinologie, Klinische Forschung
Kinder- und Jugendkrankenhaus AUF DER BULT
Janusz-Korczak-Allee 12
30173 Hannover
E-Mail: datz@hka.de
Kapitel 5.2

Dr. Jürgen Doerfer
Zentrum für Kinder- und Jugendmedizin
Pädiatrische Diabetologie und Endokrinologie, angeborene Stoffwechselerkrankungen
Klinik I, Universitätsklinikum Freiburg
Mathilden-Straße 1
79106 Freiburg
E-Mail: juergen.doerfer@gmx.net
Kapitel 5.3

Cathrin Guntermann
Allgemeine Kinderheilkunde, Diabetologie, Endokrinologie, Klinische Forschung
Kinder- und Jugendkrankenhaus AUF DER BULT
Janusz-Korczak-Allee 12
30173 Hannover
E-Mail: ernaehrungsberatung@hka.de
Kapitel 4.3

Urh Groselj, MD
Univerzitetni Klinični Center Ljubljana
Zaloška cesta 2
1000 Ljubljana, Slowenien
E-Mail: urh.groselj@kclj.si
Kapitel 3.3

Dr. med. univ. Melanie Heinrich
Helmholtz Zentrum München – Deutsches Forschungszentrum für Gesundheit und Umwelt
Institut für Diabetesforschung
Ingolstädter Landstraße 1
85764 Neuherberg
E-Mail:
melanie.heinrich@helmholtz-muenchen.de
Kapitel 1.2

Dr med. Birgit Jödicke
Sozialpädiatrisches Zentrum
Pädiatrische Endokrinologie & Diabetologie,
Adipositas-Ambulanz
Charité-Universitätsmedizin Berlin
Augustenburger Platz 1
13353 Berlin
E-Mail: birgit.joedicke@charite.de
Kapitel 2.1

Dr. med. Kerstin Kapitzke
Allgemeine Kinderheilkunde, Diabetologie,
Endokrinologie, Klinische Forschung
Kinder- und Jugendkrankenhaus AUF DER BULT
Janusz-Korczak-Allee 12
30173 Hannover
E-Mail: kapitzke@hka.de
Kapitel 4.1

Prof. Dr. med. Wieland Kiess
Universitätsklinik für Kinder und Jugendliche
Zentrum für Pädiatrische Forschung (CPL)
Universitätsklinikum Leipzig
Liebigstraße 20a
04103 Leipzig
E-Mail: wieland.kiess@medizin.uni-leipzig.de
Kapitel 1.1

Prof. Dr. med. Olga Kordonouri
Allgemeine Kinderheilkunde, Diabetologie,
Endokrinologie, Klinische Forschung
Kinder- und Jugendkrankenhaus AUF DER BULT
Janusz-Korczak-Allee 12
30173 Hannover
E-Mail: kordonouri@hka.de
Kapitel 2.2, 2.3, 4.3

Prof. Dr. rer. nat. Karin Lange
Medizinische Psychologie OE 5430
Medizinische Hochschule Hannover
Carl-Neuberg-Straße 1
30625 Hannover
E-Mail: lange.karin@mh-hannover.de
Kapitel 6.1, 6.3, 6.4

Prof. Dr. med. Thomas Reinehr
Abteilung für Pädiatrische Endokrinologie,
Diabetes und Ernährungsmedizin
Vestische Kinder- und Jugendklinik Datteln
Universität Witten-Herdecke
Dr.-Friedrich-Steiner-Straße 5
45711 Datteln
E-Mail: t.reinehr@kinderklinik-datteln.de
Kapitel 3.1

Evelin Sadeghian
Allgemeine Kinderheilkunde, Diabetologie,
Endokrinologie, Klinische Forschung
Kinder- und Jugendkrankenhaus AUF DER BULT
Janusz-Korczak-Allee 12
30173 Hannover
E-Mail: ernaehrungsberatung@hka.de
Kapitel 4.1

Prof. Dr. med. Karl Otfried Schwab
Zentrum für Kinder- und Jugendmedizin
Pädiatrische Diabetologie und Endokrinologie,
angeborene Stoffwechselerkrankungen
Klinik I, Universitätsklinikum Freiburg
Mathilden-Straße 1
79106 Freiburg
E-Mail:
karl.otfried.schwab@uniklinik-freiburg.de
Kapitel 5.3

Prof. Dr. med. Martin Wabitsch
Sektion Pädiatrische Endokrinologie und
Diabetologie
Hormonzentrum für Kinder und Jugendliche
Interdisziplinäre Adipositasambulanz
Universitätsklinik für Kinder- und Jugendmedizin
Ulm
Eythstraße 24
89075 Ulm
E-Mail: martin.wabitsch@uniklinik-ulm.de
Kapitel 5.1

PD Dr. med. Susanna Wiegand
Sozialpädiatrisches Zentrum
Pädiatrische Endokrinologie & Diabetologie,
Adipositas-Ambulanz
Charité-Universitätsmedizin Berlin
Augustenburger Platz 1
13353 Berlin
E-Mail: susanna.wiegand@charite.de
Kapitel 2.1

Prof. Dr. med. Anette-Gabriele Ziegler
Helmholtz Zentrum München – Deutsches
Forschungszentrum für Gesundheit und Umwelt
Institut für Diabetesforschung
Ingolstädter Landstraße 1
85764 Neuherberg
E-Mail:
anette-g.ziegler@helmholtz-muenchen.de
Kapitel 1.2

Dr. biol. hum. Claudia Ziegler
Allgemeine Kinderheilkunde, Diabetologie,
Endokrinologie, Klinische Forschung
Kinder- und Jugendkrankenhaus AUF DER BULT
Janusz-Korczak-Allee 12
30173 Hannover
E-Mail: ziegler-claudia@web.de
Kapitel 6.2

1 Ätiologie und Pathogenese

Wieland Kiess

1.1 Adipositas: Ätiologie und Pathogenese

Adipositas ist eine multifaktoriell verursachte Erkrankung, die viele Organe des menschlichen Organismus betrifft. Genetische und soziale Vererbung, Lebensstil, Wohnumgebung, Verstädterung und Urbanisierung, möglicherweise chemische Noxen wie endokrin wirksame Chemikalien (endocrine dysrupting chemicals = EDCs), das sogenannte Exposom, aber auch die bakterielle Darmflora, das Mikrobiom des Darms, sowie kulturelle, soziodemographische und ökonomische Bedingungen spielen bei der Entstehung und dem Unterhalt der Erkrankung gleichermaßen eine Rolle. Adipositas trat bereits früh in der Menschheitsgeschichte, z. B. im Kontext mit seltenen genetischen und insbesondere monogenen Erkrankungen, auf. Dies wurde durch archäologische Funde nachgewiesen. Die Erkrankung ist aber in der jüngeren Geschichte häufiger geworden. Deshalb sind Gedanken zur Evolution und Evolutionsgeschichte von Übergewicht und Adipositas formuliert worden [1].

Nicht zuletzt die ‚Thrifty-Genes'-Hypothese (s. u.) vermag es, die oben angeführten Faktoren in einer einzigen Theorie zur Ätiologie und Pathogenese der Adipositas zusammenzuführen. Ernährung und körperliche Bewegung können als Stellgrößen in einem kybernetischen Modell der Adipositas-Entstehung angesehen werden. Fettmasse und Körpergewicht wären als die zu regulierenden Regelgrößen, die über Hunger und Sättigung als Störgrößen modifiziert werden, zu verstehen (Abb. 1.1). Das vorliegende Kapitel stellt die Vielfalt der Gewichtsregulation und die Komplexität der Ätiologie und Pathogenese der Adipositas-Erkrankung dar. Eine einseitige und auf nur wenige Stellgrößen fokussierte Theorie der Adipositas-Genese und eine falsche Theorem-Bildung werden der komplexen Regulation von Nahrungsaufnahme, Energieverbrauch und Energiespeicherung nicht gerecht. Angesichts der multifaktoriellen Genese wird verständlich, warum die Therapie der Adipositas schwierig und eine Heilung nicht möglich ist. Die Behandlung und der Umgang mit Adipositas bleiben gerade wegen der komplexen Ätiopathogenese eine Herausforderung für Betroffene und Behandler [2].

1.1.1 Genetische Faktoren

Genetische Erkrankungen, die mit Adipositas einhergehen, sind in ihrer Gesamtheit häufig. Viele dieser Adipositas-Syndrome weisen ein charakteristisches Präsentationsalter, einen einzigartigen Phänotyp, zum Teil aber auch eine überlappende klinische Symptomatologie auf. Letzteres unterstreicht, dass bei einigen dieser Syndrome gemeinsame Signalübertragungswege gestört sind und gemeinsame Mecha-

DOI 10.1515/9783110460056-002

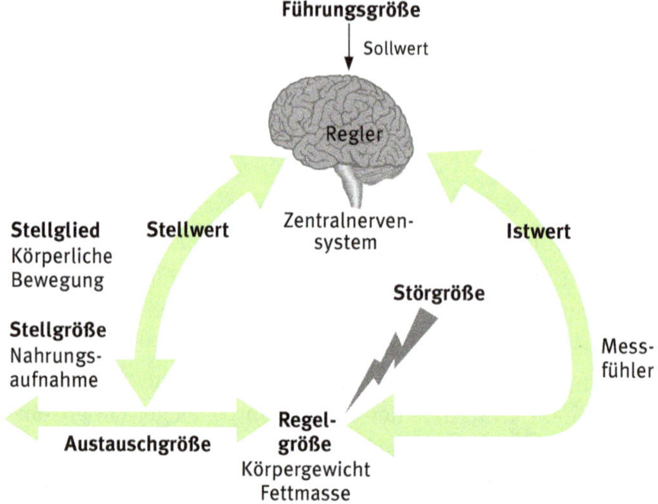

Abb. 1.1: Schematische Beschreibung der Adipositas-Entstehung im Sinne eines kybernetischen Modells. Körpergewicht wird über Stellgrößen und Regler moduliert.

nismen zur Adipositas führen. Wenn die genetischen Hintergründe dieser Syndrome einmal komplett verstanden sind, werden auch die funktionellen Auswirkungen und die Mechanismen der Adipositas-Entstehung erkannt sein. Außerdem werden auf grundlagenwissenschaftlichen Erkenntnissen neue spezifische Therapien denkbar. Das Bardet-Biedl-Syndrom, das Prader-Willi-Syndrom, welches das häufigste Adipositas-Syndrom darstellt und durch einen Verlust an „Imprinted“-Genen auf dem Chromosom 15q11-13 verursacht wird, werden erwähnt. Außerdem werden kurz weitere genetische Adipositas-Syndrome wie das Alström-Syndrom, das Cohen-Syndrom, die Albrights hereditäre Osteodystrophie (Pseudohypoparathyreoidismus) sowie schließlich das Carpenter-Syndrom beschrieben. Das MOMO-Syndrom, das Rubinstein-Taybi-Syndrom und Deletionen auf den Chromosomen 1, 2, 6 und 9 sind ebenfalls mit einer frühkindlichen Adipositas assoziiert.

1.1.1.1 Ätiologie der Adipositas-Erkrankung im Kindes- und Jugendalter

Was sind mögliche Ursachen und Risikofaktoren bei der Entstehung von Übergewicht und Adipositas im Kindes- und Jugendalter?

- Genetik
- Ethnizität
- Fetale, frühe Prägung/Programmierung
- Biologische Faktoren wie Adipozytokine und hormonelle Signale
- Grunderkrankungen
- Syndrome

- Medikamente
- Handicaps (Rollstuhl-gebunden)
- Psychologische Faktoren
- Resilienz
- Abhängigkeit (Sucht?)
- Sozioökonomische und soziokulturelle Bedingungen
- Wohnbedingungen
- Nahrungsmittelangebot: Quantität und Qualität
- Sitzender und ruhender Lebensstil
- Persönliche Faktoren
- Soziale Vererbung
- Familienstruktur
- Nachbarn und Freunde
- Globalisierung
- Industrialisierung
- Modernisierung
- Urbanisierung

1.1.1.2 Pathogenese der Adipositas-Erkrankung und Faktoren, die zur Entwicklung und Exazerbation der Erkrankung beitragen

Was sind möglicherweise Einflussfaktoren und Barrieren für den Therapie-Erfolg oder den Erfolg von Präventionsstrategien?
- Erziehung
- Bildung innerhalb der Familie, der Eltern
- Familienstruktur, alleinerziehende Eltern
- Alter des Kindes, der Geschwister, der Eltern
- Einkommen der Eltern
- Freunde/Peers
- Soziokulturelle Faktoren
- Ernährung
- Gewohnheiten
- Religions- und Kulturzugehörigkeit
- Umgebungsfaktoren
- Wohnsituation
- Innentemperatur der Wohnungen; Klimatisierung
- Klima und Außentemperatur

1.1.1.3 Faktoren der Adipositas-Therapie und -prävention, die zum Verlauf der Adipositas-Erkrankung beitragen

Wie beeinflussen unterschiedliche Behandlungsstrategien den Therapieerfolg?
- Art des Therapieverfahrens
- Ausbildung der Therapeuten
- Persönlichkeit der Therapeuten
- Vorbilder
- Motivation
- Stigmatisierung
- Selbstwahrnehmung
- Zeitbudgets
- Zeitgeist, Moden
- Medien
- Essverhalten (Auslassen von Mahlzeiten, z. B. Frühstück)
- Werbung

1.1.2 Monogene Adipositas-Syndrome

1.1.2.1 Bardet-Biedl-Syndrom

Das Bardet-Biedl-Syndrom (BBS, OMIM 209900) ist eine heterogene Erkrankung, die hauptsächlich rezessiv vererbt wird. Die klinischen Symptome schließen eine Degeneration der Retina insbesondere im zweiten Lebensjahrzehnt, mentale Retardierung, Adipositas, zystische Nierendegeneration sowie eine Polydaktylie und eine Hypoplasie bzw. Fehlbildungen der äußeren Genitalien ein. Bezüglich des Körpergewichts ist es von besonderer Relevanz, dass Kinder mit BBS zunächst ein normales Geburtsgewicht aufweisen, aber bereits im 1. Lebensjahr eine starke Gewichtszunahme zeigen. Da ein Drittel der betroffenen Kinder keine Polydaktylie aufweist und eine Beeinträchtigung des Sehvermögens erst im 6. bis 8. Lebensjahr oft im Sinne einer Nachtblindheit auftritt, wird die Diagnose häufig im Schulkindalter gestellt. Zwölf Bardet-Biedl-Syndrom-Gene (BBS 1–12) wurden identifiziert [3]. Eine Genotyp-Phänotyp-Korrelation ist bisher nicht bekannt. In jüngster Zeit wird vermutet, dass das Bardet-Biedl-Syndrom durch eine Dysfunktion von primären Cilien und intraflagellarem Transport verursacht wird. Interessanterweise zeigen große Populationsstudien, dass Variationen innerhalb der BBS-Gene mit einem allgemeinen Risiko für Adipositas in der Bevölkerung korrelieren. So war z. B. ein BBS-2-Polymorphismus (SNIP) mit allgemeiner Adipositas bei Erwachsenen assoziiert. Dagegen sind SNIPs im BBS-4- und BBS-6-Gen mit frühkindlicher Adipositas respektive späterer adulter schwerster Adipositas (morbider Adipositas) verknüpft [4–7].

1.1.2.2 Cohen-Syndrom

Patienten mit Cohen-Syndrom (CS, OMIM 216550) sind häufig entwicklungsmotorisch verzögert und zeigen Verhaltensauffälligkeiten. Außerdem sind Gesichtsdysmorphien pathognomonisch: Eine milde maxillare Hypoplasie, eine prominente Nasenwurzel, Mikrognathie, ein hoher (gotischer) Gaumen, relativ dichtes Haar und eine obere Lippe, die die unteren Schneidezähne wenig bedeckt, sind häufig zu finden. Während der Kleinkind- und frühen Schulkindzeit beginnen die Patienten deutlich Gewicht zuzunehmen und eine Stammfettsucht zu entwickeln. Viele Patienten mit Cohen-Syndrom weisen eine Neutropenie auf, die das Vorliegen des Syndroms häufig erst beweist. Es wird angenommen, dass das für die Erkrankung verantwortliche mutierte Gen, VPS13B, bei der neuronalen Differenzierung eine Rolle spielt [8].

1.1.2.3 Alström-Syndrom

Das Alström-Syndrom (ALS, OMIM 203800) ist ein rezessiv vererbtes Adipositas-Syndrom. Typischerweise sind Patienten mit Alström-Syndrom von früh einsetzender Adipositas, Hyperinsulinämie, häufig mit Acanthosis nigricans und Typ-2-Diabetes einhergehend, betroffen. Bereits im Kleinkindalter treten Nystagmus und Photophobie sowie eine Makuladegeneration auf. Das dem Syndrom zugrunde liegende Gen bzw. Defekte desselben, ALMS1, wird in allen Organen exprimiert und kodiert auf dem Chromosom 2p13. Ähnlich wie beim Bardet-Biedl-Syndrom wird angenommen, dass das ALMS1-Gen Proteine der Cilienfunktion z. B. auf der Ebene des Centrosoms beeinträchtigt [9].

1.1.2.4 Carpenter-Syndrom

Das Carpenter-Syndrom (Akrozephalopolysyndaktylie Typ 2, OMIM 201000) wird charakterisiert durch eine Polydaktylie der Füße, eine Kraniosynostose und eine progressive generalisierte oder auf den Stamm beschränkte Adipositas. Patienten haben häufig eine Brachydaktylie und/oder eine Syndaktylie der Hände. Das Syndrom wird autosomal rezessiv vererbt. Mutationen im RAB23-Gen sind beschrieben worden: Das RAB23-Gen ist ein negativer Regulator der Sonic Hedgehog Signalkaskade und ist wiederum in die Intermediärfunktion der Cilien involviert [10].

1.1.2.5 Albrights hereditäre Osteodystrophie

Patienten mit Albrights hereditärer Osteodystrophie (AHO, OMIM 103580) werden durch eine untersetzte, kleinwüchsige Körperform mit rundem Gesicht, kurzen Metakarpalia und Metatarsalia sowie Ossifikationen von Weichteilen charakterisiert. Da auf der Ebene einer Endorganresistenz ein Hypoparathyreoidismus beobachtet wird, wird folgerichtig auch von einem Pseudo-Hypoparathyreoidismus gesprochen. Patienten mit AHO ohne Endorganresistenz für Parathormon wurden ebenfalls identifiziert, ihr Phänotyp wurde als Pseudo-Hypoparathyreoidismus beschrieben. Das gewebsspezifisch exprimierte Gen, GNAS1, mit einer entsprechenden inaktivierenden Mutation und daraus folgenden Reduktion des Gs-Alpha-Proteins ist als Schlüsselgen bei einigen Fällen von AHO erläutert worden [11, 12].

1.1.2.6 Rubinstein-Taybi-Syndrom

Patienten mit Rubinstein-Taybi-Syndrom (OMIM 180849) leiden unter einer Mikrozephalie, einem auffallenden Gesicht mit langen Wimpern, milder Ptosis, nach hinten rotierten Ohren und einer konvexen Nase. Typischerweise sind Daumen und Großzehe breit und manchmal gespalten. Viele betroffene Patienten entwickeln eine schwere Adipositas. Ein Protein, das die phosphorylierte Form des CREB-Transkriptionsfaktors bindet, wurde als für das Syndrom verantwortlich identifiziert [13].

1.1.2.7 Prader-Willi-Syndrom

Das Prader-Willi-Syndrom (PWS, OMIM 176270) ist das häufigste genetische Adipositas-Syndrom beim Menschen. Es wird angenommen, dass die Häufigkeit in der allgemeinen Bevölkerung 1 : 50.000 beträgt. Die charakteristischen Symptome lassen sich oftmals auf Veränderungen im Hypothalamus bzw. in hypothalamischen Funktionen zurückführen: Reduzierte Kindsbewegungen während der Schwangerschaft, eine erhöhte Rate an Frühgeburtlichkeit, muskuläre Hypotonie im Neugeborenenalter sowie Ernährungsschwierigkeiten wegen reduzierten Saugens während der ersten Lebensmonate charakterisieren die Entwicklung von Kindern mit Prader-Willi-Syndrom. Genitalhypoplasien sind bereits bei Geburt feststellbar, häufig ist bei Knaben ein Kryptorchismus. Zwischen den Lebensaltern von einem und sechs Jahren entwickeln sich dann eine schwere Adipositas und eine ausgeprägte Hyperphagie, die schließlich unbehandelt zur morbiden Adipositas (Adipositas per magna) im Erwachsenenalter führen. Eine Wachstumsstörung mit oder ohne Wachstumshormonmangel und ein hypothalamer Hypogonadismus mit inkompletter verzögerter Pubertät und mangelnder Fruchtbarkeit sind ebenfalls typische Zeichen. Interessant ist, dass manche der fazialen Dysmorphiezeichen mit schmaler Stirn und mandelförmigen Augen sowie einer nach unten gezogenen Mundsilhouette in manchen Aspekten an Kinder mit anderen Adipositas-Syndromen erinnern. Zu der milden bis moderaten mentalen Retardierung kommen charakteristische Verhaltensauffälligkeiten mit obsessivem Zwangsverhalten, Hautverletzungen, Zornesattacken und einer nach innen gerichteten Persönlichkeit [14]. Im sozialen Verhalten sind insbesondere die Hartnäckigkeit und Rigidität im Verhalten ein Problem für betroffene Familien [15]. Obstruktive Schlafapnoen und zentrale Schlafapnoen können lebensbedrohliche Komplikationen nach sich ziehen. Das Prader-Willi-Syndrom lässt sich durch den Mangel von Genen erklären, die sich vom väterlich vererbten Chromosom 15q11-q13 herleiten lassen. Diese Gene sind auf dem von der Mutter vererbten Chromosom abgestellt (silenced, imprinted). Diese Genorte schließen NDN, MAGEL2, MKRN3 und SNURF-SNRPN ein. Zusätzlich sind Patienten identifiziert worden, die kleinere Mikrodeletionen und balancierte Translokationen auf der Chromosom-15q11-q13-Region zeigen. Die PWS-kritische Region schließt auch ein Antisense-Transkript des ‚paternal imprinted' UBE3A-Gens ein, das beim Angelman-Syndrom eine Rolle spielt [16].

1.1.2.8 Mikrodeletionssyndrome

Deletionen, die das Chromosom 6q16 oder die Chromosomen 1p36, 2q37 oder 9q34.3 betreffen und mit Adipositas vergesellschaftet sind, sind beschrieben worden. Entsprechend sollte bei allen Patienten mit Verdacht auf syndromale Adipositas ein Mikrodeletionsscreening in einem kompetenten humangenetischen Labor durchgeführt werden. Häufig sind bei den betroffenen Patienten klinische Auffälligkeiten, wie sie beim Prader-Willi-Syndrom, beim Bardet-Biedl-Syndrom oder beim Cohen- und Alström-Syndrom bereits beschrieben worden sind, vorhanden: Mandelförmige Augen, Schielen, dünne obere Lippe, Mikroretrognathie, kleine Hände und Füße, Hypogonadismus, Lernstörungen und psychomentale Retardierung sowie Auffälligkeiten im Verhalten sind bei Mikrodeletionssyndromen genannt worden [17–20].

1.1.2.9 Maternale uniparentale Disomie des Chromosoms 14

Eine maternale uniparentale Disomie 14, wobei beide Chromosome 14 exklusiv von der Mutter vererbt sind, führen zu muskulärer Hypotonie, Ernährungsproblemen, Hypercholesterolämie sowie charakteristischen Anomalien der Rippen. Zu diesen Rippenanomalien („Kleiderbügelzeichen") kommen psychomotorische Verzögerungen, kleine Hände und Füße sowie eine Pubertas praecox und eine stammbetonte Adipositas hinzu [21–24]. Auch Patienten mit upd(14)mat zeigen klinische Zeichen, die sich mit den Merkmalen des Prader-Willi-Syndroms überlappen. Entsprechend sollte der Ausschluss der typischen Veränderungen auf dem Chromosom 15 bei Patienten, bei denen der Verdacht auf ein Prader-Willi-Syndrom geäußert wird, unbedingt dazu führen, nach einer uniparentalen Disomie 14 zu suchen [25].

1.1.2.10 Leptin und Leptin-Rezeptor-Mutationen

1994 entdeckte Jeff Friedman das ob-Gen und sein Proteinprodukt Leptin. Leptindefiziente Mäuse zeigten eine schwere Adipositas. In seltenen Fällen führen Mutationen des ob-Gens beim Menschen zu schwerer frühkindlicher Adipositas, Hypogonadismus und Hyperphagie. Leptin wird insbesondere im Fettgewebe synthetisiert und gibt ein Sättigungssignal an den Hypothalamus ab. Im Hypothalamus bindet Leptin an seinen Rezeptor, der an Janus-like-Kinasen und den STAT-Signaltransduktionsweg gekoppelt ist. Mutationen des Rezeptors (OBR) wurden beim Menschen und bei mehreren Tierspezies entdeckt und führen ebenso zu einem extrem adipösen Phänotyp und einer Leptin-Resistenz. Menschen mit einfacher Adipositas weisen allerdings gleichfalls eine besonders im Zentralnervensystem ausgeprägte Leptin-Resistenz sowie hohe zirkulierende Leptin-Serumspiegel auf. In jüngster Zeit sind Mutationen des ob-Gens, die zur Translation eines funktionell inaktiven Leptins führen, beschrieben worden. Die davon betroffenen Patienten zeigen eine extrem ausgeprägte frühkindliche Adipositas. Die von Leptin- oder Leptin-Rezeptor-Genmutationen betroffenen Patienten leiden ganz allgemein unter einer schweren frühkindlichen Adipositas und Hyperphagie [26–28].

1.1.2.11 POMC-Mutationen

Varianten des Proopiomelanocorticotropin-Gens, POMC, sind in sehr seltenen Fällen verantwortlich für einen Phänotyp mit frühkindlicher Adipositas, rotem Haar und Nebennierenrinden-Insuffizienz. Tatsächlich war die Beschreibung der betroffenen Kinder ein weiterer Hinweis oder gar Beweis (‚proof-of-principle‘) für die Bedeutung des Hypothalamus und der Hypothalamus-Hypophysen-Region für Appetit-Regulation und Energie-Homöostase [29].

1.1.2.12 MC4-Rezeptor-Mutationen

Wie der Fall von POMC, so ist die MC4R-Biologie hinweisend für die zentrale Rolle des zentralen Nervensystems bei der Gewichtsregulation und Kontrolle von Energieaufnahme und -verbrauch. Patienten, die MC4-Rezeptor-Varianten tragen, sind in der Regel großwüchsig, makrozephal und fallen durch Hyperphagie und frühkindliche Gewichtszunahme auf. Es wird angenommen, dass MC4R-Gen-Varianten bei unselektierten Kohorten von adipösen Patienten in bis zu 5 % der Fälle für die Adipositas kausal verantwortlich sein könnten [30].

1.1.2.13 Weitere Adipositas-Syndrome

Auch beim Fragilen X-Syndrom (OMIM 30624), das durch eine instabile Expansion des Triplets des FMR1-Gens verursacht wird, ist neben dem Vorliegen einer schweren mentalen Retardierung eine extreme Adipositas häufig. Schließlich ist das seltene Börjeson-Forssman-Lehmann-Syndrom (BFLS, OMIM 301900) ein seltenes X-gebundenes Syndrom, das wiederum durch eine schwere psychomentale Retardierung sowie eine Adipositas mit Gynäkomastie einhergeht. Multiple hypophysäre Hormonausfälle sind bei Patienten mit BFLS beschrieben worden [31, 32]. Schließlich wurde bei einigen wenigen Patienten eine Assoziation zwischen Makrosomie, Adipositas, Makrozephalie und Auffälligkeiten der Augen dargelegt: Diese Patienten weisen eine Stammfettsucht, mentale Retardierung, retinale Kolobome und einen Nystagmus auf (MOMO, OMIM 157980, MOMO = Macrosomia, obesity, macrocephaly, and ocular abnormalities) [33]. Mutationen im für die Prohormon-Konvertase 1-kodierenden

Gen führen beim Menschen ebenfalls zu Adipositas im jungen Lebensalter und Insulinresistenz.

Bei vielen Syndromen, die mit Adipositas einhergehen, wie dem Bardet-Biedl-Syndrom, dem Alström-Syndrom und dem Cohen-Syndrom, gibt es phänotypische Überschneidungen. Dies ist möglicherweise dadurch bedingt, dass eine Dysfunktion der Cilien im weitesten Sinne für die klinischen Auffälligkeiten und die Adipositas verantwortlich zeichnet. Gene, die mit der neuronalen Entwicklung sowie mit Wachstum und hypothalamen endokrinen Netzen in Zusammenhang stehen, sind wichtig für die Appetit- und Körpergewichtsregulation. Entsprechend sind insbesondere die Mechanismen, die dem Prader-Willi-Syndrom zugrunde liegen, bedeutend für die weitere Entdeckung und Erforschung von Prinzipien der Appetit- und Gewichtsregulation. Insgesamt ist es für die betroffenen Kinder und Jugendlichen und ihre Familien wichtig, eine Ursache („Namensgebung") für die beschriebenen körperlichen Auffälligkeiten zu finden! Entsprechend sollten Anstrengungen unternommen werden, bei Verdacht auf das Vorliegen einer syndromalen Adipositas diesen molekulargenetisch zu erhärten oder weitestgehend auszuschließen. Dennoch liegt in der Regel und bei den allermeisten Patienten mit Adipositas der übermäßigen Gewichtsentwicklung eine polygene erbliche Prädisposition und eben keine monogene Ursache zu Grunde [15, 34, 35].

1.1.2.14 Polygene Vererbung

Insgesamt ist in der Regel eine polygene Vererbung des Adipositas-Risikos anzunehmen. In vielen Genom-weiten Assoziations- oder Linkage-Untersuchungen wurden eine große Zahl von Adipositas-Loci und so genannte Copy Number Variationen, die mit der Adipositas-Entstehung verknüpft sind, gefunden. QTL-(Quantitative-Trait-Loci-)Studien haben ebenso dazu beigetragen, dass Chromosomen-Regionen, die Erbfaktoren, die für Hunger, Sättigung, Gewichtshomöostase und Energiebilanz wichtig sind, identifiziert worden sind. Zumeist wurden sehr große Kollektive von Betroffenen im Zuge von Konsortien und multizentrischen Studien untersucht [35–37]. Die Effektstärke einzelner ‚Adipositas-Gene' ist dabei typischerweise in der Regel gering. Insbesondere Varianten des FTO-Gens sind mit Adipositas, ‚adipogenem' Verhalten und einer gewissen ‚Resistenz' gegenüber Interventionen bei den Betroffenen verknüpft. Andere sogenannte ‚Adipositas-Gene' sind im Bereich der G-Protein-gekoppelten Rezeptor-Familie und Genen, die Proteine in neuronalen Netzen kodieren, gefunden worden: Wird die wichtige Rolle des zentralen Nervensystems bei der Rezeption und Übermittlung von Hunger, Sattheitsgefühl und hedonistischen und Belohnungssignalen berücksichtigt, so überrascht dies nicht. Eine genetische Prädisposition liegt demnach jeder Form der Adipositas zu Grunde: Nach der sogenannten ‚Thrifty-Gene'-Hypothese haben im Zuge der Evolution diejenigen Individuen in Zeiten von Nahrungsmangel überlebt, die in Zeiten von Nahrungsüberfluss in der Lage waren, besonders gut Energie für Hungerperioden zu speichern. Im Zuge der Evolution mag es damit zu einer Anreicherung des Genpools mit adipogenen Erbfaktoren und damit Adipositas-Risikogenen gekommen sein [37–39].

1.1.3 Hedonistische Signale und Zentralnervensystem

Gefühle und komplexe Verhaltensweisen in Bezug auf Hunger, Sattheit, Geschmack und Sucht werden im Zentralnervensystem bearbeitet. Bereits in frühester Kindheit werden Geschmack und Nahrungsmittelpräferenzen geprägt. Eine große finnische Studie belegt, dass Erwachsene, die es im Kleinkindalter gelernt hatten, Obst und Gemüse zu essen, im späteren Leben weniger kardiovaskuläre und metabolische Erkrankungen hatten und ihrerseits auch im Erwachsenenalter mehr Obst und Gemüse verzehrten. Andererseits ist gut belegt, dass Reize, die z. B. durch Werbung für Süßwaren im frühen Kindesalter gesetzt werden, nachhaltig Verhalten beeinflussen. Mittels MRT-Bildgebung wurde dabei gezeigt, dass über wiederholte positive Reize hypothalamische und limbische Hirnareale im Kleinkindesalter geformt und geprägt werden. Sowohl strukturell als auch funktionell wird damit das Gehirn durch Lernen in früher Kindheit geprägt. Genuss und Appetitregulation, Nahrungspräferenzen und Sättigungsgefühl werden demnach zu einem gewissen Grad in der frühen Kindheit erlernt und für das weitere Leben geprägt [17, 40].

1.1.4 Psychologie und Stigmatisierung

Dass psychische Faktoren oder gar psychische Erkrankungen bei der Entstehung einer Adipositas im Einzelfall, etwa beim Vorliegen einer Depression oder Suchterkrankung, eine Rolle spielen können, ist unbestritten. Ob psychische Faktoren aber insgesamt für die Entstehung von Übergewicht und Adipositas kausal mit von Bedeutung sind, ist völlig unklar: Menschen mit Adipositas sollen häufiger an Aufmerksamkeits-Defizit-Störungen (ADS) oder gar an Aufmerksamkeits-Defizit-Hyperaktivitäts-Störungen (ADHS) leiden. Eher verneint wird ein möglicher Zusammenhang zwischen Depression und psychotischen Störungen und Übergewicht. Dagegen wird in epidemiologischen Studien immer wieder von einer Ko-Inzidenz von Adipositas und Verhaltensstörungen berichtet. Eine derzeit häufiger untersuchte Problematik ist die Tatsache, dass in Industrienationen Menschen mit Adipositas stigmatisiert und teilweise von gesellschaftlicher Teilhabe ausgegrenzt werden. Möglicherweise werden dadurch zwanghaftes Überessen oder sozialer Rückzug unterstützt und der weiteren Entwicklung der Adipositas Vorschub geleistet [41].

1.1.5 Fettgewebe und Adipozyt

Das Fettgewebe speichert einerseits Energie in Form von Fett und ist andererseits über vielfältige hormonelle Signalwege in endokrine Netze sowohl als Signalempfänger als auch als Signalgeber eingebunden. Leptin, Vaspin, Resistin, NAMPT, Chemerin und Adiponektin sind einige der wichtigsten Adipozytokine. Adipozytokine wirken wie z. B. Lepting und Adiponektin durch Bindung an spezifische Rezeptoren oder wie z. B. NAMPT und Vaspin über ihre enzymatische Wirkung. Die Anzahl und Größe von Fettzellen wird in der Fetalzeit und frühen Kindheit angelegt. Expansion, Differenzierung, und Apoptose von Fettzellen stellen wichtige Determinanten der Fettmasse dar. Schließlich spielen Inflammation und Innervation des Fettgewebes eine zusätzliche wichtige Rolle bei der Steuerung der Fettmasse und der Entstehung der Adipositas-Erkrankung [38, 39, 42].

1.1.6 Gastrointestinaltrakt und Mikrobiom

Der Verzehr von Süßstoff führt zu einer Veränderung der bakteriellen Darmflora. Die frühe Einnahme von Penizillin verändert die Darmflora erheblich und nachhaltig. Kinder, die per Kaiserschnitt geboren werden, entwickeln eine andere Darmflora als Kinder, die vaginal entbunden worden sind. Dem menschlichen Mikrobiom wird inzwischen eine erhebliche Bedeutung bei der Entstehung von Adipositas zugeschrieben. Nicht wenige Wissenschaftler sind überzeugt, dass nicht Sekundäreffekte hierfür verantwortlich sind, sondern unterschiedliche Darmbakterien unterschiedliche Wirkungen auf den menschlichen Stoffwechsel und insbesondere die Entwicklung von Insulinresistenz haben. Die Übertragung von Stuhl von Übergewichtigen auf schlanke Personen scheint der Entwicklung von Übergewicht Vorschub zu leisten und der Transfer von Stuhl von Normalgewichtigen auf Adipöse soll eine Gewichtsabnahme induzieren. Alle derzeit verfügbaren Daten beweisen einen erheblichen direkten und indirekten Einfluss der Darmflora, des Mikrobioms, auf die menschliche Gewichtsentwicklung [42].

1.1.7 Feto-maternale Prägung

Es gibt viele epidemiologische Hinweise, dass eine feto-maternale oder entwicklungsbedingte Ursache von Erkrankungen für zahlreiche Erkrankungen in der Erwachsenenzeit und insbesondere für Adipositas, Insulin-Resistenz und Bluthochdruck eine bedeutende Rolle spielt. Ein niedriges Geburtsgewicht ist häufig mit einem späteren Risiko, metabolische oder kardiovaskuläre Erkrankungen zu entwickeln, assoziiert. Wiederum könnte eine ‚Thrifty-Phenotype'-Theorie eine Erklärung bieten: Diese von Barker erstmals formulierte Hypothese beschreibt eine ‚fetale Programmierung' von

Krankheit im Erwachsenenalter (Barker-Hypothese). Bei mit Untergewicht (small for gestational age) zur Welt gekommenen Individuen führt ein (zu) rasches Aufholwachstum/eine Gewichtszunahme nach der Geburt zu einer Programmierung auf rasche Gewichtszunahme im späteren Leben und die Ausprägung eines Phänotyps mit hohem metabolischen und kardiovaskulären Risiko. Eine verbesserte Energieausschöpfung in utero dient der (Teil)kompensation der Mangelsituation während der Fetalzeit, hat aber nach der Geburt schädliche Konsequenzen [43].

1.1.8 Exposom und endokrin wirksame Chemikalien (endocrine-dysrupting chemicals = EDCs)

Kontaminanten unserer Umwelt könnten einen Beitrag bei der globalen Adipositas-Epidemie spielen: Dabei könnten Bisphenol A, Phthalate sowie Dioxin-ähnliche Substanzen über zwei mögliche Mechanismen die Entwicklung einer Adipositas begünstigen: Einerseits sind diese Stoffe möglicherweise in der Lage, die Zahl der Fettzellen und damit die Entwicklung des Fettgewebes zu regulieren. Andererseits könnten eine Reihe von Chemikalien, die als endokrin wirksame Stoffe oder ‚endocrine disrupting chemicals = EDCs' bezeichnet werden, direkt die Nahrungsaufnahme bzw. den Appetit regulieren. Und schließlich haben EDCs möglicherweise neben ihrer Wirkung auf Fettzellen direkte Effekte auf Pankreas, Leber, Darm, Gehirn und Muskeln. Mögliche Wirkmechanismen und Angriffsorte von endokrin wirksamen Stoffen (endocrine disrupting chemicals = EDCs), über die eine Adipositas-Entstehung vermittelt werden könnte [44]:
- Weißes, beiges und braunes Fettgewebe
- Gehirn
- Mikrobiom
- Stammzellen
- Inflammation
- Epigenetik
- mTor-Signalweg
- Sirtuine
- Oxidativer Stress
- Mitochondrien-Dysfunktion
- Expression von Clock-Genen (zirkadiane Rhythmik)

1.1.9 Soziale Vererbung

Im Sinne der sozialen Vererbungshypothese finden sich häufig bei den Eltern und weiteren Verwandten übergewichtiger oder adipöser Kinder höhere Prävalenzraten von Adipositas und Übergewicht und ein Bewegungs- und Ernährungsverhalten, das

Übergewicht und Adipositas befördert. Gerade aber auch der unmittelbare Freundeskreis betroffener Familien weist in der Regel eine hohe Prävalenz von Adipositas auf. In einzelnen Studien wird die Ko-Inzidenz von Adipositas im Freundeskreis als höher angegeben als die in der biologischen Familie. Dieses Phänomen wird inzwischen als soziale Vererbung der Adipositas bezeichnet. Möglicherweise werden obesigene Verhaltensweisen von Freunden positiv konnotiert, kopiert und übernommen und tragen dann zur Entwicklung der Adipositas bei. Andererseits ist vorstellbar, dass unter Menschen mit demselben Gewichtstypus weniger Stigmatisierung zu ertragen ist. Ob dies schützend oder begünstigend auf die Entwicklung bzw. das Ausmaß der Adipositas wirkt, ist nicht untersucht [45].

1.1.10 Sozioökonomische Prädisposition

In westlichen Industrienationen sind Kinder aus sozial benachteiligten Familien sehr viel häufiger übergewichtig bzw. adipös [46, 47] als Kinder aus Familien der gehobenen Schicht, d. h. aus Familien mit höherem Einkommen und höherer Bildung. Im Sinne der sozialen Vererbungshypothese finden sich häufig bei den Eltern betroffener Kinder höhere Prävalenzraten von Adipositas und Übergewicht und ein Bewegungs- und Ernährungsverhalten, das Übergewicht und Adipositas befördert. Interessanterweise zeigen in Schwellenländern und weniger entwickelten Ländern in der Regel die finanziell besser gestellten Bevölkerungsteile eine höhere Adipositas-Prävalenz als Ärmere.

Ein weiterer Forschungskontext, der noch ungenügend Beachtung findet, dreht sich um die Frage, warum es schwer ist, adipöse Patienten an Therapieprogramme heranzuführen und warum die Adhärenz zu diesen Programmen gering ausfällt. Welche Barrieren bestehen, dass Kinder und Jugendliche der Aufforderung, mehr Sport zu treiben, sich gesünder zu ernähren und weniger Fernsehen zu konsumieren und weniger sitzende Tätigkeiten einzunehmen, nicht nachkommen (können)? Zum Beispiel ist bekannt, dass Kinder von Alleinerziehenden, von Eltern mit niedrigem Bildungsgrad und niedrigem Einkommen weniger an Adipositas-Programmen teilnehmen und weniger adhärent sind als Kinder aus intakten Familien mit höherem sozialen Status. Eine größere Entfernung zu Therapieeinrichtungen und zeitliche Restriktionen sind möglicherweise ebenfalls Barrieren der Teilnahme und Teilhabe [48, 49].

1.1.11 Obesigene Umwelten

„Adipogene“ Merkmale der Wohnumgebung wie sozioökonomische Deprivation des Stadt-teils, Entfernung zu Parks und Spielplätzen, eingeschränkter Zugang zu gesunden Lebens-mitteln, Fehlen von Fuß- und Fahrradwegen fördern Übergewicht und Adipositas schon bei Kindern. In der Stadt Leipzig haben z. B. sozial benachteiligte

Quartiere eine fast doppelt so hohe Prävalenz von Übergewicht bei Vorschulkindern wie sozial privilegiertere Quartiere. Konzepte der stadtteilbezogenen Gesundheitsförderung zur Reduktion der Adipositas-Prävalenz bei Kindern im Sinne eines ‚intention-to-treat'-Studienansatzes sind deshalb vorgelegt worden. Durch die Gestaltung von Lebenswelten könnten möglicherweise im Sinne eines Public-Health-Ansatzes nachhaltig adipogene Risikofaktoren minimiert, die Lebensweise aller Bewohner einer Stadt oder Gemeinde positiv beeinflusst und damit das Präventionsdilemma partiell überwunden werden. Vor allem auf Grund methodischer Schwächen der Primärstudien ist die Evidenz für komplexe stadtteilbezogene Gesundheitsförderung aber noch unzulänglich. Interventionen zur Modifikation adipogener Umwelten über stadtteil-bezogene Gesundheitsförderung und kommunal- und gesundheitspolitische Strategien werden dennoch immer häufiger gefordert [46, 47, 50, 51].

1.1.12 Gesellschaft und Industrie

Studien, die von der Lebensmittelindustrie in Auftrag gegeben wurden bzw. von dieser finanziert waren, kamen zu dem Schluss, dass der Genuss zuckerhaltiger Getränke keinen Einfluss auf die Entwicklung einer kindlichen Adipositas habe. Untersuchungen, die nicht von der Lebensmittelindustrie, sondern von öffentlichen Geldern finanziert worden waren, schlussfolgerten dagegen, dass der frühe Genuss zuckerhaltiger Getränke sehr wohl die Entstehung einer Adipositas bereits im Kindesalter fördere. Werbemaßnahmen der Industrie für energiedichte Nahrungsmittel, große Packungsgrößen und zucker- sowie fetthaltige, häufig vorgefertigte Lebensmittel sind allgegenwärtig. Häufig zielen Werbemaßnahmen bereits auf Kinder ab, um diese an Produktbindung und Überessen heranzuführen. Es handelt sich dabei um Werbemaßnahmen mit einem Finanzetat, der weltweit in die Milliarden Euro geht. Solange solche Werbemaßnahmen nicht nur geduldet, sondern gesellschaftlich unterstützt und geachtet sind, wird es schwer sein, gesunde, energieärmere, ballaststoffreiche Nahrungsmittel zu propagieren. Gesellschaftliche Ursachen der Adipositas sind in ihrer Bedeutung vermutlich weitaus wichtiger als etwa die ausführlich beforschten genetischen und biologischen Risikofaktoren und Mitursachen [46–48].

1.1.13 Industrialisierung und Globalisierung

Der westliche Lebensstil wird mit der Entwicklung von Adipositas besonders in Schwellenländern in Zusammenhang gebracht. Historisch und in einem evolutionären Kontext sind auch Industrialisierung und Globalisierung zusammen mit Urbanisierung und Modernisierung als gesellschaftliche Risikofaktoren für Adipositas erkannt worden: Inwiefern Zugänglichkeit zu ‚Fast Food' und gesüßten Getränken sowie Werbestrategien der Lebensmittelkonzerne eine Rolle spielen, ist bisher nur ungenügend erforscht. Der Einfluss von Nahrungsmittel-Produktionsverfahren (‚food processing'), Plastikverpackungen, Gefrierverfahren, Gefriertrocknung und Konservierung auf die Adipogenität der Ernährung ist kaum untersucht. Außerdem ist zwar aus Tierversuchen bekannt, dass Umgebungstemperatur und Lichtzyklen die Gewichtszunahme von Versuchstieren wie Mäusen und Ratten beeinflussen, ob aber Wohn-Umgebungstemperatur, Lichtzyklen (beleuchtete Räume) und Schlafdauer die Gewichtsentwicklung des Menschen relevant beeinflussen, ist nicht abschließend geklärt. Allerdings haben sich Berichte über Studien, die einen inversen Zusammenhang zwischen Schlafdauer und Körpergewicht und Gewichtszunahme auch bei Kindern zeigen, in den letzten Jahren gehäuft. Die Verkürzung der Schlafdauer in vielen Ländern innerhalb der vergangenen 100 Jahre geht einher mit der Zunahme der Adipositas-Häufigkeit in denselben Ländern [47, 48].

1.1.14 Verfügbarkeit von Nahrungsmitteln und Portionsgrößen

Insbesondere in England und den USA wurde in den vergangenen Jahren ermittelt, dass einerseits die Adipositas-Prävalenz bei Kindern zunahm und gleichzeitig die Portionsgröße von Fast Food und Soft Drinks stieg. Werden gesunden Versuchspersonen Nahrungsmittel auf großen Tellern und/oder in großen Portionen angeboten, so wird mehr verzehrt. Umgekehrt führen kleine Besteck- und Tellergrößen dazu, dass kleinere Nahrungsportionen aufgenommen werden. Die generelle Verfügbarkeit von Nahrung in vielen Ländern und Gesellschaften führt außerdem dazu, dass auch außerhalb von Mahlzeiten gegessen wird und eine in der Menge und im Kaloriengehalt unkontrollierte und zu große Nahrungszufuhr erfolgt. Auch der Genuss von gesüßten Getränken hat nachgewiesenermaßen einen deutlichen Effekt auf die Gewichtszunahme von Kindern: Werden in einem klinischen, randomisierten Experiment gesüßte Getränke durch zuckerfreie, ungesüßte, kalorienarme Getränke ersetzt, kommt es innerhalb eines halben Jahres der Studiendauer zu einem Gewichtsrückgang bei den Versuchspersonen. Nicht Nahrung an sich, sondern Kenngrößen wie Portionsgrößen, Verfügbarkeit von Nahrung und versteckte Kalorien und Süßgetränke sind also Risikofaktoren für die Entstehung einer Adipositas im Kindes- und Jugendalter [48, 49].

1.1.15 Lebensstil

Ungesunder und krankmachender Lebensstil, adipogene Ernährung sowie Bewegungsmangel spielen eine zentrale Rolle bei der und im Laufe der Entstehung der Adipositas. Übergewicht und die zugrundeliegenden verhaltensbezogenen Risikofaktoren werden erheblich durch die nähere und weitere soziale Umwelt beeinflusst. Unter dem Begriff des sitzenden und ruhenden Lebensstils (sedentary lifestyle) verbergen sich vielfältige persönliche und gesellschaftliche Haltungen und Einstellungen. Dabei geht es um grundsätzliche Fragen zur Organisation des Alltags, gleichzeitig aber auch um inhaltliche Beschreibungen zu Nahrungspräferenzen, Mahlzeitengröße und -häufigkeiten. Außerdem finden sich lebensstil-bezogene Unterschiede in Bezug auf körperliche Aktivität und sportliche Betätigung und hinsichtlich des Konsums neuer Medien und des Fernsehens. Während lange Fernsehzeiten schon immer mit Adipositas assoziiert waren, ist der Zusammenhang zwischen der Inanspruchnahme neuer Medien und Körpergewicht weniger klar. Mangelnde körperliche Bewegung und sitzende Tätigkeiten führen naturgemäß zu einem geringeren Kalorienverbrauch und sind zusammen mit einer erhöhten Kalorienaufnahme als Mediatoren von Gewichtszunahme und Gewichtskontrolle anzusehen. Mangelnde körperliche Bewegung und falsche Ernährung sollten aber nicht als kausale Faktoren, sondern eben eher als Mediatoren und ‚Facilitators' betrachtet werden. Es ist wichtig zu wissen, dass z. B. die Zugehörigkeit zu Sportvereinen und aktivitätsbetontes Freizeitverhalten schichtspezifisch sind. Frequenz und Intensität von Sportausübung sind mit höherem Bildungsgrad und höherem Einkommen verknüpft. Auch ist ein hoher Konsum von Obst und Gemüse bei Kindern wiederum mit höherem Bildungsgrad der Eltern und höheren Familieneinkommen verbunden. Sitzender bzw. ruhender Lebensstil gilt insgesamt als einer der wichtigsten Risikofaktoren für Adipositas in allen Lebensaltern. Dabei muss noch einmal betont werden, dass die Effekte weder als kausal noch unbedingt als direkt anzusehen sein sollten [1, 45–49].

1.1.16 Kultur

In manchen Kulturen gilt Adipositas als Zeichen gesellschaftlichen Erfolgs und persönlichen Wohlstands. In Zeiten und Umgebungen, die von Hunger und Nahrungsmittelknappheit gekennzeichnet waren, bildeten sich Kulturen heraus, in denen ein höheres Körpergewicht als Voraussetzung für eine erfolgreiche Reproduktion galt. Fasten und Fastenzeiten wiederum sind in vielen Religionen verankert und deuten darauf hin, dass die Kontrolle von Körpergewicht und Nahrungsaufnahme als persönliches Ziel in manchen Kulturen tief verankert ist. Unterschiede in Bezug auf die Zusammenhänge zwischen Soziodemographie und Köpergewicht können einerseits gesellschaftliche und wirtschaftliche Ursachen haben, andererseits mögen kulturpsychologische Gründe ebenso als Erklärungsansätze dienen [50–52].

1.1.17 Evolution der Adipositas

Wie in der ‚Thrifty Genotype'-Hypothese formuliert, wird angenommen, dass es in der Menschheitsgeschichte Zeitperioden gab, in denen sich Adipositas-Risiko-Gene als Überlebensvorteil in Zeiten von Nahrungsmittelknappheit behauptet haben könnten. In modernen Zeiten, in denen Kalorien-Überfluss herrscht, sind dieselben Erbfaktoren krankheitsbildend und stellen eben Adipositas-Risikofaktoren dar. Während das Signal ‚Durst‘ in der frühen Menschheitsgeschichte mit der Suche und Aufnahme von kalorienfreiem Wasser beantwortet wurde, so werden heute häufig über hedonistische, gesellschaftlich vermittelte und dem Lebensstil entsprechende Signale mit der Flüssigkeitsaufnahme zusätzliche Kalorien aufgenommen. Im Kindesalter geschieht dies häufig über den Konsum gesüßter Säfte, zucker- oder süßstoffhaltiger Consumer-Drinks (Soft Drinks; gesüßte Tees etc.). Im Lauf der Menschheitsgeschichte kam es zum Verschieben des Energiebedarfs aus Muskulatur und Darm hin zum Gehirn, das beim modernen Menschen einen erheblichen Prozentsatz der täglich aufgenommenen und verbrauchten Energie benötigt. Dies hat möglicherweise zu einem erhöhten Kalorienbedarf geführt, der überschießend beantwortet einer Adipositas Vorschub leistet. Möglicherweise sind die erweiterten kognitiven Fähigkeiten des modernen Homo Sapiens im Zuge der Evolution mit einer Neigung zu Adipositas erkauft.

Literatur

[1] Baker JL, Sørensen TI. Obesity research based on the Copenhagen School Health Records Register. Scand J Public Health. 2011; 39: 196–200.

[2] Sabin MA, Clemens SL, Saffery R, et al. New directions in childhood obesity research: how a comprehensive biorepository will allow better prediction of outcomes. BMC Med Res Methodol. 2010; 10: 100–107.

[3] Stoetzel C. Laurier V. Davis EE, et al. BBS10 encodes a vertebrate-specific chaperonin-like protein and is a major BBS locus. Nat Genet. 2006; 38: 521–524.

[4] Li JB, Gerdes JM, Haycraft CJ, et al. Comparativc genomics identifies a flagellar and basal body proteome that includes the BBS5 human disease gene. Cell. 2004; 117: 541–552.

[5] Ross AI, May-Simera H, Eichers ER, et al. Disruption of Bardet-Biedl syndrome ciliary proteins perturbs planar cell polarity in vertebrates. Nat Genet. 2005; 37: 1135–1140.

[6] Yen HJ, Tayeh MK, Mullins RF, Stone EM, Sheffield VC, Slusarski DC: Bardet-Biedl syndrome genes are important in retrograde intracellular trafficking and Kupffer's vesicle cilia function. Hum Mol Genet. 2006; 15: 667–677.

[7] Benzinou M, Walley A, Lobbens S, et al. Bardet-Biedl syndrome gene variants are associated with both childhood und adult common obesity in French Caucasians. Diabetes. 2006; 55: 2876–2882.

[8] Chandler KE, Kidd A, Al Gazali L, et al.: Diagnostic criteria, clinical characteristics, and natural history of Cohen syndrome. J Med Genet. 2003; 40: 233–241.

[9] Minton JA, Owen KR, Ricketts CJ, et al. Syndromic obesity and diabetes: changes in body composition with age and mutation analysis of ALMS1 in 12 United Kingdom kindreds with Alstrom syndrome. J Clin Endocrinol Metab. 2006; 91: 3110–3116.

[10] Jenkins D, Seelow D, Jehee FS, et al. RAB23 mutations in Carpenter syndrome imply an unexpected role for hedgehog signaling in cranial suture development and obesity. Am J Hum Genet. 2007; 80: 1162–1170.

[11] Weinstein LS, Yu S, Warner DR, Liu J: Endocrine manifestations of stimulatory G protein alpha-subunit mutations and the role of genomic imprinting. Endocr Rev. 2001; 22: 675–705.

[12] Ong KK, Amin R, Dunger DB. Pseudohypoparathyroidism – another monogenic obesity syndrome. Clin Endocrinol (Oxf). 2000; 52: 389–391.

[13] Petrij F, Giles RH, Dauwerse HG, et al. Rubinstein-Taybi syndrome caused by mutations in the transcriptional co-activator CBP. Nature. 1995; 376: 348–351.
[14] Goldstone AP. Prader-Willi syndrome: advances in its genetics, pathophysiology and treatment. Trends Endocrinol Metab. 2004; 15: 12–20.
[15] Butler MG, Bittel DC, Kibiryeva N, Talehizadeh Z, Thompson T. Behavioral differences among subjects with Prader-Willi syndrome and type I or type II deletion and rnaternal disomy. Pediatrics. 2004; 113: 565–573.
[16] Nicholls RO, Kncpper JL. Genome organization, function, and imprinting in Prader-Willi and Angelman syndromes. Annu Rev Genomics Hum Genet. 2002; 2: 153–175.
[17] Goldstone AP. The hypothalamus, hormones, and hunger: alterations in human obesity and illness. Prog Brain Res. 2006; 153: 57–73.
[18] Meyre D, Lecoeur C, Delplanque J, et al. A genome-wide scan for childhood obesity-associated traits in French families shows significant linkage on chromosome 6q22.31-q23.2. Diabetes. 2004; 53: 803–811
[19] Feitosa MF, Borecki IB, Rich SS, et al. Quantitative-trait loci influencing body-mass index reside on chromosomes 7 and 13: the National Heart, Lung, and Blood Institute Family Heart Study. Am J Hum Genet. 2002; 70: 72–82.
[20] Michaud JL, Boucher F, Melnyk A, et al. Sim1 haploinsufficiency causes hyperphagia, obesity and reduction of the paraventricular nucleus of the hypothalamus. Hum Mol Genet. 2001; 10: 1465–1473.
[21] D'Angelo CS, Da Paz JA, Kim CA, et al. Prader-Willi-like phenotype: investigation of 1p36 deletion in 41 patients with delayed psychomotor development, hypotonia, obesity and/or hyperphagia, learning disabilities and behavioral problems. Eur J Med Genet. 2006; 49: 451–460.
[22] Phelan MC, Rogers RC, Clarkson KB, et al. Albright hereditary osteodystrophy and del(2) (q37.3) in four unrelated individuals. Am J Med Genet. 1995; 58: 1–7.
[23] Cormier-Daire V, Molinari F, Rio M, et al. Cryptic terminal deletion of chromosome 9q34: a novel cause of syndromic obesity in childhood? J Med Genet. 2003; 40: 300–303.
[24] Cotter PD, Kaffe S, McCurdy LD, Jhaven M, Willner JP, Hirschhorn K. Paternal uniparental disomy for chromosome 14: a case report and review. Am J Med Genet. 1997; 70: 74–79.
[25] Kurosawa K, Sasaki H, Sato Y, et al. Paternal UPD14 is responsible for a distinctive malformation complex. Am J Med Genet. 2002; 110: 268–272.
[26] Blum WF, Englaro P, Attanasio AM, Kiess W, Rascher W. Human and clinical perspectives on leptin. Proc Nutr Soc. 1998; 57: 477–485
[27] Blum WF, Kiess W., Rascher W. Leptin – the voice of the adipose tissue. JA Barth Verlag,. 1999
[28] Wabitsch M, Funcke JB, Lennerz B, Kuhnle-Krahl U, Lahr G, Debatin KM, et al. Biologically inactive leptin and early-onset extreme obesity. N Engl J Med.. 2015; 372: 48–54
[29] Krude H, Grüters A. Implications of proopiomelanocortin (POMC) mutations in humans: the POMC deficiency syndrome.Trends Endocrinol Metab.. 2000; 11: 15–22.
[30] Melchior C, Schulz A, Windholz J, Kiess W, Schöneberg T, Körner A. Clinical and functional relevance of melanocortin-4 receptor variants in obese German children. Horm Res Paediatr. 2012; 78: 237–246.
[31] Fryns JP, Haspeslagh M, Dereymaeker AM, Volcke P, van den BH. A peculiar subphenotype in the fra(X) syndrome: extreme obesity-short stature-stubby hands and feet-diffuse hyperpigmentation. Further evidence of disturbed hypothalamic function in the fra(X) syndrome? Clin Genet. 1987; 32: 388–392.
[32] Gecz J, Turner G, Nelson J, Partington M. Tbe Borjeson-Forssman-Lehman syndrome (BFLS, MIM, 301900). Eur J Hum Genet. 2006; 14: 1233–1237.
[33] Zannolli R, Mostardini R, Hadjistilianou T, Rosi A, Berardi R, Morgese G. MOMO syndrome a possible third case. Clin Dysmorphol. 2000; 9: 281–284.

[34] Bernhard F, Landgraf K, Klöting N, et al. Functional relevance of genes implicated by obesity genome-wide association study signals for human adipocyte biology. Diabetologia. 2013; 56: 311–322.

[35] Swinburn BA, Millar L, Utter J, et al. Large-scale association analyses identify new loci influencing glycemic traits and provide insight into the underlying biological pathways. Nat Genet. 2012; 44: 991–1005.

[36] Horikoshi M, Yaghootkar H, Mook-Kanamori DO, et al. New loci associated with birth weight identify genetic links between intrauterine growth and adult height and metabolism. Nat Genet. 2012; 45: 76–82.

[37] Ichimura A, Hirasawa A, Poulain-Godefroy O, et al. Dysfunction of lipid sensor GPR120 leads to obesity in both mouse and human. Nature. 2012; 483: 350–354.

[38] Zhang M, Guo F, Tu Y, et al. Further increase of obesity prevalence in Chinese children and adolescents–cross-sectional data of two consecutive samples from the city of Shanghai from 2003 to 2008. Pediatr Diabetes. 2012; 13: 572–577 Landgraf K, Friebe D, Ullrich T, et al. Chemerin as a mediator between obesity and vascular inflammation in children. J Clin Endocrinol Metab. 2012; 97: E556-64.

[39] Körner A, Wiegand S, Hungele A, et al. Longitudinal multicenter analysis on the course of glucose metabolism in obese children. Int J Obes (Lond). 2013; 37: 931–936

[40] Bereket A, Kiess W, Lustig RH, Muller HL, Goldstone AP, Weiss R, et al. Hypothalamic obesity in children. Obes Rev. 2012; 13: 780–798.

[41] Sikorski C, Luppa M, Luck T, Riedel-Heller SG. Weight stigma „gets under the skin"-evidence for an adapted psychological mediation framework: a systematic review. Obesity (Silver Spring).. 2015; 23: 266–276.

[42] Hales CN, Barker DJ. Type 2 (non-insulin-dependent) diabetes mellitus: the thrifty phenotype hypothesis. Int J Epidemiol.. 2013; 42: 1215–1222.

[43] Rappaport SM, Barupal DK, Wishart D, Vineis P, Scalbert A. The blood exposome and its role in discovering causes of disease. Environ Health Perspect. 2014; 122: 769–774.

[44] Christakis NA1, Fowler JH. The spread of obesity in a large social network over 32 years. N Engl J Med. 2007; 357: 370–379.

[45] Shrewsbury V, Wardle J. Socioeconomic status and adiposity in childhood: a systematic review of cross-sectional studies. 1990–2005. Obesity. 2008; 16: 275–284

[46] Shrewsbury VA, Robb KA, Power C, Wardle J. Socioeconomic differences in weight retention, weight-related attitudes and practices in postpartum women. Matern Child Health J. 2009; 13: 231–240.

[47] Alff F, Markert J, Zschaler S, Gausche R, Kiess W, Blüher S. Reasons for (non)participating in a telephone-based intervention program for families with overweight children. PLoS One. 2012; 7: e34580.

[48] Wagner IV, Sabin MA, Pfäffle RW, Hiemisch A, Sergeyev E, Körner A, et al. Effects of obesity on human sexual development. Nat Rev Endocrinol. 2012; 31: 246–254.

[49] Lobstein T, Jackson-Leach R, Moodie ML, Hall KD, Gortmaker SL, Swinburn BA, et al. Lancet. 2015; 385: 2510–2520.

[50] Huang TTK, Cawley JH, Ashe M, Costa SA, Frerichs LM, Zwicker L., et al. Mobilisation of public support for policy actions to prevent obesity. Lancet. 2015; 385: 2422–2231

[51] Blüher S, Meigen C, Gausche R, et al. Age-specific stabilization in obesity prevalence in German children: a cross-sectional study from 1999 to 2008. Int J Pediatr Obes. 2011; 6: e199–206.

[52] Igel U, Baar J, Benkert I, et al. Deprivation im Ortsteil und Übergewicht von Vorschulkindern. Adipositas. 2013; 7: 27–31.

Melanie Heinrich und Anette-Gabriele Ziegler

1.2 Diabetes: Ätiologie und Pathogenese

Der Begriff Diabetes mellitus umfasst eine heterogene Gruppe von Stoffwechselerkrankungen, deren Ätiologie und Pathogenese sich voneinander unterscheiden, die aber alle Hyperglykämie als Leitsymptom aufweisen. Zu dieser Gruppe zählen Typ-1-Diabetes, Typ-2-Diabetes, neonataler Diabetes mellitus und MODY-Diabetes (Maturity-Onset Diabetes of the Young). In diesem Kapitel richtet sich der Fokus auf Typ-1- und Typ-2-Diabetes.

1.2.1 Typ-1-Diabetes

1.2.1.1 Pathogenese des Typ-1-Diabetes

Typ-1-Diabetes wird durch einen chronischen Autoimmunprozess verursacht, der gegen die Beta-Zellen der Langerhans-Inseln des Pankreas gerichtet ist. Durch die selektive Zerstörung der insulinproduzierenden Beta-Zellen kommt es zu einer Reduktion der Insulinproduktion. Studien weisen darauf hin, dass sich eine Hyperglykämie herausbildet, sobald 50–60 % der Beta-Zell-Masse zerstört sind [1]. Reicht die Insulinproduktion nicht mehr aus, entwickeln sich klinische Manifestationen, die nicht selten mit schweren Stoffwechselentgleisungen (Ketoazidose) einhergehen. Neue sensitive Methoden der C-Peptid-Messung zeigen, dass auch nach Jahren mit symptomatischem Typ-1-Diabetes die körpereigene Insulinproduktion nicht immer völlig sistiert sein muss [2].

1.2.2 Autoimmunmarker

Beta-Zell-Autoimmunität kann durch den Nachweis von Autoantikörpern im Serum oder Plasma diagnostiziert werden. Etablierte Beta-Zell-Autoantikörper bei Typ-1-Diabetes sind (Pro-)Insulin-Autoantikörper und Autoantikörper gegen Glutamic Acid Decarboxylase 65 (GAD65), das Insulinoma-assoziierte Antigen 2 (IA-2) und den Zink-Transporter 8 (ZnT8) [3]. Vor kurzem wurden Autoantikörper gegen Tetraspanin-7 entdeckt, die den früher beschriebenen, aber bisher nicht identifizierten 38K-Autoantikörpern entsprechen [4, 5]. Beta-Zell-Autoantikörper werden bei etwa 90 % aller Patienten, die vor dem 18. Lebensjahr Diabetes entwickeln, diagnostiziert [6]. Insulin-Autoantikörper sind besonders prävalent im Kleinkindalter und in diesem Alter manchmal entscheidend für die Diagnose [7] (Abb. 1.3). Kinder ohne nachweisbare Beta-Zell-Autoantikörper sind in der Regel älter, zeigen höhere C-Peptid-Spiegel und einen höheren Body-Mass-Index (BMI) (Abb. 1.2).

Über 80 % der Kinder und Jugendlichen mit Typ-1-Diabetes entwickeln bereits vor dem 5. Lebensjahr Beta-Zell-Autoantikörper [8, 9, 10]. Insulin-Autoantikörper treten

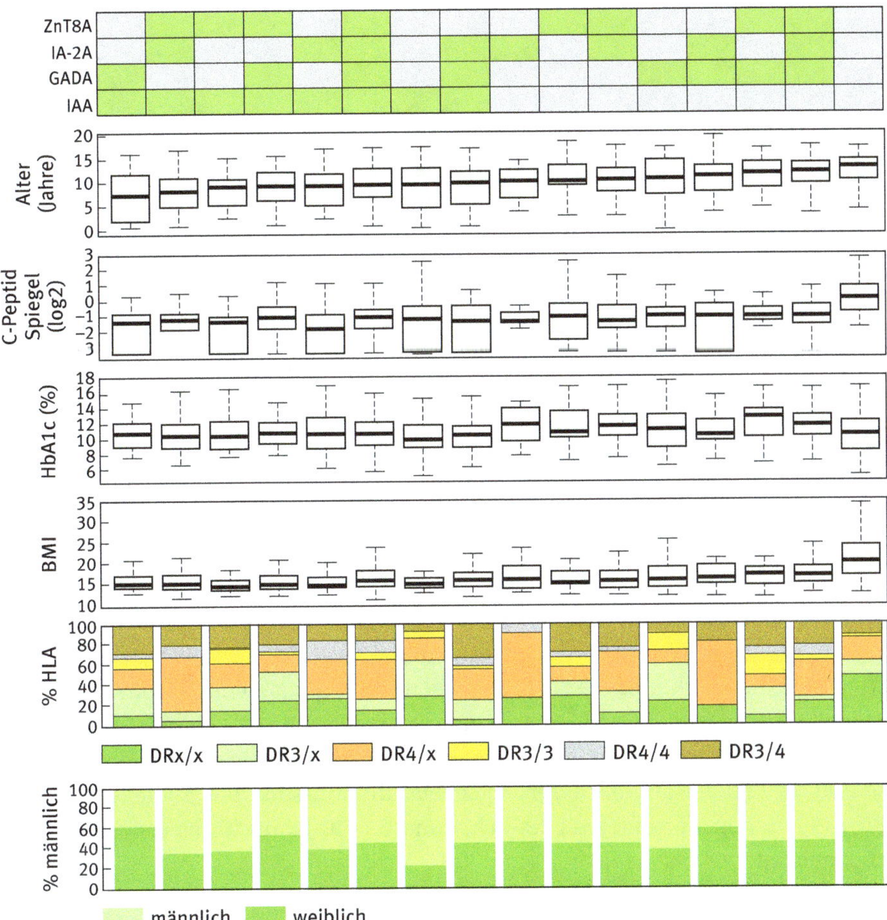

Abb. 1.2: Heterogenität des Diabetes bei Kindern und Jugendlichen mit einer Diabetesmanifestation vor dem 20. Lebensjahr (Clusteranalyse von Daten der DiMelli-Studie) [6]. Die positiven Antikörpercluster (grün schattierte Felder) sind nach aufsteigendem Durchschnittsalter bei Manifestation geordnet. Der durchschnittliche C-Peptid-Spiegel, HbA1c, BMI, HLA-Gene und Geschlecht der Kinder mit den verschiedenen Antikörperprofilen sind darunter angegeben. Die Gruppe der Kinder ohne Beta-Zell-Autoantikörper (letzte Spalte rechts) zeigt das höchste durchschnittliche Alter, den höchsten BMI und den höchsten C-Peptid-Spiegel.

häufig als erste Antikörper auf [7, 11]. Ein Inzidenzgipfel für das Auftreten der Antikörper findet sich schon zwischen dem ersten und zweiten Lebensjahr (Abb. 1.3) [8].

Kinder und Jugendliche mit mindestens zwei der genannten Beta-Zell-Autoantikörper entwickeln mit nahezu 100%iger Wahrscheinlichkeit einen insulinpflichtigen Typ-1-Diabetes. In einer gemeinsamen Publikation der drei größten Typ-1-Diabetes-Geburtskohorten-Studien (BABYDIAB, DAISY, und DIPP) an über 13.000 prospektiv untersuchten Kindern konnte nach einer Nachbeobachtungszeit von 20 Jahren fol-

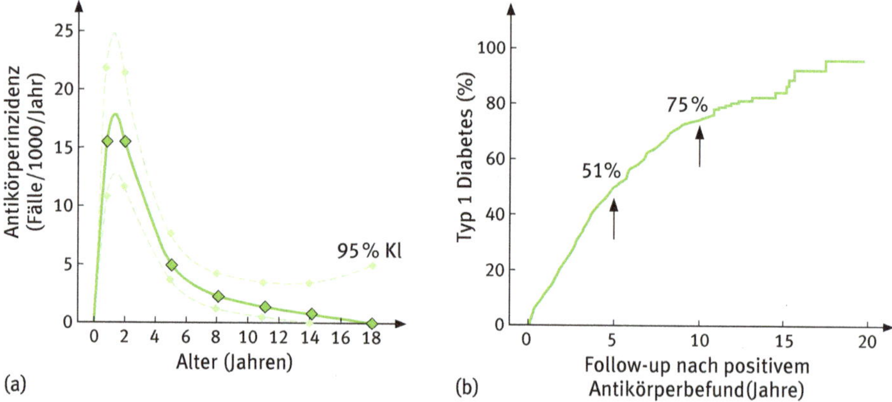

Abb. 1.3: (a) Die Inzidenz von Beta-Zell-Autoantikörpern erreicht einen Höhepunkt zwischen dem ersten und zweiten Lebensjahr [8]. (b) Bei Kindern, die vor dem 5. Lebensjahr multiple Beta-Zell-Autoantikörper entwickeln, beträgt das 5- beziehungsweise 10-Jahres-Risiko für einen klinisch manifesten Typ-1-Diabetes 51 % bzw 75 % [9].

gende Risikoeinschätzung ermittelt werden: Das 5- bzw. 10-Jahres-Risiko liegt bei 51 % (95 %, Konfidenzintervall 45–57 %) und 75 % (95 %, Konfidenzintervall 70–80 %), falls die Autoantikörper bereits vor dem 5. Lebensjahr entstanden sind [9]. Das bedeutet, dass etwa die Hälfte dieser jungen Kinder mit Autoantikörpern innerhalb von fünf Jahren das Stadium der Insulinpflichtigkeit erreichen. Treten die Beta-Zell-Autoantikörper erst nach dem 5. Lebensjahr auf, sinkt das 5-Jahres-Risiko auf 26 % (95 %, Konfidenzintervall 18–34 %) und das 10-Jahres-Risiko auf 50 % (95 %, Konfidenzintervall 38–62 %) [9].

Die Geschwindigkeit der Diabetesprogression wird demzufolge positiv durch das Alter der Antikörperentstehung beeinflusst. Weitere Einfluss-Faktoren waren die Intensität der Antikörperantwort, das Vorhandensein von IA-2-Antikörpern und das weibliche Geschlecht [3, 9]. Auch genetische Faktoren und Umweltfaktoren scheinen sich auf die Progression der Krankheit auszuwirken (siehe Kap. 1.4 und 1.5).

Aus dem Blickpunkt eines Individuums fällt die Dauer dieses asymptomatischen, normoglykämischen Stadiums der Beta-Zell-Autoimmunität sehr unterschiedlich aus; die beobachteten Zeiträume reichen von wenigen Monaten bis zu 20 Jahren. Menschen mit nur einem Beta-Zell-Autoantikörper haben mit 14,5 % ein deutlich niedrigeres Risiko (95 %, Konfidenzintervall 10.3–18.7 %), innerhalb von zehn Jahren an Typ-1-Diabetes zu erkranken [9]. Beta-Zell-Autoantikörper *per se* sind nicht pathogen. Im Gegenteil zeigen Untersuchungen, dass der Transfer mütterlicher Antikörper über die Plazenta bei den Kindern eher eine protektive Wirkung auf die Diabetesentstehung ausübt [12].

1.2.3 Präsymptomatische Stadien des Typ-1-Diabetes

Fachgesellschaften diskutieren, ob das Stadium der Beta-Zell-Autoimmunität mit einem Krankheitsnamen wie zum Beispiel „Autoimmune Beta Cell Disorder" (Autoimmune Beta-Zell-Erkrankung) versehen werden soll, um der Pathologie dieses Stadiums mehr Gewicht zu verleihen. Alternativ wird erwogen, Typ-1-Diabetes wie beispielsweise bei Niereninsuffizienz in verschiedene Stadien einzuteilen [10, 13] (Abb. 1.4). Folgende Stadien werden diskutiert:

Stadium 1: nachweisbare Beta-Zell-Autoimmunität (> 1 Autoantikörper) bei normaler Glukosetoleranz
Stadium 2: nachweisbare Betazell-Autoimmunität (> 1 Autoantikörper) bei Dysglykämie
Stadium 3: symptomatischer Diabetes (pathologische Glukosetoleranz)
Stadium 4: Langzeit-Typ-1-Diabetes
Stadium 5: Langzeit-Typ-1-Diabetes mit Diabetes-spezifischen Folgeerkrankungen

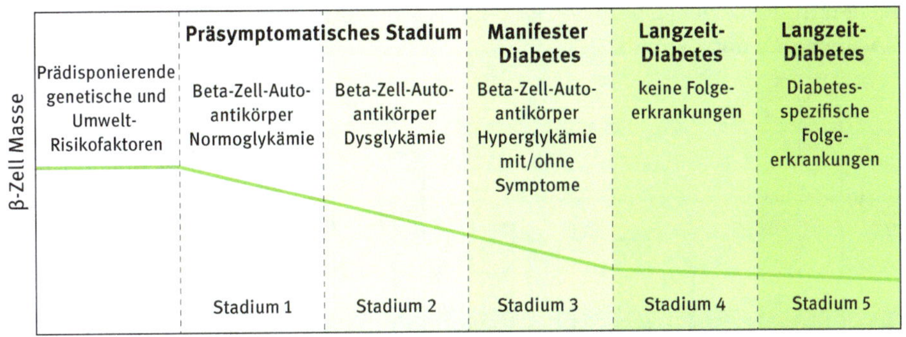

Abb. 1.4: Schematische Darstellung der Stadien des Typ-1-Diabetes.

1.2.4 Genetik

Mehr als 40 verschiedene Gen-Loci sind mit Typ-1-Diabetes assoziiert. Viele davon spielen bei der Immunantwort eine wichtige Rolle [14]. Den weitaus größten Einfluss haben Gene der MHC-Region (Major Histocompatibility Complex), insbesondere *HLA-DR* und *HLA-DQ*. Die Genotypen *HLA DR3-DQ2/DR4-DQ8* und *HLA DR4-DQ8/DR4-DQ8* sind mit dem höchsten Diabetesrisiko assoziiert [15]. Die bedeutendsten Nicht-MHC-Gene sind das Insulingen *INS* VNTR [16] und *PTPN22* [17].

HLA-DR- und DQ-Moleküle werden als Oberflächenrezeptoren auf immunkompetenten Zellen exprimiert und sind für die Antigenpräsentation gegenüber T-Lymphozyten zuständig. Sie beeinflussen dadurch vor allem die Initiierung der Autoimmunität. Die Assoziation mit dem Insulingen scheint ebenso auf eine frühe Beeinträchtigung der zentralen, Thymus-vermittelten Immuntoleranz gegenüber (Pro-)Insulin zurückzuführen zu sein [18]. *PTPN22* verändert die Reaktionsfähigkeit der Rezeptoren der T- und B-Lymphozyten und erhöht dadurch das Risiko für Autoimmunerkrankungen [19]. Andere assoziierte Loci wie das *IFIH1-Gen* sind für die Virusabwehr wichtig und scheinen vor allem die Geschwindigkeit der Krankheitsprogression zu beeinflussen [20].

Durch ein genetisches Screening kann das Risiko, an Typ-1-Diabetes zu erkranken, stratifiziert werden. Etwa 30 von 1.000 getesteten Kindern haben die genannten Risikogene *HLA DR3-DQ2/DR4-DQ8* oder *HLA DR4-DQ8/DR4-DQ8*. Von 1.000 Kindern mit diesen Risikogenen entwickeln etwa 50 bis zum 4. Lebensjahr Beta-Zell-Autoantikörper, während es nur bei zwei von 1.000 Kindern ohne Risikogene der Fall ist [21]. Auch innerhalb der betroffenen Familien mit Typ-1-Diabetes kann das Risiko durch genetisches Screening spezifiziert werden; so entwickeln etwa 200 von 1.000 Kindern mit Risikogenen und einem Verwandten ersten Grades mit Typ-1-Diabetes bis zum 4. Lebensjahr Beta-Zell-Autoantikörper gegenüber 30 von 1.000 Kindern ohne Risikogene (Abb. 1.5) [22]. Durch die Entwicklung eines Genscores aus MHC- und Nicht-MHC-Risikogenen wird derzeit versucht, die Vorhersagekraft eines genetischen Screenings zu optimieren [23].

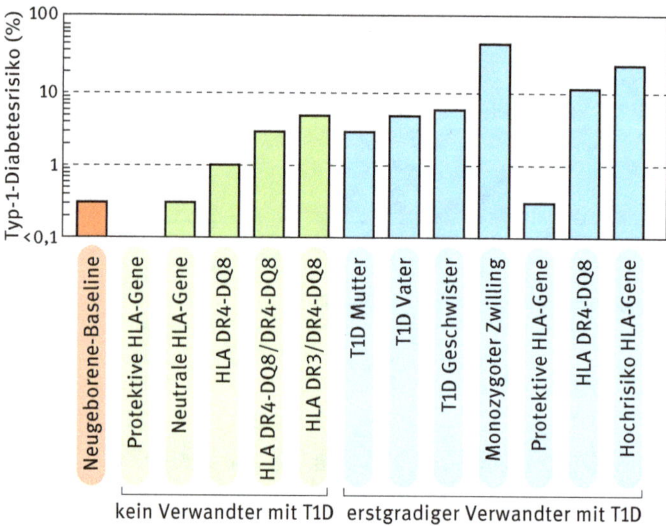

Abb. 1.5: Anhand der Familienanamnese und der HLA-Gene kann das Risiko für Typ-1-Diabetes abgeschätzt werden. Kinder ohne erstgradige Verwandte mit Typ-1-Diabetes (grüne Balken), aber mit Risikogenen, haben ein fast ähnlich hohes Risiko wie Kinder mit einem erstgradigen Verwandten mit Typ-1-Diabetes (blaue Balken) [23].

1.2.5 Umweltfaktoren

Bisher gibt es wenig Evidenz dafür, dass Umweltfaktoren als direkte Trigger fungieren und Beta-Zell-Autoimmunität und Typ-1-Diabetes auslösen. Es scheint eher wahrscheinlich, dass Umweltfaktoren, in enger Interaktion mit genetischen Faktoren und ähnlich wie diese, die Empfänglichkeit für Autoimmunität erhöhen. Frühkindliche Umweltfaktoren scheinen für das *Priming* der Immunantwort eine besonders wichtige Rolle zu spielen. Hat die Mutter Typ-1-Diabetes, ist das Risiko der Kinder, Typ-1-Diabetes zu entwickeln, nur etwa halb so groß wie bei Kindern, deren Vater an Typ-1-Diabetes erkrankt ist [24]. Es wird vermutet, dass die interuterine Programmierung durch erhöhte Glukose- und Insulinspiegel und eine verbesserte Immuntoleranz einen gewissen Schutzmechanismus darstellt.

Die prospektiven Geburtskohorten der BABYDIAB-, DAISY-, DIPP- und der TEDDY-Studien weisen darauf hin, dass die Ernährung im ersten Lebensjahr mit dem Risiko, Beta-Zell-Autoimmunität und Typ-1-Diabetes zu entwickeln, assoziiert ist [25, 26]. Die frühe Exposition des Säuglings gegenüber fester Nahrung, vor allem Getreide und Gluten, scheint das Diabetesrisiko zu erhöhen [25], während die frühe Exposition von Probiotika dagegen das Risiko zu senken scheint [27]. Stillen zeigte weder einen positiven noch einen negativen Effekt [25, 26].

Gewisse Umweltfaktoren scheinen die Krankheitsprogression zu beeinflussen. So ergab die DAISY-Studie, dass Kinder mit positiven Beta-Zell-Autoantikörpern deutlich schneller Typ-1-Diabetes entwickelten, wenn ihre Nahrung einen hohen glykämischen Index und eine hohe glykämische Last aufwies [28]. Die Autoren postulieren, dass die schnelle Insulinfreisetzung nach Aufnahme von Nahrung mit einem hohen Zuckeranteil die Beta-Zellen stresst und es dadurch zu einer schnelleren Apoptose der Beta-Zellen kommt. Die BABYDIAB-Studie und eine Reihe anderer retrospektiver Studien stellten einen Zusammenhang zwischen dem Geburtsmodus und der Diabetesprogression her. Kinder, die *per Sectio* entbunden wurden, entwickelten deutlich schneller Typ-1-Diabetes als Kinder, die vaginal entbunden wurden [25]. Eine Geburt *per Sectio* hat nachgewiesenermaßen Auswirkungen auf die Immunantwort [26]. Auch die Darmflora und das Darm-assoziierte Immunsystem scheinen durch den Geburtsvorgang langfristig verändert zu werden. Diese Befunde lassen vermuten, dass es keinen engen zeitlichen Zusammenhang zwischen dem Einwirken von Umweltfaktoren (im Falle der *Sectio* kurz nach der Geburt, im Falle der Exposition gegenüber bestimmten Nahrungsmitteln erst später) und den Auswirkungen auf das Krankheitsgeschehen geben muss.

1.2.6 Vitamin-D-Mangel

Kinder und Jugendliche mit Typ-1-Diabetes und Beta-Zell-Autoimmunität leiden deutlich häufiger an Vitamin-D-Mangel als Kinder ohne Diabetes [29]. Dieser Umstand macht sich oftmals vor allem in den Sommermonaten bemerkbar, in denen gesunde Kinder durch die Sonnenexposition in der Regel ausreichend mit Vitamin D versorgt sind. Eine Kontrolle des Vitamin-D-Spiegels und eine ausreichende Substitution sind indiziert, da Vitamin D für die Immunantwort wichtig ist. Es ist aber bisher noch nicht geklärt, ob ein chronischer Vitamin-D-Mangel eine kausale Rolle bei der Entstehung von Autoimmunerkrankungen wie Typ-1-Diabetes spielt.

1.2.7 Infektionen und Immunkompetenz

Daten der BABYDIET-Studie und eine Analyse der Versichertendaten der Kassenärztlichen Vereinigung Bayerns deuten darauf hin, dass häufige Infektionen der Atemwege im ersten Lebensjahr mit einem erhöhten Risiko für Typ-1-Diabetes assoziiert sind [30]. Bisher ungeklärt ist, ob die erhöhte Infektionsrate bereits die Folge eines kompromittierten kindlichen Immunsystems ist und somit kausal wenig mit der Entstehung der Beta-Zell-Autoimmunität zu tun hat oder ob die gehäuft auftretenden Infektionen die Schwelle der Autoimmunität erhöhen und somit an der Pathogenese beteiligt sind. Interessant ist in diesem Zusammenhang der Befund, dass Kinder, die bereits im ersten Lebensjahr positive Beta-Zell-Autoantikörper haben, eine verminderte Impfantwort gegen Tetanus produzieren [31]. Das könnte dafür sprechen, dass die Immunkompetenz von Kindern mit späterer Typ-1-Diabeteserkrankung bereits in früher Kindheit beeinträchtigt ist.

1.2.8 Assoziation mit anderen Autoimmunerkrankungen

Typ-1-Diabetes tritt gehäuft in Verbindung mit anderen Autoimmunerkrankungen wie Zöliakie, Hashimoto Thyreoiditis und Vitiligo auf [32]. Vor allem die genetische Prädisposition und das Vorliegen von HLA-Klasse-II-Risikogenen sind für das gemeinsame Auftreten dieser Autoimmunerkrankungen verantwortlich. Ob Umweltfaktoren wie Gluten die frühkindliche Ernährung und Infektionen die Krankheitsentstehung ähnlich beeinflussen, ist bisher weitgehend ungeklärt. Ein einmaliges Screening auf diese Autoimmunerkrankungen im Rahmen der Erstdiagnose des Typ-1-Diabetes wird als sinnvoll erachtet.

1.2.9 Typ-2-Diabetes im Kindesalter

1.2.9.1 Pathogenese des Typ-2-Diabetes

Bei etwa 5–10 % der im Kindesalter an Diabetes erkrankten Patienten liegt ein Typ-2-Diabetes vor. Bewegungsarmut und Überernährung bzw. fettreiche Ernährung gelten als wichtigste auslösende Faktoren in der Pathogenese des Typ-2-Diabetes. Eine positive Familienanamnese erhöht das Risiko, an Typ-2-Diabetes zu erkranken, um das Zwei - bis Vierfache. Weitere Risikofaktoren sind ein Gestationsdiabetes der Mutter, das Pubertätsalter, die Zugehörigkeit zu einer Minoritätspopulation und Erkrankungen, die mit einer Insulinresistenz einhergehen wie das Polyzystische Ovar Syndrom (PCOS) oder die Acanthosis nigrans [33].

Bei Typ-2-Diabetes besteht ein Missverhältnis zwischen der Beta-Zell-Funktion (d. h. dem Vermögen, Insulin adäquat zu sezernieren) und der Insulinwirkung. Die Insulin-Resistenz führt zu einer erhöhten Glukose-Produktion in der Leber und einer verminderte Glukose-Aufnahme in Muskel- und Fettgewebe.

Differentialdiagnostisch ist ein Typ-2-Diabetes gekennzeichnet durch das Fehlen von Beta-Zell-Autoantikörpern und monogenetischen Diabetesformen, sowie dem Vorhandensein eines erhöhten Körpergewichts und normaler bis erhöhter C-Peptid-Spiegel.

1.2.9.2 Gene

Eine Reihe von Genen wurden mit dem Risiko für Adipositas und Typ-2-Diabetes in Zusammenhang gebracht. Besonders der P12A-Polymorphismus des Peroxisomenproliferator-aktivierten Rezeptor-γ-Gens (*PPARG*) konnte in mehreren Untersuchungen repliziert werden [34]. PPARG wird vermehrt in weißem und braunem Fettgewebe exprimiert und reguliert die Adipogenese. Es spielt auch im Lipid-Stoffwechsel und für die Insulin-Sensitivität eine wichtige Rolle. Ein Alanin-Allel des Pro12Ala-Polymorphismus statt eines Prolin-Allels reduziert das Risiko für Typ-2-Diabetes um 21–27 %. Der Alanin-Genotyp resultiert sehr wahrscheinlich in einer Verbesserung der Insulinsensitivität [34]. Das Typ-2-Diabetes-Gen mit dem höchsten Risiko und der robustesten Datenlage ist der Transkriptionsfaktor *TCF7L2*. Er spielt eine wichtige Rolle bei der Regulation der zellulären Proliferation und Differenzierung und wird in den Beta-Zellen des Pankreas exprimiert. Bei Trägern der Genvariante ist die Sekretion von Insulin verringert [35]. Andere assoziierte Gene sind *FTO, CDKAL1, CDKN2A/CDKN2B, IGF2BP2, HHEX/DIE* und *SLC30A8*, das den Zinktransporter-8 (ZnT8) kodiert [36]. Außer *FTO* scheinen all diese Gene am Versagen der Beta-Zellen beteiligt zu sein. *HHEX/DIE* und *CDKAL1* sind mit interuterinem und kindlichem Wachstum assoziiert [37].

Gene, die beim MODY-Diabetes identifiziert wurden, scheinen ihren Anteil an der Pathogenese eines Typ-2-Diabetes beizusteuern. Insbesondere die Gene, die für die Proteine SUR-1 (*ABCC8*) und KIR6.2 (*KCNJ11*) kodieren, tragen ein erhöhtes Risiko für Typ-2-Diabetes [38]. Mutationen dieser Gene resultieren in einer gestörten Insulinsekretion.

1.2.9.3 Pränatale Programmierung

Die intrauterine und neonatale Ernährung scheint langfristige Folgen für die Entwicklung von Adipositas, Insulin-Resistenz und Typ-2-Diabetes zu haben. Eine finnische Kohorten-Studie an Schwangeren konnte zeigen, dass eine Zunahme des Geburtsgewichts von jeweils 1 kg das Risiko der Nachkommen, Typ-2-Diabetes zu entwickeln, um mehr als 30 % erhöht [39]. Eine Studie an Pima-Indianern wies auf einen „U-förmigen" Zusammenhang zwischen dem Typ-2-Diabetesrisiko und dem Geburtsgewicht hin [40]. Sowohl ein niedriges (< 2.500 g) als auch ein hohes Geburtsgewicht (> 4.500 g) sind mit einem hohen Typ-2-Diabetesrisiko assoziiert. Studien belegen außerdem, dass ein hoher BMI der Eltern das Risiko der Kinder, an Typ-2-Diabetes zu erkranken, steigert. Verschiedene Tiermodelle liefern eine Erklärung dafür, warum Kinder, deren Mütter während der Schwangerschaft einen hohen BMI hatten, rasant zunehmen und warum sie häufiger an Typ-2-Diabetes erkranken. So scheinen proinflammatorische Zytokine bei mütterlicher Adipositas mit Veränderungen der Plazenta einherzugehen [41]. Es wird vermutet, dass ein hoher mütterlicher Leptin-Spiegel zu einer erhöhten Leptin-Konzentration bei Kindern und einer Leptin-Resistenz im späteren Leben führt [42]. Es gibt auch Hinweise dafür, dass ein mütterliches Übergewicht eine veränderte Genmethylierung und dadurch eine verminderte Expression von *PPARG* in der Leber nach sich zieht, wodurch die Lipid-Homöostase gestört wird [43]. Auf die Prädisposition des Kindes scheint aber nicht nur der BMI der Mutter, sondern auch der des Vaters einen Einfluss zu haben. In einem Rattenmodell konnte gezeigt werden, dass väterliches Übergewicht zu einer Dysfunktion der Beta-Zellen führen kann [44]. Auch der epigenetische Einfluss des Vaters hat in den letzten Jahren das Interesse der Forscher geweckt, da vermutet wird, dass der Gesundheitszustand des Vaters während der Spermatogenese ebenfalls eine Rolle bei der Entwicklung des Kindes spielt.

Die Ernährung im Neugeborenen- und Kindesalter scheint ebenfalls einen Beitrag dazu zu leisten, ob ein Kind Typ-2-Diabetes entwickelt oder nicht. Laut Barkers Hypothese des sparsamen Phänotyps (engl. *Thrifty Phenotype Hypothesis*) stellt eine Kombination aus intrauteriner Mangelernährung gefolgt von späterer Überernährung ein besonders großes Risiko für die Entwicklung chronischer Erkrankungen wie Typ-2-Diabetes dar. Ravelli und Mitarbeiter untersuchten die Auswirkungen einer intrauterinen Mangelernährung (400–800 Kilokalorien pro Tag) während des holländischen Hungerwinters im Jahre 1944. Sie konnten zeigen, dass eine Mangelernährung während der ersten zwei Schwangerschaftstrimester mit einem erhöhten Adipositas-Risiko der Nachkommen assoziiert war. Fand die Mangelernährung jedoch während des dritten Schwangerschaftstrimesters und der ersten fünf Lebensmonate statt, war das mit einem verminderten Adipositas-Risiko assoziiert [45].

Für weitere Informationen zur Klassifizierung von Diabetes im Kindesalter und zur Pathogenese von monogenetischen und sekundären Diabetesformen dürfen wir auf die Klassifikation in den ISPAD-Clinical-Consensus-Leitlinien verweisen.

1.2.10 Danksagung

Wir möchten uns bei Dr. Christiane Winkler und Dr. Peter Achenbach für ihre Unterstützung bei der Verfassung dieses Kapitels und der Gestaltung der Abbildungen bedanken.

Literatur

[1] Akirav E, Kushner JA, Herold KC. Beta-cell mass and type 1 diabetes: going, going, gone? Diabetes. 2008; 57(11): 2883–2888.
[2] Wang L, Lovejoy NF, Faustman DL. Persistence of prolonged C-peptide production in type 1 diabetes as measured with an ultrasensitive C-peptide assay. Diabetes Care. 2012; 35(3): 465–470.
[3] Achenbach P, et al. Stratification of type 1 diabetes risk on the basis of islet autoantibody characteristics. Diabetes. 2004; 53(2): 384–392.
[4] Roll U, et al. Peptide mapping and characterisation of glycation patterns of the glima 38 antigen recognised by autoantibodies in Type I diabetic patients. Diabetologia. 2000; 43(5): 598–608.
[5] McLaughlin KA, et al. Identification of Tetraspanin-7 as a Target of Autoantibodies in Type 1 Diabetes. Diabetes. 2016.
[6] Warncke K, et al . Does diabetes appear in distinct phenotypes in young people? Results of the diabetes mellitus incidence Cohort Registry (DiMelli). PLoS One. 2013; 8(9): e74339.
[7] Hummel M, et al . Brief communication: early appearance of islet autoantibodies predicts childhood type 1 diabetes in offspring of diabetic parents. Ann Intern Med. 2004; 140(11): 882–886.
[8] Ziegler AG, Bonifacio E, Group BB S. Age-related islet autoantibody incidence in offspring of patients with type 1 diabetes. Diabetologia. 2012; 55(7): 1937–1943.
[9] Ziegler AG, et al . Seroconversion to multiple islet autoantibodies and risk of progression to diabetes in children. JAMA. 2013; 309(23): 2473–2479.
[10] Insel RA, et al. Staging presymptomatic type 1 diabetes: a scientific statement of JDRF, the Endocrine Society, and the American Diabetes Association. Diabetes Care. 2015; 38(10): 1964–1974.
[11] Ziegler AG, et al . Autoantibody appearance and risk for development of childhood diabetes in offspring of parents with type 1 diabetes: the 2-year analysis of the German BABYDIAB Study. Diabetes. 1999; 48(3): 460–468.
[12] Naserke HE, Bonifacio E, Ziegler AG. Prevalence, characteristics and diabetes risk associated with transient maternally acquired islet antibodies and persistent islet antibodies in offspring of parents with type 1 diabetes. J Clin Endocrinol Metab. 2001; 86(10): 4826–4833.
[13] Couper JJ, et al. ISPAD Clinical Practice Consensus Guidelines 2014. Phases of type 1 diabetes in children and adolescents. Pediatr Diabetes. 2014; 15(20): 18–25.
[14] Noble JA, Erlich HA. Genetics of type 1 diabetes. Cold Spring Harb Perspect Med. 2012; 2(1): a007732.
[15] Achenbach P, et al . Natural history of type 1 diabetes. Diabetes. 2005; 54(2): S25–31.
[16] Bennett ST, et al . Insulin VNTR allele-specific effect in type 1 diabetes depends on identity of untransmitted paternal allele. The IMDIAB GrouNat Genet. 1997; 17(3): 350–352.

[17] Blasetti A, et al . Role of the C1858T polymorphism of protein tyrosine phosphatase non-receptor type 22 (PTPN22) in children and adolescents with type 1 diabetes. Pharmacogenomics J. 2016.
[18] Pathiraja V, et al. Proinsulin-specific, HLA-DQ8, and HLA-DQ8-transdimer-restricted CD4 + T cells infiltrate islets in type 1 diabetes. Diabetes. 2015; 64(1): 172–182.
[19] Gianchecchi E, et al . Altered B cell homeostasis and toll-like receptor 9-driven response in type 1 diabetes carriers of the C1858T PTPN22 allelic variant: implications in the disease pathogenesis. PLoS One. 2014; 9(10): e110755.
[20] Winkler C, et al . An interferon-induced helicase (IFIH1) gene polymorphism associates with different rates of progression from autoimmunity to type 1 diabetes. Diabetes. 2011; 60(2): 685–690.
[21] Hagopian WA, et al. The Environmental Determinants of Diabetes in the Young (TEDDY): genetic criteria and international diabetes risk screening of 421 000 infants. Pediatr Diabetes. 2011; 12(8): 733–743.
[22] Schenker M, et al. Early expression and high prevalence of islet autoantibodies for DR3/4 heterozygous and DR4/4 homozygous offspring of parents with Type I diabetes: the German BABYDIAB study. Diabetologia. 1999; 42(6): 671–677.
[23] Winkler C, et al. A strategy for combining minor genetic susceptibility genes to improve prediction of disease in type 1 diabetes. Genes Immun. 2012; 13(7): 549–555.
[24] Bonifacio E, et al. IDDM1 and multiple family history of type 1 diabetes combine to identify neonates at high risk for type 1 diabetes. Diabetes Care. 2004; 27(11): 2695–2700.
[25] Ziegler AG, et al. Early infant feeding and risk of developing type 1 diabetes-associated autoantibodies. JAMA. 2003. 290(13): 1721–1728.
[26] Norris JM, et al. Timing of initial cereal exposure in infancy and risk of islet autoimmunity. JAMA. 2003; 290(13): 1713–1720.
[27] Uusitalo U, et al. Association of Early Exposure of Probiotics and Islet Autoimmunity in the TEDDY Study. JAMA Pediatr. 2016; 170(1): 20–28.
[28] Lamb MM, et al. Dietary glycemic index, development of islet autoimmunity, and subsequent progression to type 1 diabetes in young children. J Clin Endocrinol Metab. 2008; 93(10): 3936–3942.
[29] Raab J, et al. Prevalence of vitamin D deficiency in pre-type 1 diabetes and its association with disease progression. Diabetologia. 2014; **57**(5): 902–908.
[30] Beyerlein A, et al.Respiratory infections in early life and the development of islet autoimmunity in children at increased type 1 diabetes risk: evidence from the BABYDIET study. JAMA Pediatr. 2013; 167(9): 800–807.
[31] Schmid S, et al. Reduced IL-4 associated antibody responses to vaccine in early pre-diabetes. Diabetologia. 2002; 45(5): 677–685.
[32] Daneman D. Type 1 diabetes. Lancet. 2006; 367(9513): 847–858.
[33] Tfayli H, Arslanian S. Pathophysiology of type 2 diabetes mellitus in youth: the evolving chameleon. Arq Bras Endocrinol Metabol. 2009; 53(2): 165–174.
[34] Altshuler D, et al. The common PPARgamma Pro12Ala polymorphism is associated with decreased risk of type 2 diabetes. Nat Genet. 2000; 26(1): 76–80.
[35] Grant SF, et al. Variant of transcription factor 7-like 2 (TCF7L2) gene confers risk of type 2 diabetes. Nat Genet. 2006; 38(3): 320–323.
[36] Pascoe L, et al. Common variants of the novel type 2 diabetes genes CDKAL1 and HHEX/IDE are associated with decreased pancreatic beta-cell function. Diabetes. 2007; 56(12): 3101–3104.
[37] Winkler C, et al. HHEX-IDE polymorphism is associated with low birth weight in offspring with a family history of type 1 diabetes. J Clin Endocrinol Metab. 2009; 94(10): 4113–4115.
[38] Das SK, Elbein SC. The Genetic Basis of Type 2 Diabetes. Cellscience. 2006; 2(4): 100–131.

[39] Forsen T, et al. The fetal and childhood growth of persons who develop type 2 diabetes. Ann Intern Med. 2000; 133(3): 176–182.
[40] McCance DR, et al. Birth weight and non-insulin dependent diabetes: thrifty genotype, thrifty phenotype, or surviving small baby genotype? BMJ. 1994; 308(6934): 942–945.
[41] Vambergue A, Fajardy I. Consequences of gestational and pregestational diabetes on placental function and birth weight. World J Diabetes. 2011; 2(11): 196–203.
[42] Kirk SL, et al. Maternal obesity induced by diet in rats permanently influences central processes regulating food intake in offspring. PLoS One. 2009; 4(6): e5870.
[43] Zhu MJ, et al. Maternal obesity markedly increases placental fatty acid transporter expression and fetal blood triglycerides at midgestation in the ewe. Am J Physiol Regul Integr Comp Physiol. 2010; 299(5): R1224–1231.
[44] Ng SF, et al. Chronic high-fat diet in fathers programs beta-cell dysfunction in female rat offspring. Nature. 2010; 467(7318): 963–966.
[45] Schulz LC. The Dutch Hunger Winter and the developmental origins of health and disease. Proc Natl Acad Sci U S A. 2010; 107(39): 16757–16758.

Anibh Martin Das

1.3 Fettstoffwechselstörungen: Ätiologie und Pathogenese

1.3.1 Physiologie des Lipidstoffwechsels

Die physiologische Funktion von Fettsäuren und Lipiden besteht darin, Energiesubstrate für die Oxidative Phosphorylierung in den Mitochondrien (insbesondere der Skelett- und Herzmuskulatur) bereitzustellen und in der Hungerphase Ketonkörper als alternatives Energiesubstrat für das Gehirn zu produzieren, sobald die Blutglukosekonzentration abfällt; ferner sind Lipide, insbesondere Cholesterin, wesentliche Bestandteile von Biomembranen. Damit haben Lipide eine wichtige Funktion bei der Aufrechterhaltung der zellulären Integrität, aber auch im Rahmen der Signalübertragung und des Transports von Substanzen über Zellmembranen; distinkte Mikrodomänen, die so genannten ‚Lipid Rafts', spielen hierbei eine besondere Rolle [1].

Lipide sind in wässrigen Flüssigkeiten wie dem Blut nicht löslich, sie können nur als Lipoproteine im Blut transportiert werden. Die Lipoproteine haben eine hydrophile Außenschicht aus Phospholipiden, Apoproteinen und wenig nichtverestertem Cholesterin, welche den lipophilen Kern aus Triglyceriden oder Cholesterol-Estern umgibt. So können die hydrophoben Lipide im Blut transportiert werden. Eine weitere sekundäre Funktion der Lipoproteine besteht in dem Transport toxischer, hydrophober Substanzen wie bakterieller Endotoxine. Die Lipoproteine werden nach ihrer Dichte, elektrophoretischen Mobilität und der biochemischen Zusammensetzung eingeteilt (Tab. 1.1).

Apoproteine haben unterschiedliche Funktionen (Tab. 1.2): Sie dienen als Liganden für Lipoprotein-Rezeptoren, sind Strukturproteine, unterstützen die Bildung von Lipoproteinen und fungieren als Aktivatoren oder Inhibitoren von Enzymen, die am Lipoprotein-Stoffwechsel beteiligt sind [2] (Tab. 1.3).

Tab. 1.1: Unterschiedliche Lipide und ihre biophysikalischen Eigenschaften.

Klasse	Dichte [g/ml]	Elektrophorese
Chylomikronen	< 0,95	statisch
VLDL	0,95–1,006	Prä-β-Lipoproteine
IDL	1,006–1,019	Langsame Präβ-Lipoproteine
LDL	1,019–1,063	β-Lipoproteine
HDL-2	1,063–1,125	Alpha-Lipoproteine
HDL-3	1,125–1,210	Alpha-Lipoproteine
Lp(a)	1,040–1,090	Langsame Prä-β-Lipoproteine

Tab. 1.2: Apoproteine, ihr Bildungsort (Gewebe) und ihre Funktion.

Apolipoprotein	Gewebe	Funktion
ApoA-I	Leber und Darm	Überträgt Zellcholesterin auf HDL via ABCA1; Kofaktor LCAT; vermittelt Aufnahme von Cholesterinestern von HDL, LDL, VLDL durch SR-B1
ApoA-II	Leber und Darm	unbekannt
ApoA-IV	Leber und Darm	Aktiviert LCAT; Chylomikronenbildung
ApoA-V	Leber und Darm	Stimuliert LPL
ApoB-48	Darm	Sekretion von Chylomikronen aus dem Darm
ApoB-100	Leber	Aktiviert LCAT, inhibiert CETP und SR-B1
ApoC-I	Leber	Aktiviert LCAT, inhibiert CETP und SR-B1
ApoC-II	Leber	Kofaktor LPL
ApoC-III	Leber	Inhibiert LPL und Bindung von IDL an LDL-Rezeptor
ApoD	Diverse	Reverser Cholesterin-Transport wird stimuliert
ApoE	Leber	Ligand für die Aufnahme von Chylomikronen-Remnants und IDL durch LDL-like Rezeptorprotein und LDL-Rezeptor

Unterschieden wird ein exogener (intestinaler) Lipoprotein-Stoffwechsel, bei dem die Lipide über die Nahrung zugeführt werden, und ein endogener (hepatischer) Lipoprotein-Stoffwechsel, bei dem Triglyceride in der Leber produziert werden.

1.3.1.1 Exogener (intestinaler) Lipoprotein-Stoffwechsel

Im Rahmen des exogenen Lipoprotein-Stoffwechsels (Abb. 1.6) wird aus der Nahrung stammendes Fett vom Darm zu Muskulatur, Fettgewebe und Leber transportiert. Fett aus der Nahrung, vor allem Triglyceride, Cholesterolester und Phospholipide, wird im Darmlumen mit Hilfe der Gallensäuren in Emulsion gebracht und durch die Pankreaslipase gespalten. Dabei entstehen Glyzerol, Freie Fettsäuren, Monoglyzeride und unverestertes Cholesterin. Nach Aufnahme in die Darmzellen werden aus den Freien Fettsäuren und Glyzerol/Monoglyzeriden Triglyceride gebildet. In den Mikrosomen werden aus Triglyceriden und Cholesterin Chylomikronen gebildet, woran das mikrosomale Triglycerid-Transportprotein (MCT) beteiligt ist. Chylomikronen enthalten die

Tab. 1.3: Apoproteine und Transporter: Bildungsort (Gewebe) und Funktion.

Enzym	Gewebe	Funktion
Lipoproteinlipase	Fett, gestreifter Muskel	Hydrolyse von Triglyceriden und Phopspholipiden aus Chylomikronen und großen VLDL
Hepatische Lipase	Leber	Hydrolyse von Triglyceriden und Phospholipiden von kleinen VLDL, IDL und HDL-2
Lecitin: Cholesterinacyltransferase (LCAT)	Leber	Transfer einer Freien Fettsäure aus Phosphatidylcholin auf HDL
Cholesterolester-Transportprotein (CETP)	Leber, Milz, Fett	Transfer von Cholesterolestern von HDL auf ApoB-Lipoproteine
Phospholipid-Transferprotein (PTP)	Plazenta, Pankreas, Fett, Lunge	Transfer von Phospholipiden im Plasma
Scavenger class B Type 1 Receptor (SR-B1)	Leber, Nebenniere, Gonaden, Endothel, Makrophagen	Vermittelt selektive Aufnahme von Cholesterolestern aus dem Kern der Lipoproteine

Apoproteine ApoA-I, ApoA-IV und ApoB-48, etwa 90 % der Lipide in Chylomikronen sind Triglyceride. Chylomikronen werden in den Chylus sezerniert, wobei ApoB-48 beteiligt ist, über den Ductus thoracicus gelangen die Chylomikronen ins periphere Blut, wo sie ApoE, ApoC-II und ApoC-III von HDL-Cholesterin übernehmen. Gelangen die Chylomikronen in die Kapillaren der Muskulatur oder von Fettgewebe, werden sie durch Lipoproteinlipase auf der Oberfläche von Endothelzellen gespalten, woran der Cofaktor ApoC-II beteiligt ist. Dabei entstehen Freie Fettsäuren und Glyzerol sowie

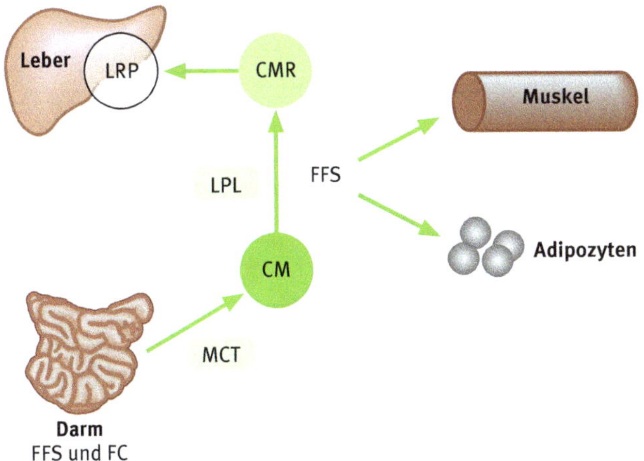

Abb. 1.6: Schematische Darstellung des exogenen Lipoprotein-Stoffwechsels.

Chylomikronen-Remnants. Freie Fettsäuren dienen als Energiesubstrat für die Muskulatur und als Substrat für die Fettsynthese in Adipozyten. In der Hungerphase werden aus Freien Fettsäuren in der Leber Ketonkörper als alternative Energiesubstrate für das Gehirn produziert. Die Chylomikronen-Remnants, bestehend aus Triglyceriden, Cholesterin, ApoB-48 und ApoE, werden über Rezeptor-vermittelte Endocytose in die Leber aufgenommen (Low-Density Lipoprotein Receptor-related Protein, LRP). Cholesterin wird dann in der Leber zur Synthese von Lipoproteinen und Biomembranen verwendet oder mit der Galle in Form von Gallensäuren oder freiem Cholesterin in den Darm ausgeschieden.

1.3.1.2 Endogener (hepatischer) Lipoprotein-Stoffwechsel

Der endogene Lipoprotein-Stoffwechsel in der Leber ist in Abb. 1.7 dargestellt. In der Leber werden, insbesondere bei hohen Fettsäurekonzentrationen im Blut, Triglyceride synthetisiert. Auch werden bei hohen Fettsäurekonzentrationen im Blut insulinvermittelt die Cholesterinsynthese und die ApoB-Sekretion (insbesondere ApoB-100) aktiviert. Triglyceride, Cholesterolester und ApoB-100 dienen als Grundbausteine für die hepatische VLDL-Synthese, an der das mikrosomale Triglycerid-Transportprotein MCT beteiligt ist. An der Sekretion von VLDL ins Plasma ist ApoB-100 beteiligt. VLDL werden zu peripheren Organen transportiert, wo durch Vermittlung der kapillären Lipoproteinlipase und von ApoC-II Freie Fettsäuren abgespalten werden. Verbleibende Triglyceride in den VLDL-Remnants werden hydrolysiert, wobei Intermediate-Density Lipoproteine (IDL) entstehen. Mit Hilfe von ApoE werden diese Lipoproteine an LDL-Rezeptoren gebunden und in die Hepatozyten aufgenommen, wo durch die hepatische Lipoproteinlipase (HL)Triglyceride hydrolysiert werden, es entsteht LDL-Cholesterin. LDL-Rezeptoren werden im endoplasmatischen Retikulum synthetisiert, anschließend im Golgi-Apparat glykolysiert und in Endosomen transportiert.

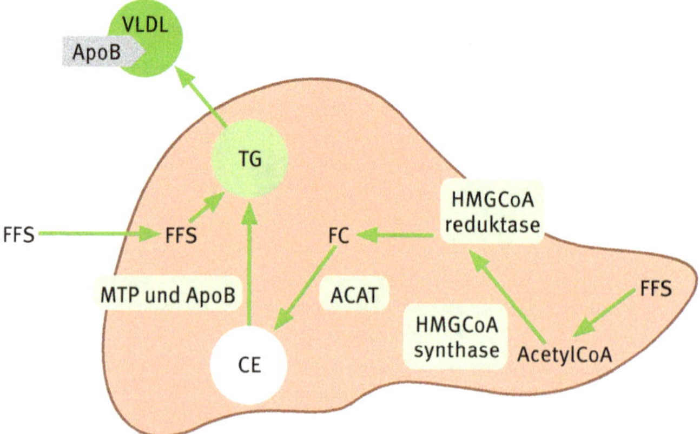

Abb. 1.7: Schematische Darstelllung des endogenen Lipoprotein-Stoffwechsels in der Leber.

ApoB-100 des LDL-Cholesterins oder ApoE der IDL binden an den LDL-Rezeptor. LDL wird in Endosomen von dem LDL-Rezeptor abgekoppelt, der LDL-Rezeptor wird wieder an die Zelloberfläche transportiert, während LDL in Lysosomen abgebaut wird.

1.3.1.3 Reverser Cholesterintransport

Über diesen Pathway werden Lipide aus peripheren Zellen zur Leber transportiert. Eine wesentliche Rolle spielt hierbei das HDL-(High-Density-Lipoprotein-)Cholesterin (Abb. 1.8). Es gibt mehrere Subklassen an HDL, physiologisch für den Lipidstoffwechsel am bedeutendsten sind HDL-2 und HDL-3 [2, 3]. Darmzellen, Sebozyten und Keratinozyten können Cholesterin direkt in das Darmlumen oder auf die Hautoberfläche sezernieren, alle anderen Zellen nutzen den reversen Cholesterintransport, um Lipide auszuschleusen. Der ATP-binding Cassette Transporter A1 (ABCA1) schleust Cholesterin aus peripheren Zellen aus und überträgt es auf Prä-beta ApoA-I, während ATP-binding Cassette Transporter G1 (ABCG1) und Class B-Scavenger Rezeptor B1 (SR-B1) Cholesterin auf HDL übertragen. Neben diesem aktiven Transport gibt es noch eine passive Diffusion von Cholesterin aus der Plasmamembran zum HDL. Vom HDL wird Cholesterin in die Leber aufgenommen. Zum einen bindet dabei HDL an SR-BI-Rezeptoren, was zur Aufnahme von Cholesterin führt, andererseits kann das Cholesterylester-Transfer-Protein (CET) Cholesterin aus HDL auf ApoB-Partikel übertragen, welche in die Leber aufgenommen werden. In der Leber kann Cholesterin direkt oder in Form von Gallensäuren in die Galle sezerniert werden.

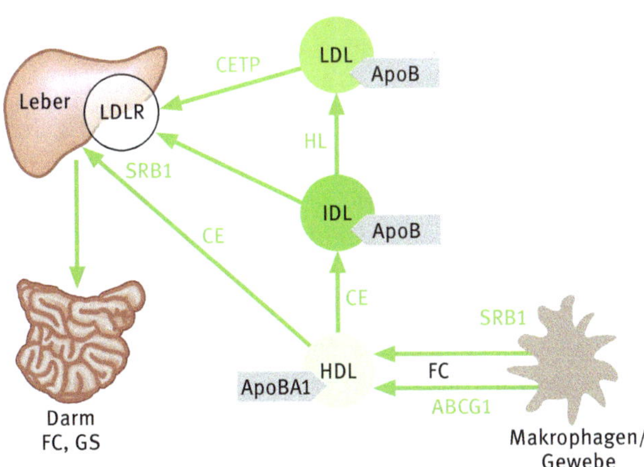

Abb. 1.8: Schematische Darstellung des reversen HDL-Transports.

1.3.1.4 Lipoprotein (a)

Lipoprotein (a) (Lp(a)) besteht aus einem LDL-Molekül und Apolipoprotein (a), welches an ApoB-100 auf dem LDL-Molekül gebunden ist. ApoB-100 und Apolipoprotein

(a) werden in der Leber synthetisiert. Lp(a) stellt einen unabhängigen Risikofaktor für Gefäßprobleme dar.

1.3.2 Pathophysiologie des Lipidstoffwechsels

Störungen im Lipidstoffwechsel sind von großer klinischer Bedeutung, da einige von ihnen wichtige Risikofaktoren für die Arteriosklerose darstellen.

Auf klinischer Ebene hat sich die Einteilung der Lipidstoffwechselstörungen nach Frederickson [4] (Tab. 1.4) bewährt. Pathophysiologisch-pathobiochemisch hat sich gezeigt, dass es oft mehrere genetisch definierte Erkrankungen gibt, die zu ein und derselben Lipidkonstellation führen [5].

Erhöhte Triglyceridwerte können rezidivierende Pankreatitiden nach sich ziehen.

Tab. 1.4: Klassifikation nach Frederickson.

Phänotyp nach Frederickson	Erhöhte Lipoproteine
Typ I	Chylomikronen
Typ IIa	LDL-Cholesterin
Typ IIb	LDL-Cholesterin, VLDL
Typ III	IDL (Cholesterin-angereichert)
Typ IV	VLDL
Typ V	Chylomikronen, VLDL

1.3.2.1 Familiäre Hypercholesterinämie

Pathobiochemisch ist bei dieser Erkrankungsgruppe das LDL-Cholesterin als Risikofaktor für Arteriosklerose erhöht, was zu vorzeitigen Gefäßerkrankungen führen kann. Bei Männern ist das Risiko, an einer ischämischen Herzerkrankung zu versterben, 3-fach erhöht, wenn der Gesamtcholesterinwert von 5,2 auf 6,2 mmol/l ansteigt [6].

Die häufigste Form der familiären Hypercholesterinämie (OMIM 143890) ist der Typ 2a nach Frederickson mit Erhöhung des LDL-Cholesterins bei normalem Triglyceridwert. Bei den meisten Patienten mit familiärer Hypercholesterinämie liegt keine monogenetische Erkrankung vor, lediglich etwa 10 % der Patienten haben eine genetisch definierte Erkrankung.

Klinisch kommt es zu Lipidablagerungen in der Haut und im Bindegewebe in Form von tendinösen Xanthomen, Xanthomen an den Handinnenflächen, periokulären Xanthelasmen und präsenilem Arcus corneae, neben koronarer Herzerkrankung und anderen Gefäßkomplikationen.

LDL-Rezeptor-Defekt. Die häufigste Ursache einer familiären Hypercholesterinämie ist ein LDL-Rezeptor-Defekt. Der LDL-Rezeptor ist für die Aufnahme von Cholesterin in die Leber verantwortlich, so dass bei einem Rezeptor-Defekt LDL-Cholesterin im Blut verbleibt. Dem liegt eine Mutation im LDL-Rezeptor-Gen auf Chromosom 19p13.2 zugrunde. Mutationen können die LDL-Rezeptorfunktion, die -Transkription oder die Internalisierung des Rezeptors betreffen [7].

Bei homozygoten oder compound-heterozygoten Mutationen ist das klinische Bild besonders stark ausgeprägt, es kommt bereits in früher Kindheit zu deutlichen Symptomen.

Polygene Hypercholesterinämie. Es sind mehrere am Lipidstoffwechsel beteiligte Gene betroffen. Beispielsweise können ApoB, ApoE, ApoC-I, ApoC-II, Sortillin, ApoB etc. beeinträchtigt sein [8].

Apolipoprotein B-Defekte. Beim ApoB-Mangel ist der Ligand für den LDL-Rezeptor an der Oberfläche des LDL-Cholesterins funktionsgestört, so dass LDL nicht an den LDL-Rezeptor binden kann. ApoB ist auf dem kurzen Arm von Chromosom 2 kodiert.

Gain-of-Function-Mutation von PCSK9. Nachdem LDL-Cholesterin an den LDL-Rezeptor bindet, wird der Rezeptor-LDL-Komplex in die Zelle aufgenommen und LDL in den Lysosomen abgebaut. Der LDL-Rezeptor wird vom LDL-Cholesterin abgekoppelt und gelangt wieder an die Zelloberfläche. Proprotein Convertase Subtilisin Kexin Typ 9 (PCSK9) bindet an den LDL-Rezeptor und verhindert den Rücktransport an die Zelloberfläche [9]. Durch eine Verminderung der LDL-Rezeptoren an der Zelloberfläche kann nur eine geringe Menge an LDL-Cholesterin aus dem Blut eliminiert werden, die LDL-Cholesterinkonzentration im Blut steigt. PCSK9 stammt vorwiegend aus der Leber, aber auch aus dem Darm und den Nieren. Der Phänotyp einer ‚Gain-of-Function'-Mutation von PCSK9 ist vergleichbar mit dem Defekt des LDL-Rezeptors, der Phänotyp bei ApoB-Mangel ist schwächer ausgeprägt [10].

Autosomal-rezessive Hypercholesterolämie. Die meisten monogenen Formen der familiären Hyperlipidämien werden autosomal-dominant vererbt. Die seltene autosomal-rezessive Hypercholesterinämie beruht auf einer Mutation im LDL-Rezeptor-Adapterprotein1(LDLRAP1), welches bei dem Sorting des LDL-Rezeptors in Clathrin-Vesikel und der anschließenden Internalisierung des Rezeptors beteiligt ist. Dadurch ist das Recycling des LDL-Rezeptors an die Zelloberfläche beeinträchtigt.

1.3.2.2 Primäre Hypertriglyceridämie

Selten handelt es sich um monogene Erkrankungen, bei denen ausgeprägte Triglyceriderhöhungen und Symptome bereits in der Kindheit auftreten. Meist besteht vielmehr eine genetische Prädisposition, die in Kombination mit Umwelteinflüssen im Erwachsenenalter zu Symptomen führt.

Mögliche klinische Symptome sind Lipidablagerungen und rezidivierende Pankreatitiden.

Auf analytischer Ebene ist anzumerken, dass die Triglyceride indirekt nach Hydrolyse über das freigesetzte Glyzerol gemessen werden. In seltenen Fällen handelt es sich um eine ‚Pseudohypertriglyceridämie ‘, bei der aufgrund hoher Glyzerolkonzentrationen im Blut die Triglyceride falsch hoch gemessen werden. Die erhöhte Glyzerolkonzentration im Blut ist in diesen Fällen auf einen Glyzerokinase-Mangel zurückzuführen, der X-chromosomal vererbt wird. Die betroffenen Patienten können Erbrechen, Azidose, osmotische Dehydratation, Lethargie bis hin zum Koma, Hypothermie und Hypoglykämie zeigen. Treten diese Symptome in Verbindung mit einer Hypertriglyceridämie auf, sollte ein Glyzerokinasemangel durch Analyse der organischen Säuren im Urin ausgeschlossen werden.

Lipoproteinlipase-Defizienz. Beim Lipoproteinlipase-Mangel ist die Lipoproteinlipase-Aktivität im Post-Heparin-Plasma deutlich erniedrigt. Dies führt zu einer Triglycerid-Akkumulation im Blut. Sekundär wird HDL-Cholesterin herunterreguliert.

ApoC-II-Defizienz. ApoC-II ist ein Aktivator der Lipoproteinlipase. Fehlen von ApoC-II im Plasma führt zu fehlender Aktivierung der Lipoproteinlipase, somit zum Anstau von Triglyceriden. Die Erkrankung wird autosomal-rezessiv vererbt.

1.3.2.3 ApoE-Defizienz

Das ApoE-Gen wird auf Chromosom 19q13.2 kodiert, es wird überwiegend in der Leber produziert. ApoE lagert sich an Lipide an. Eine Verbindung zwischen AboE und Lipiden ist erforderlich, dieser Komplex bindet an den Lipidrezeptor. ApoE hat antiarteriosklerotische Eigenschaften. Dementsprechend kann es bei ApoE-Mangel zu Gefäßveränderungen kommen.

1.3.2.4 Störungen des HDL-Stoffwechsels

Eine inverse Korrelation zwischen Plasma HDL-Cholesterinkonzentration und koronarer Herzerkrankung wurde in mehreren Studien beschrieben. HDL-Cholesterin zeigt nicht nur Auswirkungen auf den Cholesterin-Efflux und damit auf das Arterioskleroserisiko, sondern hat auch antiinflammatorische, antioxidative und somit protektive Wirkung auf das Endothel [11].

Erniedrigte HDL-Cholesterinkonzentration. Die familiäre Hypoalphalipoproteinämie mit erniedrigten HDL-Cholesterinwerten kann auf einem Mangel an ApoA-I, ATP-binding Cassette A1-Transporter (ABCA1) oder der Lezithin-Cholesterol-Acyltransferase (LCAT) beruhen.

Das Gen für ApoA-I ist auf Chromosom 11q23 gelegen. Klinisch finden sich häufig neben der Gefäßerkrankung eine Hornhauttrübung und Xanthome. Mitunter kann es auch zu einer Amyloidose, insbesondere des Herzens, kommen.

Mutationen des ABCA1-Gens auf Chromosom 9q31 führen zu einem verminderten Export von Cholesterin und Phospholipiden aus diversen Zellen, bedingt durch eine verminderte Aktivität des membranösen Transporters. Klinisch findet sich die autosomal-rezessiv vererbte Tangier-Erkrankung mit Speicherung von Cholesterylestern in peripheren Nerven, der Hornhaut sowie dem endoretikulären System von Leber, Milz, Lymphknoten und Tonsillen. Dies führt zu Organomegalie, Lymphknotenvergrößerung, orangefarbener Verfärbung der Tonsillen, Hornhauttrübung, prämaturer koronarer Herzkrankheit und Thrombozytopenie. Laborchemisch sind HDL-Cholesterin und ApoA-I erniedrigt, Triglyceride erhöht und Gesamtcholesterin normwertig.

Das Gen für LCAT liegt auf Chromosom 16q21-22. Klinisch findet sich eine Hornhauttrübung; Nephropathie und prämature Gefäßkomplikationen sind nicht immer vorhanden. Tritt die Hornhauttrübung isoliert auf, wird auch von einer ‚Fish-Eye Disease' gesprochen. Laborchemisch sind HDL-Cholesterin und ApoA-I erniedrigt, Triglyceride sind erhöht.

Erniedrigte HDL-Cholesterinwerte in Verbindung mit erhöhten LDL-Cholesterinwerten können ein Hinweis auf eine Defizienz der lysosomalen sauren Lipase (lysosomal acid lipase: LAL) sein, insbesondere, wenn zusätzlich noch eine Leberfunktionsstörung besteht. Hierbei kommt es aufgrund der verminderten Hydrolyse von Cholesterolestern und Triglyceriden zu Speicherphänomenen in Lysosomen, speziell in der Leber, was zu Leberfunktionsstörungen, Hepatomegalie, Fibrose und Zirrhose führt. Bei schwerem Enzymdefekt kann es zu neonatalen Durchfällen, Fettstühlen und Gedeihstörung kommen, typisch ist eine Verkalkung der Nebennieren. Die schwere Verlaufsform wird als M. Wolman bezeichnet und kann schon in der Säuglingszeit letal verlaufen, bei attenuierten Verlaufsformen kann das Lipidprofil die einzige Auffälligkeit darstellen. Die Konfirmationsdiagnostik erfolgt durch Bestimmung der LAL-Aktivität im Blut. Seit kurzem steht eine Enzymersatztherapie mit Sebelipase alfa zur Verfügung, so dass es wichtig ist, die Diagnose frühzeitig zu stellen [12].

1.3.2.5 Sekundäre Dyslipidämien

Dyslipidämien können auch sekundär aufgrund nichtgenetischer Faktoren auftreten. Mögliche Ursachen sind Fettleibigkeit, Metabolisches Syndrom, Diabetes mellitus, Alkoholmissbrauch, Nierenerkrankungen, Hypothyreose, Schwangerschaft und systemscher Lupus erythematosus. Medikamente wie beispielsweise Kortikosteroide, Östrogene, Tamoxifen, Thiazide, nichtselektive Betablocker, Gallensäurebinder, Cyclophosphamid, antiretrovirale Medikamente und antipsychotische Substanzen können Dyslipidämien verursachen. Mitunter müssen prädisponierende genetische Faktoren vorliegen, damit es zu einer Dylipidämie kommt.

Fettleibigkeit, Metabolisches Syndrom und Diabetes. Fettleibigkeit kann zu sekundären Krankheitsmanifestationen wie dem ‚Metabolischen Syndrom', Typ-2-Diabetes, aber auch zu Dyslipidämien führen. Typischerweise steigen Triglyceride und Freie Fettsäuren an, HDL-Cholesterin fällt ab, während LDL-Cholesterin leicht erhöht bis normwertig ist. Durch Produktion freier Radikale kann es zu einer Lipidperoxidation mit Bildung oxidierter Lipide kommen. Diätetisches Fett wird von Adipozyten schlechter aufgenommen, Freie Fettsäuren führen zu vermehrter Synthese von Lipiden in der Leber. Einige Gene, welche für Faktoren der Lipidaufnahme und -prozessierung verantwortlich sind, werden bei Adipositas in geringerem Maße exprimiert [13].

Hypothyreose. Schilddrüsenhormone können Synthese, Mobilisation und Abbau von Lipiden beeinflussen. Sterol Regulatory Element Binding Protein 2 (SREBP2) wird durch Schilddrüsenhormone stimuliert [14], ebenso ein Promoter des LDL-Rezeptors [15]. T3 reguliert die Aktivität der Cholesterin 7-Hydroxylase, dem geschwindigkeitslimitierenden Schritt bei der Gallensäuresynthese und somit bei der biliären Cholesterinsekretion [16]. Eine Schilddrüsenunterfunktion führt somit zu einer signifikanten Erhöhung der Cholesterinkonzentration im Blut.

Nierenerkrankung. Beim Nephrotischen Syndrom sind ApoB-assoziierte Lipoproteine, VLDL, IDL und LDL-Cholesterin erhöht, HDL-Cholesterin ist normwertig, Lipoprotein (a) erhöht. Im Tiermodell fand sich eine erhöhte Expression von Enzymen, die in der Leber an der Biosynthese von Cholesterin, Triglyceriden und Fettsäuren beteiligt sind, Enzyme, die für die Fettsäureoxidation verantwortlich sind, waren herunterreguliert [17].

Schwangerschaft. Gesamtcholesterin, LDL- und HDL-Cholesterin sowie Lipoprotein (a) steigen im 2.–3. Trimester der Schwangerschaft an, am stärksten ausgeprägt ist der Anstieg bei den Triglyceriden [18]. Östrogene und Insulin sollen hierbei eine Rolle spielen. Die Aktivität der LPL ist vermindert.

Abkürzungen

ABCA1:	ATB-binding Cassette Transporter A1
ABCG1:	ATB-binding Cassette Transporter G1
ACAT:	Acylcholesterol Acyltransferase
Apo:	Apoprotein
CE:	Cholesterolester
CETP:	Cholesterolester Transportprotein
CM:	Chylomikronen
CMR:	Chylomikronen-Remnants
FC:	Freies Cholesterin
FFS:	Freie Fetttsäuren
HDL:	High Density Lipoprotein
HL:	Hepatische Lipase
HMGCoA:	3-Hydroxy-3-methylglutaryl CoA
IDL:	intermediate Density Lipoprotein
LAL:	Lysosomal Acid Lipase
LCAT:	Lezithin-Cholesterol-Acyltransferase
LDL:	Low Density Lipoprotein
Lp(a):	Lipoprotein (a)
LPL:	Lipoproteinlipase
LDLRAP 1:	LDL-Rezeptor-Adapterprotein 1
LRP:	Low-Density Lipoprotein Receptor-related Protein
MTP:	Mikrosomales Tryglyzerid Transporterprotein
PCSK9:	Proprotein Convertase Subtilisin Kexin Typ 9
PTP:	Phospholipid Transferprotein
SRB1:	Scavenger Rezeptor Class B Typ 1
SREBP2:	Sterol Regulatory Element Binding Protein 2

Literatur

[1] Marquardt D, Kucerka N, Wassall SR, Harrun TA, Katsaras J. Cholesterol's Location in Lipid Bilayers. Chem Phys Lipids. 2016 (im Druck).

[2] Feingold KR, Grunfeld C. Introduction to Lipids and Lipoproteins. In: De Groot LJ, Beck-Peccoz P, Chrousos G, et al., eds. Endotext, South Dartmouth, MA, USA. 2015.

[3] Nofer JR, Walter M, Assmann G. Current understanding oft he role og high-density lipoproteins in atherosclerosis and senescence. Expert Rev Cardiovasc Ther. 2005; 3: 1071–1086.

[4] Frederickson DS. An international classification of hyperlipidemias and hyperlipoproteinemias. Ann Intern Med. 1971; 75: 471–472.

[5] Ramasamy I. Update on thew molecular biology of dyslipidemias. Clin Chim Acta. 2016; 454: 143–185.

[6] Stamler J, Daviglus ML, Garside DB, Dyer AAR, Greenland P, Neaton JD. Relationship of baseline serum cholesterol levels in 3 large cohorts of younger men to long-term coronary, cardiovascular, and all-cause mortality and to longevity. JAMA. 2000; 311–318.

[7] Leigh SAE, Foster AH, Whittall RA, Hubbart CS, Hunphries SE. Update and analysis of the university college low density lipoprotein receptor familial hypercholesterolemia database. Ann Hum Genet. 2008; 72: 485–498.

[8] Talmud PJ, Shah S, Whittall R, et al. Use of low-density lipoprotein cholesterol gene score to distinguish patients with polygenic and monogenic familial hypercholesterolemia: a case-control study. Lancet. 2013; 381: 1293–1301.

[9] Maxwell KN, Fisher EA, Breslow JL. Overexpression of PCSK9 accelerates the degradation of the LDLR in a post-endoplasmatic reticulum compartment. Proc Natl Acad Sci. 2005; 102: 2069–2074.

[10] Marduel M, Carrie A, Sassolas A, et al. Molecular spectrum of autosomal dominant hypercholesterolemia in France. Hum Mutat. 2010; 31: E1811–1824.

[11] Calabresi L, Gomaraschi M, Simonelli S, Bernini F, Franceschini G. HDL and atherosclerosis: insights from inherited HDL disorders. Biochim Biophys Acta. 2015; 185: 13–18.

[12] Rader DJ. Lysosomal acid Lipase Deficiency – A New Therapy for a Genetic Lipid Disease. N Engl J Med. 2015; 373: 1071–1073.

[13] Clemente-Postigo M, Queipo-Ortuño MI, Fernandes-Garcia D, Gomez-Huelgas R, Tinahones FJ, Cardona F. Adipose tissue gene expression of factors related to lipid processing in obesity. PLoS one, 2011; 6, Epub.

[14] Shin DJ, Osborne TF. Thyroid hormone regulation and cholesterol metabolism are connected through Sterol Regulatory Element-Binding Protein-2 (SREBP-2). J Biol Chem. 2003; 278: 34114–34118.

[15] Bakker O, Hudig F, Meijssen S, Wiersinga WM. Effects of triiodothyronine and amiodarone on the promoter oft he human LDL receptor gene. Biochem Biophys Res Commun. 1998; 249: 517–521.

[16] Drover VA, Wong NC, Agellon LB. A distinct thyroid hormone response element mediates repression of the human cholesterol 7 alpha-hydroxylase (CYP7A1) gene promoter. Mol Endocrinol. 2002; 16: 14–23.

[17] Zhou Y, Zhang X, Chen L, et al. Expresion profiling of hepatic genes associated with lipid metabolism in nephrotoc rats. Am J Physiol Ren Physiol. 2008; 295: F662–667.

[18] Lippi G, Albiero A, Montagnana M, et al. Lipid and lipoprotein profile in physiological pregnancy. Clin Lab. 2007; 53: 173–177.

2 Epidemiologie, Screening und Prävention

Birgit Jödicke und Susanna Wiegand

2.1 Adipositas: Epidemiologie, Screening und Prävention

2.1.1 Epidemiologie

Im Januar 2016 hat die WHO den Abschlussbericht der *Commission on Ending Childhood Obesity (ECHO)* [1] vorgelegt. Darin werden die kumulativen Ergebnisse aus über 100 Ländern zum Thema Übergewicht und Adipositas im Kindes- und Jugendalter publiziert. So wird die Prävalenz von Übergewicht/Adipositas bei Kindern unter fünf Jahren auf mindestens 41 Millionen weltweit geschätzt, mit einer Zunahme insbesondere in Schwellenländern. Für den weiteren Entwicklungsverlauf bedingt Übergewicht/Adipositas relevante Nachteile in unterschiedlichen Lebensbereichen, einschließlich der psychosozialen Entwicklung und des erreichten Bildungsniveaus. Insbesondere die Zunahme der Problematik in ärmeren Ländern und/oder Bevölkerungsgruppen wird von den Autoren als besorgniserregend gewertet.

Für Deutschland liegen repräsentative Zahlen zur Prävalenz von Übergewicht/Adipositas im Alter von 3 bis 17 Jahren vor. Diese wurden 2003–2006 im Rahmen des Kinder- und Jugendsurveys des Robert Koch-Institutes (KiGGS) erhoben. Die Prävalenz von 15 % Übergewicht und davon 6,3 % Adipositas entspricht ca. 1,1 Mio. übergewichtigen und ca. 800.000 adipösen Kindern und Jugendlichen. Besondere Risikogruppen sind dabei Kinder aus Familien mit niedrigem Sozialstatus und/oder mit Migrationshintergrund. Jungen und Mädchen sind ähnlich häufig betroffen [2]. Im Vergleich zu den Kohorten der Referenzperzentilen für Deutschland (aus den 1990er Jahren) kam es damit zwischen ca. 1990 und 2006 bei Kindern und Jugendlichen zu einer Zunahme von Übergewicht um 50 % und von Adipositas sogar um 100 %. Bis Anfang 2017 wird diese Prävalenz erneut in einer 2. Feldphase repräsentativ für Deutschland überprüft. Im Gegensatz zu den Ergebnissen des ECHO-Reports der WHO gibt es für die jüngere Vergangenheit in Deutschland und Mitteleuropa Hinweise auf eine Stagnation der Adipositas-Häufigkeit bei Kindern und Jugendlichen, allerdings auf relativ hohem Niveau [3]. Die Daten der Einschulungsuntersuchungen zeigen für einige Bundesländer sogar einen positiven Trend, d. h., die Anzahl übergewichtiger und adipöser Schulanfänger ist rückläufig [4]. Dies könnte ein Hinweis darauf sein, dass z. B. Präventionsmaßnahmen im Kita-Bereich sinnvoll und erfolgreich sind. Die Stagnation bei der Entwicklung von Übergewicht und Adipositas bei Kindern und Jugendlichen in einzelnen Ländern [5], insbesondere in den Altersbereichen der unter 5-Jährigen, mindert nicht die Sorge um die große Anzahl übergewichtiger und adipöser Kinder weltweit. Für adipöse Kinder ab einem Alter von sechs Jahren liegt die Wahrscheinlichkeit, auch als Erwachsener adipös zu sein, bei über 50 % im Vergleich zu 10 % bei normalgewichtigen Gleichaltrigen [6]. Das Risiko steigt weiter, wenn mindestens ein

DOI 10.1515/9783110460056-003

Elternteil adipös ist, eine genetische Veranlagung vorhanden ist oder die Lebensumstände eine Adipositas begünstigen. Daher erscheint es sinnvoll und wichtig, Kinder früh (d. h. ab einem Alter von drei Jahren) zu screenen, um diejenigen zu entdecken, die aus Risikofamilien stammen oder die bereits eine frühmanifeste Adipositas entwickelt haben. Eine Adipositas vor dem 2. Lebensjahr ist dagegen nicht mit einem erhöhten Risiko einer adulten Adipositas verknüpft [6]. Wenn Kinder/Jugendliche bereits adipös sind, ist immer ein Screening bezüglich Adipositas-bedingter Komorbidität notwendig, da in Abhängigkeit vom Ausmaß der Adipositas in ca. 50 % der Fälle bereits relevante Folgeerkrankungen gefunden werden. Dabei handelt es sich meist um Komponenten des Metabolischen Syndroms [7]. Aber auch seltene, nicht metabolische Folgeerkrankungen, wie z. B. eine Epiphyseolysis capitis femoris oder ein Pseudotumor cerebri, sind bei frühzeitiger Diagnosestellung besser zu behandeln (tertiäre Prävention, s. u.).

2.1.2 Screening und Einflussfaktoren

Die in der Bundesrepublik Deutschland empfohlenen Vorsorgeuntersuchungen U1–U9 und J1 eignen sich hervorragend zur frühzeitigen Identifizierung von Kindern mit überproportionaler Gewichtszunahme in bestimmten Altersbereichen, um präventive, diagnostische oder therapeutische Weichen zu stellen. Zur Einteilung in die Bereiche Normalgewicht, Übergewicht und Adipositas sollten die von Kromeyer-Hauschild entwickelten Perzentilen verwendet werden [8], da der BMI (kg/m^2) – anders als im Erwachsenenbereich – alters- und geschlechtsbezogen betrachtet werden muss, um den verschiedenen Wachstums- und Entwicklungsphasen von Kindern Rechnung zu tragen. So ist z. B. ein BMI von 24 kg/m^2 bei einem 5-jährigen Jungen ein Wert im extremen Adipositas-Bereich, bei einem 9-jährigen im Adipositas-Bereich, einem 12-jährigen nur noch im Übergewichtsbereich und bei einem Jugendlichen von 16 Jahren im Normalgewichtbereich (siehe Abb. 2.1; BMI Berechnung auf *myBMI4Kids*, http://www.a-g-a.de).

Die Kenntnis besonders kritischer und sensibler Phasen für die Gewichtsentwicklung ist für die Auswahl geeigneter Präventionsmaßnahmen von großer Bedeutung. So haben verschiedene Faktoren zu unterschiedlichen Entwicklungszeitpunkten maßgeblichen Einfluss auf die Entstehung einer späteren Adipositas:

- pränatale Faktoren,
- postnatale Faktoren,
- Zeitpunkt des Adiposity Rebound,
- Bilanz der Energieaufnahme und des Energieverbrauches,
- Schulung von Kindern/Jugendlichen, Eltern, Erziehern, Lehrern.

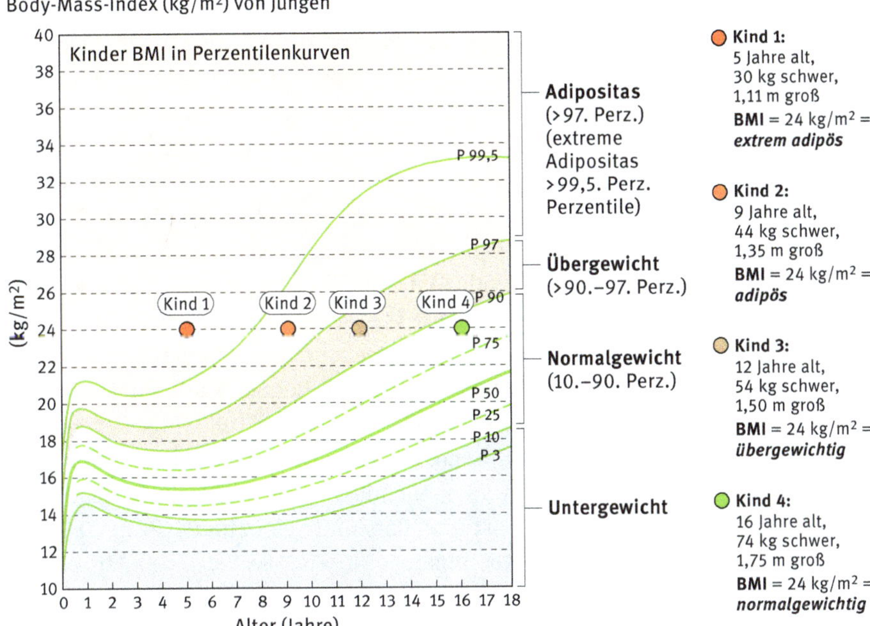

Abb. 2.1: BMI-Werte im Perzentilenkontext (nach Kromeyer-Hauschild).

2.1.2.1 Pränatale Faktoren

Sowohl ein sehr hohes als auch ein niedriges Geburtsgewicht als Zeichen einer Über- bzw. Unterversorgung des Embryos/Feten haben einen Einfluss auf die Gewichtsentwicklung bis in das Erwachsenenalter hinein. Bereits die maternale Adipositas, eine überproportionale Gewichtszunahme in der Schwangerschaft, das Auftreten eines Gestationsdiabetes oder eine ungünstige Zusammensetzung der Nahrung während der Schwangerschaft können als Faktoren der intrauterinen Überversorgung eine spätere kindliche Adipositas begünstigen. Auch die maternale Unterernährung (auch Fehlernährung durch strenge/einseitige Diäten) oder eine aus unterschiedlichen Gründen bestehende plazentare Dysfunktion, die zur Unterversorgung des Ungeborenen führen, begünstigen die Entstehung einer späteren Adipositas des Kindes [9–11].

2.1.2.2 Postnatale Faktoren

Bei der postnatalen Versorgung des Säuglings/Kleinkindes konnte eine ähnlich adipogene Auswirkung auf die Gewichtsentwicklung sowohl für die Stilldauer als auch für eine exzessive Proteinzufuhr oder Überfütterung (z. B. „Andicken" von Formula-Nahrung) gezeigt werden. Allein durch den Unterschied Stillen vs. Formula-Flaschennahrung, aber auch durch die Länge des Stillen (< 2 Monate bis > 12 Monate), kann sich das Gewicht im Erwachsenenalter signifikant in Richtung Adipositas verändern [12]. Die Fachgesellschaften (Deutsche Gesellschaft für Kinder- und Jugendmedizin (DGKJ), Deutsche Gesellschaft für Ernährung (DGE)) empfehlen eine ausschließliche Stilldauer von vier bzw. sechs Monaten, wobei auch nach Einführung der Beikost weiter gestillt werden kann und sollte. Eine hohe Proteinzufuhr nach der Geburt und im ersten Lebensjahr zeigte sich ebenfalls als wesentlicher Faktor für die Entstehung der adulten Adipositas. Das Protein-Fett-Verhältnis der Muttermilch ist dabei der Formula-Nahrung, vor allem aber der Kuhmilch, überlegen. Es sollte allein aus gewichtsrelevanten Überlegungen und abgesehen von allergologischen Aspekten daher das Trinken von Kuhmilch im ersten Lebensjahr vermieden werden. Sie kann jedoch zur Zubereitung der Beikost verwendet werden. Ab dem Ende des ersten Lebensjahres kann Kuhmilch dann aus Becher oder Tasse im Rahmen einer Brotmahlzeit auch zum Trinken gegeben werden [13]. Bei der Wahl einer Pre- oder 1-Nahrung wird eine proteinreduzierte Variante empfohlen [14]. Hierbei spielt die Hochregulation von Insulin und IGF-1 durch die hohe Zufuhr von Protein, gefolgt von einem Anstieg insulinogener Aminosäuren, ebenfalls eine wesentliche Rolle [15]. Bei einem präventiven Ansatz sollte der Fokus auf der Zufuhr einer hohen Proteinqualität statt auf der Zufuhr einer hohen Proteinmenge liegen. Die vorzeitige Einführung von Beikost kann zu einer Hyperalimentation führen und sollte daher nach den Empfehlungen der DGE und des Forschungsinstitutes für Ernährung (FKE) erfolgen (ab dem vollendeten 4. Lebensmonat).

2.1.2.3 Adiposity rebound

Der normale BMI-Verlauf bei Kindern ist nicht linear, sondern folgt einer zweigipfligen Kurve: Im Laufe des ersten Lebensjahres nimmt der BMI des Säuglings kontinuierlich zu, entsprechend einer physiologischen Zunahme des Körperfettanteils. Im zweiten Lebensjahr ist der BMI – parallel zum zunehmenden Bewegungsumfang des Kleinkinds – rückläufig (geringerer Körperfettanteil von Kleinkindern im Vergleich zu Säuglingen). Mit ca. 5,5 Jahren steigt der BMI dann wieder an. Dieser „Umschlagspunkt“ der BMI-Perzentile wird „Adiposity Rebound“ (AR) genannt. Der Adiposity Rebound ist also ein physiologisches Phänomen, welches die normalen Veränderungen der Körperzusammensetzung vom Säugling und Kleinkind bis hin zum Vorschulkind beschreibt. Ein vorzeitiger Adiposity Rebound deutlich vor dem 5. Lebensjahr ist assoziiert mit einem erhöhten Risiko für Übergewicht oder Adipositas und kann bereits im Alter von zehn Jahren – wie exemplarisch dargestellt – zu einem signifikanten Unterschied des BMI führen (siehe Abb. 2.2).

Beide Kinder erreichen bei unterschiedlichem Geburtsmaßen am Ende des ersten Lebensjahres etwa den gleichen BMI. Das primär hypotrophe Neugeborene A holt im ersten Lebensjahr an Gewicht und Länge auf. Beide Kinder fallen dann aber auf einen unterschiedlichen BMI-Tiefpunkt ab und Kind A beginnt deutlich früher als Kind B mit dem Kreuzen der BMI-Perzentilen nach oben und einem um ca. 2,5 Jahre nach vorne verschobenen Adiposity Rebound. Als Ergebnis ist im Alter von zehn Jahren eine

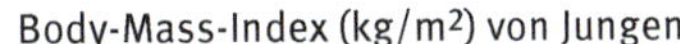

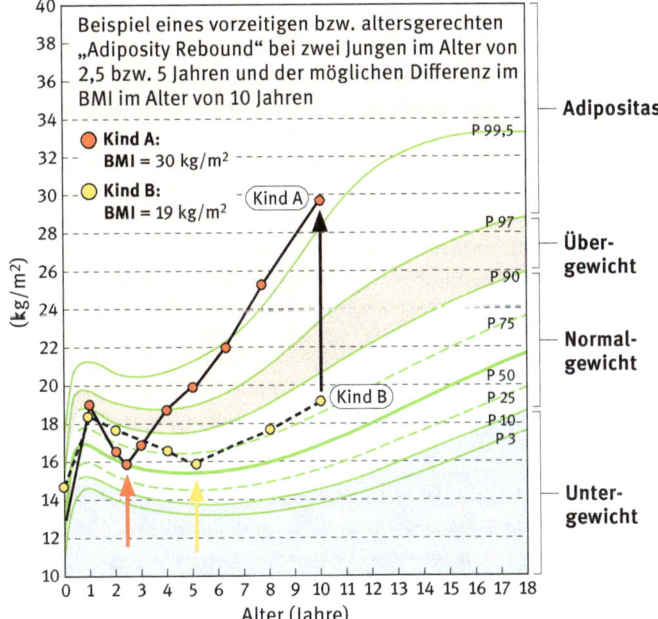

Abb. 2.2: Beispiele für Adiposity Rebound.

BMI-Differenz von ca. 11 kg/m² zu verzeichnen; Kind A hat eine Adipositas entwickelt. Allein der *Zeitpunkt* des Adiposity Rebound (früher AR), nicht die Höhe des BMI selbst zum Zeitpunkt des AR, ist dabei der entscheidende Einflussfaktor. Auch eine mögliche elterliche Adipositas übt dabei keinen Einfluss auf den Zeitpunkt des Adiposity Rebounds aus [16, 17]. Damit ist die Bestimmung des AR ein einfaches Screening-Instrument zur Identifizierung von Risikokindern, da in dieser Lebensphase regelmäßige Vorsorgeuntersuchungen (U6 bis U9) vorgesehen sind. Bei einem frühen AR kann dann bereits *vor* der Entstehung von Übergewicht/Adipositas eine Problemanalyse und ggf. niederschwellige Beratung erfolgen. Themenschwerpunkte sind häufig der Verzicht auf Nuckelflaschen (insbesondere nachts), altersentsprechende Einführung von Kleinkindkost und ungesüßten Getränken, Tagesstruktur und Portionsgrößen.

2.1.2.4 Bilanz der Energieaufnahme und des Energieverbrauches

Der Energiebedarf insbesondere von Kleinkindern wird von Eltern leicht überschätzt. Deshalb sind – neben gesüßten Getränken – zu große Portionen eine häufige Ursache für die Entstehung von Übergewicht in dieser Altersgruppe. Hilfreich sind hier in der niederschwelligen Beratung z. B. die Visualisierung altersgerechter Portionsgrößen, der Hinweis bezüglich der Einhaltung regelmäßiger und gemeinsamer Mahlzeiten ohne Ablenkung durch Medien oder die Anleitung für die Zubereitung von Zwischenmahlzeiten (siehe auch BABELUGA-Methode: http://www.babeluga.de) [18].

Auch im Grundschulalter ist der Unterschied in der täglichen Energiebilanz zwischen Kindern, die normalgewichtig bleiben, und Kindern, die innerhalb von vier Jahren ein Übergewicht entwickeln, erstaunlich gering. Er liegt bei ca. 50 kcal /Tag. Berechnet werden kann dieser Energiebilanz-Unterschied (Energy gain) nur dann, wenn auch die Körperzusammensetzung der Kinder und damit der Körperfettgehalt gemessen wurde [19].

2.1.2.5 Schulung von Kindern/Jugendlichen, Eltern, Erzieher, Lehrer

Ärzte sollten bei überproportionaler Gewichtsentwicklung im Rahmen der Vorsorgeuntersuchungen das Problem direkt ansprechen und nach den häufigen Problemen dieser Altersgruppe (Nuckelflasche als Dauerberuhigung tagsüber, Durchschlafen ohne Flasche nachts nicht möglich etc.) fragen. Wünschenswert ist auch Informationsmaterial, was anschaulich, möglichst sprachfrei oder übersetzt zur Verfügung gestellt wird (damit Risikogruppen auch erreicht werden) und zu einer kindgerechten Lebensweise sowie zu entwicklungsfördernden Lebenswelten Stellung nimmt. Ab Beginn des Schulalters zeigt sich die hauptsächliche Prävalenzzunahme, aber grade für diesen Altersbereich gibt es deutlich weniger Vorsorgeuntersuchungen. Gerade deshalb werden Multiplikatoren wie Lehrer, Erzieher, Sporttrainer in dieser Zeit immer wichtiger. Auch sie sollten die Eltern und Betroffenen rechtzeitig, sensibel und vorurteilsfrei direkt ansprechen, um einerseits präventiv handeln zu können und andererseits einer Stigmainternalisierung vorzubeugen. Um dies zu ermöglichen, sollte es ausreichend Fortbildungsmöglichkeiten und Schulungsangebote für diese Berufsgruppen geben. Diese Forderungen und Wünsche sind im Moment nur sehr punktuell umgesetzt und es besteht noch erheblicher Handlungsbedarf.

2.1.3 Prävention

Definition Prävention: Im Gesundheitswesen werden unter dem Oberbegriff *Prävention* alle zielgerichteten Maßnahmen und Aktivitäten zusammengefasst, die eine Krankheit oder gesundheitliche Schädigung vermeiden oder das Risiko für ihr Auftreten verringern [20]. Es werden dabei nach WHO-Definition die primäre, sekundäre und tertiäre Prävention sowie Maßnahmen, die entweder auf das individuelle Verhalten (Verhaltensprävention) oder die Lebensverhältnisse (Verhältnisprävention) zielen, differenziert.

2.1.3.1 Primäre, sekundäre und tertiäre Prävention

Wie Abb. 2.3 erläutert, zielt die *Primärprävention* darauf, die Entstehung einer bestimmten Erkrankung (hier Übergewicht/Adipositas) in der *Gesamtbevölkerung* (100 % – grüner Anteil des Tortendiagramms) *allgemein* zu verhindern. Durch das

Propagieren einer gesundheitsbewussten Lebensweise (Flyer, Fernsehspots, Werbekampagnen), unterstützt von gesundheitsfördernden Lebensbedingungen, soll so das Auftreten dieser Erkrankungen vermieden oder verzögert werden.

Die *Sekundärprävention* (etwa die Hälfte des Tortendiagramms – gelber Anteil) zielt dagegen auf die *selektive* Früherkennung der Adipositas-Risikogruppen (Screening von potenziellen Risikokindern, Information Schwangerer), damit frühzeitig eine entsprechende Diagnostik und ggf. eine Therapie eingeleitet werden können.

Die *Tertiärprävention* (ca. jedes 5. Kind/jeder 5. Jugendliche in Deutschland – roter Anteil des Tortendiagramms) dagegen befasst sich *gezielt* mit der bereits betroffenen Gruppe übergewichtiger bzw. adipöser Kinder/Jugendlicher, mit dem Ziel, Komorbiditäten zu behandeln, ein Fortschreiten der Adipositas zu verhindern und eine medizinische Rehabilitation anzustreben.

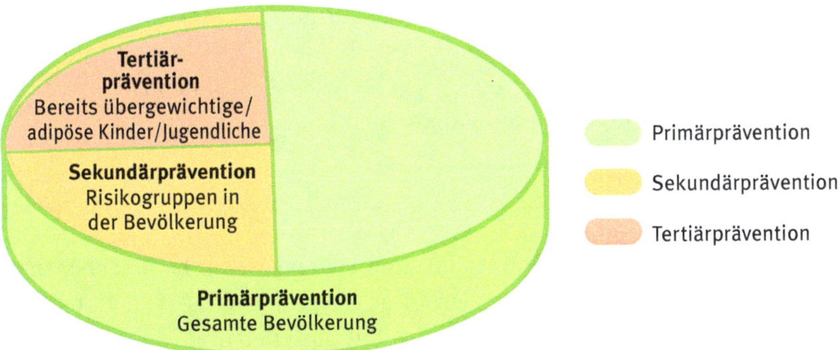

Abb. 2.3: Veranschaulichung der Präventionsansätze am Beispiel Übergewicht/Adipositas.

2.1.3.2 Verhaltens- und Verhältnisprävention

Im Rahmen der Präventionsansätze werden zusätzlich Maßnahmen der Verhaltensprävention und der Verhältnisprävention unterschieden. Bei der Verhaltensprävention beziehen sich die Empfehlungen auf den einzelnen Menschen und dessen individuelle Bedürfnisse. Hierunter fallen beispielsweise gezielte Ernährungsschulungen der Eltern oder Betreuer sowie eine Förderung der körperlichen Bewegung durch Auffinden eines geeigneten Sportangebotes etc. Das Ziel dabei ist, die individuellen Risikofaktoren durch Fehlernährung oder Bewegungsmangel zu reduzieren. Die Verhältnisprävention dagegen berücksichtigt die Lebenswelten von Kindern/Jugendlichen und Familien. Dazu zählen beispielsweise die Wohnumgebung, Entfernung zum Spielplatz, sicherer Schulweg zu Fuß, Sportangebote der Gemeinde, aber auch Einkommen, Bildung und Ressourcen der Familie.

2.1.3.3 Präventionsmaßnahmen nach Altersbereichen

In Tab. 2.1 sind die Empfehlungen für die einzelnen Altersbereiche zusammengefasst.

2.1.3.4 Pränatal (Mutter)

Eine ausführliche Beratung von Schwangeren im Hinblick auf ihr Ernährungs- und Bewegungsverhalten kann bereits ein einflussreicher Faktor sein, um ein hohes Geburtsgewicht des Kindes zu verhindern. In der Schwangerschaft sollte eine ausgewogene und abwechslungsreiche Kost, weg von leicht resorbierbaren Kohlenhydraten und einem hohen Anteil an gesättigten Fetten, hin zu der vermehrten Aufnahme komplexer Kohlenhydrate und einer optimalen Zusammensetzung mehrfach ungesättigter Fettsäuren, aufgenommen werden. Regelmäßige Mahlzeiten mit Beachtung der Portionsgröße bei Vermeidung zuckerhaltiger Getränke sind zu empfehlen. Auch die regelmäßige Bewegung ergibt einen wichtigen Baustein zur Verhinderung einer überproportionalen Gewichtszunahme und damit des erhöhten Risikos eines Gestationsdiabetes mit der Folge eines hypertrophen Neugeborenen. Ausreichende Versorgung mit Mikronährstoffen und die Vermeidung toxischer Einflüsse sind ebenso wichtig.

2.1.3.5 Säugling

Das ausschließliche Stillen des Säuglings bis zum vollendeten 4. bis 6. Lebensmonat ist nach Empfehlungen der Fachgesellschaften die geeignetste Präventionsmaßnahme gegen Übergewicht oder Adipositas im Erwachsenenalter. Auch nach der Einführung der Beikost sollte weiter gestillt werden. Kann aus den unterschiedlichsten Gründen nicht gestillt werden, sollte die Wahl einer Pre- oder 1-Nahrung auf eine proteinreduzierte Variante fallen. Diese beiden Nahrungen können das ganze erste Lebensjahr voll oder dazugefüttert werden, bei der Zubereitung ist genau auf die Dosierung in der Packungsbeilage zu achten. Ein Umstellen auf eine Folgenahrung ist nicht notwendig. Das „Trinken" von Kuhmilch wird dagegen wegen des hohen Proteingehaltes (mehr als doppelt so hoch Muttermilch) nicht empfohlen, wohl kann sie aber zum Zubereiten einer Breimahlzeit verwendet werden [13]. Bei der Beikost ist auf eine abwechslungsreiche Auswahl von Obst, Gemüse und Getreidearten zu achten, um die Geschmacksentwicklung des Säuglings zu fördern. Dabei sollten stark salzige, süße und fettreiche Produkte jedoch weitgehend vermieden werden. Wenn diese Grundsätze berücksichtigt werden, kann bis zum Ende des ersten Lebensjahres schrittweise „Familienkost" eingeführt werden. Durch regelmäßige gemeinsame Mahlzeiten wird zusätzlich die Entwicklung des Sozialverhaltens gefördert. Die allgemeine Bewegungsfreude von Säuglingen sollte unterstützt werden. Eine längere Fixierung, z. B. in Sitzschalen, behindert die motorische Entwicklung. Durch Ansprache und Lagerung sollten altersgerechte Bewegungsabläufe geübt werden. Ein Medienkonsum in diesem Alter ist abzulehnen.

Tab. 2.1: Empfehlungen zur Adipositas-Prävention nach Altersbereichen.

Verhaltensprävention (Baustellen)	*Altersbereiche*				
	Pränatal (Mutter)	**Säugling** (0–1 Jahr)	**Kleinkind** (2–5 Jahre)	**Schulkind** (6–11 Jahre)	**Jugendliche** (12–18 Jahre)
Getränke	Wasser + ungesüßte Getränke	Muttermilch (4–6 Monate)	Wasser + ungesüßte Getränke	Wasser + ungesüßte Getränke	Wasser + ungesüßte Getränke
Portionsgrößen	Nicht für 2 essen!	Einführung Beikost ab 5. LM nach Schema des FKE weiter stillen	3 Haupt- und 2 Zwischenmahlzeiten altersgerechte Portionen	3 Haupt- und 2 Zwischenmahlzeiten altersgerechte Portionen	3 Haupt-, ggf. 2 Zwischenmahlzeiten altersgerechte Portionen
Mahlzeitenstruktur	Regelmäßige Mahlzeiten	Muttermilch ad libitum	Gemeinsam ohne Ablenkung	Gemeinsam ohne Ablenkung	Gemeinsam ohne Ablenkung
Lebensmittelauswahl	Abwechslungsreich, ausgewogen, keine Diäten	Heranführen an verschiedene Geschmacksrichtungen Variationen bei Obst/Gemüse/Getreide	Reichlich pflanzliche, mäßig tierische Lebensmittel	Reichlich pflanzliche, mäßig tierische Lebensmittel	Reichlich pflanzliche, mäßig tierische Lebensmittel
Alltagsbewegung	Regelmäßig	Frühförderung von altersgerechten Bewegungsabläufen	Mindestens 60 Min./Tag freies Spiel	Mindestens 60–90 Min./Tag	Mindestens 90 Min./Tag
Sport			2 ×/Woche strukturierte Aktivität	2 ×/Woche Sportverein	2 ×/Woche Sportverein

Tab. 2.1: (fortgesetzt)

Verhaltensprävention (Baustellen)	*Altersbereiche*				
	Pränatal (Mutter)	**Säugling** (0–1 Jahr)	**Kleinkind** (2–5 Jahre)	**Schulkind** (6–11 Jahre)	**Jugendliche** (12–18 Jahre)
Medienkonsum		Keinen	Bis 3 Jahre keinen, dann max. 30 Min./Tag	Max. 60 Min./Tag	Max. 120 Min./Tag
Süßigkeiten/Snacks	Sparsam zucker-/salz-/fetthaltige Produkte	Sparsam zucker-/salz-/fetthaltige Produkte	Sparsam zucker-/ fetthaltige Produkte	Sparsam zucker-/ fetthaltige Produkte	Sparsam zucker-/ fetthaltige Produkte
Unterstützende Maßnahmen	Auf das Rauchen verzichten	Gezielte Information an Eltern und Erzieher. Vorbildfunktion der Eltern	Gezielte Information an Eltern und Erzieher. Vorbildfunktion der Eltern	Gezielte Information an Eltern, Lehrer, Schüler. Vorbildfunktion der Eltern	Gezielte Information an Eltern, Lehrer, Jugendliche. Vorbildfunktion der Eltern
Verhältnisprävention (Beispiele)	Flexible Arbeitsplatzgestaltung. Rauchfreie Umgebung	Stillfördernde Umgebung, flexible Arbeits- und Kinder-Betreuungsmodelle	Verfügbarkeit von Kitaplätzen oder anderen Betreuungsmöglichkeiten Möglichkeiten zu umfangreicher Bewegungserfahrung	Strukturierter Schulalltag einschließlich gemeinsamer Mahlzeiten und täglicher körperlicher Aktivität	Strukturierter Schulalltag, ausreichend altersentsprechende Freizeitangebote

Empfehlungen nach: Koletzko et al. [13], Wiegand et al. [18], Blüher et al. [22], Leitlinien der AGA [23] und dem Forschungsinstitut für Kinderernährung (FKE) [24].

2.1.3.6 Kleinkind

Ab dem Kleinkindalter liegt der Fokus der Adipositas-Prävention auf der Wissensvermittlung an Eltern und Betreuer der Kinder (Tagesmütter, Erzieher in Kitas), nicht zuletzt wegen der wichtigen Vorbildunktion der Erwachsenen (Rauchen, Medien, Getränkeauswahl, Sport), da Kinder bereits sehr früh durch nachahmendes Verhalten lernen [21]. Der Verzicht auf gesüßte Getränke, insbesondere aus der Nuckelflasche, führt nicht nur zur Vermeidung von Karies, sondern ist besonders in der Adipositas-Prävention bedeutsam. Die Ernährung sollte eine **Kombination** aus ausgewogenen und abwechslungsreichen, vorwiegend pflanzlichen, weniger tierischen Produkten sein. Regelmäßige Mahlzeiten (Portionsgrößen altersentsprechend, gemeinsam eingenommen – ohne Ablenkung) sind zur Vermeidung von „Snacking" zwischendurch einzuhalten. Dem natürlichen Bewegungsdrang dieser Altersgruppe sollte mit ca. 120 Min./Tag, (davon mindestens 60 Min. strukturierter Aktivität plus > 60 Min. unstrukturierter Aktivität) Raum gegeben werden. Ausreichende Ruhezeiten (Schlaf-, nicht Mediennutzung) sind ebenso wichtig. Medien sollten gar nicht vor dem 3. Lebensjahr und danach maximal 30 Min./Tag zur Verfügung gestellt werden und deren Nutzung ist von Erwachsenen zu begleiten. Zudem ist von einem Fernseher im eigenen Zimmer und einer Exposition gegenüber Werbung für Kinderlebensmittel abzusehen.

2.1.3.7 Schulkind

Die allgemeinen Präventionsempfehlungen für Schulkinder entsprechen weitgehend denen der Kleinkinder mit einer Anpassung der Zeiten für die tägliche Bewegung (90 Min. Alltagsbewegung plus 2x/Woche strukturiertes Sportprogramm zusätzlich zum Schulsport) und dem Medienkonsum (max. 60 Min. bis elf Jahre, ab elf Jahren max. 120 Min./Tag). Präventionsmaßnahmen sind in der Altersgruppe der 6- bis 12-Jährigen [22] am effektivsten. Wichtig ist es hierbei, neben den Kindern auch die Eltern und Lehrer mit in die Schulungsprogramme einzubeziehen. Auch hier ist die Vorbildfunktion der Eltern weiterhin nicht zu unterschätzen – das sollte den Eltern immer wieder vermittelt werden.

2.1.3.8 Jugendliche

Die wichtigste Ergänzung zu den bereits besprochenen Präventionsmaßnahmen, die auch für Jugendliche so zutreffen, besteht darin, Jugendliche direkt anzusprechen. Durch die Verselbstständigung in der Pubertät ist zwar nach wie vor die Schulung der Eltern und Lehrer von Bedeutung, aber die Jugendlichen selbst müssen altersentsprechend lernen, Verantwortung zu übernehmen, und durch gezielte Wissensvermittlung in den Präventionsprozess mit einbezogen werden. Der Fokus bei Jugendlichen liegt auf der Beschränkung des Medienkonsums (Fernsehen, Computer und Handy), des Konsums zuckerhaltiger Getränke (auch Alkopops und Energydrinks) sowie in dem Entgegenwirken einer bewegungsarmen Lebensweise durch gezielte Suche nach geeigneten Sportvereinen und Alltagsaktivitäten.

2.1.3.9 Zusammenfassung und Ausblick

Im Rahmen der Vorsorgeuntersuchungen können Kinder mit einem Risiko für die Entwicklung von Übergewicht/Adipositas leicht identifiziert werden. Im Schulalter sind neben den Eltern insbesondere Erzieher und Lehrer wichtige Bezugspersonen, die eine pathologische Gewichtsentwicklung ansprechen könnten. Eine Stigmatisierung der betroffenen Kinder/Jugendlichen muss dabei unbedingt vermieden werden. Neben einer medizinischen Abklärung ist die gemeinsame Problemanalyse gewichtsrelevanter Lebensbereiche Voraussetzung für sinnvolle Verhaltensänderungen (siehe Tab. 2.1). Unabhängig davon wäre mit einfachen Maßnahmen der Verhältnisprävention (z. B. Trinkwasserspender in Schulen, Besteuerung gesüßter Getränke, Verbot von Werbung für Kinderlebensmittel, eine Stunde aktiver Unterricht/Tag, mehr reguläre Schul-Sportstunden) nicht nur eine Prävention für Risikokinder, sondern eine Verbesserung der gesundheitsbezogenen Lebensqualität für *alle* Kinder zu erreichen. Es ist deshalb unbedingt wünschenswert, dass Maßnahmen im Rahmen des 2015 verabschiedeten Präventionsgesetzes *alle* Präventionsansätze berücksichtigen. Es ist und bleibt Aufgabe der politisch Verantwortlichen, jenseits der persönlichen Verantwortung insbesondere die Ansätze der Verhältnisprävention in der Umsetzung zu fördern.

Danksagung

Wir danken Sophia Donderer für die Illustration der Tabelle.

Literatur

[1] World Health Organization 2016. Report of the commission on ending childhood obesity. WHO Library Cataloguing-in-Publication Data. ISBN 978 92 4 151006 6 (http://www.who.int).

[2] Kurth BM. Schaffrath Rosario A. Übergewicht und Adipositas bei Kindern und Jugendlichen in Deutschland Bundesgesundheitsbl. 2010; 53: 643–652, DOI 10.1007/s00103-010-1083-2. Online publiziert: 4. Juni 2010, © Springer-Verlag 2010, Robert Koch-Institut, Berlin.

[3] Wabitsch M, Moss A, Kromeyer-Hauschild K. Unexpected plateauing of childhood obesity rates in developed countries. BMC Med. 2014 Jan 31;12: 17. doi: 10.1186/1741-7015-12-17.

[4] Moss A, Klenk J, Simon K, Thaiss H, Reinehr T, Wabitsch M. Declining prevalence rates for overweight and obesity in German children starting school. Eur J Pediatr. 2012 Feb; 171(2): 289–299. doi: 10.1007/s00431-011-1531-5. Epub 2011 Jul 13.

[5] Maddison R, Lissner L, Sjöberg A, et al. Evidence that the prevalence of childhood overweight is plateauing: data from nine countries. Int J Pediatr Obes. 2011; 6: 342–360[6] Whitaker RC, Wright JA, Pepe MS, Seidel KD, Dietz WH. Predicting obesity in young adulthood from childhood and parental obesity. N Engl J Med. 1997; 337: 869–873

[6] l'Allemand D, Wiegand S, Reinehr T, et al. APV-Study Group. Cardiovascular risk in 26,008 European overweight children as established by a multicenter database. Obesity (Silver Spring). 2008; 16(7): 1672–1679.
[7] Kromeyer-Hauschild KW, Kunze D, Geller F, Geiß HC, Hesse V. Perzentile für den Body-Mass-Index für das Kindes- und Jugendalter unter Heranziehung verschiedener deutscher Stichproben. Monatsschr Kinderheilk. 2001; 149: 807–818.
[8] Schellong K, Schulz S, Harder T, Plagemann A. Birth weight and long-term overweight risk: systematic review and a meta-analysis including 643,902 persons from 66 studies and 26 countries globally. PLoS One. 2012; 7(10): e47776. doi: 10.1371/journal.pone.0047776. Epub 2012 Oct 17.
[9] Brüll V, Hucklenbruch-Rother E, Ensenauer R. Programmierung von kindlichem Übergewicht durch perinatale Überflusssituation. Monatsschr Kinderheilkd. 2016; 164: 99–105.
[10] Alejandre Alcazar MA, Nüsken E, Nüsken KD. Programmierung durch intrauterine Mangelversorgung. Monatsschr Kinderheilkd. 2016; 164: 106–113.
[11] Koletzko B, Brands B, Chourdakis M, et al. The Power of Programming and The Early Nutrition Project: opportunities for health promotion by nutrition during the first thousand days of life and beyond. Ann Nutr Metab. 2014 ;64: 141–150.
[12] Koletzko B, Bauer CP, Brönstrup A, et al. Säuglingsernährung und Ernährung der stillenden Mutter. Monatsschr Kinderheilkd, Sonderdruck. März 2013.
[13] Weber M1, Grote V, Closa-Monasterolo R, et al. European Childhood Obesity Trial Study Group. Lower protein content in infant formula reduces BMI and obesity risk at school age: follow-up of a randomized trial. Am J Clin Nutr. 2014 May; 99(5): 1041–1051. doi: 10.3945/ajcn.113.064071. Epub 2014 Mar 12.
[14] Piotr Socha P, Veit Grote V, Dariusz Gruszfeld D, et al. Milk protein intake, the metabolic-endocrine response, and growth in infancy: data from a randomized clinical trial. Am J Clin Nutr. December 2011; 94(6): 1776S–1784S
[15] Rolland-Cachera MF, Deheeger M, Maillot M, Bellisle F. Early adiposity rebound: causes and consequences for obesity in children and adults; International Journal of Obesity. 2006; 30: S11–S17.
[16] Whitaker RC, Pepe MS, Wright JA, et al. Early adiposity rebound and the risk of adult obesity. Pediatrics. 1998 Mar; 101(3): E5.
[17] Wiegand S, Ernst M. Adipositas bei Kindern und Jugendlichen einmal anders. 2010; Verlag Hans Huber, Hofgrefe AG, Bern. ISBN 978-3-456-84703-0.
[18] Plachta-Danielzik S, Landsberg B, Bosy-Westphal A, Johannsen M, Lange D, J Müller M. Energy gain and energy gap in normal-weight children: longitudinal data of the KOPS. Obesity (Silver Spring). 2008 Apr; 16(4): 777–783. doi: 10.1038/oby.2008.5. Epub 2008 Feb 7.
[19] http://www.bmg.bund.d/glossarbegriffe/glossar-p-q/praevention.html. Eingesehen am 20.03.16.
[20] Largo RH. Babyjahre. Piper Verlag GmbH. München 2010; Kapitel Beziehungsverhalten: 48–134. ISBN 978-3-492-25762-6.
[21] Blüher S, Kromeyer-Hauschild K, Graf C, et al. Aktuelle Empfehlungen zur Prävention der Adipositas im Kindes- und Jugendalter. Klin Padiatr. 2015. doi: 10.1055/s-0035-1559639.
[22] Arbeitsgemeinschaft Adipositas im Kindes- und Jugendalter: AGA-Leitlinien für Diagnostik, Therapie und Prävention der Adipositas im Kindes- und Jugendalter; S 2 Leitlinie – Version 2015; http://www.a-g-a.de.
[23] Forschungsinstitut für Kinderernährung (http://www.fke-do.de).

Olga Kordonouri

2.2 Diabetes: Epidemiologie, Screening und Prävention

Der Diabetes mellitus ist eine der häufigsten und am weitesten verbreiteten chronischen Krankheiten weltweit. Er tritt in jeder Altersstufe auf und kommt bei allen Völkern vor. Altersübergreifend entfallen etwa 90 % der Fälle auf den Typ-2-Diabetes und nur 10 % auf den Typ-1-Diabetes. Bei Kindern und Jugendlichen tritt vorwiegend der Typ-1-Diabetes auf.

In 2015 wurden erstmalig mehr als eine 0,5 Million Kinder mit Typ-1-Diabetes weltweit registriert [1]. Deutschland gehört mit ca. 16.000 betroffenen Kindern im Alter zwischen 0 und 14 Jahren zu den Top-10-Ländern der Welt (Abb. 2.4).

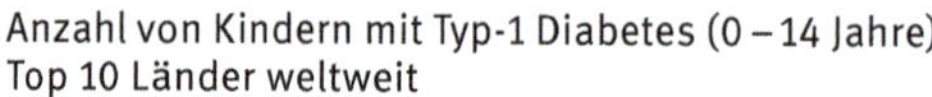

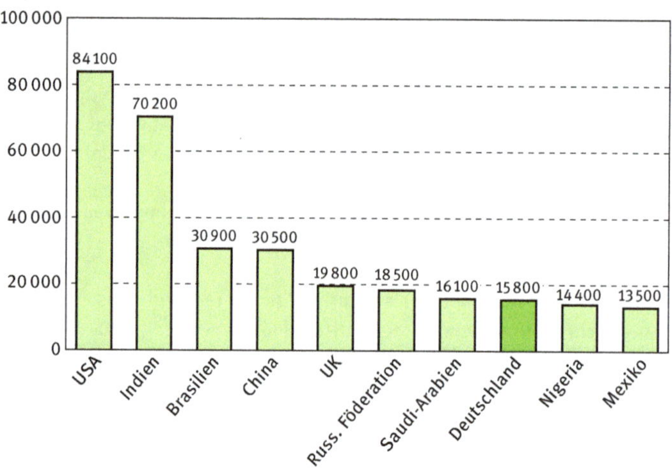

Abb. 2.4: In 2015 wurden 542.000 Kinder (0–14 Jahre) mit Typ-1-Diabetes weltweit registriert. Deutschland gehört zu den Top-10-Ländern weltweit (modifiziert nach [1]).

Auf der Grundlage publizierter Daten geht die Internationale Diabetes Föderation (IDF) weltweit von 86.000 Neuerkrankungen pro Jahr aus sowie einem Anstieg der jährlichen Inzidenzrate von 3 %. Dabei dürften die tatsächlichen Zahlen wesentlich höher liegen, da vielerorts Kinder auch heute noch undiagnostiziert bleiben oder auf Grund fehlender Versorgung mit Insulin in der Ketoazidose versterben. Darüber hinaus sind die publizierten epidemiologischen Daten unvollständig, da ein nationales Diabetes-Register in vielen Ländern nicht existiert (Abb. 2.5).

Typ-2-Diabetes tritt in der Regel erst ab dem Jugendalter auf, dabei jedoch deutlich seltener als der Typ-1-Diabetes. In den letzten Jahrzehnten wird allerdings eine Inzidenzzunahme beobachtet, insbesondere bei bestimmten ethnischen Gruppen. Ein

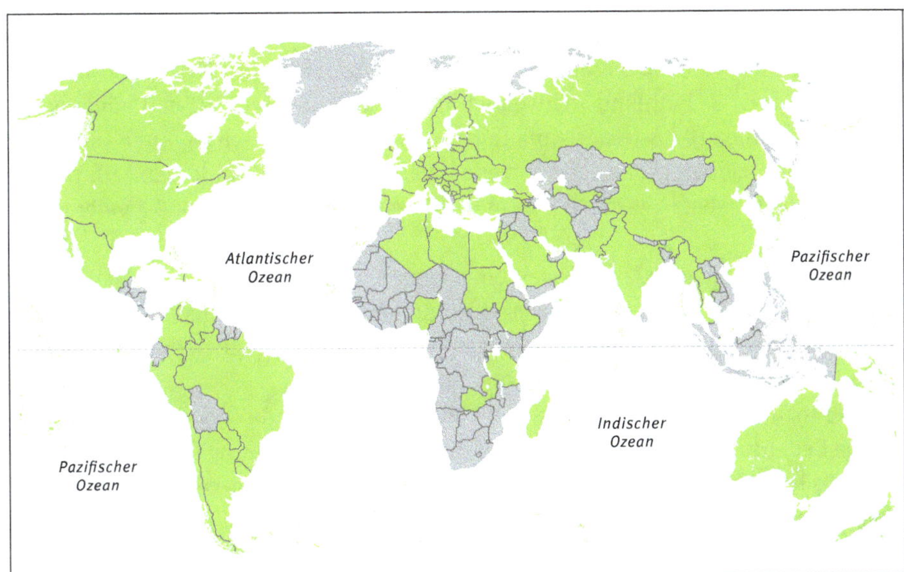

Abb. 2.5: Länder und Regionen, bei denen Daten zur Inzidenz und Prävalenz des Typ-1-Diabetes bei Kindern im Alter von 0–14 Jahren existieren (modifiziert nach [1]).

dramatischer Anstieg der Prävalenz des Typ-2-Diabetes wird dagegen bei Erwachsenen festgestellt. Es wird prognostiziert, dass in 2050 jeder 10. Erwachsene an Diabetes erkranken wird.

2.2.1 Prävalenz und Inzidenz des Typ-1-Diabetes bei Kindern und Jugendlichen weltweit

Typ-1-Diabetes kann in jedem Alter auftreten, allerdings selten schon während des ersten Lebensjahres. Die Inzidenz nimmt mit dem Alter zu und erreicht einen kleineren Häufigkeitsgipfel um das 4. Lebensjahr und einen sehr viel ausgeprägteren zwischen dem 10. und 12. Lebensjahr [2]. In diesen Altersgruppen sind Jungen und Mädchen gleich häufig betroffen. Jenseits des 15. Lebensjahres gibt es eine Geschlechterwendigkeit [2].

Während der 1980er und 1990er Jahre wurden diverse internationale Arbeitsgruppen gegründet, um Standardkriterien für die Inzidenzregister des Typ-1-Diabetes zu definieren. Diesen Kriterien zufolge muss die Datenerhebung zur Überprüfung der Erfassungsgenauigkeit durch mindestens zwei voneinander unabhängige Datenquellen (Capture-Recapture Verfahren) erfolgen. Ein weiteres Standardkriterium ist eine mehr als 90%ige Erfassungsvollständigkeit.

Die mit den o. g. Methoden erfassten epidemiologischen Daten zur Prävalenz und Inzidenz des Typ-1-Diabetes bei Kindern und Jugendlichen in verschiedenen Ländern zeigen ausgeprägte internationale, aber auch regionale Unterschiede. So ist die jährliche Typ-1-Diabetesinzidenz mit 62,4 Neuerkrankungen pro 100.000 Kinder im Alter von 0–14 Jahren in Finnland weltweit am höchsten und damit 780-mal höher als in Papua Neuguinea (0,08 Neuerkrankungen pro 100.000 Kinder) [3]. Auch innerhalb eines Landes können große Unterschiede beobachtet werden. In Italien z. B. variiert die jährliche Inzidenz zwischen 54,4 in Sardinien und 4,4 pro 100.000 Kinder in der Lombardei [3].

In Europa wird seit Jahrzehnten ein sogenanntes Nord-Süd-Gefälle beobachtet: Am häufigsten tritt der Typ-1-Diabetes in Nordeuropa (Skandinavien, UK) und am seltensten in Südeuropa (z. B. Mazedonien) auf. Dabei gibt es aber auch Ausnahmen, wie z. B. die sehr hohe Diabetesinzidenz auf Sardinien.

Die Inzidenzunterschiede zwischen verschiedenen ethnischen Gruppen weisen auf die Bedeutung der genetischen Disposition bei der Entstehung des Typ-1-Diabetes hin. Wie bereits im Kapitel 1.2 beschrieben, sind HLA-(Human-Leukocyte-Antigen-) Haplotypen und weitere 33 Gene mit der Entstehung eines Typ-1-Diabetes assoziiert. Die Verteilung der Risikogene in den verschiedenen Populationen kann die epidemiologischen Unterschiede zum Teil erklären. So kommen in Japan und generell in Südostasien bestimmte Hochrisiko-HLA-Haplotypen nicht vor, die bei anderen Populationen mit Typ-1-Diabetes zu finden sind, z. B. DRB1*03-DQB1*0201und DRB1*04-DQB1*0302 bei Kaukasiern oder DRB1*03101-DQB1*0201 bei Arabern aus Bahrain, Libanon und Tunesien. Stattdessen stellen für Japaner und Koreaner HLA DRB1*0405-DQB1*0401 und DRB1*0901-DQB1*0303 die Hochrisiko-Haplotypen dar.

Seit den 1960er Jahren wird weltweit ein deutlicher Anstieg der Manifestationshäufigkeit des Typ-1-Diabetes bei Kindern und Jugendlichen beobachtet. Beispielhaft hierfür zeigt die Abb. 2.6 die dramatische Zunahme der Inzidenz des Typ-1-Diabetes bei finnischen Kindern über einen Zeitraum von mehr als 30 Jahren (1980–2011). Interessanterweise wurde eine Abflachung der Zunahme in den Jahren 2006–2011 beobachtet [4]. Wie die Erhebungen aus Finnland zeigen, ist für eine verlässliche Trendanalyse wegen der jährlichen Inzidenzschwankungen ein mindestens 10-jähriger Beobachtungszeitraum notwendig.

Eine Auswertung der EURODIAB-Daten aus 20 Ländern für den Zeitraum 1989–2003 zeigte einen mittleren jährlichen Anstieg der Diabetesinzidenz von 3,9 % (95 %-Konfidenzintervall 3,6–4,2 %). Dieser Trend war bei Jungen und Mädchen gleich ausgeprägt [5]. In der Altersgruppe der Kinder unter fünf Jahren wurde allerdings ein insgesamt deutlich höherer Anstieg beobachtet (5,4 % [95 %-Konfidenzintervall 4,8–6,1 %]) als bei 5- bis 9-Jährigen (4,3 % [95 %-Konfidenzintervall 3,8–4,8 %]) oder 10- bis 14-Jährigen (2,9 % [95 %-Konfidenzintervall 2,5–3,3 %]). Die letzte Auswertung der EURODIAB-Daten über den Zeitraum von 20 Jahren (1989–2008) bestätigte den kontinuierlichen jährlichen Anstieg der Typ-1-Diabetesinzidenz um ca. 3–4% [6]. Daneben zeigte sie jedoch auf, dass der Anstieg nicht linear verläuft, sondern Phasen mit mehr und mit weniger rasantem Anstieg der Inzidenz in den einzelnen Registern aufweist.

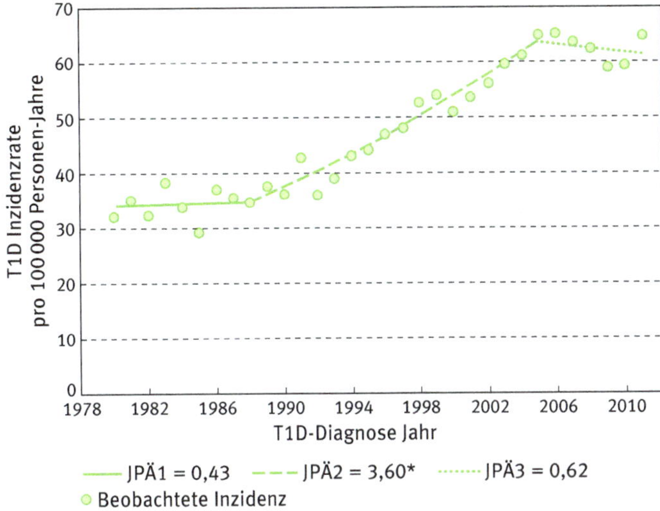

Abb. 2.6: Trend der Inzidenzrate des Typ-1-Diabetes bei 0- bis14-Jährigen zwischen 1980 und 2011 in Finnland. JPÄ: Jährliche prozentuale Änderung; *: signifikanter Unterschied (modifiziert nach [4]).

Dies deutet darauf hin, dass innerhalb der europäischen Regionen zeitlich und örtlich unterschiedlich signifikante Risikoexpositionen stattfinden.

Obwohl diese epidemiologischen Untersuchungen bisher keine Erklärung für die konstante Zunahme der Diabetesinzidenz im Kindes- und Jugendalter liefern können, machen sie deutlich, dass genetische Faktoren als Ursache nicht dafür verantwortlich gemacht werden können. In einer systematischen Analyse der publizierten epidemiologischen Daten aus den Jahren 1975 bis 2014 inklusive der Daten des IDF Atlas 2013 und unter Berücksichtigung von Datenbanken der Weltgesundheitsorganisation (WHO), der Vereinigten Nationen (UN), der Weltbank (WB) und von Google Maps haben Diaz-Valencia et al. den Einfluss von 77 Indikatoren aus den Bereichen „Klima und Umwelt", „Demographie", „Wirtschaft" und „Gesundheit" auf die Zunahme der Typ-1-Diabetesinzidenz untersucht [3]. Im Ergebnis stellten sich folgende Faktoren als signifikante Umweltprädiktoren für die Land-zu-Land-Variation der Diabetesinzidenz heraus: die UV-Bestrahlung, die Anzahl der Mobilfunkverträge im Land, die Gesundheitsausgaben pro Kopf, die Hepatitis-B-Impfrate am Ende des 1. Lebensjahres und der durchschnittliche Body-Mass-Index bei erwachsenen Männern. Mit Ausnahme von Finnland konnte mit Hilfe des daraus resultierenden mathematischen Modells eine sehr gute Übereinstimmung zwischen der beobachteten und der errechneten Diabetesinzidenz in 80 Ländern gefunden werden (R2 = 0.56764). Es ist abzuwarten, ob mit Hilfe solcher zunehmend verfügbaren Großdatenanalysen („big data") weitere geographische, sozioökonomische oder Lifestyle-Faktoren bzw. Indikatoren mit einer kausalen Wirkung zur Entstehung des Typ-1-Diabetes bei Kindern und Jugendlichen identifiziert werden können.

2.2.2 Prävalenz und Inzidenz des Typ-1-Diabetes bei Kindern und Jugendlichen in Deutschland

Über die Diabeteshäufigkeit bei Kindern und Jugendlichen liegen für die gesamte Bundesrepublik Deutschland nach wie vor keine umfassenden Daten vor.

Bis 1989 wurden in der ehemaligen DDR sehr genaue Prävalenz- und Inzidenzdaten erhoben. Da sie wegen fehlender Sekundärdatenquellen nicht die Standardkriterien erfüllten, wurden sie jedoch nicht in die europaweite EURODIAB-Dokumentation aufgenommen.

Seit 1996 werden Manifestationen des Typ-1-Diabetes bei Kindern unter fünf Jahren durch eine „Erhebungseinheit für seltene Erkrankungen im Kindesalter" registriert (ESPED). Darüber hinaus existieren drei deutsche Erfassungseinheiten, die dem EURODIAB-Verbund angegliedert sind: das Register zur Erfassung des Typ-1-Diabetes bei Kindern und Jugendlichen in Nordrhein-Westfalen (Deutsches Diabetes-Forschungsinstitut an der Heinrich-Heine-Universität Düsseldorf, seit 1993), das Register für die Bundesländer Baden-Württemberg (Universitätskinderklinik Tübingen, seit 1987) und Sachsen (Universitätskinderklinik Leipzig, seit 1999).

Die jüngste Analyse der Daten der o. g. Deutschen Register für die Jahre 1999–2008 zeigte eine errechnete bundesweite Inzidenz des Typ-1-Diabetes von 22,9 Neuerkrankungen pro 100.000 Kinder im Alter 0–14 Jahre und einen mittleren jährlichen Anstieg von 3,4 % (95 %-Konfidenzintervall: 2,2–4,6 %) im o. g. Zeitraum [7]. Somit lag die Prävalenz des Typ-1-Diabetes im Jahre 2008 in Deutschland bei 148,1 pro 100.000 Kinder, d. h., eines von 675 Kindern litt an Typ-1-Diabetes. Der beobachtete Anstieg der Diabetesinzidenz um 18 % zwischen 1999–2003 und 2004–2008 bestätigt somit Befunde aus dem internationalen Umfeld. In dieser Analyse wurde erstmalig innerhalb von Deutschland ein West-Ost-Gradient festgestellt: Während die Typ-1-Diabetes-Prävalenz in 2008 in Sachsen 128,6 (95 %-Konfidenzintervall: 121,8–135,8) pro 100.000 Kinder betrug, war sie mit 150,8 (95 %-Konfidenzintervall: 147,1–154,6) pro 100.000 Kinder mit 0–14 Jahren in Nordrhein-Westfalen deutlich höher. Anhand dieser Daten gehen wir davon aus, dass aktuell in Deutschland zwischen 15.600 und 17.400 Kinder und Jugendliche (0–14 Jahre) mit Typ-1-Diabetes leben.

Im Rahmen einer bundesweiten Längs- und Querschnittsstudie zur Gesundheit von Kindern und Jugendlichen des Robert Koch-Instituts (Kinder- und Jugendgesundheitssurvey, KiGGS) wurden die Daten von 17.641 Kindern und Jugendlichen im Alter von 0 bis 17 Jahren aus 167 Städten und Gemeinden Deutschlands erfasst und ausgewertet [8]. Dabei ergab sich eine Lebenszeitprävalenz von Diabetes mellitus für die 0- bis 17-Jährigen von 0,14 % (95 %-Konfidenzintervall 0,09–0,22). Es zeigten sich keine statistisch signifikanten Unterschiede zwischen den einzelnen Altersklassen sowie zwischen Jungen und Mädchen. Darüber hinaus waren auch keine Zusammenhänge zwischen der Lebenszeitprävalenz von Diabetes mellitus und Wohnregion, Wohnortgröße, Sozialstatus der Familien sowie Migrationshintergrund des Kindes zu verzeichnen.

Wenn die beobachtete Entwicklung in den nächsten Jahren anhält, wird unter Annahme einer linearen Regression die Anzahl der Neuerkrankungen in 2020 in Europa bei 24.400 liegen, wobei sich die Neuerkrankungen in der Altersgruppe der unter 5-Jährigen verdoppeln werden. Anhand der Hochrechnungen der Baden-Württemberger Diabetes Inzidenz Register-Gruppe (DIARY) wird die Typ-1-Diabetes Prävalenz in Deutschland in 2026 bei 0,27 % liegen [9].

2.2.2.1 Epidemiologie des Typ-2-Diabetes bei Jugendlichen

In den letzten Jahrzehnten nimmt die Prävalenz des Typ-2-Diabetes bei jungen Menschen v. a. während der zweiten Lebensdekade zu. Betroffen sind vorwiegend Jugendliche bestimmter ethnischer Gruppen wie z. B. indianischer, afrikanischer, asiatischer und hispanischer Herkunft [10]. Neben der genetischen Disposition werden Änderungen des Lebensstils (unbegrenzte Verfügbarkeit energiedichter Nahrung, Bewegungsmangel, Übergewicht oder Adipositas) im Rahmen der Globalisierung und Industrialisierung als Ursache angesehen.

Obwohl in Deutschland genauso wie in den USA, England und anderen Wohlstandsländern in den letzten Jahren eine deutliche Zunahme des Körpergewichts bei Kindern und Jugendlichen nachgewiesen wurde, liegen die Prävalenzdaten für Typ-2-Diabetes offenbar deutlich unter denen der beschriebenen Minderheitenpopulationen in den USA (Tab. 2.2). Dort hat die Gesamtprävalenz des Typ-2-Diabetes bei Adoleszenten zwischen 2001 und 2009 um 30,5 % zugenommen. Es wird prognostiziert, dass zwischen 2010 und 2050 mit einem 4-fachen Anstieg auf ca. 84.000 Jugendliche mit Typ-2-Diabetes in den USA zu rechnen ist [11].

Tab. 2.2: Entwicklung der Prävalenz des Diabetes mellitus bei Kindern und Jugendlichen innerhalb von zehn Jahren (2001–2009) in den USA (adaptiert von [11]).

	Mittlere Typ-1-Diabetes-Prävalenz (0–19 Jahre)			**Mittlere Typ-2-Diabetes-Prävalenz (10–19 Jahre)**		
Ethnizität	**2001**	**2009**	**P-Wert**	**2001**	**2009**	**P-Wert**
Gesamt	1 : 675	1 : 518	< .001	1 : 2.941	1 : 2.174	< .001
Weiße	1 : 537	1 : 392	< .001	1 : 7.143	1 : 5.882	< .001
Schwarze	1 : 775	1 : 617	< .001	1 : 1.053	1 : 943	.02
Hispano-Amerikaner	1 : 1.042	1 : 775	< .001	1 : 2.222	1 : 1.266	< .001
Asien-Pazifikinsulaner	1 : 2.000	1 : 1.667	< .006	1 : 2.857	1 : 2.941	.73
Indianer	1 : 3.333	1 : 2.857	.19	1 : 820	1 : 833	.83

In Deutschland zeigen die Daten aus der bundesweiten dpv-Wiss-Datenbank (Stand 2016), dass von insgesamt 28.413 Diabetespatienten unter 18 Jahre nur 309 (1,12 %) einen Typ-2-Diabetes aufweisen. Im Vergleich zu den entsprechenden Daten aus dem

Jahre 2000 lässt sich jedoch eine Verdoppelung der pädiatrischen Fälle mit einem nichtautoimmunologisch bedingten Diabetes erkennen. Während der prozentuale Anteil der neudiagnostizierten pädiatrischen Patienten mit einem Typ-2-Diabetes in der DPV-Datenbank bis 2004 stetig zunahm, liegt er von 2005–2015 konstant zwischen 4 und 6 %, ohne dass eine weitere Steigerungstendenz zu sehen ist. Dabei sind auch in Deutschland 65 % der pädiatrischen Typ-2-Patienten Mädchen. Die Hochrechnung einer populationsbasierten Auswertung im Rahmen des Baden-Württembergischen Registers in den Jahren 2004–2005 ergab eine Prävalenz des Typ-2-Diabetes von 2,3 pro 100.000 Kindern und Jugendlichen im Alter von 0–20 Jahren [12].

2.2.3 Screening auf Typ-1-Diabetes im Kindesalter

Der langjährige Prozess der Entstehung des Typ-1-Diabetes wird durch das Auftreten multipler Diabetes-spezifischer Autoantikörper (IAA, GADA, IA-2A, ZnT8A, siehe Kapitel 1.2 im Blut charakterisiert. Eine Serokonversion findet bei > 80 % der Fälle schon im Vorschulalter statt und insbesondere um das 2. Lebensjahr herum [13]. Hat ein Kind bereits multiple (≥ 2) diabetes-spezifische Autoantikörper ist davon auszugehen, dass eine klinische Diabetesmanifestation bei > 80 % der Fälle innerhalb der nächsten 15 Jahre stattfindet. Die Bestimmung o. g. Antikörper stellt somit einen guten Screeningparameter dar.

In Ländern mit einer hohen Typ-1-Diabetes-Inzidenz und/oder -Prävalenz wie z. B. in Finnland und in den USA wird heutzutage im Rahmen von nationalen bzw. großangelegten Studienprojekten das Screening auf das Vorliegen eines Typ-1-Diabetesrisikos angeboten. In Finnland wird seit 1994 im Rahmen des DIPP-(*Type-1-Diabetes-Prediction-and-Prevention-*) Projektes allen Neugeborenen ein genetisches Screening auf das Vorliegen von Hoch- und Mittelrisiko-HLA-Haplotypen für Typ-1-Diabetes angeboten. Die Follow-up-Untersuchungen erfolgen in Intervallen von drei bis zwölf Monaten bis zur klinischen Manifestation eines Diabetes oder bis zum 15. Lebensjahr. Aktuell sind mehr als 150.000 Kinder gescreent worden, von diesen tragen über 8.500 Kinder ein erhöhtes genetisches Risiko und nehmen an der DIPP-Studie teil, während mehr als 300 Kinder bereits eine Diabetesmanifestation aufweisen. TEDDY (*The Environmental Determinants of Diabetes in the Young*) ist ebenso ein internationales Studienprojekt, das von einem Konsortium aus sechs klinischen Zentren in vier Ländern (Finnland, Schweden, München/Deutschland und den USA) durchgeführt wird. Ziel der TEDDY-Studie ist die Erkundung der Umweltfaktoren auf die Pathogenese des Typ-1-Diabetes. Das Studienprotokoll beinhaltet regelmäßige Untersuchungen in Abständen von drei bis sechs Monaten zur Bestimmung von Diabetesautoantikörpern sowie u. a. zur Durchführung von standardisierten Belastungstests (wie z. B. intravenöser oder oraler Glukosetoleranztest) bei den Probanden mit positiven Antikörpern. Die Rekrutierung zur TEDDY-Studie wurde in 2010 abgeschlossen, das Follow-up wird fortgesetzt, bis die Teilnehmer das 15. Lebensjahr erreicht haben

(2024). Zuletzt gibt es das Typ-1 Diabetes-*TrialNet* Projekt, welches Studien mit dem Schwerpunkt Entwicklung, Prävention und frühe Behandlung des Typ-1-Diabetes zusammenführt. Es wird von 18 klinischen Studienzentren in acht Ländern koordiniert. Als Teilnehmer kommen Personen in Frage, die auf Grund ihrer positiven Familienanamnese ein erhöhtes Risiko für die Entwicklung eines Typ-1-Diabetes haben. Die Einschlusskriterien sind entweder: Alter zwischen 1–20 Jahre und entfernter Verwandter (Cousin/e, Onkel, Tante, Nichte, Neffe, Großeltern oder Halbbruder/-schwester) mit Typ-1-Diabetes oder Alter zwischen einem und 45 Jahren und erstgradiger Verwandter (Bruder, Schwester, Kind, Vater, Mutter) mit Typ-1-Diabetes.

Die aktuellen nationalen (DDG) und internationalen (ISPAD) Leitlinien empfehlen bisher weder bei der Allgemeinbevölkerung noch bei Hochrisikogruppen ein generelles Screening auf einen Typ-1-Diabetes. In Deutschland wird angesichts des beobachteten Typ-1-Diabetesinzidenzanstiegs aktuell im Rahmen zweier großangelegter Pilotstudien ein anderer Ansatz erprobt, mit dem Ziel, frühe Diabetesstadien frühzeitig zu erkennen und damit möglicherweise potenziell lebensbedrohliche Ketoazidosen bei klinischer Manifestation zu reduzieren. Seit Anfang 2015 wird in Bayern im Rahmen der Fr1da-Studie (Typ-1-Diabetes: Früh erkennen – Früh gut behandeln) die frühe Diagnose durch kostenloses Insel-Autoantikörperscreening für alle Kinder im Alter von zwei bis fünf Jahren (U7, U7a, U8, U9) angeboten. Zur Anwendung kommt ein neuer Test, der so genannte 3-Screen, bei dem drei Antikörper in einem Test (GADA, IA-2A, ZnT8A) bestimmt werden und ein vierter Antikörper (IAA) dazugenommen wird, wenn der 3-Screen > 99. Perzentile liegt. Im Falle eines positiven Testbefunds vermittelt der behandelnde Arzt Kontakt zum Fr1da-Team, das wiederum eine Prä-Typ-1-Diabetesschulung in einem Schulungszentrum vor Ort organisiert und begleitet. Dort erfolgen eine kompetente Betreuung mit einer intensiven Schulung zum frühen Stadium des Typ-1-Diabetes (Prä-Typ-1-Diabetes) und die Anbindung an ein erfahrenes Schulungszentrum. Psychologen sind an allen Schulungszentren in das Team integriert und die Familien werden mit Informations- und Schulungsmaterial versorgt. In 2016 startet das Fr1dolin-Projekt (Früherkennung eines Typ-1-Diabetes und einer familiären Hypercholesterinämie in Niedersachsen), das neben der Früherkennung eines Prä-Typ-1-Diabetes nach dem Fr1da-Modell auch die Früherkennung einer anderen chronischen und bisher unterdiagnostizierten Erkrankung, nämlich der genetisch bedingten familiären Hypercholesterinämie, als Ziel hat. Somit soll untersucht werden, ob ein Kombinationsscreening im Vorschulalter die Attraktivität und Praktikabilität eines Screeningverfahrens erhöht. Darüber hinaus soll den betroffenen Personen auch die Teilnahme an einer Präventionsstudie angeboten werden.

Im klinischen Alltag erfolgen von Verwandten von Kindern und Jugendlichen mit Typ-1-Diabetes häufig Anfragen nach einem Screening, insbesondere betrifft dies Geschwister. Aufgrund einer in der Regel mangelnden Konsequenz kann außerhalb von klinischen Studien für diese Personen mit erhöhtem Risiko kein generelles Screening empfohlen werden.

2.2.4 Prävention des Typ-1-Diabetes im Kindesalter

Die Entwicklung des Typ-1-Diabetes ist durch das Stadium der genetischen Prädisposition gefolgt von Prä-Typ-1-Diabetes mit Beginn des autoimmunologischen Zerstörungsprozesses der β-Zellen und dem Nachweis von diabetesspezifischen Autoantikörpern und zuletzt des klinisch-manifesten Typ-1-Diabetes mit konstanter Hyperglykämie und Glukosurie charakterisiert.

Bei den Diabetes-Präventionsstudien wird dementsprechend zwischen Primär-, Sekundär- und Tertiärprävention unterschieden (Abb. 2.7) [14]. Bei einer **primären Präventionsstudie** wird versucht, den Beginn des Krankheitsprozesses in einer gesunden Population ohne jegliche Anzeichen der Erkrankung zu verhindern. Hierzu gehört die TRIGR-Studie (*Trial to Reduce IDDM in the Genetically at Risk*) als weltweit größte prospektive doppelblinde, Placebo-kontrollierte Studie mit der Fragestellung, ob frühe Kuhmilchproteinexposition bei Kindern mit einem hohen genetischen Risiko für Typ-1-Diabetes zur Entstehung der Erkrankung beiträgt [15]. Es soll untersucht werden, ob die Meidung von Kuhmilcheiweiß im o. g. Zeitraum zu einer signifikanten Reduktion der kumulativen Inzidenz einer Inselzellautoimmunität in den ersten sechs Lebensjahren und der Diabeteserkrankung in der ersten Lebensdekade führen kann. Für die TRIGR-Studie wurden zwischen Mai 2002 und Februar 2007 insgesamt 2.160 Neugeborene mit risikobehafteter HLA-Konstellation aus Familien mit mindestens einem an Typ-1-Diabetes erkrankten Mitglied (Vater, Mutter, Geschwister) aus 15 Ländern in Europa, Nordamerika und Australien rekrutiert. Sobald die Mutter das Kind nicht mehr ausschließlich stillen konnte, wurde dem Säugling entweder normale Säuglingsnahrung (Kontrollgruppe) oder kuhmilchproteinfreie Hydrolysatmilch (In-

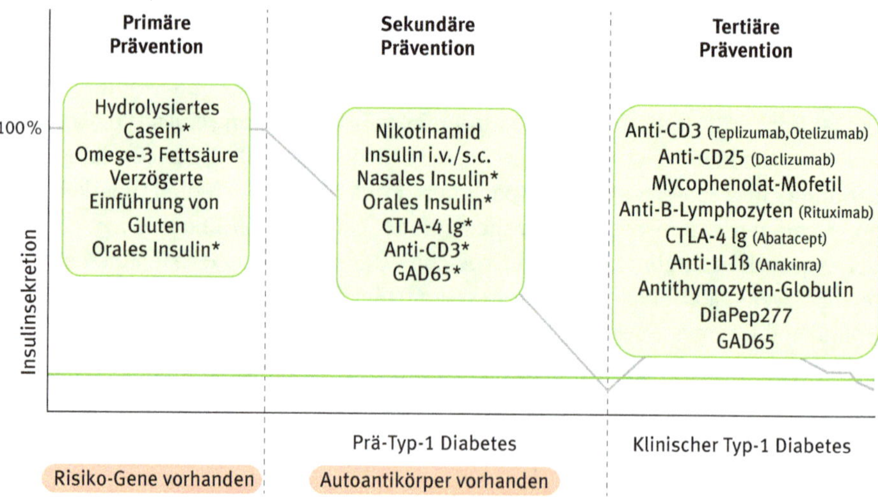

Abb. 2.7: Stadien der Entwicklung eines Typ-1-Diabetes und untersuchte Möglichkeiten einer Prävention in den verschiedenen Stadien. *: laufende Studien [14].

terventionsgruppe) zugefüttert. Die Intervention erfolgte mindestens über die ersten sechs und maximal über die ersten acht Lebensmonate. Insgesamt wurde bei 80 % der Studienteilnehmer die Studienmilch eingesetzt mit einer Protokollcompliance von 94 % während der ersten fünf Jahre der Studie. Die Studienergebnisse werden nach 10-jähriger Laufzeit im Jahre 2017 erwartet.

In einer weiteren Primärpräventionsstudie wurde untersucht, ob eine glutenfreie Ernährung im ersten Lebensjahr bei Kindern mit einem Hochrisiko-HLA-Genotyp die Entwicklung einer Immunität gegen β-Zellen und die Diabetesentwicklung im Frühstadium stoppen kann. Diese randomisierte, prospektive offene Studie mit dem Namen BABYDIÄT wurde im Institut für Diabetesforschung am Helmholtz Zentrum München durchgeführt. Anlass zur BABYDIÄT-Studie haben die Ergebnisse von zwei kleineren prospektiven Studien bei Kindern mit erhöhtem Diabetesrisiko gegeben, bei denen eine frühe Einführung von glutenhaltigen Lebensmitteln in die Säuglingsernährung mit einem erhöhten Risiko für die Entwicklung einer diabetes-assoziierten Autoimmunität verbunden war. Die Ergebnisse des 3-jährigen Follow-ups zeigten jedoch keine signifikanten Unterschiede zwischen den Patienten, die eine glutenhaltige Ernährung ab dem 6. Lebensmonat erhielten, und denjenigen, die glutenhaltige Nahrungsmittel erst nach Beendigung des ersten Lebensjahres verzehrten [16].

Den Ansatz einer Immunmodulation durch die frühe Auseinandersetzung des Körpers mit einem oral oder intranasal verabreichtem Insulinpräparat bei Kindern mit einem hohen genetischen Risiko für Typ-1-Diabetes verfolgen die Forscher der Pre-POINT (*Primary Oral/intranasal INsulin Trials*) and Pre-POINT Early Studien. Das eingenommene Insulin dient nicht zur Senkung des Blutzuckers, sondern soll, wie eine Schutzimpfung, das Immunsystem beeinflussen. Voruntersuchungen in den USA und die ersten Pre-POINT-Ergebnisse haben gezeigt, dass es einen solchen schützenden Effekt auf das Immunsystem gibt. An der Pre-POINT-Studie haben Diabetesantikörper-negative Kinder zwischen 18 Monaten und sieben Jahren teilgenommen, an der Pre-POINT-Early-Studie nehmen Kinder zwischen sechs Monaten und zwei Jahren teil [17]. Die Behandlung im Rahmen dieser Studien dauert bis zu 18 Monate. Die Studienzentren befinden sich in Deutschland (Forschergruppe Diabetes e. V. am Helmholtz Zentrum München/Institut für Diabetesforschung des Diabeteszentrum), Österreich, UK, USA und Kanada (http://www.diabetes-point.org).

In einer doppelblinden, Placebo-kontrollierten Pilotstudie wurde der Einfluss der Gabe von Omega-3-Fettsäuren (Docosahexaensäure) bei schwangeren Müttern ab dem letzten Trimenon der Schwangerschaft und ihren Säuglingen während der ersten fünf Lebensmonate auf die Entwicklung einer Autoimmunität untersucht. Diese Familien hatten bereits ein an Typ-1-Diabetes erkranktes Mitglied. Bisher wurde kein signifikanter Unterschied zwischen den Gruppen festgestellt (Diabetes TrialNet Study Group).

In der letzten Dekade des 20. Jahrhunderts standen **sekundäre Präventionsstudien** im Mittelpunkt der diabetologischen Forschung. Diese Studien untersuchten den Effekt von Interventionen bei Kindern, Jugendlichen und Erwachsenen im Stadium des Prädiabetes, d. h. beim Auftreten diabetesassoziierter Antikörper. Großangelegte randomisierte, geblindete Präventionsstudien waren das *European Nicotinamide Diabetes Intervention Trial* (ENDIT) sowie die *Deutsche Nikotinamid-Intervention-Studie* (DENIS), in denen die Nikotinamidwirkung geprüft wurde [18, 19]. In Tiermodellen konnte die Nikotinamideinnahme die Inzidenz des immunvermittelten Diabetes verringern. Sowohl in ENDIT als auch in DENIS wurde allerdings die gewünschte Reduktion der Diabetesinzidenz bei Menschen nicht erreicht. Im amerikanischen *Diabetes Prevention Trial-Type 1* (DPT-1) wurde die Wirkung von oralem oder parenteralem Insulin zur Diabetesprävention bei erstgradigen Verwandten von Patienten mit Typ-1-Diabetes und positivem Inselzellantikörperbefund untersucht. Neben den Antikörpern wurde auch eine gestörte frühe Insulinsekretion im intravenösen Glukosetoleranztest zur Bewertung herangezogen. In einem Arm der Studie wurden Probanden mit einem normalen intravenösen Glukosetoleranztest mit oraler Gabe von Insulin behandelt, um eine Immuntoleranz zu erzielen. In einem zweiten Arm der Studie wurden Probanden eingeschlossen, die bereits eine gestörte intravenöse Glukosetoleranz, aber einen normalen oralen Glukosetoleranztest aufwiesen, also im Krankheitsprozess weiter fortgeschritten waren. Diese wurden innerhalb der kontrollierten Studie entweder nur beobachtet oder jährlich für eine Woche mit i. v. Insulin, dazwischen mit täglicher Injektion eines ultralangwirksamen Insulins (0,25 IE/kg Körpergewicht) behandelt, obwohl sie noch nicht im eigentlichen Sinne insulinpflichtig waren. In beiden Armen der DPT-Studie konnte das Ziel der Verzögerung der klinischen Diabetesmanifestation nicht erreicht werden [20].

In aktuellen Studien wird die Möglichkeit einer Verzögerung des Autoimmunprozesses bei antikörperpositiven Kindern mit normaler bzw. gestörter metabolischer Antwort auf eine orale Glukosetoleranztestung durch folgende Interventionen untersucht: Gabe von oralem oder intranasalem Insulin, Applikation von CTLA-4 IgG (Abatacept), einem Fusionsprotein aus dem Fc-Teil von humanem IgG1 und der extrazellulären Domäne von humanem CTLA-4 sowie von humanizierten monoklonalen hOKT3γ1-(Ala-AlA-)Antikörpern (Teplizumab) oder von einem Glutamatsäuredekarboxylase-(GAD-)Impfstoff. Ziel dieser Studien ist das verzögerte Auftreten des Stadiums des klinisch manifesten Diabetes.

Im Sinne einer **tertiären Prävention** mit dem Ziel, eine Verzögerung des Krankheitsverlaufs und eine Stabilisierung der endogenen Insulinsekretion nach der klinischen Manifestation des Typ-1-Diabetes zu erreichen, wurden mehrere Studien mit Beginn des Milleniums durchgeführt. Es handelt sich hierbei um Studien mit antigengerichteten Therapien, die das Ziel einer Immunmodulation, d. h. einer „Neuorientierung" des Immunsystems, verfolgen. Es wird postuliert, dass sie auf der Ebene der Antigenpräsentation in die Aktivierung von T-Zellen eingreifen. Als solche wurden das Enzym Glutamatsäuredekarboxylase (GAD) in Form eines Impfstoffs im Adjuvans Aluminiumhydroxid (rhGAD65-Alu, Diamyd®) sowie das synthetische Peptid DiaPep277 des Hitzeschockproteins eingesetzt. Beide Therapien konnten allerdings keine signifikanten bzw. anhaltenden Ergebnisse zeigen [21].

Der Ansatz, eine Modulation der T-Zellen durch kurzzeitige und wiederholte Behandlungen mit monoklonalen Antikörpern gegen CD3 zu erzielen, gehört zu den vielversprechenden aktuellen Immuninterventionsstrategien. CD3 ist ein Proteinkomplex auf T-Zellen, welcher an der Signaltransduktion zwischen Antigen-Rezeptor und T-Zell-Aktivierung beteiligt ist. Es wird angenommen, dass die monoklonalen Anti-CD3-Antikörper die Apoptose zytotoxischer T-Zellen einleiten. In einer doppelblinden, Placebo-kontrollierten Phase-II-Studie mit humanisierten monoklonalen ChAglyCD3-Antikörpern bei 80 Patienten mit neumanifestiertem Typ-1-Diabetes im Alter von zwölf bis 39 Jahren konnte der Erhalt der β-Zellfunktion bis zu zwei Jahre nach Applikation des Antikörpers aufrechterhalten werden. Dieser war auch mit einem niedrigeren exogenen Insulinbedarf assoziiert. Obwohl die Intervention mit dem humanisierten monoklonalen hOKT3γ1-(Ala-Ala-)Antikörper in einer randomisierten, kontrollierten, ungeblindeten Phase-I/II-Studie bei 40 Patienten mit frischem Diabetes im Alter von sieben bis 40 Jahren ähnlich positive Ergebnisse mit Erhalt der Restfunktion über ein Jahr zeigte, musste die klinische Prüfung von Teplizumab (hOKT3γ1(Ala-Ala)) in einer großangelegten europäischen Phase-III-Studie (Protégé ENCORE Studie) bei Patienten im Alter von acht bis 35 Jahren auf Grund fehlender Wirksamkeit abgebrochen werden. Eine weitere europäische kommerzielle Phase-III-Studie mit Otelixizumab (ChAglyCD3, DEFEND-2-Studie) bei Patienten zwischen zwölf und 45 Jahren erbrachte ebenso negative Ergebnisse [22]. Die Therapie mit humanisierten monoklonalen CD3-Antikörpern ist mit Nebenwirkungen verbunden. Während der Therapie können grippeähnliche Symptome (auf Grund der Zytokinausschüttung), Transaminasenerhöhung, Zytopenien (Lymphopenie bei 80–90 %, Neutropenie 45 %, Thrombozytopenie 10 %) sowie Hautexantheme auftreten. Transiente EBV-Reaktivierungen wurden ebenso beobachtet. Eine Milderung der Zytokinausschüttung kann durch die prophylaktische Gabe von nichtsteroidalen Antiphlogistika erzielt werden, die der anderen Nebenwirkungen durch Reduktion der Interventionsdosis. Andererseits werden jedoch diese Maßnahmen als Gründe für die fehlende Wirksamkeit der Intervention diskutiert.

Einen weiteren Ansatz verfolgt die Immuninterventionstherapie mit monoklonalen Antikörpern gegen CD20 (Rituximab), welche zu einem selektiven Abbau von B-Lymphozyten führt. Letztere spielen eine essentielle Rolle bei der Antigen-Präsentation. In einer randomisierten, kontrollierten Phase-II-Studie bei 87 Patienten (Alter acht bis 40 Jahre) mit frisch manifestiertem Typ-1-Diabetes führten viermalige Rituximabinfusionen im Abstand von sieben Tagen zu einem besseren Erhalt der stimulierten Insulinrestsekretion, niedrigeren HbA1c-Wert und geringeren exogenen Insulinbedarf zwölf Monate nach Diabetesmanifestation [23]. Dieser Effekt war allerdings nicht anhaltend.

Allen Therapieanstrengungen ist bisher gemein, dass sie bei unterschiedlich stark ausgeprägten Nebenwirkungen eine vorübergehende, aber nicht dauerhafte Stabilisierung der endogenen Insulinproduktion bewirken können. Es ist wahrscheinlich, dass die destruktive Immunantwort nicht auf einer einzigen pathologischen Reaktion beruht, sondern die Inselzerstörung über verschiedene, zum Teil auch kombinierte

Prozesse zustande kommt. Daher ist zu erwarten, dass eine Interventionsmonotherapie nicht ausreichen wird, um den Krankheitsverlauf wirksam zu verzögern oder aufzuhalten, eine Kombinationstherapie aber möglicherweise erfolgversprechend ist.

Ein zentrales und wichtiges Thema bereits in den ersten Präventions-, aber auch Screeningstudien war die Frage nach der psychologischen Belastung der Kinder und ihrer Eltern. Die Belastung durch Teilnahme an einer Studie mit Kenntnis des Risikos, einen Diabetes zu entwickeln, wurde anhand standardisierter Fragebögen ermittelt. Bei der Auswertung wurde insbesondere bei Müttern und alleinerziehenden Eltern sowie bei Eltern mit niedrigem Ausbildungsstatus eine erhöhte Angst vor dem Screeningergebnis festgestellt. Andererseits wurde eine signifikante Reduktion des Angstscores nach Mitteilung der Screeningergebnisse oder im Laufe der Zeit beobachtet. Es ist daher notwendig, dass die Eltern während einer Screening- oder Interventionsstudie gut begleitet werden und ihnen bei Bedarf eine professionelle psychologische Betreuung innerhalb eines erfahrenen Studienteams angeboten werden kann.

Ein Vorteil der Teilnahme an einer primären oder sekundären Interventionsstudie wäre die frühzeitige Diagnose der klinischen Manifestation bzw. das langsame Heranführen an die Möglichkeit des Krankheitseintritts mit Unterstützung des Studienteams. Im Rahmen der o. g. DPT-1-Studie wurde festgestellt, dass bei Teilnehmern einer sekundären Interventionsstudie sowohl der HbA1c-Wert als auch der Insulinbedarf nicht nur zum Zeitpunkt der klinischen Manifestation, sondern auch bis zu sechs Monate später signifikant niedriger waren als bei vergleichbaren Patienten außerhalb der Studie.

Literatur

[1] International Diabetes Federation Diabetes Atlas 7th edition. 2016; http://www.idf.org/diabetesatlas.

[2] Diaz-Valencia PA, Bougnères P, Valleron AJ. Global epidemiology of type 1 diabetes in young adults and adults: a systematic review. BMC Public Health. 2015; 15: 255.

[3] Diaz-Valencia PA, Bougnères P, Valleron AJ. Covariation of the incidence of type 1 diabetes with country characteristics available in public databases. PLoS One. 2015; 10:e0118298

[4] Harjutsalo V, Sund R, Knip M, Groop PH. Incidence of type 1 diabetes in Finland. JAMA. 2013; 310: 427–428.

[5] Patterson CC, Dahlquist GG, Gyürüs E, Green A, Soltész G; EURODIAB Study Group. Incidence trends for childhood type 1 diabetes in Europe during 1989–2003 and predicted new cases 2005–2020: a multicentre prospective registration study. Lancet. 2009; 373: 2027–2033.

[6] Patterson CC, Gyürüs E, Rosenbauer J, Cinek O, Neu A, Schober E, et al. Trends in childhood type 1 diabetes incidence in Europe during 1989–2008: evidence of non-uniformity over time in rates of increase. Diabetologia. 2012; 55: 2142–2147.

[7] Bendas A, Rothe U, Kiess W, Kapellen TM, Stange T, Manuwald U, et al. Trends in Incidence Rates during 1999–2008 and Prevalence in 2008 of Childhood Type 1 Diabetes Mellitus in Germany–Model-Based National Estimates. PLoS One. 2015; 10: e0132716.

[8] Kamtsiuris P, Atzpodien K, Ellert U, Schlack R, Schlaud M. Prävalenz von somatischen Erkrankungen bei Kindern und Jugendlichen in Deutschland – Ergebnisse des Kinder- und Jugendgesundheitssurveys (KiGGS). Bundesgesundheitsbl. 2007; 50: 686–700.
[9] Ehehalt S, Dietz K, Willasch AM, Neu A; Baden-Württemberg Diabetes Incidence Registry (DIARY) Group. Epidemiological perspectives on type 1 diabetes in childhood and adolescence in Germany: 20 years of the Baden-Württemberg Diabetes Incidence Registry (DIARY). Diabetes Care. 2010; 33: 338–240.
[10] Fazeli Farsani S, van der Aa MP, van der Vorst MM, Knibbe CA, de Boer A. Global trends in the incidence and prevalence of type 2 diabetes in children and adolescents: a systematic review and evaluation of methodological approaches. Diabetologia. 2013; 56: 1471–1488.
[11] Dabelea D, Mayer-Davis EJ, Saydah S, Imperatore G, Linder B, Divers J, et al.; SEARCH for Diabetes in Youth Study. Prevalence of type 1 and type 2 diabetes among children and adolescents from 2001 to 2009. JAMA. 2014; 311: 1778–1786.
[12] Neu A, Feldhahn L, Ehehalt S, Hub R, Ranke MB; DIARY Group Baden-Württemberg. Type 2 diabetes mellitus in children and adolescents is still a rare disease in Germany: a population-based assessment of the prevalence of type 2 diabetes and MODY in patients aged 0–20 years. Pediatr Diabetes. 2009; 10: 468–473.
[13] Ziegler AG, Rewers M, Simell O, Simell T, Lempainen J, Steck A, et al. Seroconversion to multiple islet autoantibodies and risk of progression to diabetes in children. JAMA. 2013; 309: 2473–2479.
[14] Wherrett DK. Trials in prevention of type 1 diabetes: current and future. Can J Diabetes. 2014; 38: 279–284.
[15] Akerblom HK, Krischer J, Virtanen SM, et al. The Trial to Reduce IDDM in the Genetically at Risk (TRIGR) study: recruitment, intervention and follow-up. Diabetologia. 2011; 54: 627–633.
[16] Hummel S, Pflüger M, Hummel M, Bonifacio E, Ziegler AG. Primary dietary intervention study to reduce the risk of islet autoimmunity in children at increased risk for type 1 diabetes: the BABYDIET study. Diabetes Care. 2011; 34: 1301–1305.
[17] Bonifacio E, Ziegler AG, Klingensmith G, Schober E, Bingley PJ, Rottenkolber M, et al.; Pre-POINT Study Group. Effects of high-dose oral insulin on immune responses in children at high risk for type 1 diabetes: the Pre-POINT randomized clinical trial. JAMA. 2015; 313: 1541–1549.
[18] Gale EA, Bingley PJ, Emmett CL, Collier T; European Nicotinamide Diabetes Intervention Trial (ENDIT) Group. European Nicotinamide Diabetes Intervention Trial (ENDIT): a randomised controlled trial of intervention before the onset of type 1 diabetes. Lancet. 2004; 363: 925–931.
[19] Lampeter EF, Klinghammer A, Scherbaum WA, et al. The Deutsche Nicotinamide Intervention Study: an attempt to prevent type 1 diabetes. DENIS Group. Diabetes. 1998; 47: 980–984.
[20] Skyler JS, Krischer JP, Wolfsdorf J, et al. Effects of oral insulin in relatives of patients with type 1 diabetes: The Diabetes Prevention Trial–Type 1. Diabetes Care. 2005; 28: 1068–1076.
[21] Ludvigsson J, Faresjö M, Hjorth M, et al. GAD treatment and insulin secretion in recent-onset type 1 diabetes. N Engl J Med. 2008; 359: 1909–1920.
[22] Keymeulen B, Walter M, Mathieu C, Kaufman L, Gorus F, Hilbrands R, et al. Four-year metabolic outcome of a randomised controlled CD3-antibody trial in recent-onset type 1 diabetic patients depends on their age and baseline residual beta cell mass. Diabetologia. 2010; 53: 614–623.
[23] Pescovitz MD, Greenbaum CJ, Krause-Steinrauf H, et al. Rituximab, B-lymphocyte depletion, and preservation of beta-cell function. N Engl J Med. 2009; 361: 2143–2152.

Olga Kordonouri

2.3 Fettstoffwechselstörungen: Epidemiologie, Screening und Prävention

Die familiäre Hypercholesterinämie (FH), eine autosomal-dominat vererbte genetische Störung des Fettstoffwechsels, ist eine der häufigsten kongenitalen Stoffwechselstörungen, die in der kaukasischen Bevölkerung mit einer Frequenz von 1 : 200 bis 1 : 500 vorkommt [1]. Die homozygote Form der familiären Hypercholesterinämie tritt mit einer Prävalenz zwischen 1 : 250.000 bis 1 : 1.000.000 kaukasischer Neugeborener sehr selten auf. Nach Hochschätzungen leben in Europa ca. 4,5 Millionen Menschen mit FH, während weltweit ungefähr 35 Millionen von dieser Krankheit betroffen sind (Abb. 2.8); davon etwa 20–25 % Kinder und Jugendliche [1].

Die Früherkennung einer familiären Hypercholesterinämie und der frühe Beginn einer diätetischen und ggf. medikamentösen Therapie sind von essentieller Bedeutung auch für Kinder. Während bisherige Screening-Strategien ein selektives Cholesterinscreening ausgehend von einer positiven Familienanamnese beinhalteten (Kaskaden-Screening), sprechen sich aktuelle Empfehlungen zunehmend für ein Allgemeinscreening und somit auch für ein so genanntes Bottom-up-Kaskaden-Screening aus.

2.3.1 Prävalenz der familiären Hypercholesterinämie

Die häufigste Ursache einer familiären Hypercholesterinämie beruht auf Mutationen des LDL-Rezeptor-Gens [2]. Bisher sind mehr als 1000 verschiedene Mutationen beschrieben, die die Struktur und Funktion von LDL-Rezeptoren beeinflussen können. Die heterozygote FH führt zu einer etwa 50%igen Reduktion funktionstüchtiger LDL-Rezeptoren auf den Leberzellen. Bereits in der frühen Kindheit kommt es damit zu einer starken Erhöhung des Gesamtcholesterins und des LDL-Cholesterins. Unbehandelt führt diese Stoffwechselstörung zu frühzeitigen Gefäßschäden und einem stark erhöhten Risiko für vorzeitige Herzinfarkte. Somit haben betroffene junge Erwachsene zwischen 20–39 Jahren ein 100-faches Risiko, an einem Herzinfarkt zu versterben.

Eine weitere Ursache der FH kann in Mutationen des Apolipoprotein-B-Gens begründet sein [2]. Diese kommen im Mitteleuropa mit einer Prävalenz zwischen 1 : 200–1 : 700 ähnlich häufig wie Mutationen des LDL-Rezeptors vor. Der dadurch verursachte Apolipoprotein-B-100-Mangel führt zu eingeschränkter Rezeptoraffinität, während die strukturelle Anomalie des Apolipoproteins B eine ineffiziente Bindung an den LDL-Rezeptor hervorruft.

Die dritthäufigste Ursache einer FH sind Gain-of-function-Mutationen des Proproteinkonvertase-Subtilisin/Kexin-Typ-9-(PCSK9-)Gens. PCSK9 reguliert den LDL-Cholesterinspiegel, indem es den LDL-Rezeptor bindet und mit ihm zusammen

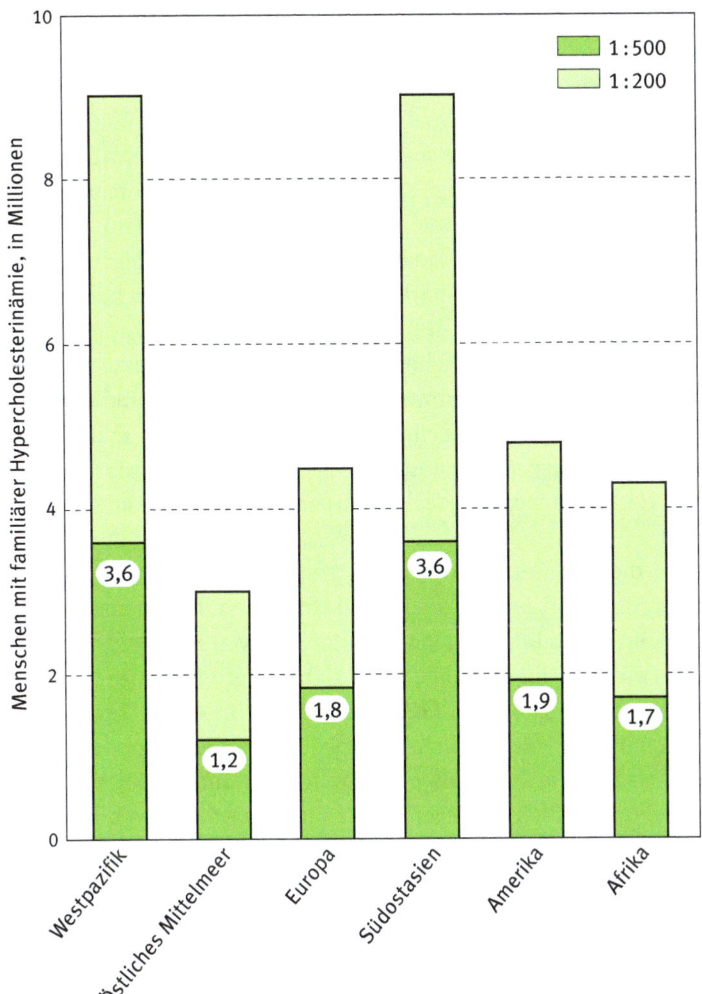

Abb. 2.8: Errechnete Prävalenz der familiären Hypercholesterinämie in den verschiedenen Regionen der Welt (WHO). Daten basieren auf zwei Prävalenzberechnungen (1 : 500 und 1 : 200, [1]).

von der Leberzelle aufgenommen wird [2]. PCSK9-gebundene LDL-Rezeptoren werden in diesem Fall abgebaut und nicht erneut an die Zelloberfläche befördert und stehen damit nicht mehr für die LDL-Bindung zur Verfügung. Dadurch steigt der LDL-Cholesterinspiegel im Plasma an.

Polygen vererbte Formen der Hypercholesterinämie liegen einem Großteil der mäßig ausgeprägten Hyperlipidämien im Kindesalter zugrunde [2]. Hierbei sind z. B. Mutationen des Apolipoprotein-E-Gens zu nennen, die ebenso familiär erhöhte Triglycerid- und Cholesterin-Spiegel im Blut verursachen können. In Abhängigkeit von Ernährung und Lebensstil (körperliche Inaktivität, Übergewicht) nimmt die Häufigkeit einer manifesten Hypercholesterinämie auf polygener Basis mit dem Lebensalter zu.

Epidemiologische Studien aus der letzten Dekade haben gezeigt, dass das Vorkommen einer familiären Hypercholesterinämie in der kaukasischen Bevölkerung stark unterschätzt wurde. Während bisher von einer FH-Prävalenz in der Allgemeinbevölkerung von 1 : 500 ausgegangen wurde, zeigen jüngere populationsbezogene Untersuchungen eine deutlich höhere Prävalenz. So ergab die Analyse der Daten von 69.016 Erwachsenen aus der prospektiven Copenhagen General Population Study eine FH-Prävalenz von 0,73 % (1 : 137) in Dänemark [3]. 20 % der Betroffenen hatten eine nachgewiesene Mutation im *LDLR*- oder *APOB*-Gen. Die starke Variation zwischen den Studien kann durch die unterschiedlichen Populationen (krankenhausbasierte Populationen, Registerproben) oder die Anwendung mathematischer Modelle (z. B. Hardy-Weinberg-Gleichgewicht) für die Hochrechnung der Betroffenen erklärt werden. Darüber hinaus liegt in einigen Populationen die Prävalenzrate aufgrund von Foundereffekten, d. h. Häufung einer genetischen Abweichung in einer isolierten Population, extrem hoch.

In Slowenien wird die LDL-Bestimmung als Screening auf FH allen 5-Jährigen seit 1995 angeboten. In 2015 publizierten Klančar und Mitarbeiter die genetischen Daten bei 272 Kindern mit erhöhten LDL-Werten und einer positiven Familienanamnese für prämature kardiovaskuläre Erkrankungen [4]. Dabei wiesen 57 % der Patienten FH-assoziierte Mutationen (38,6 % im *LDLR*-Gen, 18,4 % im *APOB*-Gen, 0 % im *PCSK9*-Gen) auf, während 43,6 % der restlichen Kinder Träger einer Apolipoprotein-E4-Isoform (APOE E4) waren. Die Prävalenz einer *LDLR*-Gen-Mutation lag somit bei den slowenischen Kindern deutlich niedriger als sie für polnische (45 %), französische (73,9 %), spanische (96,4 %) und italienische (97,4 %) Kinder berichtet wurde. Allerdings war die Prävalenz einer *APOB*-Gen-Mutation deutlich höher als in den jeweiligen o. g. Populationen (6 %, 6,6 %, 3,5 % und 2,2 %). Über ähnliche Befunde mit fehlender nachgewiesener Mutation im *PCSK9*-Gen wurde ebenso bei griechischen und finnischen Populationen mit FH berichtet.

In Deutschland gibt es bisher keine epidemiologischen Daten zur Untersuchung der FH-Prävalenzrate in einer repräsentativen Population. Im Rahmen der bundesweiten Längs- und Querschnittsstudie zur Gesundheit von Kindern und Jugendlichen des Robert Koch-Instituts [4] wurden lediglich die Fettwerte (Gesamtcholesterin sowie LDL- und HDL-Cholesterin) bei 7.297 Jungen und 6.951 Mädchen aus der Allgemeinbevölkerung bestimmt. Die hier beobachteten Verteilungsmuster nach Alter und Geschlecht stimmten mit den Ergebnissen bevölkerungsbezogener Studien von Kindern und Jugendlichen in den USA überein. Allerdings werden in den KiGGS-Daten bei älteren Mädchen höhere Absolutwerte für Gesamt- und LDL-Cholesterin und bei beiden Geschlechtern höhere HDL-Cholesterinwerte beobachtet [5].

2.3.2 Screening-Strategien und Früherkennung der familiären Hypercholesterinämie im Kindesalter

Die Arbeitsgemeinschaft für Pädiatrische Stoffwechselstörungen empfiehlt in ihren aktuellen Leitlinien zur Diagnostik und Therapie von Hyperlipidämien, bei Kindern und Jugendlichen mit anamnestischen Hinweisen auf eine familiäre erbliche Form der Hyperlipidämie oder eine ausgeprägte Hyperlipidämie bei den Eltern oder anderen Verwandten 1. Grades eine Lipidbestimmung vorzunehmen, i. d. R. ab dem 2. Lebensjahr [2]. Anamnestische Hinweise auf eine FH sind frühe kardiovaskuläre Erkrankungen bei Verwandten 1. und 2. Grades vor dem 55. Lebensjahr bei Männern bzw. dem 65. Lebensjahr bei Frauen. Da jedoch viele Eltern noch jung sind und (noch) keine klinische Manifestation der Folgen einer Hyperlipidämie aufweisen oder ihre Cholesterinspiegel selbst nicht kennen, wird durch ein solches an der Familienvorgeschichte orientiertes diagnostisches Vorgehen die Mehrzahl der Kinder und Jugendlichen mit behandlungswürdiger Hypercholesterinämie nicht erkannt. Daher sollte unabhängig von der Familienanamnese bei jedem Kind oder Jugendlichen einmalig eine Cholesterinbestimmung (Gesamtcholesterin, auch postprandial möglich) im Rahmen einer Vorsorgeuntersuchung (vorzugsweise im Vorschulalter bei der U9) angeboten werden. Als Alternative wird eine einmalige Cholesterinmessung bei allen Jugendlichen im Rahmen der J1-Untersuchung mit zwölf bis 14 Jahren empfohlen. Dabei sind jedoch folgende Punkte kritisch zu vermerken: Erstens ist die Inanspruchnahme der J1-Vorsorgeuntersuchung außerordentlich gering und zweitens können durch ungünstige Essgewohnheiten ernährungsbedingte Erhöhungen des Gesamtcholesterin- oder LDL-Cholesterinspiegels bei Jugendlichen zu falsch-positiven Ergebnissen führen.

Bei Kindern und Jugendlichen bietet sich als Screeningmethode für das Vorliegen einer FH die Bestimmung von Gesamtcholesterin oder LDL-Cholesterin. In einer Metaanalyse von Wald und Mitarbeitern konnte anhand der Cholesterin- und/oder LDL-Cholesterinwerte eine FH mit einer Sicherheit von 88 %, 94 % und 96 % festgestellt werden (detection rates) bei falsch positiven Quoten von jeweils 0,1 %, 0,5 % und 1 % [6].

2.3.2.1 Screening-Empfehlungen im Kindesalter in den verschiedenen Ländern

Wie die Deutsche Arbeitsgemeinschaft für Pädiatrische Stoffwechselstörungen (APS) betonen die meisten europäischen (European Society of Cardiology (ESC)/European Atherosclerosis Society (EAS)) und amerikanischen (American College of Cardiology (ACC)/American Heart Association (AHA)) Fachgesellschaften in ihren Statements die absolute Notwendigkeit zur Früherkennung einer FH bereits im Kindesalter [7]. Es wird allerdings hauptsächlich ein selektives Screening bei Familien mit positiver Anamnese für prämature Koronarherzkrankheiten oder mit nachgewiesener Dyslipidämie empfohlen. Die Studienerfahrung hat jedoch gezeigt, dass die Familienanamnese (self-reporting) unzuverlässig ist und dass die dadurch erzielte Screening-Sensitivität sehr stark zwischen 25–93 % und die -Spezifität zwischen 21–80 % variiert. Somit ist ein selektives Screening, basierend auf dem Kriterium „positive Familienanamnese“, nicht effektiver als ein Populationsscreening [8]. Darüber hinaus erweist sich diese Herangehensweise als recht zeit-intensiv und nicht standardisiert. Es ist daher nicht überraschend, wenn trotz der hohen FH-Prävalenz weniger als 1 % der Betroffenen rechtzeitig erkannt wird. Vorreiter sind hierbei Länder wie die Niederlande mit 71 % und Norwegen mit 43 %, während in Island (19 %), der Schweiz (13 %), Großbritannien (12 %) und Spanien (6 %) nur ein kleiner Prozentsatz der Patienten mit FH rechtzeitig durch Screening erkannt wird.

Auf Grund der obengenannten Beobachtungen wurden in den letzten Jahrzehnten in den einzelnen europäischen Ländern leicht unterschiedliche Screening-Strategien verfolgt (Tab. 2.3, [8]). In den Niederlanden und in Norwegen wird z. B. ein Kaskaden-Screening durchgeführt, bei dem allen erstgradigen Verwandten des Index-Patienten eine FH-assoziierte genetische Untersuchung angeboten wird. Es wird geschätzt, dass mit dieser Strategie in den Niederlanden ca. 70 % der Patienten mit FH entdeckt werden. In Großbritannien wird ein Kaskaden-Screening innerhalb einer Familie mit FH empfohlen, beginnend mit den erwachsenen Personen und bei Kindern ab dem 10. Lebensjahr. Dieses Programm ist bereits in Schottland, Wales und Nordirland implementiert worden. Wie bereits beschrieben ist ein Allgemeinscreening für FH innerhalb Europas nur in Slowenien bei Kindern im Alter von fünf Jahren seit 1995 eingeführt worden. Dort wurden zwischen 2009–2013 im Mittel ca. 53,6 % (95 %-Konfindenzintervall: 34,5–72.8 %) der erwarteten Kinder mit FH durch das Screening entdeckt. In den USA wird ein Allgemeinscreening im Alter zwischen neun und elf Jahren empfohlen, welches sich jedoch nicht durchgesetzt hat.

Tab. 2.3: Strategien für das Screening auf familiäre Hypercholesterinämie (FH) bei Kindern in Deutschland und weiteren fünf europäischen Ländern [8].

Land	**Screening-Strategie**	**Zielpopulation**
Deutschland	Selektives Screening *oder* einmalige Cholesterinbestimmung (z. B. bei der U9- oder J1-Vorsorgeuntersuchung)	Kinder aus Familien mit positiver Anamnese für prämature Herzkrankheit oder Hyperlipidämie
Großbritannien	Kaskaden-Screening	Kinder aus Familien mit FH
Italien	Selektives Screening	Kinder aus Familien mit positiver Anamnese für prämature Herzkrankheit oder Hyperlipidämie
Niederlande	Kaskaden-Screening	Kinder aus Familien mit FH
Norwegen	Kaskaden-Screening	Kinder aus Familien mit FH
Slowenien	Allgemeines Screening	Kinder im 5. Lebensjahr

Die Befürwortung eines Allgemeinscreenings für FH findet zunehmend Zuspruch in den internationalen Fachgesellschaften [9, 10]. Die WHO-Kriterien für ein Populationscreening werden erfüllt: 1) die Kindheit stellt ein latentes Stadium der Erkrankung dar, 2) es gibt einen einfachen diagnostischen Test (LDL-Bestimmung), der als Screeningmethode geeignet ist, 3) es besteht eine effektive Therapie und 4) die Behandlung der betroffenen Person ist im Rahmen der medizinischen klinischen Routine möglich. In 2015 plädierten daher internationale Gruppen aus europäischen und amerikanischen Experten stark für ein grundlegendes Überdenken der Strategie zur Früherkennung und Behandlung der familiären Hypercholesterinämie bei Kindern und Jugendlichen, damit die Betroffenen Jahrzehnte an Lebenszeit gewinnen können.

2.3.2.2 Die Fr1dolin-Studie

Ein Modellprojekt zur Früherkennung der familiären Hypercholesterinämie im Kindesalter stellt die Fr1dolin-Studie dar. Im Rahmen dieser Machbarkeitsstudie wird ein niedersachsenweites Populationsscreening auf das Vorliegen einer FH bei Kindern zwischen dem 2. und 6. Lebensjahr im Zeitraum von 2016–2018 angeboten. Das Fr1dolin-Projekt (**Fr**üherkennung von Typ-**1**-**D**iabetes und familiärer Hyperch**ol**esterinämie **in** **N**iedersachsen) hat zum Ziel, Patienten/Familien mit familiärer Hypercholesterinämie oder junge Kinder mit einem Prä-Typ-1-Diabetes (siehe Kapitel 2.2.3 zu identifizieren. Das Screening auf FH erfolgt durch die Bestimmung des LDL-Cholesterins aus dem Kapillarblut, welches während der Vorsorgeuntersuchungen (U7 (ab 2. Lbj.), U7a, U8 und U9) oder während anderer Routinevorstellungen (zwischen dem 2.–6. Lebensjahr) beim Kinderarzt abgenommen werden kann. Liegt der LDL-Wert über 135 mg/dl, erfolgt eine zweite Blutentnahme im nüchternen Zustand zur Bestimmung eines umfangreiches Lipidprofils (Gesamtcholesterin, Triglyceride, LDL- und HDL-Cholesterin). Bei den Kindern mit bestätigtem hohem LDL-Spiegel und unter Berücksichtigung der Familienanamnese werden die Folgeuntersuchungen sowie das weitere Vorgehen geplant. Die Eltern erhalten eine studienspezifische Informationsbroschüre über das Krankheitsbild sowie eine fachspezifische Ernährungsberatung und -schulung (Abb. 2.9).

Mit dieser Screening-Strategie sollen nicht nur die Akzeptanz, die Praktikabilität sowie die prognostische Relevanz eines kombinierten Screenings für zwei chronische Erkrankungen im Vorschulalter untersucht, sondern auch die Effektivität eines Bottom-up-Kaskaden-Screenings überprüft werden. Wald und Mitarbeiter haben gezeigt, dass bis zu 96 % der betroffenen Eltern durch diese Strategie entdeckt werden können [6]. Die Ergebnisse und Erfahrungen aus der Fr1dolin-Studie werden 2018/2019 erwartet.

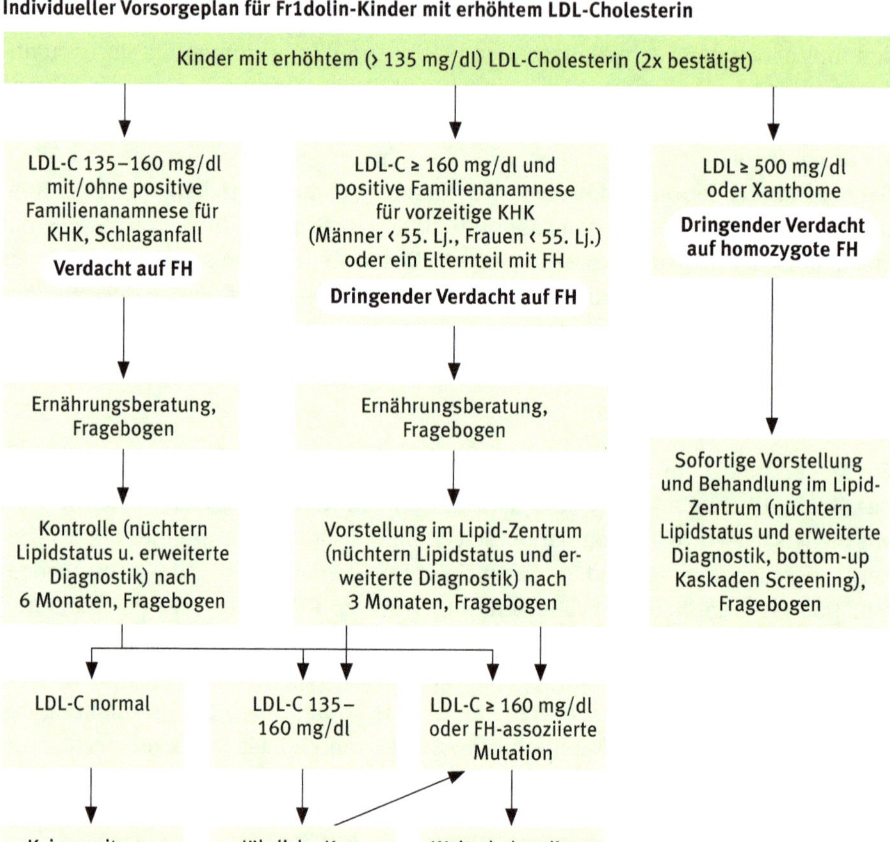

Abb. 2.9: Individueller Vorsorgeplan im Rahmen der Fr1dolin-Studie.

Literatur

[1] Nordestgaard BG, Chapman MJ, Humphries SE, Ginsberg HN, Masana L, Descamps OS, et al. European Atherosclerosis Society Consensus Panel. Familial hypercholesterolaemia is underdiagnosed and undertreated in the general population: guidance for clinicians to prevent coronary heart disease: consensus statement of the European Atherosclerosis Society. Eur Heart J. 2013; 34: 3478-3490a.

[2] Choурdakis M, Buderus S, Dokoupil K, Oberhoffer R, Schwab KO, Wolf M, et al. S2k-Leitlinien zur Diagnostik und Therapie von Hyperlipidämien bei Kindern und Jugendlichen. 2015; AWMF-Register Nr 027–068.

[3] Benn M, Watts GF, Tybjaerg-Hansen A, Nordestgaard BG. Familial hypercholesterolemia in the Danish general population: prevalence, coronary artery disease, and cholesterol-lowering medication. J Clin Endocrinol Metab. 2012; 97: 3956–3964.
[4] Klančar G, Grošelj U, Kovač J, Bratanič N, Bratina N, Trebušak K, et al. Universal Screening for Familial Hypercholesterolemia in Children. J Am Coll Cardiol. 2015; 66: 1250–1257.
[5] Bevölkerungsbezogene Verteilungswerte ausgewählter Laborparameter aus der Studie zur Gesundheit von Kindern und Jugendlichen in Deutschland (KiGGS). Robert Koch-Institut, Berlin. 2009: ISBN 978-3-89606-193-5.
[6] Wald DS, Bestwick JP, Wald NJ. Child-parent screening for familial hypercholesterolaemia: screening strategy based on a meta-analysis. BMJ. 2007; 335(7620): 599.
[7] Reiner Ž. A comparison of European and US guidelines for familial hypercholesterolaemia, Curr Opin Lipidol. 2015; 26: 215–220.
[8] Kusters DM, de Beaufort C, Widhalm K, Guardamagna O, Bratina N, Ose L, et al. Paediatric screening for hypercholesterolaemia in Europe. Arch Dis Child. 2012; 97: 272–276.
[9] Watts GF, Gidding S, Wierzbicki AS, Toth PP, Alonso R, Brown WV, et al.; International Familial Hypercholesterolemia Foundation. Integrated guidance on the care of familial hypercholesterolaemia from the International FH Foundation. Eur J Prev Cardiol. 2015; 22: 849–854.
[10] Wiegman A, Gidding SS, Watts GF, Chapman MJ, Ginsberg HN, Cuchel M, et al.; European Atherosclerosis Society Consensus Panel. Familial hypercholesterolaemia in children and adolescents: gaining decades of life by optimizing detection and treatment. Eur Heart J. 2015; 36: 2425–2437.

3 Diagnostische Verfahren

Thomas Reinehr

3.1 Adipositas: Diagnostische Verfahren

Die medizinische Diagnostik der Adipositas im Kindes- und Jugendalter umfasst drei Schritte:

1. Bestimmung des **Ausmaßes** des Übergewichtes,
2. Ausschluss von **Grunderkrankungen** des Übergewichtes,
3. Erfassung von **Folgeerkrankungen** durch das Übergewicht.

3.1.1 Ausmaß des Übergewichts

Adipositas ist definiert über eine Vermehrung des Körperfettanteils. Es gibt zahlreiche Methoden zur Messung der Körperzusammensetzung. Im klinischen Alltag hat sich die Bestimmung des Body-Mass-Index und des Taillenumfangs durchgesetzt, während die anderen Methoden nicht valide sind oder wissenschaftlichen Fragestellungen vorbehalten bleiben.

3.1.1.1 Body-Mass-Index

Aus dem Quotient aus Körpergewicht (kg) und Körperhöhe zum Quadrat (m^2) errechnet sich der Body-Mass-Index (BMI). Der BMI ist auch international als Maß zur Definition von Übergewicht und Adipositas im Kindes- und Jugendalter anerkannt [1]. BMI-Werte zwischen der 90. und 97. Perzentile werden als Übergewicht bezeichnet, bei Werten zwischen der 97. und 99,5. Perzentile wird von Adipositas gesprochen und bei Werten über der 99,5. Perzentile wird eine extreme Adipositas diagnostiziert [2]. Somit handelt es sich um eine statistische Definition. Jedoch haben longitudinale Studien klar einen Zusammenhang zwischen BMI und Morbidität sowie Mortalität bewiesen [3–5].

Die pädiatrischen Fachgesellschaften haben sich geeinigt, die Referenzdaten nach Kromeyer-Hausschild zur Beurteilung des BMI zu verwenden, da die 90. Perzentile in etwa bei 25 kg/m^2 BMI im 18. Lebensjahr endet und die 97. Perzentile circa bei 30 kg/m^2, so dass die Definition von Übergewicht und Adipositas im Erwachsenenalter in etwa erreicht wird [2]. Für internationale Studien sollten die Perzentilen der International Obesity Task Force (IOTF) [1, 6] verwendet werden.

Für wissenschaftliche Auswertungen wird die Standardabweichung des BMI (BMI-SDS) herangezogen, da der BMI alters- und geschlechtsabhängig ist. Da der BMI nicht normalverteilt ist, muss eine Korrektur mittels Box-Cox-Transformation erfolgen [7]: Hierbei wird mittels der drei alters- und geschlechtsabhängigen Parameter

DOI 10.1515/9783110460056-004

L (Maß für Schiefe der Verteilung), M (Median) und S (Standardabweichung) der jeweilige BMI in eine Normalverteilung modelliert. Die komplizierte Berechnung kann im Internet erfolgen (siehe http://www.a-g-a.de).

Bei der Bewertung des BMI muss berücksichtigt werden, dass dieser neben dem Fettmassenanteil auch den Anteil an Muskelmasse des Körpers misst. Das Körpergewicht variiert zudem im Verlauf eines Tages um 0,5 kg [8].

3.1.1.2 Taillenumfang

Neben der Gesamtkörperfettmasse bestimmt die Fettverteilung wesentlich das individuelle metabolische und kardiovaskuläre Risiko, das mit Übergewicht und Adipositas assoziiert ist. Als Hinweis auf ein erhöhtes Risiko für kardiovaskuläre Risikofaktoren und metabolische Folgeerkrankungen dient der Taillenumfang [2]. Er ist ein Marker für eine abdominale Fettansammlung und wird in Höhe der stärksten medialen Einziehung der Rumpfseitenstruktur zwischen dem unterem Rippenbogen und dem Beckenkamm gemessen. Sofern eine Einziehung der Taillenregion nicht erkennbar ist, wird der Taillenumfang in der Mitte zwischen dem Beckenkamm und dem Rippenbogen erfasst. Die Messung erfolgt nach der Ausatmung. Die Messung sollte zur Fehlerminimierung wiederholt werden.

Wie der BMI unterliegt auch der Taillenumfang alters- und geschlechtsspezifischen Veränderungen. Für den Taillenumfang 6- bis 18-jähriger deutscher Kinder liegen alters- und geschlechtsspezifische Perzentile vor [9, 10]. Im Gegensatz zu Erwachsenen, bei denen eine abdominale Adipositas für einen Bauchumfang ≥ 80 cm (Frauen) bzw. ≥ 94 cm (Männer) definiert ist, gibt es in der Literatur keine einheitliche Grenzwertfestlegung für Kinder und Jugendliche. Vielmehr hat sich als Maß der Taillenumfang in Relation zur Körperhöhe (Waist to height ratio) im Kindesalter durchgesetzt [9]: Werte > 0,5 zeigen altersunabhängig ein erhöhtes Risiko für kardiovaskuläre Risikofaktoren an [9].

3.1.1.3 Hautfaltendickenmessung

Das Prinzip dieser Methode besteht in der Messung der subkutanen Fettschichtdicke an definierten Messpunkten (Tab. 3.1). Die Messung der Hautfaltendicken erfolgt auf der dominanten Körperseite. An dem Messpunkt wird die Haut zusammen mit dem darunter liegenden subkutanen Fettgewebe zwischen Daumen und Zeigefinger abgehoben und die Dicke der abgehobenen Hautfalte gemessen. Die Messung erfolgt mit standardisierten Hautfaltendickenmessgeräten, so genannten Kalipern. Es empfiehlt sich, die Messung der jeweiligen Hautfaltendicken zu wiederholen, um den Messfehler zu minimieren.

Die Berechnung der prozentualen Körperfettmasse (BF%) erfolgt dann anhand folgender Formeln [11]:

Σ Hautfaltendicken supscapulär und über dem Triceps (HFDSub + HFDTri) < 35 mm:

$$\text{Jungen: BF\%} = 1.21 \times (\text{HFDSub} + \text{HFDTri}) - 0.008 \times (\text{HFDSub} + \text{HFDTri})^2 - 1.7$$
$$\text{Mädchen: BF\%} = 1.33 \times (\text{HFDSub} + \text{HFDTri}) - 0.013 \times (\text{HFDSub} + \text{HFDTri})^2 - 2.5$$

Σ Hautfaltendicken supscapulär und über dem Triceps (HFDSub + HFDTri) ≥ 35 mm:

$$\text{Jungen: BF\%} = 0.783 \times (\text{HFDSub} + \text{HFDTri}) - 1.7$$
$$\text{Mädchen: BF\%} = 0.546 \times (\text{HFDSub} + \text{HFDTri}) + 9.7$$

Die Schwierigkeit der Messung der Hautfaltendicke besteht in dem Abheben der Hautfalte (Haut und subkutane Fettschicht) von dem darunter liegenden Muskel. Besonders bei übergewichtigen sowie adipösen Kindern und Jugendlichen ist die Abgrenzung zwischen Muskel und subkutaner Fettschicht schwer zu differenzieren. Körperfaltenmessungen zeigen daher eine große interindividuelle Schwankungsbreite, so dass sich diese Messmethode im klinischen Alltag zur Quantifizierung der Adipositas nicht durchgesetzt hat.

Tab. 3.1: Hautfaltendickemesspunkte.

Hautfaltendicke über dem Bizeps	ca. 1 cm unterhalb der Strecke zwischen Akromiale und Olekranon über dem Musculus biceps brachii
Hautfaltendicke über dem Trizeps	ca. 1 cm über der Strecke zwischen Akromiale und Olekranon über dem Musculus triceps brachii
Hautfaltendicke subscapulär	entlang der scapula im 45°-Winkel zur Horizontalen unterhalb der Schulterblattspitze
Hautfaltendicke suprailiaca	direkt über der crista iliaca anterior superior (oberhalb des Beckenkamms in der vorderen Axillarlinie)

3.1.1.4 Bioimpedanzanalysen

Die Messung mit Körperfettanalysegeräten (Bioimpedanzanalyze) basiert auf der Messung des elektrischen Widerstands, der sich im Fettgewebe von anderen Geweben unterscheidet. Die zugrundeliegenden Formeln sind nur den Herstellern der Geräte bekannt und häufig für das Kindesalter nicht validiert. Zudem besteht ein starker Einfluss des Hydratationszustands und auch tageszeitliche Schwankungen erschweren die Interpretation. Daher ist diese Methode im Kindesalter sehr kritisch zu betrachten.

3.1.1.5 Kalorimetrie

Die individuelle Körperzusammensetzung beeinflusst den Gesamtenergieumsatz eines Menschen. Bei der direkten Kalorimetrie wird die vom Körper produzierte Wärme als direktes Maß für den Grundumsatz genutzt. Bei der indirekten Kalorimetrie wird der Sauerstoffverbrauch bzw. die Kohlenstoffdioxidproduktion als indirektes Maß für den Grundumsatz gemessen. Aufgrund des Grundumsatzes wird auf die Körperzusammensetzung zurückgeschlossen. Normwerte zur Definition der Adipositas existieren für das Kindesalter nicht. Ferner stellt die Kalorimetrie eine sehr aufwändige Messmethode dar, die damit nur wissenschaftlichen Fragestellungen vorbehalten bleibt.

3.1.1.6 Fettquantifizierung mittels MRT- und CT-Untersuchungen

Um das Fettgewebe präzise bestimmen zu können, werden in wissenschaftlichen Untersuchungen vor allem Magnetresonanz- (MRT) und Computertomographie (CT) eingesetzt [12]. Aufgrund der hohen Strahlenbelastung der CT ist diese Methode im Kindesalter nicht zu verwenden. Dagegen ist die Analyse der Gewebsverteilung des kindlichen Körpers mittels MRT ohne bekannte Nebenwirkungen. In der T1-Gewichtung der MRT erscheint Fett hyperintens (signalreich, hell) und ist damit zu identifizieren. Während die ersten Ansätze noch auf bestimme Körperregionen begrenzt waren [12], werden mittlerweile Ganzkörperaufnahmen verwendet, um das Gesamtvolumen der unterschiedlichen Fettgewebsarten (totales, subkutanes und viszerales Fettgewebe) zu quantifizieren. Neuste Studien zeigen auch, dass sich die MRT und CT eignen, um braunes von weißem Fettgewebe zu unterscheiden [13]. Normwerte fehlen jedoch noch für das Kindesalter, so dass diese Untersuchungen wissenschaftlichen Fragestellungen vorbehalten bleiben.

3.1.1.7 Ultraschalluntersuchungen

Eine weitere Methode, um den intraabdominellen Fettanteil zu quantifizieren, ist der Ultraschall. Hierbei wird die periperitoneale Fettdicke gemessen, indem der Longitudinalschallkopf parallel zur Linea alba zwischen Xiphoid und Bauchnabel aufgesetzt wird. Die maximale Dicke des peripertonealen Fettgewebes wird dabei zwischen der hinteren Wand des M. rectus abdominis und der vorderen Wand der Aorta gemessen. Die Korrelationen der mittels Ultraschalls gemessenen intraabdominellen Fettmasse zu kardiovaskulären Risikofaktoren ist jedoch geringer als der Taillenumfang [14]. Zudem fehlen Normwerte für das Kindesalter, so dass diese Methode nicht zu empfehlen ist.

3.1.1.8 DEXA (Dual Energy X-ray Absorptiometry, Röntgenabsorptionsmessung)

Die Dual Energy X-ray Absorptiometry (DEXA) wurde in aufwändigen tierexperimentellen Studien validiert und gilt als In-vivo-Goldstandard zur Messung der Körperzusammensetzung. Das Messprinzip besteht in der Bestrahlung des Gewebes mit schwacher Röntgenstrahlung. Dabei werden Photonen zwei verschiedener Energien (dual energy) durch das Gewebe geleitet. Je nach Gewebeart verliert die Röntgenstrahlung beim Durchdringen der Körpergewebe unterschiedlich an Energie. Dieser Energieverlust wird gemessen und für die Differenzierung und Quantifizierung zwischen verschiedenen Geweben genutzt. Bei der Auswertung können die Körperkompartimente Fettmasse, Muskelmasse, Mineralien sowie mineral- und fettfreies Gewebe getrennt erfasst werden.

Eine Ganzkörpermessung mittels DEXA dauert zwischen zwei und 20 Minuten (abhängig vom jeweiligen Gerät). Die Durchführung ist mit einer Strahlenbelastung für den Patienten verbunden (5–7 µSv). Die Messung ist empfindlich gegen Bewegungsartefakte und bedingt eine Kooperationsbereitschaft seitens des Patienten.

Die DEXA-Messung ermöglicht es nicht, zwischen subkutanem und viszeralem Fettgewebe zu unterscheiden. Aufgrund der Anwendung von Röntgenstrahlung ist die Indikation für eine DEXA-Messung im Kindes- und Jugendalter sorgfältig zu prüfen und bleibt wissenschaftlichen Fragestellungen vorbehalten.

3.1.2 Ausschluss von Grundkrankheiten

In der Regel sind an der Entstehung der Adipositas genetische Faktoren, Umwelt- und Lebensbedingungen sowie das individuelle Ernährungs- und Bewegungsverhalten beteiligt. Bei allen adipösen Kindern und Jugendlichen sollten jedoch zugrundeliegende Erkrankungen sicher ausgeschlossen werden, auch wenn somatische Erkrankungen als Ursachen des Übergewichts mit einer Häufigkeit von weniger als 1 % sehr selten sind [15].

Übergewichtige und adipöse Kinder sind in der Regel größer als ihre Altersgenossen. Daher dienen insbesondere die Körpergröße und die Wachstumsgeschwindigkeit dem Ausschluss von Grunderkrankungen. Bei Kleinwuchs oder einer verminderten Wachstumsgeschwindigkeit sollten daher endokrinologische Ursachen sowie Syndrome ausgeschlossen werden.

3.1.2.1 Endokrinologische Erkrankungen

Wegweisende Leitsymptome sind der Kleinwuchs, eine verminderte Wachstumsgeschwindigkeit und eine rasche Gewichtszunahme [15] (siehe Abb. 3.1). Differentialdiagnostisch kommen eine Hypothyreose, ein Wachstumshormonmangel, ein Cushing-Syndrom oder ein Pseudohypoparathyreoidismus in Betracht. Die Diagnose einer Hypothyreose wird durch Bestimmung der peripheren Schilddrüsenhormone (erniedrigt) sowie TSH (erhöht) gesichert. Zu beachten ist, dass adipöse Kinder häufig grenzwertig erhöhte TSH-Werte (< 10 mU/ml) bei hochnormalen T3- und T4-Werten zeigen, ohne dass eine Hypothyreose vorliegt [16]. Am ehesten handelt es sich hier um einen Kompensationsmechanismus zur Erhöhung des Grundumsatzes bei Übergewicht [16]. Ein Wachstumshormonmangel kann durch entsprechende Stimulationstests diagnostiziert werden, während ein Pseudohypoparathyreoidismus durch eine

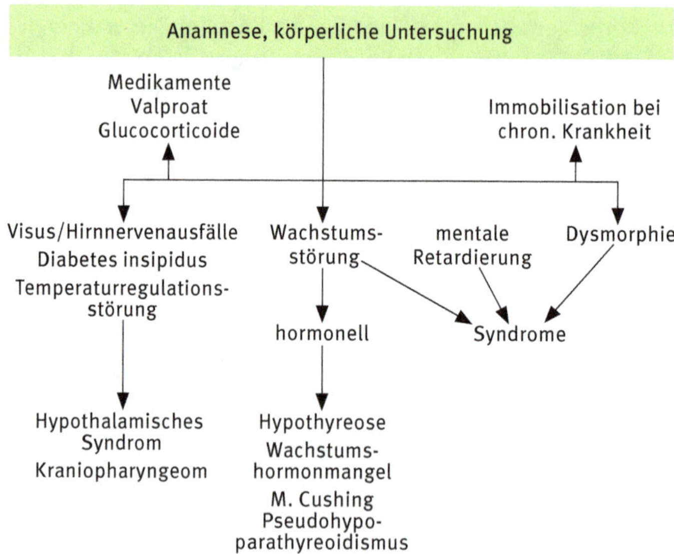

Abb. 3.1: Diagnostik Primärerkrankung bei Adipositas im Kindesalter.

Brachydaktylie (Verkürzung 4. Strahl Finger/Zehe) sowie erniedrige Calciumwerte bei erhöhten Parathormonwerten auffällt. Ein Cushing-Syndrom ist nur durch einen 24-h-Urin auf freies Cortisol oder einen Dexamethasonhemmtest, nicht jedoch durch eine Sewrum- Cortisolbestimmung zu diagnostizieren, da adipöse Kinder mit Insulinresistenz grenzwertig erhöhte Cortisolspiegel im Serum zeigen [17]. Striae distensae sind nicht pathognomonisch für das Cushing-Syndrom, sondern treten bei jeglicher rascher Gewichtszunahme auf.

Eine Sonderform stellt die Adipositas nach Operationen/Bestrahlungen im Bereich der Hypophyse und des Hypothalamus (z. B. bei Kraniopharyngeom-OP) dar. Als Ursache wird neben dem Wachstumshormonmangel und der sekundären Hypothyreose ein fehlendes Sättigungsgefühl durch den hypothalamischen Defekt diskutiert.

3.1.2.2 Syndromale Erkrankungen mit Adipositas

Beim Vorliegen einer mentalen Retardierung, Kleinwuchs und Dysmorphiestigmata sind syndromale Erkrankungen in Betracht zu ziehen. Die Leitsymptome der in Frage kommenden Syndrome sind in Abb. 3.2 dargestellt.

3.1.2.3 Genetische Erkrankungen

Während eine polygene Vererbung bei der Adipositas häufig vorliegt (ca. 50 %), ist eine monogene Vererbung bei adipösen Kindern selten. Wegweisend für genetische Grunderkrankungen ist eine familiäre, frühmanifeste extreme Adipositas durch Hy-

mit Kleinwuchs

- **Prader-Willi-Syndrom**
  - imprinting Erkrankung auf Chromosom 15q11-q13
  - „floppy infant“: muskuläre Hypotonie als Neugeborenes und Säugling
  - Trinkschwäche als Säugling, aber kleinkindesalter Hyperphagie
  - Hyperphagie ab Kleinkindesalter
  - Hodenhochstand
  - z.T. Hypogonadismus
- **Cohen-Syndrom**
  - auto-rezessiv: 30 % genet. nachweisbar
  - schmale Hände/Füße
  - lange Finger/Zehen
  - offener Mund, vorstehende Schneidezähne
  - Muskuläre Hypotonie
  - Mikrozephalie
  - Mentale Retardierung
  - z.T. Opticusatrophie
- **Alström-Syndrom**
  - autosomal rezessive: 50 % genetisch nachweisbar
  - charakteristisches Gesicht (tiefliegende Augen, rundes Gesicht, fleischige Ohren, vorzeitige Stirnglatze, dünne Haare)
  - Lichtscheu und Nystagmus, Erblinden in der Regel im Alter von 12 Jahren
  - sensoneurale Schwerhörigkeit
  - z.T. Hypothyreose, z.T. hypogonadotroper Hypogonadismus
  - kaum entwicklungsretardiert
  - dilatative Kardiomyopathie
  - Typ 2 Diabetes mellitus und Metabolisches Syndrom häufig
- **Bardet-Biedl-Syndrom**
  - auto-rezessiv vererbt, 15 verschiedene Gene
  - Postaxiale Hexadaktylie
  - Retinitis pigmentosa (Makuladegeneration)
  - früh Nierenversagen (Zystenniere)
  - früh Diabetes mellitus 2

ohne Kleinwuchs

- **Fragiles X-Syndrom**
  - Makrozephalie
  - große Hoden
  - große Ohren
  - Intelligenzminderung
- **Sotos-Syndrom**
  - 2/3 Veränderungen im NSD1-Gen Chromosom 5 (5q35)
  - Makrosomie bei Geburt
  - Makrocephalie
  - Längliches Gesicht
  - Knochenalter akzeleriert
  - große Hände/Füße
  - „Geheimratsecken“
  - Balkonstirn
  - z.T. mentale Retardierung
- **ROHDNET-Syndrom**
  - Frühe, massive Adipositas
  - Hypoventilation
  - Hypothalamische Dysfunktion: Elektrolyt- und Temperaturverschiebungen
  - Neuroendokrine Tumoren, Ganglioneurinome

Abb. 3.2: Syndromale Erkrankungen mit Adipositas.

perphagie bei fehlendem Sättigungsgefühl [18]. Die häufigste genetische Ursache der Adipositas ist der autosomal dominant vererbte Melanocortin-4-Rezeptor-Defekt (MC4R). Dieser ist bei 5 % der adipösen Kinder zu finden und führt zu einer Störung der Sättigungsregulation [18]. Neben der Adipositas finden sich keine weiteren Symptome. Sehr selten kann ein Leptinmangel oder eine Leptinresistenz ursächlich für die Adipositas sein [18]. Hierbei fehlt die Rückkopplung des Hormons Leptin aus dem Fettgewebe an die Sättigungszentren im Gehirn. Da Leptin auch auf die Hypophyse wirkt, ist ein Leptinmangel mit einer sekundären Hypothyreose und einem sekundären Hypogonadismus vergesellschaftet.

Mittlerweile sind mehr als 95 genetische Polymorphismen beschrieben, die eine Assoziation zum Gewicht zeigen. Der Effekt ist jedoch immer sehr gering [19].

Aufgrund der fehlenden therapeutischen Konsequenz (außer bei einem Leptinmangel, der einer Leptintherapie zugänglich ist) ist von einem generellen genetischen Screening bei adipösen Kindern abzusehen.

3.1.2.4 Adipositas als Nebenwirkung von Medikamenten

Adipositas im Kindes- und Jugendalter kann auch durch Medikamente ausgelöst oder verstärkt werden. Neben systemisch verabreichten Glucocorticoiden führen auch Psychopharmaka und Antiepileptika wie Valproat, Vigabactrin, Gabapentin und Carbamazepin zu einer deutlichen Gewichtszunahme, während beispielsweise das Antiepileptikum Topiramat mit einer Gewichtsreduktion einhergeht. Eine Medikamentenanamnese sollte daher immer erfolgen.

3.1.2.5 Adipositas bei chronischen Erkrankungen

Alle chronischen Erkrankungen, die mit einer Bewegungseinschränkung und/oder sozialen Isolation einhergehen, können zu einer Adipositas führen [20]. So sind beispielsweise Kinder mit Spina bifida, juveniler rheumatoider Arthritis, aber auch Kinder mit geistiger Behinderung deutlich häufiger übergewichtig als ihre gesunden Altersgenossen. Eine Anamnese und klinische Untersuchungen in Hinblick auf chronische Erkrankungen gehören daher zur Abklärung der Adipositas im Kindesalter.

3.1.2.6 Psychiatrische Erkrankungen mit Adipositas

Neben somatischen Erkrankungen sollten immer auch psychiatrische/psychosomatische Erkrankungen als Ursache der kindlichen Adipositas in Betracht gezogen werden. Leitsymptome hierfür sind:

- ausgeprägte Kopf-/Bauchschmerzen,
- Einnässen/Einkoten,
- Kontaktstörung,
- Schulschwänzen,
- Automutilationen,
- Suizidgedanken,
- Essanfälle,
- selbstinduziertes Erbrechen (Hinweis: Karies der Schneidezähne).

Besteht ein Hinweis auf eine psychiatrische Grunderkrankung, sollte immer ein Psychologe und/oder Kinder- und Jugendpsychiater eingeschaltet werden.

Essstörungen wie Bulimie (Verzehr großer Lebensmittelmengen als Folge eines Kontrollverlustes mit anschließenden kompensatorischen Verhaltensweisen) sowie

Binge-Eating-Disorder (wie Bulimie, jedoch ohne kompensatorische Verhaltensweisen wie Erbrechen, exzessive körperliche Aktivität, Abführ- und Entwässerungsmittel) treten ab dem Pubertätsalter und bei Mädchen häufiger als bei Jungen auf. Ein etabliertes Screening-Instrument für Essstörungen ist der SCOFF [21]. Der fünf Items umfassende Fragebogen ist bei Jugendlichen gut, bei Kindern ab zehn Jahren bedingt, bei Kindern unter zehn Jahren nicht einsetzbar.

Affektive Störungen können ebenfalls mit einer Veränderung des Essverhaltens einhergehen. Als kurzes Screeningverfahren empfiehlt sich der Strenghts-and-Difficulties-Questionnaire (SDQ) [22], der neben den internalisierenden und externalisierenden Verhaltensauffälligkeiten auch prosoziales Verhalten erfasst. Da eine hohe Komorbidität von Adipositas und Aufmerksamkeits- und Hyperaktivitätsstörungen (ADHS) besteht, sollte auf ein ADHS, z. B. mittels Conners-3-Fragebogen (6–18 Jahre), gescreent werden. Wesentlich ist auch die Abklärung, ob eine Depression vorliegt. Dies kann z. B. mit dem Depressionsinventar für Kinder und Jugendliche (DIKJ: 8–16 Jahre) [23] erfasst werden.

3.1.2.7 Erfassung des Ernährungs- und Bewegungsverhaltens

Das Ernährungsverhalten kann mittels offenen Interviews oder Ernährungsprotokollen beziehungsweise Food-frequency-Listen evaluiert werden. Es muss jedoch immer berücksichtigt werden, dass adipöse Kinder und ihre Familien zu einem Underreporting neigen (alleine schon durch die Beobachtungssituation), so dass auf das tatsächliche Essverhalten kaum zurückgeschlossen werden kann. Für die Diagnostik sind daher entsprechende Ernährungsprotokolle nicht weiterführend, insbesondere wenn sich hieraus nicht therapeutische Ansätze in Form einer Ernährungsberatung anschließen. Das Bewegungsverhalten kann ebenfalls mittels offenen Interviews oder Fragebögen erfasst werden, wobei dasselbe Problem der Validität besteht. Accerlerometer-Messungen ("Schrittzähler") sind zwar objektiv, es fehlen aber alters- und geschlechtsspezifische Normwerte für das Kindesalter, so dass sich diese in der Diagnostik ebenfalls als nicht zielführend erweisen.

3.1.3 Erfassung von Folgeerkrankungen durch das Übergewicht

Adipositas im Kindes- und Jugendalter ist mit einer Vielzahl von Folgeerkrankungen und endokrinen Veränderungen assoziiert (siehe Abb. 5.1, Seite 171 und Kapitel 5.1). Die Leitlinien der Arbeitsgemeinschaft Adipositas im Kindes- und Jugendalter (AGA) sehen folgende Untersuchungen bei übergewichtigen und adipösen Kindern zum Ausschluss somatischer Folgeerkrankungen vor [2]:

- Blutdruckmessung (Cave-Blutdruckmanschette mindestens 2/3 der Oberarmlänge),
- nüchtern Bestimmung von Triglyceriden, HDL- und LDL-Cholesterin sowie Transaminasen,

- oraler Glucosetoleranztest ab Beginn der Pubertät zur Erfassung einer pathologischen Glucosetoleranz oder Typ-2-Diabetes (T2D) bei folgenden Risikofaktoren
  - Eltern mit T2D oder
  - bei extrem adipösen Kindern,
- Hirsutismus oder Zyklusstörungen: Vorstellung beim Pädiatrischen Endokrinologen zum Ausschluss eines polyzystischen Ovarsyndroms,
- bei Tagesmüdigkeit oder Schnarchen: Schlaflaboruntersuchung.

Ein rationales Vorgehen zur weiterführenden Diagnostik der Komorbidität der Adipositas kann Abb. 3.3 entnommen werden.

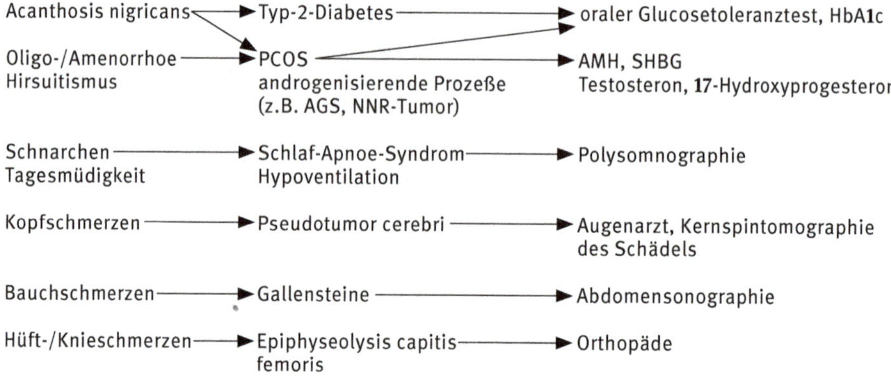

Abb. 3.3: Rationales Vorgehen zur weiterführenden Diagnostik der Komorbidität der Adipositas.

Kardiovaskuläre Risikofaktoren als Folge der Adipositas sind häufig. Rund 15 % der adipösen Kindern haben einen arteriellen Hypertonus, 25 % eine Dyslipidämie und 20 % eine gestörte Glucosetoleranz [5, 24], während ein T2D selten ist (maximal 1 %) auch wenn die Häufigkeit des T2D in Deutschland parallel zur Adipositas zunimmt [25]. Bei der Dyslipidämie sind typischerweise die Triglyceridwerte leicht erhöht und die HDL-Cholesterinwerte erniedrigt. Jede arterielle Hypertonie sollte durch eine 24-h-Blutdruckmessung gesichert werden, um eine Weißkittelhypertonie auszuschließen.

Die kardiovaskulären Risikofaktoren können bereits im Kindesalter zu Gefäßveränderungen führen. Dies lässt sich sonographisch mit der Intima-Media-Dicke (IMT) der A. carotis communis nachweisen [26]. Die IMT ist ein früher Marker für frühe atherosklerotische Veränderungen [27] und prädiktiv für Herzinfarkt und Schlaganfall [27–29]. Die Messung der IMT erfolgt mit einem Linearschallkopf an der Arteria carotis communis unterhalb der Bifurkation an der entfernten Gefäßseite.

3.1.3.1 Metabolisches Syndrom

Treten abdominelle Adipositas (erkennbar an der Waist to height ratio > 0,5 siehe oben), Fettstoffwechselstörung (Hypertriglyceridämie und Hypo-HDL-Cholesterinämie), arterielle Hypertonie und Glucosestoffwechselstörungen gemeinsam auf, so wird vom Metabolischen Syndrom (MetS) gesprochen. Ein klinischer Hinweis für ein MetS stellt die Acanthosis nigricans dar, eine bräunliche Verfärbung und Vergröberung des Hautfaltenreliefs vor allem in Bauchfalten, am Nacken und unter Axilla (siehe Abb. 3.4).

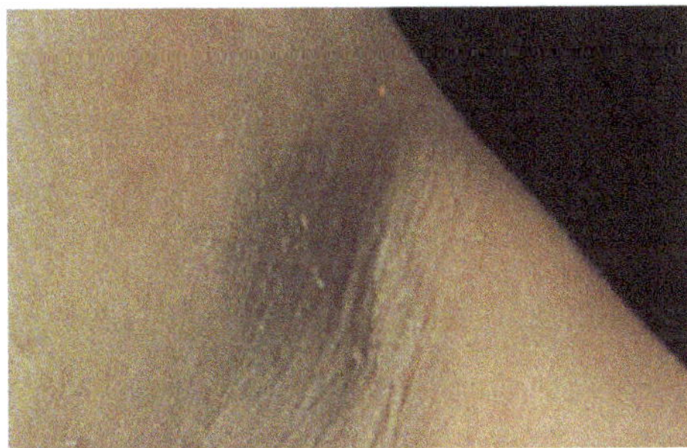

Abb. 3.4: Akanthosis nigricans.

3.1.3.2 Typ-2-Diabetes

Der T2D ist charakterisiert durch die Kombination von Insulinresistenz und Insulinsekretionsdefizit. Die Grenzwerte für Störungen im Glukosestoffwechsel sind in Tab. 3.2 (Kapitel 3.2) zusammengefasst.

Da der T2D bei Manifestation in der Regel asymptomatisch ist und erst ab dem Pubertätsalter auftritt, ist ein Screening bei adipösen Kindern mit Risikofaktoren notwendig [30]. Ab Beginn der Pubertät sollte daher, wenn Eltern an T2D erkrankt sind und/oder bei allen extrem adipösen Kindern und/oder Zeichen einer Insulinresistenz (Acanthosis nigricans siehe Abb. 3.4, Nachweis Metabolisches Syndrom oder polyzystisches Ovarsyndrom) ein oraler Glucosetoleranztest durchgeführt oder der HbA1c-Wert bestimmt werden. Die Nüchternglucose ist kein geeignetes Screeninginstrument. Die Diagnose eines asymptomatischen T2D mittels Laborwerten muss zwei Tests an unterschiedlichen Tagen beinhalten, da der oGTT im Kindesalter eine relativ geringe Reproduzierbarkeit aufweist [25]. Da der MODY-Diabetes (Maturity onset of Diabetes) in Deutschland häufiger auftritt als der T2D sollte dieser im Zweifel (positive Familienanamnese eines Diabetes mit autosomalem Erbgang) immer ausgeschlossen werden, da sich hieraus therapeutische Konsequenzen ergeben.

3.1.3.3 Störungen der Pubertätsentwicklung

Nach wie vor ist nicht abschließend geklärt, ob eine Adipositas bei Mädchen mit einer frühzeitigen Pubertätsentwicklung und bei Jungen mit einer verzögerten Pubertätsentwicklung einhergeht, während ein eindeutiger Zusammenhang zum polyzystischen Ovarsyndrom gesichert ist. Der genaue Pubertätsstand (Bruststadien und Schambehaarung nach Tanner, Menarchealter bzw. Hodenvolumen, Schambehaarung nach Tanner) sollte daher bei allen adipösen Jugendlichen erfasst werden. Zudem haben Kinder mit Adipositas gehäuft eine frühere Adrenarche, erkennbar am vorzeitigen Auftreten von Schamhaaren. Ein polyzystisches Ovarsyndrom (PCOS) ist gekennzeichnet durch einen Hirsutismus (= männlichen Behaarungstyp beim Mädchen), eine Hyperandrogenämie (Testosteron erhöht, Sexhormonbinding Globulin erniedrigt) und Zyklusstörungen. Typischerweise ist das Anti-Müller-Hormon erhöht, während sonographisch der Nachweis von polyzystischen Ovarien nicht zwingend vorliegen muss. Differentialdiagnostisch müssen immer ein Nebennierentumor und ein late onset eines adrenogenitalen Syndroms ausgeschlossen werden. Häufig haben Mädchen mit PCOS auch ein MetS oder T2D, so dass gezielt entsprechend gescreent werden sollte.

Bei Vorliegen eines PCOS, einer Pubertas präcox oder eine Pubertas tarda sollte stets ein Pädiatrischer Endokrinologe eingeschaltet werden.

Häufige klinische Begleitbefunde bei Adipositas im Kindes- und Jugendalter, die in der Regel keiner weiteren Diagnostik bedürfen, sind eine Pseudogynäkomastie und Pseudohypogenitalismus bei Jungen. Bei Letzterem handelt es sich um eine Fettschürze über einem normal langen Genitale. Die Pseudogynäkomastie erklärt sich mit einer Hyperöstrogenämie im Rahmen der Adipositas, da das Fettgewebe einen zentralen Ort der Aromatisierung von Steroidhormonen darstellt.

3.1.3.4 Gastroenterologische Veränderungen

Ein gastroösophagealer Reflux sowie Magenentleerungsstörungen als Folge eines vermehrten intra-abdominellen Drucks liegen bei adipösen Kindern häufiger als bei normalgewichtigen Kindern vor. Adipositas im Kindesalter erhöht das Risiko für Gallensteine um das bis zu 10-Fache, insbesondere bei wiederholten Gewichtsabnahmen. Eine Fettleber (Steatosis hepatis) kann in etwa bei 25 % der Adipösen gefunden werden, wobei eine Knabenwendigkeit besteht. Erhöhte Leberenzyme (insbesondere ALT) sowie eine Echogenitätsvermehrung in der Sonographie sind Hinweise für eine Fettleber. Bei Patienten mit Fettleber liegt meist auch ein MetS vor. Es wird befürchtet, dass sich aus einer Fettleber eine Steatohepatitis und/oder Leberzirrhose entwickeln könnte, wenn auch entsprechende Langzeituntersuchungen bisher fehlen. [31]. Die endgültige Diagnose einer Fettleber oder Steatohepatitis gelingt nur mit einer Leberbiopsie, welche aber aufgrund der fehlenden therapeutischen Konsequenz kritisch zu hinterfragen ist.

3.1.3.5 Orthopädische Störungen

Neben häufigeren Zerrungen und Frakturen sind bei Kindern und Jugendlichen mit Adipositas folgende drei relevante Befunde vermehrt zu finden: Genu valgum als

Wegbereiter für eine spätere Gonarthrose, Fußfehlstellungen und die Epiphyseolysis capitis femoris. Letztere kann bei extrem adipösen Jugendlichen latent verlaufen und zu einer Dislokation des Hüftkopfes (‚tilt-deformity') führen und so Wegbereiter für eine Koxarthrose sein. Typisch sind Schmerzen nicht nur an der Hüfte, sondern auch im Knie. Bei Achsabweichungen im Knie- oder Fußgelenk und bei Schmerzen im Hüft- oder Kniegelenk sollte immer ein Kinderorthopäde konsultiert werden.

3.1.3.6 Respiratorische Störungen

Adipöse Säuglinge und Kleinkinder leiden häufiger an obstruktiven Bronchitiden als normalgewichtige. Von besonderer Bedeutung ist das obstruktive Schlafapnoe-Syndrom (OSAS) mit nächtlicher Hypoventilation und Hypoxämien bei extrem adipösen Jugendlichen. Bei Patienten mit extremer Adipositas sollte bei Tagesmüdigkeit, nächtlichen Atemaussetzern und Schnarchen immer eine Schlaflaboruntersuchung veranlasst werden.

3.1.3.7 Neurologische Folgeerkrankungen

Ein Pseudotumor cerebri findet sich häufiger bei adipösen Kindern als bei normalgewichtigen. Leitsymptome sind heftige Kopfschmerzen. Die Diagnose wird durch den Augenhintergrund und eine Lumbalpunktion gestellt, die einen erhöhten Hirndruck zeigen. Die Ursache des Pseudotumors cerebri bei Adipositas ist noch nicht geklärt.

3.1.3.8 Psychosoziale Folgen und Lebensqualität

Der Leidensdruck eines Kindes oder Jugendlichen mit Adipositas entsteht durch sein äußeres Erscheinungsbild und die daraus resultierende Diskriminierung, welche schließlich ein gestörtes Selbstbild zur Folge hat. Neuere Untersuchungen zeigen, dass Kinder mit Adipositas unter Beeinträchtigungen des Selbstwertes leiden. Die Lebensqualität ist ähnlich beeinträchtigt, wie bei Kindern mit onkologischen Erkrankungen. Die Lebensqualität kann beispielsweise mit dem KINDL mit Adipositas-Modul erfasst werden [32].

Literatur

[1] Cole TJ, Bellizzi MC, Flegal KM, Dietz WH. Establishing a standard definition for child overweight and obesity worldwide: international survey. BMJ. 2000 May 6; 320(7244): 1240–1243.

[2] http://www.a-g-a.de/Leitlinie.pdf. Guidelines of the German working group on obese children and adolescents. 2015.

[3] Biro FM, Wien M. Childhood obesity and adult morbidities. Am J Clin Nutr. 2010 May; 91(5): 1499S–505S.

[4] Franks PW, Hanson RL, Knowler WC, Sievers ML, Bennett PH, Looker HC. Childhood obesity, other cardiovascular risk factors, and premature death. N Engl J Med. 2010 Feb 11; 362(6): 485–493.
[5] l'Allemand D, Wiegand S, Reinehr T, Muller J, Wabitsch M, Widhalm K, et al. Cardiovascular risk in 26,008 European overweight children as established by a multicenter database. Obesity (Silver Spring). 2008 Jul; 16(7): 1672–1679.
[6] Cole TJ, Lobstein T. Extended international (IOTF) body mass index cut-offs for thinness, overweight and obesity. Pediatr Obes. 2012 Aug; 7(4): 284–294.
[7] Cole TJ. The LMS method for constructing normalized growth standards. Eur J Clin Nutr. 1990; 44: 45–60.
[8] Müller M. Ernährungsmedizinische Praxis. Diagnostik, Prävention, Behandlung. Berlin, Heidelberg: Springer. 2007.
[9] Kromeyer-Hausschild K, Gläßer N, Zellner K. Waist Circumference percentile in Jena children (Germany) 6 to 18 years of age. Aktuel Ernaehr Med. 2008; 33: 116–122.
[10] Kromeyer-Hauschild K, Dortschy R, Stolzenberg H, Neuhauser H, Rosario AS. Nationally representative waist circumference percentiles in German adolescents aged 11.0-18.0 years. Int J Pediatr Obes. 2011 Jun; 6(2-2): e129–e137.
[11] Slaughter M, Lohmann T, Boileau R, Horswill C, Stillmann R, Bemben D. Skinfold equations for estimation of body fatness in children and youth. Hum Biol. 1998; 60: 709–723.
[12] Peng Q, McColl RW, Ding Y, Wang J, Chia JM, Weatherall PT. Automated method for accurate abdominal fat quantification on water-saturated magnetic resonance images. J Magn Reson Imaging. 2007 Sep; 26(3): 738–746.
[13] Cypess AM, Lehman S, Williams G, Tal I, Rodman D, Goldfine AB, et al. Identification and importance of brown adipose tissue in adult humans. N Engl J Med. 2009 Apr 9; 360(15): 1509–1517.
[14] Reinehr T, Wunsch R. Relationships between cardiovascular risk profile, ultrasonographic measurement of intra-abdominal adipose tissue, and waist circumference in obese children. Clin Nutr. 2010 Feb; 29(1): 24–30.
[15] Reinehr T, Hinney A, de SG, Austrup F, Hebebrand J, Andler W. Definable somatic disorders in overweight children and adolescents. J Pediatr. 2007 Jun; 150(6): 618–622, 622.
[16] Reinehr T. Thyroid function in the nutritionally obese child and adolescent. Curr Opin Pediatr. 2011 Aug; 23(4): 415–420.
[17] Reinehr T, Andler W. Cortisol and its relation to insulin resistance before and after weight loss in obese children. Horm Res. 2004; 62(3): 107–112.
[18] Hinney A, Vogel CI, Hebebrand J. From monogenic to polygenic obesity: recent advances. Eur Child Adolesc Psychiatry. 2010 Mar; 19(3): 297–310.
[19] Speliotes EK, Willer CJ, Berndt SI, Monda KL, Thorleifsson G, Jackson AU, et al. Association analyses of 249,796 individuals reveal 18 new loci associated with body mass index. Nat Genet. 2010 Nov; 42(11): 937–948.
[20] Reinehr T, Dobe M, Winkel K, Schaefer A, Hoffmann D. Adipositas bei behinderten Kindern und Jugendlichen Eine therapeutisch vergessene Patientengruppe. Dtsch Arztebl Int. 2010; 107(15): 268–275.
[21] Morgan J, Reid F, Lacey J. The SCOFF questionnaire: Assessment of a new screening tool for eating disorders. British Medical Journal. 1999; 319: 1467–1468.
[22] Goodman R, Eltzer H, Ailey V. The Strengths and Difficulties Questionnaire: A pilot study on the validity of the self-report version. European Child & Adolescent Psychiatr. 1998; 7: 125–130.
[23] Stiensmeier-Pelster J, Chürmann M, Uda K. Depressions-Inventar für Kinder und Jugendliche (DIKJ). 2 ed. Göttingen: Hogrefe. 2000.
[24] Reinehr T, Andler W, Denzer C, Siegried W, Mayer H, Wabitsch M. Cardiovascular risk factors in overweight German children and adolescents: relation to gender, age and degree of overweight. Nutr Metab Cardiovasc Dis 2005. Jun; 15(3): 181–187.
[25] Reinehr T. Type 2 diabetes mellitus in children and adolescents. World J Diabetes. 2013 Dec 15; 4(6): 270–281.

[26] Wunsch R, de Sousa G., Reinehr T. Intima-media thickness in obesity: relation to hypertension and dyslipidaemia. Arch Dis Child. 2005 Oct; 90(10): 1097.
[27] Ahluwalia N, Drouet L, Ruidavets JB, Perret B, Amar J, Boccalon H, et al. Metabolic syndrome is associated with markers of subclinical atherosclerosis in a French population-based sample. Atherosclerosis. 2006 Jun; 186(2): 345–353.
[28] Davis PH, Dawson JD, Riley WA, Lauer RM. Carotid intimal-medial thickness is related to cardiovascular risk factors measured from childhood through middle age: The Muscatine Study. Circulation. 2001 Dec 4; 104(23): 2815–2819.
[29] Lorenz MW, Markus HS, Bots ML, Rosvall M, Sitzer M. Prediction of clinical cardiovascular events with carotid intima-media thickness: a systematic review and meta-analysis. Circulation. 2007 Jan 30; 115(4): 459–467.
[30] Reinehr T, Wabitsch M, Kleber M, de Sousa G, Denzer C, Toschke AM. Parental diabetes, pubertal stage, and extreme obesity are the main risk factors for prediabetes in children and adolescents: a simple risk score to identify children at risk for prediabetes. Pediatr Diabetes. 2009 Sep; 10(6): 395–400.
[31] Wiegand S, Keller KM, Robl M, l'Allemand D, Reinehr T, Widhalm K, et al. Obese boys at increased risk for nonalcoholic liver disease: evaluation of 16 390 overweight or obese children and adolescents. Int J Obes (Lond). 2010 Jun 8.
[32] Wille N, Bullinger M, Holl R, Hoffmeister U, Mann R, Goldapp C, et al. Health-related quality of life in overweight and obese youths: results of a multicenter study. Health Qual Life Outcomes. 2010; 8: 36.

Thomas Danne

3.2 Diabetes: Diagnostische Verfahren

3.2.1 Differentialdiagnostische Verfahren

Der Begriff „Diabetes mellitus" beschreibt eine Stoffwechselstörung unterschiedlicher Ätiologie, die durch das Leitsymptom Hyperglykämie charakterisiert ist. Defekte der Insulinsekretion, der Insulinwirkung oder beides verursachen vor allem Störungen des Kohlenhydrat-, Fett- und Eiweißstoffwechsels [1]. Als „normal" werden venös und kapillär im Plasma gemessene Glukosewerte unter 5,6 mmol/l bzw. 100 mg/dl definiert (Tab. 3.2) Ein behandlungsbedürftiger Diabetes mellitus liegt vor [2], wenn

- klinische Symptome einer Hyperglykämie (Polyurie, Polydipsie, Gewichtsabnahme) und ein im Plasma gemessener Blutzuckerwert über 11,1 mmol/l bzw. 200 mg/dl bestehen oder
- der HbA1c-Wert über 6,5 % bzw. 48 mmol/mol[1] beträgt [3] oder
- der nüchterne im Plasma gemessene Blutzuckerwert über 7,0 mmol/l bzw. 126 mg/dl[1] ist oder
- der 2-h-Blutzuckerwert nach einem oralen Glukosetoleranztest (1,75 g/kg KG, maximal 75 g Glukose) über 11,1 mmol/l bzw. 200 mg/dl[1] liegt.

1 In der Abwesenheit klinischer Symptome müssen diese Ergebnisse durch eine zweite Testung verifiziert werden.

Tab. 3.2: Blutglukosegrenzwerte für die Diagnose eines Diabetes mellitus oder einer anderen Kategorie einer gestörten Glukoseregulation.

		Glukosekonzentration im Plasma mmol/l	mg/dl
Diabetes mellitus	Nüchtern	≥ 7,0	≥ 126
	OGTT 2-h-Werte	≥ 11,1	≥ 200
Gestörte Glukosetoleranz (IGT)	Nüchtern	< 7,0 und	< 126 und
	OGTT 2-h-Werte	≥ 7,8, aber < 11,1	≥ 140, aber < 200
Gestörte Nüchternglukose (IFG)	Nüchtern	5,6–6,9	100–125
	OGTT 2-h-Werte	< 7,8	< 140

OGTT oraler Glukosetoleranztest mit 1,75 kg/KG Kll bzw. maximal 75 g Glukose

Bei 85–90 % der Patienten mit Typ-1-Diabetes können bei Manifestation Autoimmunmarker nachgewiesen werden (Inselzellantikörper (ICA), Insulinautoantikörper (IAA), Autoantikörper gegen Glutaminsäure-Decarboxylase (GADA), Autoantikörper gegen Tyrosinphosphatase IA-2 (IA2A) oder Autoantikörper gegen Zinktransporter 8 (Zn8A) (siehe 1.2). Sind Autoimmunmarker nicht nachweisbar, sollten entsprechend den klinischen Befunden diagnostische Verfahren hinsichtlich eines Typ-2-Diabetes (z. B. C-Peptid-Bestimmung, bei Typ 2 normal oder erhöht) oder molekulargenetische Untersuchungen zu monogenetischen Defekten, die mit einigen seltenen Diabetesformen assoziiert sind, veranlasst werden.

Obwohl davon ausgegangen wird, dass T-Zellen die entscheidende Rolle bei der Betazellzerstörung spielen, stehen gegenwärtig keine geeigneten Methoden zur Bestimmung der spezifischen T-Zellen im peripheren Blut zur Verfügung. Als metabolischer Marker wird die Messung der frühen Insulinausschüttung im intravenösen Glukosetoleranztest (i. v. GTT) als zusätzlicher Prädiktionsparameter verwendet. Seit der Etablierung unterschiedlicher Antikörpermarker ist der i. v. GTT auch wegen seiner schwierigen Durchführbarkeit in der Routine in den Hintergrund getreten.

3.2.2 Blutglukoseselbstkontrolle

Die Blutglukosemessung gibt als Momentaufnahme Auskunft über einen Zeitraum von wenigen Minuten. Bei der Stoffwechselselbstkontrolle wird die Glukosekonzentration im Kapillarblut gemessen, das einer nicht bestimmbaren Mischung aus arteriellem und venösem Blut entspricht. Im arteriellen Blut liegen die Glukosekonzentrationen durchschnittlich 8 % höher als im venösen Blut. Obwohl die Glukosemolalität (Glukosegehalt pro Flüssigkeitsmenge) in Vollblut und Plasma gleich ist und Glukose quasi ungehindert in die Erythrozyten gelangt, ist durch den ca. 11 % höheren Wassergehalt des Plasmas auch die Glukosekonzentration im Plasma ca. 11 % höher.

Demzufolge liegen die von den Patienten gemessenen Kapillarblutwerte für Glukose 10–15 % niedriger als die entsprechenden Plasmawerte. Heutzutage sind aber alle Geräte auf Plasmamessung kalibriert.

Blutglukosemessgeräte, die mit einem elektrochemischen Messsystem arbeiten, werden als Blutglukosesensoren bezeichnet. Die Elektroden enthalten einen Enzymkomplex mit Glukoseoxidase und dem Elektronentransmitter Ferrocen. Nach Auftragen des Blutstropfens auf den Testbezirk wird die Glukose in Glukonolakton umgewandelt. Die dabei frei werdenden Elektronen werden durch den Transmitter an die Elektrode geführt. Der vom Sensor gemessene Elektronenstrom, d. h. die Veränderung des elektrischen Widerstandes, wird zum Blutglukosewert umgerechnet. Die zulässige Genauigkeit von Blutzuckermessgeräten ist in der DIN EN ISO 15197 geregelt und verlangt in der neuesten Fassung von 2015, dass bei 95 % aller Messwerte die Abweichung zu einem Referenzwert nicht mehr als 15 mg/dl bzw. 0,8 mmol/l (für Glukosewerte < 100 mg/dl bzw. 5,5 mmol/l) bzw. 15 % (für Messwerte ≥ 100 mg/dl bzw. 5,5 mmol/l) beträgt.

Trotz ständiger technischer Verbesserungen der Blutglukosemessgeräte bleiben eine Reihe von Einfluss- und Störfaktoren: Hämatokrit, Temperatur, Feuchtigkeit, Sauerstoffgehalt, hohe Triglyceridkonzentration, vor allem aber Folgen des unzureichenden Trainings der Patienten. Auch die Impräzision der Geräte ist nach wie vor hoch. Prinzipiell gelten Blutzuckermessgeräte als Laborgeräte, deren Qualitätssicherungsmaßnahmen in der „Richtlinie der Bundesärztekammer zur Qualitätssicherung laboratoriumsmedizinischer Untersuchungen (RiliBAEK)“ dargelegt sind. Dabei fallen Blutglukosemessgeräte unter das so genannte Point-of-Care-Testing (patientennahe Sofortdiagnostik), d. h., es wird ohne Probenvorbereitung unmittelbar eine Einzelprobenmessung durchgeführt. Damit entfallen Qualitätssicherungsmaßnahmen wie die Teilnahme an Ringversuchen. Vorgeschrieben ist jedoch eine mindestens einmal wöchentliche Kontrollprobeneinzelmessung, deren Ergebnis anhand der vom Hersteller vorgegebenen Fehlergrenzen zu bewerten ist. Für Glukose gibt die RiliBAEK eine zulässige Abweichung des Einzelwerts von maximal 11 % vor. Bei Überschreiten des Messwerts sollte ein Gerät erst dann wieder verwendet werden, wenn die Ursache für die Abweichung sicher beseitigt wurde. Obwohl diese Aspekte eher für die Praxis bzw. das Krankenhaus von Bedeutung sind, sollten auch Patienten zu einer regelmäßigen Messung mit den vom Hersteller zur Verfügung gestellten Kontrollproben angehalten werden.

Die pädiatrischen Leitlinien [4] empfehlen eine durchschnittliche Frequenz der Blutzuckerkontrollen zwischen 5- bis 8-mal täglich, stellen aber fest, dass sie im Einzelfall deutlich höher liegen kann.

Die Leitlinien empfehlen Blutglukosemessungen in folgenden Situationen:
- präprandial immer und postprandial zur Therapieanpassung,
- vor, evtl. während und nach intensiver körperlicher Bewegung zur Vermeidung von Hypoglykämien,
- nach einer Hypoglykämie,

- während einer Krankheit oder ungewohnten Situation,
- vor Führens eines Kraftfahrzeugs und währenddessen ggf. Einlegen von Pausen zur Blutzuckermessung.

Bei Menschen ohne Diabetes steigen die Blutglukosewerte praktisch kaum über 140 mg/dl (7,8 mmol/l) an und sinken nie unter 60 mg/dl (3,3 mmol/l) ab. Der mittlere Blutglukosewert liegt bei ihnen um etwa 80 mg/dl (4,4 mmol/l). Solche Werte sind bei Kindern und Jugendlichen mit Typ-1-Diabetes auch mit Hilfe einer sachgerechten Insulintherapie und Ernährung nicht zu erreichen.

3.2.3 Urinzuckerbestimmung

Die Glukosebestimmung im Spontanurin ergibt den Mittelwert der Glukosekonzentration des Zeitraums zwischen der aktuellen und der vorausgegangenen Messung. Die Kapazitätsgrenze der Tubuli für die Rückresorption von Glukose ist individuell unterschiedlich. Bei Kindern und Jugendlichen liegt die sog. Nierenschwelle für Glukose bei Blutglukosewerten zwischen 140 und 160 mg/dl (7,8 und 8,9 mmol/l). Erwachsene weisen eine Nierenschwelle um 180 mg/dl (10 mmol/l) auf. Die Rückresorptionskapazität für Glukose ist auch individuellen Schwankungen unterworfen. So kann die Nierenschwelle z. B. während eines Infekts vorübergehend von 150 mg/dl (8,3 mmol/l) auf 120 mg/dl (6,7 mmol/l) zurückgehen. Die Hemmung der Rückresorption ist das Therapieprinzip der SGLT-Inhibitoren. Für Eltern und Patienten ist es wichtig zu wissen, dass immer dann, wenn die Nierenschwelle überschritten wird, Glukose im Urin ausgeschieden wird. Das Ausmaß der Glukosurie stellt daher einen indirekten Maßstab für die Höhe des Blutglukosespiegels dar.

3.2.4 Ketonkörpernachweis in Blut oder Urin

Bei bestimmten Stoffwechselsituationen (z. B. Infektionen, ausgeprägter Hyperglykämie, Übelkeit, Erbrechen, Durchfall, Hunger, Fasten) sollte der Urin oder Blut auf Ketonkörper bzw. Betahydoxybutyrat untersucht werden.

Bei mangelhaftem Glukoseangebot an die Zellen, z. B. aufgrund unzureichender Insulinsubstitution oder wegen eines nicht ausreichenden Nahrungsangebots, werden vermehrt Triglyceride gespalten. Dabei entstehen freie Fettsäuren, die teils oxidieren, teils in der Leber zu Ketonkörpern umgewandelt werden. Die Serumkonzentration der Ketonkörper β-Hydroxybuttersäure, Acetessigsäure und Azeton steigt an (Hyperketonämie bzw. Ketose). Für den Nachweis der beiden Ketonkörper Acetessigsäure und Azeton im Urin werden Schnelltests angeboten, die auf der Legal-Probe basieren, bei der die beiden Ketonkörper im alkalischen Milieu einen violetten Farbkomplex mit Nitroprussiat bilden. Die Tests weisen eine praktische Empfindlichkeit von 5 mg/dl auf. Eine physiologische Ketonurie, bei der Werte bis 2 mg/dl auftreten können, wird durch die Tests nicht erfasst. Die Nitroprussid-Methode wird durch einige Faktoren gestört. Falsch-positive Werte werden bei ACE-Hemmern und bei Eigenfärbung des Urins nachgewiesen, falsch-negative bei stark saurem Urin oder bei unverschlossen aufbewahrten Teststreifen. Die Urinteststreifen sind für die Abschätzung der Ketonkörperkonzentration im verdünnten Blut nicht geeignet, da die bei Ketose stark vermehrte β-Hydroxybuttersäure mit der Nitroprussid-Methode nicht nachgewiesen wird.

Für die rasche und sichere Diagnose einer beginnenden Ketoazidose insbesondere bei der CSII und Überwachung der diabetischen Ketoazidose ist dagegen eine enzymatische Teststreifen-Methode mit β-Hydroxybutyrat-Dehydrogenase verfügbar. Ab einem Wert von über 0,6 mmol/l der β-Ketonmessung sollte Kontakt mit dem betreuenden Diabetesteam aufgenommen bzw. sollten entsprechende Maßnahmen zur Stoffwechselkorrektur unternommen werden. Im Bereich zwischen 1,5–3,0 mmol/l ist eine Ketoazidose wahrscheinlich und über 3,0 mmol/l liegt der Notfall einer Ketoazidose vor. Der Patient sollte unverzüglich ein Krankenhaus aufsuchen.

3.2.5 HbA1c

Der HbA1c-Wert ist das langfristigste, heute verfügbare „Blutglukosegedächtnis". Die Konzentration der stabilen Fraktion des glykierten Hämoglobins gibt Auskunft über die Stoffwechselsituation eines Zeitraums von sechs bis acht Wochen. Der HbA1c-Wert ist daher zu einem unverzichtbaren Kontrollparameter für die ambulante Langzeitbehandlung der Patienten mit Typ-1-Diabetes geworden. Er sollte bei jeder ambulanten Vorstellung, mindestens jedoch einmal pro Vierteljahr, bestimmt werden.

Um die Vergleichbarkeit der Analysewerte zu erreichen, hat die International Federation for Clinical Chemistry (IFCC) einen internationalen Standard für HbA1c auf der Basis eines Referenzmessverfahrens gegründet, welches – im Gegensatz zu früheren Verfahren – rückverfolgbar und genauer ist. Die neue Referenzpräparation für HbA1c ist durch eine Mischung aus reinem HbA0 und HbA1c gebildet worden. Das neue Referenzmessverfahren besteht aus einer HPLC, gekoppelt mit Massenspektrometrie (LC-MS/MS). Eine internationale Gruppe von Laboratorien wacht durch fortlaufende Vergleichsmessungen zwischen diesen Referenzlaboratorien darüber, dass die Zuverlässigkeit des Messverfahrens erhalten bleibt. Mittlerweile haben die internationalen Diabetesorganisationen ein Consensus-Statement zur neuen Standardisierung von HbA1c abgegeben und damit die Notwendigkeit einer weltweiten Umstellung auf den neuen HbA1c-Standard bekräftigt.

Die externe Qualitätskontrolle des HbA1c wurde auf der Basis eines verbesserten internationalen Referenzmessverfahrens auf die neue Einheit mmol/mol (HbA0 + HbA1c) umgestellt. Die Umrechnung von Prozent HbA1c in HbA1c mmol/mol (HbA0 +

HbA1c) erfolgt nach der Formel:

$$\text{HbA1c (mmol/mol)} = (\%\ \text{HbA1c} - 2{,}152) \times 10{,}931$$
$$\text{HbA1c (\%)} = (\text{mmol/mol HbA1c} \times 0{,}09148) + 2{,}152$$

Wir empfehlen, in der Übergangszeit die Ergebnisse der HbA1c-Messung in der alten (Prozent) und in der neuen Einheit (mmol/mol) anzugeben (siehe Kapitel 7.7 (Referenzwerte)).

Die Nahrungsaufnahme hat keinen Einfluss auf die Glykohämoglobinbestimmung, so dass die Blutentnahme für den Test (kapillär oder venös) zu jeder Tageszeit vorgenommen werden kann. Verschiedene Einflussfaktoren können zu falsch niedrigen oder falsch hohen HbA1c-Werten führen. Bei Extremwerten unter 4 % bzw. über 15 % sollte nach der Ursache gefahndet werden (z. B. Hämoglobinvarianten).

Wegen der mittleren Erythrozytenlebensdauer von 100–120 Tagen kennzeichnet der HbA1c-Wert die Qualität der Stoffwechseleinstellung während eines Zeitraums von etwa sechs bis acht Wochen. Messungen des HbA1c-Wertes sollten daher bei Kindern und Jugendlichen mit Typ-1-Diabetes mindestens einmal im Vierteljahr durchgeführt werden.

Nach den Leitlinien der ISPAD [5] und der AGPD/Deutschen Diabetes-Gesellschaft (DDG) [4] wird die Stoffwechseleinstellung wie folgt beurteilt (Tab. 3.3):

Tab. 3.3: Empfohlene Orientierungswerte zur Blutglukose (BG)-Kontrolle. (Nach ISPAD-Leitlinien 2014 und Leitlinien DDG 2015).

BG-Kontrolle-Klinisch-chemische Bewertung[1]	**Stoffwechsel**			
	Gesund	**Gut**	**Mäßig (Maßnahnen empfohlen)**	**Schlecht (Maßnahnen erforderlich)**
Präprandiale oder nüchtern BG (mmol/l bzw. mg/dl)	3,6–5,6 65–100	5–8[2] 90–145	> 8 > 145	> 9 > 162
Postprandiale BG (mmol/l bzw. mg/dl)	4,5–7,0 80–126	5–10 90–180	10–14 180–250	> 14 > 250
Nächtliche BG[2] (mmol/l bzw. mg/dl)	3,1–5,6 65–100	4,5–9 80–162	< 4,2 oder > 9 < 75 oder > 162	< 4,0 oder > 11,1 < 70 oder > 200
HbAt$_{1C}$-Wert standardisierte Messung nach Vorgaben des DCCTrials/IFCC (% bzw. mmol/l)	< 6,05 < 43	< 7,5 < 58	7,5–9,0 58–75	> 9,0 > 75

[1] Diese allgemeinen Orientierungswerte müssen den individuellen Umständen eines Patienten angepasst werden. Abweichende Werte gelten insbesondere für Kleinkinder, Patienten mit schweren Hypoglykamien oder Patienten, die nicht in der Lage sind, Hypoglykämien zu erkennen.

[2] Ist die morgendliche Nüchtem-Blutglukose unter 72 mg/dl (< 4 mmol/l), sollte die Möglichkeit einer vorangegangenen nächtlichen Hypoglykämie in Erwägung gezogen werden.

Die Maßstäbe sind sehr streng und, wie die Erfahrung lehrt, in der täglichen Praxis oft schwer zu erreichen. Darum müssen diese allgemeinen Orientierungsdaten selbstverständlich den individuellen Umständen des Kindes oder Jugendlichen angepasst werden.

3.2.6 Fruktosamin

Auch Serumproteine werden wie das Hämoglobin in Abhängigkeit von Höhe und Dauer der Hyperglykämie irreversibel nichtenzymatisch glykoliert. Fruktosamine sind Ketoamine, die als Produkte der nichtenzymatischen Reaktion zwischen einem Zucker und einem Protein entstehen. Hauptbestandteil der Serumproteine ist das Albumin (60–70 %). Daher wird für die Beurteilung von Messungen der glykolierten Serumproteine die Bildungs- und Schwundkinetik des Serumalbumins zugrunde gelegt. Die Methode zur Fruktosaminbestimmung beruht auf der Reduktion von Nitroblau-Tetrazoliumchlorid, das als Formazanfarbstoff kolorimetrisch gemessen wird. Da die Halbwertszeit des Serumalbumins nur 18–20 Tage beträgt, kann der Serumspiegel des glykolierten Albumins als Parameter für die Qualität der Stoffwechseleinstellung über einen zurückliegenden Zeitraum von etwa drei Wochen angesehen werden. In der Regel werden für den Normalbereich bei Erwachsenen Werte zwischen 205 und 285 µmol/l angegeben. Altersabhängige Unterschiede sind gering. Zwischen Männern und Frauen zeigen sich keine Differenzen. Die Fruktosaminbestimmung spielt heutzutage nur noch bei kurzdauernden klinischen Studien und zur Langzeitstoffwechselkontrolle bei Hämoglobinopathien, die eine Bewertung des HbA1c-Wertes unmöglich machen, eine Rolle.

Fruktosaminwerte gelten lediglich für Patienten mit einer im Normbereich liegenden Serumproteinkonzentration. Bei pathologisch erhöhten oder erniedrigten Eiweißwerten (z. B. bei Dehydratation) muss der Fruktosaminwert auf einen einheitlichen Proteinwert von 7,2 mg/dl nach folgender Formel korrigiert werden:

$$\frac{\text{Fruktosamin } (\mu\text{mol/l})}{\text{Gesamteiweiß (mg/dl)}} \times 7,2 \text{ (mg/dl)}$$

Störmöglichkeiten der Fruktosaminmessung sind pathologisch veränderte Serumkonzentrationen von Harnsäure und Fruktose, das Vorliegen von Paraproteinämie, Proteindefizienz und Hyperbilirubinämie.

3.2.7 Kontinuierliche Glukosemessung

Die minimal-invasiven Methoden arbeiten einerseits mit Glukose-Elektroden (z. B. iPro, DexCom G5), mit Mikrodialysemethoden (z. B. Glucoday der Fa. Menarini) oder mit transdermalen Methoden (z. B. GlucoWatch der Fa. Cygnus, inzwischen nicht mehr erhältlich). Mikrodialysegeräte und transdermale Geräte sind allerdings zurzeit nicht außerhalb von Studien erhältlich.

Bei den nichtinvasiven Methoden werden üblicherweise optische Glukosesensoren verwendet. Das grundsätzliche Prinzip eines optischen Glukosesensors besteht darin, einen Lichtstrahl durch die intakte Haut zu senden und danach die Eigenschaften des reflektierten Lichtes zu analysieren. Dabei wird das reflektierte Licht einerseits durch direkte Interaktionen mit der Glukose verändert (spektroskopische Ansätze) oder durch indirekte Effekte der Glukose, indem die physikalischen Eigenschaften der Haut verändert und dadurch die Lichtreflexe beeinflusst werden (sog. Scattering). Das Hauptproblem dieser nichtinvasiven optischen Methoden liegt darin, eine Spezifität der Glukosebestimmung mit ausreichender Präzision zu erzielen. Die nichtinvasiven Glukosesensoren (optische Glukosesensoren, Polarimetrie, Infrarotspektroskopie usw.) befinden sich noch in der präklinischen Studienphase. Es ist nicht voraussehbar, ob Geräte für den breiten klinischen Einsatz entwickelt werden können.

Das Wesentliche der elektrochemischen Methode ist die chemische Umwandlung von Glukose mit Hilfe biokatalytischer Enzyme (z. B. Glukoseoxidase, GOD) und der Nachweis der bei der GOD-Reaktion entstandenen Reaktionsprodukte. Üblicherweise betrifft dies das Wasserstoffperoxid (H2O2), welches in einer nachgeschalteten zweiten Reaktion elektrochemisch an einer Platin-Elektrode mit einer Spannung zwischen 600 und 900 mV oxidiert wird. Die dabei entstehenden Elektronen erzeugen einen Stromfluss, der die umgewandelte Glukosemenge repräsentiert. Der Glukosesensor muss mit Hilfe herkömmlicher Blutzuckermesswerte kalibriert werden, um einen Anschluss an die Glukosekonzentration im Blut zu erreichen.

Die elektrochemische Messung ist auf einen direkten Zugang zu dem glukosehaltigen Kompartiment angewiesen. Dies bedingt, dass der Glukosesensor (die mit einer sauerstoffdurchlässigen Membran umhüllte elektrochemische Enzymelektrode) durch die Haut in das subkutane Fettgewebe eingestochen wird, um dort einen Zugang zur interstitiellen Flüssigkeit zu erhalten. Im Falle eines Glukoseanstiegs oder -abfalls kommt es zu einer zeitlichen Verschiebung von 5–25 min zwischen den Messwerten im Blut und im Interstitium. Folglich ist in diesem Zusammenhang die Frage nach der Übereinstimmung der Messergebnisse nur wenig sinnvoll, es sei denn, die zeitliche Verschiebung wird berücksichtigt. Diese ist jedoch nicht nur individuell unterschiedlich, sondern hängt auch noch von der Übereinstimmung von Glukoseresorption und Insulinwirkung ab. Bei der Entwicklung von Algorithmen zur Steuerung der Insulinabgabe auf der Grundlage gemessener Glukosewerte wird es berücksichtigt. In Tabelle 3.4 sind die aktuellen Sensorsysteme zusammengefasst.

3.2.7.1 Auswertung von CGM-Profilen

Natürlich ist bei der Alltagsanwendung entscheidend, dass der Patient den aktuellen Glukosewert und den Glukosetrend für seine Therapie nutzt. Trotzdem lassen sich auch diese Daten retrospektiv zur Analyse des Glukoseverlaufs heranziehen. Die

Tab. 3.4: Tabellarische Übersicht der Sensorsysteme und ihre Charakteristiken.

Charakteristika	iPro®® 2	Paradigm®REAL-Time/VEO/640G	DexCom Gen 5™	FreeStyle® Navigator 2
Bildliche Darstellung				
Sensor-Größe	32 Gauge (= 0,6 mm)	32 Gauge (= 0,6 mm)	25 Gauge (= 0,5 mm)	22 Gauge (= 0,7 mm)
Sensorlänge	8,75 mm	8,75 mm	13 mm	6 mm
Einfühlwinkel	90 Grad	90 Grad	45 Grad	90 Grad
Max. Messdauer	6 Tage	6 Tage	7 Tage	5 Tage
Zeit zwischen Legen und Anzeige	nicht relevant	2 Stunden	2 Stunden	2 Stunden
Kalibration	Keine zum Start	2, dann alle 12 h	1, 1.5, alle 12 h	10, 12, 24, 72 h
Neue Werte	alle 5 Minuten	alle 5 Minuten	alle 5 Minuten	jede Minute
Display-Optionen	nicht sichtbar	3, 6, 12, 24 h	1, 3, 6, 12, 24 h	2,4, 6, 12, 24 h
Daten-Download	erforderlich	möglich	möglich	möglich

notwendige Dauer der Aufzeichnung hängt dabei davon ab, wie reproduzierbar die Glukoseverläufe von Tag zu Tag sind und welche Parameter bestimmt werden sollen. Ist Reproduzierbarkeit gegeben und sollen Parameter wie der Mittelwert und die Standardabweichung sowie die AUC („area under curve") und die Zeit in bestimmten Bereichen der Glukosekonzentration analysiert werden, so sind Messdaten über etwa sechs Tage ausreichend. Dagegen werden Daten über ca. drei Wochen benötigt, wenn bei einem Patienten Hypoglykämien umfassend analysiert werden sollen.

3.2.7.2 Datenlücken

Werden in den CGM-Kurve häufig Unterbrechungen sichtbar, ist mit dem Patienten zu klären, was die Ursache für die Messlücken ist (zeitweiser Ausfall des Sensors, Nichttragen des Monitors/der Insulinpumpe, Unterbrechung der Verbindung zwischen Datentransmitter und dem Monitor/Insulinpumpe). Mitunter treten auch, insbesondere nachts, unlogische Minima in den Glukosekurven auf. Meist hat dann der Patient so ungünstig auf dem Sensor gelegen, dass dieser praktisch vom Fluss der interstitiellen Flüssigkeit im Gewebe „abgeklemmt" war.

3.2.7.3 Kalibrierung

Eine wichtige, die Datenqualität unmittelbar beeinflussende Aktion ist die Kalibrierung des Glukosesensors. Im Falle eines Glukoseanstiegs oder -abfalls kommt es jedoch zu einer zeitlichen Verschiebung von 5–25 min zwischen den Messwerten im Blut und in der interstitiellen Flüssigkeit, was individuell vom metabolischen Zustand des Patienten und der Insulinwirkung abhängig ist. Dieser so genannte „time lag" entsteht, weil es eine gewisse Zeit dauert, bis die Glukosemoleküle aus dem Blut die interstitielle Flüssigkeit erreichen und damit auch zu dem Glukosesensor gelangen. Werden bei einem Glukoseanstieg oder -abfall die Glukosewerte im Blut (Blutglukosemessgerät) und im Gewebe (CGM-Sensor) verglichen, so ergeben sich zu einem festgelegten Zeitpunkt teils erhebliche Unterschiede. Eine in diesem Moment durchgeführte Kalibrierung würde folglich die CGM-Kurve nach oben oder unten verschieben und für Messwertabweichungen von 40–80 mg/dl (2,2–4,4 mmol/l) gegenüber Blutglukosewerten führen. Es kommt zu „Sprüngen" in der CGM-Kurve. Die CGM-Kurven sind dann in ihrer absoluten Höhe verfälscht und führen folglich auch zu falschen statistischen Werten. Werden also Fehlkalibrationen in großer Zahl festgestellt, so sind die CGM-Daten nicht korrekt beurteilbar.

3.2.7.4 Analyse von CGM-Profilen

Eine wichtige Beeinflussung der Stoffwechselsituation stellen Hypoglykämien und dabei ganz besonders repetitive Hypoglykämien dar, wenn also mehr als zwei Hypoglykämien an zwei Tagen auftreten, gekennzeichnet durch Glukosewerte < 70 mg/dl (3,9 mmol/l) über eine Zeit von ≥ 30 min. Solche CGM-Profile lassen sich nur nutzen, um gegebenenfalls die Ursache der immer wieder auftretenden Hypoglykämien festzustellen, damit sie künftig vermieden werden. In den CGM-Profilen wird eine Freisetzung aus hepatischen Glykogenspeichern nach einer Hypoglykämie („Gegenregulation") durch einen steilen Anstieg der Glukosekonzentration aus dem hypoglykämischen Glukosebereich sichtbar. Dieser ist steiler als bei Aufnahme von schnell resorbierbaren Kohlenhydraten, weil die Glukose direkt von der Leber in das Blut (und später von dort in das Interstitium) abgegeben wird. Nach ausreichender Nahrungsaufnahme erfolgt in der Regel die vollständige Restauration der Glykogenspeicher. Im CGM-Profil fällt dazu auf, dass die postprandiale Auslenkung zum Teil wesentlich geringer ausfällt, als das entsprechend den zugeführten Kohlenhydraten zu erwarten wäre. Ursache ist, dass ein Teil der aufgenommenen Glukose zur Restauration der Glykogenspeicher „abfließt". Durch die sich wiederholenden Hypoglykämien werden die Glykogenspeicher einerseits ständig beansprucht, andererseits nicht mehr vollständig restauriert: Es entsteht eine Glukosekurve, die sich im tiefen normoglykämischen Glukosebereich bewegt (70–110 mg/dl bzw. 3,9 und 6,1 mmol/l) und kaum Auslenkungen aufweist, auch nicht nach Nahrungsaufnahme („Pseudonormalisierung"). Nächtlichen Hypoglykämien ist ebenfalls eine besondere Beachtung zu schenken, weil im Schlaf die hormonelle Gegenregulation erst bei sehr niedrigen Glukosewerten einsetzt und dabei weniger gegenregulatorische Hormone ausgeschüttet werden.

CGM-Profile, die nicht durch fehlerhafte Kalibrierungen und/oder repetitive Hypoglykämien beeinflusst sind, lassen sich anhand dreier Beurteilungsebenen analysieren. Das sind:
- die Glukosestabilität,
- das Niveau der Glukosekonzentration,
- reproduzierbare Glukosemuster.

3.2.7.5 Glukosestabilität

Ein sinnvolles Maß für die Glukosestabilität ist deshalb der Stabilitätsindex (SI) als das Verhältnis vom Mittelwert der Glukosekonzentration (MW) zu deren Standardabweichung (SD) bzw. der sich daraus ergebende Variabilitätskoeffizient (VK):

$$VK = 100 \times SD/MW$$

Ist das Verhältnis SI = MW/SD > 3 (bzw. der VK < 33 %), kann der Glukoseverlauf als stabil angesehen werden. Ist das Verhältnis von SI = MW/SD < 2 (bzw. der VK > 50 %), ist der Glukoseverlauf instabil. Werte für den SI zwischen 2–3 bzw. den VK von 25–33 % sind weder stabil noch instabil. Bei instabiler (SI < 2; VK > 50 %) oder metastabiler (2 < SI < 3; 33 % < VK < 50 %) Stoffwechselsituation ist jedoch nach den Ursachen für die Instabilität zu suchen. Dazu sollten die Zeitintervalle mit der höchsten glykämischen Variation herausgesucht werden. Erfahrungsgemäß sind Hypoglykämien eine häufige Ursache für instabile Glukoseverläufe. Aber auch häufig vergessene Boli bzw. ein schlechtes Bolusmanagement erhöhen die Glukosevariabilität.

3.2.8 Flash Glucose-Monitoring (FGM)

Im Gegensatz zu den anderen CGM-Systemen wird das Gerät firmenseitig kalibriert und benötigt keine Eichung durch den Patienten. Der Glukosesensor wird mit einem der Katheterrondellen vergleichbaren Patch auf die Haut geklebt und übermittelt bis zu einer Dauer von 14 Tagen drahtlos kontinuierliche Glukosedaten an einen Touchscreen-Reader, der zum Ablesen der Werte über die Rondelle gehalten werden muss. Dieser Reader enthält einen Boluskalkulator sowie eine Software zur Erstellung eines so genannten ambulanten Glukoseprofils. Wie schon bei dem Freestyle Navigator wird beim Ablesen des Werts mit dem Reader nicht nur der aktuelle Realtime-Sensorglukose-Wert, sondern auch ein Glukosetrendpfeil sowie eine Graphik der letzten 8 h gezeigt. Ein weiterer Unterschied zu den herkömmlichen Geräten liegt in dem Fehlen einer Alarmfunktion, da der Nutzer ohnehin das Lesegerät über den Sensor halten muss, um die Werte drahtlos einzuscannen.

Mit Hilfe einer Auswertungssoftware wird beim FGM ein so genanntes Ambulantes Glukose-Profil (AGP) angezeigt, das die Daten von 14 Tagen statistisch ausgewertet und graphisch aufbereitet hat. Der Kurve ist dann beispielsweise zu entnehmen, dass die Werte zu einem bestimmten Tageszeitpunkt oft zu hoch oder zu niedrig liegen oder eine starke Variabiliät aufweisen, sprich sehr unterschiedlich sind. Im Patientengespräch kann auf Basis dessen ergründet werden, welches Verhalten diese Entwicklung des Glukosewertes auslöst und ob es sich verändern lässt.

3.2.9 Time in Range und Glukosevariabilität

Die Ergebnisse der kontinuierlichen Messungen bieten die Möglichkeit, komplementär zu HbA1c- und Blutglukosemessungen durch die Patienten eine Einschätzung der Stoffwechselschwankungen zu erhalten. Als neuer Outcome-Parameter zur Stoffwechselbewertung gerade auch neuer Therapieverfahren wie des „Closed-Loop" wird immer mehr der Prozentsatz „Time in Range" (üblicherweise für den Bereich 70–140 mg/dl bzw. 3,9–7,8 mmol/L) verwendet. So ist z. B. auch bei kritisch kranken Menschen ohne Diabetes auf der Intensivstation ein Time in Range > 80 % mit signifikant geringerer Mortalität assoziiert. Die Bedeutung der Blutglukosevariabilität wird unabhängig von der absoluten Glukoselast durch hohe Werte für die Entwicklung der Folgeerkrankungen gegenwärtig kontrovers diskutiert und sich letztendlich wahrscheinlich nur durch eine CGM-Studie analog der DCCT-Studie klären lassen. Wie oben ausgeführt lässt sich die Variabilität am einfachsten über die Standardabweichung in Bezug auf den Mittelwert berechnen. Bereits während der Anfangszeiten der Blutglukosebestimmungen waren hierfür weitere Messgrößen entwickelt worden. Der MAGE-Wert (Mean Amplitude of Glycaemic Excursions) ist ein Maß für die Blutglukoseschwankungen eines Tages. Dabei wird der Absolutwert der Differenz zwischen dem höchsten und niedrigsten Blutzuckerwert einer Blutzuckerschwankung herangezogen. Alle Blutzuckerschwankungen, die über einer Standardabweichung der mittleren Blutglukose (MBG) einer 24-h-Periode liegen, werden zur Berechnung eines Mittelwerts verwendet. Als Maß für die Blutzuckerschwankungen zwischen einzelnen Tagen wurde der MODD-Wert (Mean Of Daily Differences) entwickelt. Dabei werden über 200 Wertepaare von Blutglukosebestimmungen zur gleichen Tageszeit gebildet, und der Mittelwert des Absolutwertes der jeweiligen Differenzen berechnet. In letzter Zeit sind viele weitere Indizes vorgeschlagen worden, wobei abgewartet werden muss, welche sich im klinischen Alltag durchsetzen werden.

Literatur

[1] Craig ME, Jefferies C, Dabelea D, Balde N, Seth A,Donaghue KC. Definition, epidemiology, and classification of diabetes in children and adolescents. ISPAD clinical practice consensus guidelines 2014 compendium. Pediatric Diabetes 2014; 15(20): 4–17.

[2] Genuth S, Alberti KG, Bennett P, Buse J, Defronzo R, Kahn R, et al. Expert Committee on the Diagnosis and Classification of Diabetes Mellitus. Follow-up report on the diagnosis of diabetes mellitus. Diabetes Care. 2003; 26: 3160–3167.
[3] International Expert Committee report on the role of the A1c assay in the diagnosis of diabetes. Diabetes Care. 2009; 32: 1327–1334.
[4] Neu A, Bartus B, Bläsig, S, Bürger-Büsing J, Danne T, Dost A, et al. S3–Leitlinie zur Diagnostik, Therapie und Verlaufskontrolle des Diabetes mellitus im Kindes- und Jugendalter. S3 Leitlinie der Deutschen Diabetes Gesellschaft. 2015. http://www.deutsche-diabetes-gesellschaft.de.
[5] Rewers MJ, Pillay K, de Beaufort C, Craig ME, Hanas R, Acerini CL, et al. ISPAD Clinical Practice Consensus Guidelines. Assessment and monitoring of glycemic control in children and adolescents with diabetes. Pediatric Diabetes 2014; 15(20): 102–114.

Urh Groselj, Tadej Battelino, Nataša Bratina

3.3 Fettstoffwechselstörungen: Diagnostische Verfahren

3.3.1 Einführung

Die Normalverteilung von Lipiden und Lipoproteinen während der Kindheit ist in mehreren prospektiven Studien festgelegt. Nach dem National Cholesterol Education Program (NCEP) Expert Panel [1, 2] werden Lipidspiegel bei Kindern als „akzeptabel“, „grenzwertig“ und „erhöht/erniedrigt“ eingestuft (Richtwerte für Lipide und Lipoproteine sind in Tab. 3.5 aufgelistet). Die vorgeschlagenen Cut-off-Werte für hohe und grenzwertig-hohe Lipidspiegel bei Kindern entsprechen etwa der 95. und 75. Perzentile. Allerdings wurden diese weder für frühe Arteriosklerose (ATS) noch für das Risiko zukünftiger Herz-Kreislauf-Erkrankungen (CVD) als Prädiktoren validiert. Die Prävalenz von Kindern und Jugendlichen mit Hyperlipidämien sinkt [3, 4] trotz gleichzeitigen Anstiegs der Adipositas-Prävalenz und einiger anderen CVD-Risikofaktoren bei Kindern [2].

Lipidspiegel bei Kindern variieren alters- und geschlechtsbedingt. In der Regel sind sie bei Geburt sehr gering und steigen in den ersten beiden Lebensjahren langsam an, mit etwas höheren Werten bei gestillten Säuglingen [5]. In der Folgezeit, ab dem Alter von zwei Jahren bis zur Pubertät, bleiben die Lipidspiegel relativ stabil (bei den meisten Kindern bis zum 9.–11. Lebensjahr). Während der Pubertät verringern sich der Gesamtcholesterin-(TC-) sowie der Low-Density-Lipoprotein-Cholesterin-(LDL-C-)Spiegel um 10–20 %, steigen aber im späten Jugendalter wiederum an. Der Lipidspiegel in der Kindheit ist prädiktiv für die Lipidwerte im Erwachsenenalter, mit der höchsten Korrelation zwischen der Spätkindheit und dem dritten bis vierten Lebensjahrzehnt [2]. Bei Mädchen sind die durchschnittlichen Gesamtcholesterin-Werte höher als bei Jungen [3]. Die High-Density-Lipoprotein-Cholesterin-(HDL-C-)Konzentrationen nehmen bei Jungen während der späten Pubertät ab, während der HDL-C-Spiegel bei Frauen bis zur Menopause stabil bleibt [2].

Tab. 3.5: Richtwerte für Lipid-, Lipoprotein- und Apolipoprotein-Konzentrationen bei Kindern und Jugendlichen.

Kategorie	Akzeptabel mmol/l (mg/dl)	Grenzwertig erhöht/erniedrigt mmol/l (mg/dl)	Erhöht/Erniedrigt mmol/l (mg/dl)
TC	< 4.4 (170)	4.4–5.2 (170–199)	≥ 5.2
LDL-C	< 2.8 (110)	2.8–3.3 (110–129)	≥ 3.4
Non-HDL-C	< 3.1 (120)	3.1–3.7 (120–144)	≥ 3.8
ApoB	< 2.3 (90)	2.3–2.8 (90–109)	≥ 2.8
TG			
– < 9 years	< 0.8 (75)	0.8–1.1 (75–99)	≥ 1.1
– 10–19 years	< 1 (90)	1–1.5 (90–129)	≥ 1.5
HDL-C	> 1.2 (45)	1–1.2 (40–45)	< 1 (40)
ApoA-I	> 3.1 (120)	3–3.1 (115–120)	< 3 (115)
Lp(a)	< 1071 (< 30)	1071–1785 (30–50)	> 1785 (> 50)

ApoA-I – Apolipoprotein A-I; ApoB – Apolipoprotein B; HDL-C – High-Density-Lipoprotein-Cholesterin; LDL-C – Low-Density-Lipoprotein-Cholesterin; Lp (a) – Lipoprotein (a); TC – Gesamtcholesterin; TG – Triglyceride.

Übernommen aus: Daniels SR, Benuck I, Takis DA, et al. Expert panel on integrated guidelines for cardiovascular health and risk reduction in children and adolescents: Full report, 2011. National Heart Lung and Blood Institute. Verfügbar unter: http://www.nhlbi.nih.gov/guidelines/cvd_ped/peds_guidelines_full.pdf. Die Werte für die Plasma-Lipide und Lipoproteine stammen vom National Cholesterol Education Program (NCEP) Expertengremium für den Cholesterinspiegel bei Kindern. Nicht-HDL-C-Werte der Bogalusa Heart Study entsprechen dem NCEP pädiatrische Gremium-Schnittstelle für LDL-C. Die Werte für die Plasma-ApoB und ApoA-I stammen aus National Healthand Nutrition Examination Survey III (NHANES III). Werte für Lp (a) werden in der Regel in mg/dl ausgedrückt; die vorgeschlagen Cut-off-Werte sind informativ, nach der Framingham Offspring Study, wobei Lp (a)-Werte von 30 mg/dl und 50 mg/dl auf die ca. 75. und 90. Perzentile Bezug nehmen. Referenz: Contois JH, Lammi-Keefe CJ, Vogel S, McNamara JR, Wilson PW, Massov T, Schaefer EJ. Plasma-Lipoprotein (a) Verteilung in der Framingham Offspring Study wie mit einem handelsüblich immunologischen Trübungstest bestimmt. ClinChimActa. 1996 Sep 30; 253 (1–2): 21–35

3.3.2 Diagnose von Dyslipidämien bei Kindern

Eine frühzeitige Diagnose einer Dyslipidämie bei Kindern ist die Basis für eine rechtzeitige Intervention, um die beschleunigte Arteriosklerose-Entwicklung zu verhindern und ein zukünftiges CVD-Risiko zu verringern [6–9]. Wird eine Dyslipidämie bei Kindern übersehen, wird dadurch zumindest in einigen Fällen die Chance verpasst, langfristigen Folgen einer CVD vorzubeugen. Die CVD ist wiederum die führende Ursache für Morbidität und Mortalität und zudem ein erheblicher Kostenfaktor für das Gesundheitssystem in der entwickelten Welt [8, 9]. Monogenetische Dyslipidämien, vor allem die familiäre Hypercholesterinämie (FH), sind relativ selten, ihre Früherkennung ist dabei dennoch von hoher klinischer Bedeutung. Polygene Dyslipidämien, ungünstige Ernährung und andere Umweltfaktoren (einschließlich Adipositas als

Hauptursache von sekundären Dyslipidämien) sind ebenfalls häufige Ursachen von Dyslipidämie bei Kindern, bei denen eine CVD-Risikobewertung wichtig ist [9].

Die positive Familienanamnese für eine frühe CVD und/oder Dysplipidämie ist als Methode zur Einschätzung der Lipidwerte bei Kindern nicht sehr zuverlässig. Bei 30 % bis 72 % der Kinder mit Dyslipidämien fehlen genaue und zuverlässige Daten zur Familienanamnese bzw. diese sind oft nicht verfügbar [2, 10]. Anders als bei Erwachsenen reicht der Body-Mass-Index (BMI) nicht für eine effektive Differenzierung von Kindern mit abnormen TC- und LDL-C-Spiegeln [3, 11, 12]. Daher empfehlen die NHLBI-Richtlinien eine umfassende Vorsorge bei allen Kindern im Alter zwischen neun und elf Jahren. Ebenfalls empfohlen ist ein gezieltes Screening derjenigen mit hoher Wahrscheinlichkeit einer frühen CVD. Es sollte bei Kindern im Alter zwischen zwei und acht Jahren mit einer oder mehreren der folgenden Voraussetzungen durchgeführt werden: Diabetes, Bluthochdruck, BMI ≥ 95. Perzentile, Rauchen oder einem familienanamnestisch verbunden erhöhten CVD-Risiko [2]. Das Nüchtern-Lipidprofil (nach neun bis zwölf Stunden Nahrungskarenz) ist die empfohlene Methode zum Screening; die Entscheidung hinsichtlich der Indikation zur medikamentösen Therapie sollte auf dem Durchschnittsergebnis von mindestens zwei Profilen basieren, welche im Abstand von mindestens zwei Wochen, aber nicht länger als drei Monaten [2] erhoben wurden.

Slowenien ist derzeit das einzige Land weltweit, das im Rahmen der landesweiten Gesundheitsprävention ein universelles Screening für Hypercholesterinämie bei Kindern im Alter von fünf Jahren seit 1995 eingeführt hat [3, 10, 13]. Die Entscheidung zur Einführung eines universell umfassenden Screenings bei Kindern in diesem Alter ist der Tatsache geschuldet, dass der Prozess der Arteriosklerose bereits im frühen Kindesalter beginnt. Darüber hinaus lässt der Cholesterinspiegel im Alter zwischen zwei und neun Jahren die beste Differenzierung zwischen Personen mit und ohne familiäre Hypercholesterinämieformen zu. Und schließlich können eine Ernährungs- und Lebensstil-Intervention bei präpubertären Kindern wirksam umgesetzt werden [8, 13, 14].

Die spezifischen Charakteristika sowie das entsprechende diagnostische Vorgehen bei Kindern mit Dyslipidämie hängen vor allem von der Ätiologie der Dyslipidämie ab, die als primäre (monogene oder polygene) oder sekundäre eingestuft wird.

3.3.2.1 Primäre Dyslipidämien

Primäre Dyslipidämien können sowohl aus der starken Wirkung einer Mutation eines einzigen Gens (monogene Dyslipidämie) resultieren, als auch durch eine Kumulation geringerer Auswirkungen mehrerer Genvarianten (polygene Dyslipidämien) entstehen. Die häufigste Form einer monogenen Dyslipidämie stellt die familiäre Hypercholesterinämie dar, während unter den polygenen Dyslipidämien die polygene Hypercholesterinämie und die familiär kombinierte Hyperlipidämie am weitesten verbreitetet sind (FCHL). Darüber hinaus ist ein erhöhtes Lp(a) auch im Wesentlichen genetisch bedingt und eine frühzeitige Diagnose von hoher klinischer Relevanz. Die

Tab. 3.6: Diagnostische Eigenschaften der ausgewählten primären Dyslipidämien.

Erkrankung	Gen betroffen	Lipidprofil
Polygene Hypercholesterinämie	Multiple	↑LDL-C
Familiäre Hypercholesterinämie	*LDLR, PCSK9, LDLRAP1* (ARH)	↑LDL-C; hoFH: ↑↑LDL-C
Familiär defektes Apolipoprotein B	*APOB*	↑LDL-C
Familiär kombinierte Hyperlipidämie	Multiple	↑ApoB, ↑TG, ↑LDL-C, ↓HDL-C
Familiäre Hypertriglyceridämie	*LPL, APOC-II,*	↑↑TG, ↑VLDL-C
Familiäre Hypoalphalipoproteinämie	*APOA-I, ABCA1*	↓HDL-C
Vererbte Erhöhung von Lp (a)	*Apo(a)*	↑Lp(a)

ApoB – Apolipoprotein B; ARH – autosomal-rezessive Hypercholesterinämie; HDL-C – High-Density-Lipoprotein; hoFH – homozygote familiäre Hypercholesterinämie; LDL-C – Low- Density -Lipoprotein-Cholesterin; Lp(a) – Lipoprotein(a); TG – Triglyceride; VLDL-C – Very-Low-Density-Lipoprotein-Cholesterin; ↑ – erhöht; ↓ – erniedrigt.

wichtigsten primären Dyslipidämien sind mit ihren wesentlichen diagnostischen Eigenschaften in Tab. 3.6 aufgeführt.

Familiäre Hypercholesterinämie. Eine familiäre Hypercholesterinämie wird entweder aufgrund phänotypischer Kriterien diagnostiziert, d. h. einer familiär bedingten Hyper-LDL-Cholesterinämie, häufig in Kombination mit einer vorzeitigen koronaren Gefäßerkrankung (Männer < 55. Lebensjahr, Frauen < 65. Lebensjahr) oder anhand eines erhöhten Low-Density-Lipoprotein-Cholesterins (LDL-C) (Tab. 3.7). Der Nachweis einer pathogenen Mutation, in der Regel im *LDLR*- (80–95 %) oder *APOB*- (5–15 %) Gen, ist jedoch der Goldstandard für die Diagnose der FH. Kinder mit einem Elternteil mit FH haben ein 50%iges Risiko, selbst an FH zu erkranken. Hervorzuheben dabei ist die Bedeutung eines Familienstammbaums zur Identifizierung der Angehörigen für das Screening.Typischerweise zeigt sich ein deutlicher Unterschied im LDL-C-Wert zwischen Kindern mit und ohne genetisch definierter FH. LDL-C-Werte sollten mindestens zweimal über eine Dauer von drei Monaten gemessen werden, um die Diagnose der FH zu bestätigen. Die optimale Zeitspanne, um zwischen einer FH oder einer durch diätetische, lebensstilinduzierte oder hormonell beeinflusste LDL-C-Erhöhung zu unterscheiden, liegt im Kindesalter. Sekundäre Ursachen einer Hypercholesterinämie sollten ausgeschlossen werden. Im Falle eines an CHD verstorbenen Elternteils sollte das Kind sogar bei moderater Hypercholesterinämie genetisch auf FH sowie erblich bedingte Erhöhung des Lp(a) getestet werden [15].

International werden unterschiedliche Diagnosemöglichkeiten vorgeschlagen. Da die niederländischen Lipid-Clinic-Netzwerkkriterien bei Kindern keine Anwendung finden, werden zur Diagnostik einer FH bei Kindern die Simon-Broome-Diagnose-Erfassungskriterien empfohlen (Tab. 3.7). Ein LDL-C-Spiegel von über

Tab. 3.7: »Simon Broome Register« Diagnosekriterien für familiäre Hypercholesterinämie (FH).

Definitive FH ist wie folgt definiert:	
A	– TC > 6.7 mmol/l (259 mg/dl) or LDL-C > 4.0 mmol/l (155 mg/dl) bei einem Kind < 16 Jahre oder – TC > 7.5 mmol/l (290 mg/dl) or LDL-C > 4.9 mmol/l (189 mg/dl) bei einem Erwachsenen (Werte entweder bei Vorbehandlung oder am höchsten während der Behandlung)
PLUS	
B	Sehnenxanthom bei Patienten oder Verwandten 1. Grades oder 2. Grades*
Oder	
C	DNA-basierter Nachweis einer LDLR- und APOB-Genmutation
Mögliche FH ist wie folgt definiert:	
A	vorbenannte PLUS eines von D oder E
D	Familienanamnese mit Nachweis eines Myokardinfarktes: – < 50 Jahre bei Verwandtschaft 2. Grades oder – < 60 Jahre bei Verwandtschaft 1. Grades
E	Familienanamnese mit Nachweis von erhöhtem Cholesterin: – TC > 7.5 mmol/l (290 mg/dl) bei Erwachsenen 1.- oder 2.-gradiger Verwandtschaft oder – TC > 6.7 mmol/l (259 mg/dl) bei Kindern oder deren Geschwistern < 16 Jahren

TC – Gesamtcholesterin; LDL-C – Low-Density-Lipoproteincholesterin.
* Verwandte 1. Grades: Kind, Eltern oder Geschwister; Verwandte 2. Grades: Enkel, Großeltern, Onkel/Tante.
Übernommen aus: Diagnostic criteria for Familial Hypercholesterolaemia using Simon Broome register, Heart UK Advicescheet. Verfügbar unter: https://heartuk.org.uk/files/uploads/documents/HUK_AS04_Diagnostic.pdf

5 mmol/l (193 mg/dl) in zwei aufeinanderfolgenden Testungen nach drei Monaten Diät weist mit einer hohen Wahrscheinlichkeit auf eine FH hin. Bei einer positiven Familienanamnese für vorzeitige koronare Gefäßerkrankung oder bei hohen Cholesterinwerten eines Elternteil weist eine LDL-C-Konzentration > 4 mmol/l (155 mg/dl) ebenfalls mit hoher Wahrscheinlichkeit auf eine FH hin. Ist bei den Eltern die FH-Diagnose genetisch gesichert, deutet ein LDL-C-Spiegel > 3,5 mmol/l (135 mg/dl) beim Kind auf eine FH hin [15]. Ein LDL-C-Wert > 13 mmol/l (500 mg/dl) steht in der Regel im Einklang mit einer phänotypischen homozygoten FH, aber die Schwelle kann angesichts der klinischen und genetischen Heterogenität der FH viel niedriger liegen. Darüber hinaus sind klinische Anzeichen einer Hypercholesterinämie bei Kindern (wie Xanthome, Xanthelasmen, Arcus cornealis) stark hinweisend auf eine homozygote FH [15].

Polygene Hypercholesterinämie (PH). Bei den meisten Kindern mit Hypercholesterinämie liegt eher eine polygene als eine monogene Ursache vor. Oft ist die genetische Disposition allein nicht ausreichend für die klinische Ausprägung eines Hypercholesterinämie-Phänotyps [16]. Umweltfaktoren wie schlechte Ernährung,

Übergewicht und Bewegungsmangel führen bei genetisch prädisponierten Personen zum klinischen Bild einer Hypercholesterinämie. Eine PH wird durch milde bis mäßig erhöhte LDL-C-Spiegel (gewöhnlich 3,5–7 mmol/l (135–270 mg/dl)) gekennzeichnet, bei normwertigem TG-Spiegel [10]. Sekundäre Hypercholesterinämien sollten ausgeschlossen werden. Jedoch können einige Patienten mit PH unter bestimmten Bedingungen (beispielsweise Fettsucht und/oder Insulinresistenz) ebenso eine erhöhte TG-Konzentration aufweisen, ähnlich einer FCHL. Die genetische Diagnostik der PH beinhaltet den Ausschluss einer FH und möglicherweise auch das Erfassen ursächlich genetischer Varianten. Die häufigste der ursächlichen genetischen Varianten ist die ApoE4-Isoform [17], jedoch sind mehr als 100 Gene in Verbindung mit PH gebracht worden. In der Regel werden bei einem einzigen Patienten mit PH multiple genetische Varianten nachgewiesen [18].

Familiäre kombinierte Hyperlipidämie (FCHL). FCHL ist eine der am weitesten verbreiteten primären Dyslipidämien. Obwohl sie oft familiär gehäuft auftritt, wird sie wahrscheinlich nicht als monogene Erkrankung vererbt. Einzelne Lipidkomponenten des FCHL haben jeweils mehrere genetische Determinanten, die sich in Familien unabhängig voneinander isolieren [19]. Bei Kindern mit FCHL zeigen sich in der Regel erhöhte Apolipoprotein-B-(ApoB-)Werte, während eine Triglyceriderhöhung in der Regel von Alter und Adipositas-Status abhängig ist [20]. Bei Kindern aus Hochrisikofamilien ist eine diagnostische Abklärung angezeigt.

Vererbte Erhöhung des Lp(a). Lp(a) ist ein LDL-C-Partikel, welches ein zusätzliches Apolipoprotein (a) (ApoA-) Protein beinhaltet und strukturell dem LDL-C ähnlich ist [21]. Die Erhöhung von Lp(a) stellt einen der wichtigsten CVD-Risikofaktoren dar [22]. Die Lp(a)-Konzentration wird im Wesentlichen durch eine Kopienzahlvariation des Apo(a)-Gens bestimmt, die wiederum die Anzahl der fünf cysteinreichen Domänen – der so genannten Kringle-IV-Wiederholungen des Apo(a)-Proteins – determinieren. Personen, die eine geringe Anzahl von Kringle-IV-Wiederholungen erben (kleine Isoform-Träger), haben im Durchschnitt deutlich höhere Lp(a)-Konzentrationen und damit auch ein höheres CVD-Risiko [23, 24]. Lp(a) gilt als das Lipoprotein mit der stärksten genetischen Bestimmung [25]. Die Bestimmung der Lp(a)-Konzentrationen ist bei Kindern mit hämorrhagischem oder ischämischem Schlaganfall sowie bei Kindern mit familienanamnestisch früher CVD, auch ohne andere erkennbare Risikofaktoren, empfohlen [2]. Eine Lp(a)-genetische Analyse ist klinisch nicht relevant.

3.3.2.2 Sekundäre Dyslipidämien

Dyslipidämien bei Kindern treten häufig sekundär bei einer Vielzahl weiterer Erkrankungen auf (die bedeutendsten ursächlichen Erkrankungen sind in Tab. 3.8 aufgeführt). Die bei weitem häufigste Ursache einer sekundären Dyslipidämie bei Kin-

Tab. 3.8: Diagnostik der sekundären Dyslipidämie.

Erkrankung	Lipidanalyse	Lipidmonitoring
Adipositas	↑TG, ↑TC, ↑VLDL-C, ↓HDL-C	Regelmäßig
Diabetes mellitus	↑TG, ↑TC, ↑VLDL-C, ↓HDL-C	Regelmäßig
Hypothyreose	↑TG, ↑TC, ↑LDL-C	Meist nicht notwendig
Chronische Nierenerkrankung	↑TG, ↑TC, ↓HDL-C	Regelmäßig
Nephrotisches Syndrom	↑TC, ↑LDL-C	Regelmäßig
Obstruktive Lebererkrankung/Cholestase	↑TC, Lp-X	Regelmäßig
Medikamentöse Therapie (z. B. Corticosteroide, Beta-Blocker, antivirale Wirkstoffe, Isotretinoin, orale Kontrazeptiva etc.)	Variabel	Variabel

HDL-C –High-Density-Lipoproteincholesterin; LDL-C – Low-Density-Lipoproteincholesterin; Lp-X – Lipoprotein-X; TG – Triglyceride; VLDL-C – Very-Low-Density-Lipoproteincholesterin

dern ist die Adipositas. Bei Kindern mit Erkrankungen, die häufig eine sekundäre Dyslipidämie zur Folge haben, sollte eine Lipidanalyse zu Beginn und weiterführend in regelmäßigen Abständen durchgeführt werden, abhängig von der spezifischen Erkrankung (Tab. 3.8).

Hohe und moderate Risikobedingungen. Diverse Risikofaktoren können bei bestehender Dyslipidämie die Entwicklung einer Arteriosklerose deutlich beschleunigen sowie das CVD-Risiko erheblich erhöhen. Zu den hohen Risikofaktoren gehören: Typ-1- und Typ-2-Diabetes mellitus, chronische Nierenerkrankung, renale Insuffizienz, Zustand nach Nierentransplantation, post-orthotope Herztransplantation und Kawasaki-Syndrom mit Aneurysmen. Als moderate Risikobedingungen gelten: Kawasaki-Syndrom mit regredienten Koronaraneurysmen, chronisch-entzündliche Erkrankungen (systemischer Lupus erythematodes, juvenile rheumatoide Arthritis), HIV-Infektion und nephrotisches Syndrom. Die regelmäßige Überwachung der Lipide und anderen CVD-Risikofaktoren bei Kindern mit diesen Bedingungen ist indiziert [2].

Dyslipidämie bei Adipositas. Bei adipösen Kindern ist in der Regel ein kombiniertes Dyslipidämie-Muster vorhanden, mit mittelschwerer bis schwerer Erhöhung der TG-Werte, leichter Erhöhung von TC- und LDL-Cholesterinspiegel und niedrigem HDL-Cholesterinspiegel (Tab. 3.8). Außerdem neigen LDL-C-Partikel dazu, kleiner und dichter zu sein (kleine Dichte LDL-C (sdLDL-C)), eine mögliche Folge der Leberüberproduktion von ApoB [26–28]. Darüber hinaus trägt die verringerte HDL-C-Partikelgröße zu dem pro-atherogenen Zustand bei [29]. Eine Insulinresistenz wird als wichtiger Faktor bei der Entwicklung der kombinierten Dyslipidämie bei Adipositas betrachtet [30, 31].

Dyslipidämie bei Diabetes mellitus. Bei Kindern mit Diabetes mellitus ähnelt das Dyslipidämieprofil dem übergewichtiger Kinder (Tab. 3.8). Allerdings wird Diabetes mellitus als hoher Risikozustand für eine beschleunigte Arteriosklerose-Entwicklung betrachtet und erfordert eine regelmäßige Lipidüberwachung sowie eine frühe Intervention [32].

Da bei Patienten mit Typ-1-Diabetes die Lipoproteine von Alter, Geschlecht, BMI und HbA1c abhängig sind, empfehlen Schwab und Mitarbeiter einen Algorithmus mit alters-, geschlechts- und BMI-adjustierten Cholesterinzielwerten für pädiatrische Patienten mit Typ-1-Diabetes. Die Zielwerte können durch eine Verbesserung der glykämischen Stoffwechsellage oder medikamentös erreicht werden [33].

3.3.3 Diagnostische Verfahren und Biomarker von Dyslipidämie und CVD-Risiko

Da manche Kinder mit erhöhtem LDL-C-Spiegel keine vorzeitige CVD entwickeln, besteht die diagnostische Herausforderung darin, die Kinder mit hohem von denen mit geringerem CVD-Risiko zu unterscheiden [2, 8]. Neben der Durchführung einer molekulargenetischen Diagnostik können nichtinvasive Bildgebungsverfahren sowie die Einbeziehung entscheidender Biomarker bei der Beurteilung der CVD-Risiken und präklinischen Anzeichen einer ATS helfen [2, 8, 10, 15].

3.3.3.1 Molekulargenetische Diagnostik von Dyslipidämien

Die molekulargenetische Diagnostik von Dyslipidämien kann mit Hilfe verschiedener Mutationsnachweisverfahren durchgeführt werden. Es wurden traditionelle Sanger-basierte Sequenzanalysen und Multiplex-Ligatur-Probe-Amplifikations-Analysen (MLPA) für große Deletionen und Duplikationen vorgenommen. Neue vielversprechende Optionen bietet die Next-Generation-Exom-Sequenzierung (NGS), die auch Insertionen und Deletionen erkennt. Als wesentlicher Vorteil der NGS im Vergleich zu den weitverbreiteten Screeningverfahren konnten eine Kostenreduktion (etwa 3-fache Abnahme) sowie die rechtzeitige Identifizierung von ursächlich genetischen Varianten (etwa 7-fache Reduktion der Durchlaufzeit) beobachtet werden [10, 34]. Darüber hinaus verringert NGS die Wahrscheinlichkeit von Anwendungsfehlern aufgrund des verringerten Personal-Zeitaufwands pro Probe [34].

Alle Ergebnisse aus kommerziellen Chip- oder Kit-Technologien, die eine Genvariante identifizieren, sollten derzeit durch ein validiertes Testverfahren bestätigt werden. Zur Klassifizierung zwischen eindeutig pathogenen Varianten (Mutationen), eindeutig nicht pathogenen (benignen Varianten) und solchen unklarer klinischer Signifikanz müssen etablierte Verfahren herangezogen werden wie In-silico-Studien in Verbindung mit Literaturrecherche und Recherche in etablierten Datenbanken [10]. Das Fehlen einer Mutation schließt eine FH-Diagnose nicht aus. Grund dafür könnte die unzureichende Sensitivität oder Spezifität der technischen Verfahren sein. Darüber hinaus gibt es derzeit einige pädiatrische phänotypische Index-Fälle, bei denen keine FH verursachenden Mutationen gefunden wurden. Dies steht im Einklang mit den Ergebnissen bei Erwachsenen: Bei nur etwa 50 % der Patienten mit einer klinischen FH konnte eine Mutation verifiziert werden, obwohl bei vielen Patienten genetische Variationen passend zur PH zu finden waren [18]. Allerdings wird sich die Entwicklung präziser und zuverlässiger Sequenzierungstechniken in absehbarer Zukunft erheblich verbessern und somit die genetische Diagnostik von Dyslipidämien erleichtern.

3.3.3.2 Nichtinvasive bildgebende Diagnostik

Nichtinvasive diagnostische bildgebende Verfahren können helfen, Kinder mit frühen vaskulären Veränderungen zu erkennen und die ATS-Progressionsrate zu evaluieren [8]. Flussgesteuerte Dilatation (FMD) und Messungen der arteriellen Steifigkeit (wie Pulswellengeschwindigkeit, pulsed wave velocity) können eine früheste vaskuläre Veränderung, die mit einer endothelialen Dysfunktion assoziiert ist, erkennen. Gemeinsam mit der Messung der Karotis-Intima-Media-Dicke (cIMT) sind diese häufig angewandte Erfassungsinstrumente in der Pädiatrie [35]. cIMT kann die optimale Methode darstellen, um die ATS zu erfassen und Verläufe zu überwachen [36]. Neben der erhöhten IMT und der endothelialen Dysfunktion gilt auch der Koronararterien-Calcium-Score (CAC) als Prädiktor einer fortgeschrittenen ATS [37–40]. Bei Erwachsen werden diese Verfahren primär angewandt, um CVD-Ereignisse zu prognostizieren. Bei Kindern jedoch deuten positive Testergebnisse auf eine beschleunigte Progression der ATS bzw. eine bestehende Schädigung der Endorgane hin [2].

3.3.3.3 Dyslipidämie und CVD-Risiko-Biomarker

Traditionell besteht die Lipidprofil-Bestimmung aus der Serumbestimmung von Gesamt- (TC-), LDL- und HDL-Cholesterin sowie Triglyceriden (TG) im nüchternen Zustand. Die Friedewald-Formel zeigt deren Beziehung an:

$$\text{LDL} - \text{C} = \text{TC} - \text{VLDL-C} - \text{HDL-C}; \quad \text{VLDL-C} = \text{TG}/5$$
$$(\text{anwendbar für TG} < 3{,}9\,\text{mmol/l} \; (< 345\,\text{mg/dl})).$$

Mit wachsender Wertschätzung der Heterogenität von Lipiden und Lipoproteinen sowie ihrer Rolle als Prädiktoren für eine ATS-Entwicklung sowie ein CVD-Risiko zeichnen sich einige neuere Dyslipidämie-Biomarker ab und sind in Tab. 3.9 dargestellt:

Tab. 3.9: Ausgewählte neuere Biomarker von Dyslipidämie und CVD-Risiko.*

Biomarker	Kommentar
Non-HDL-C	Non-HDL-C = TC - HDL-C; signifikanter Prädiktor für das Vorhandensein von präklinischen ATS und künftigem CVD-Risiko bei Kindern, möglicherweise TC und LDL-C überlegen. Kann im nichtnüchternen Zustand exakt berechnet werden.
TG- zu HDL-C Ratio	Marker für frühes kardio-metabolisches Risiko und präklinische ATS bei adipösen und normgewichtigen Kindern. Das Verhältnis kann auch Surrogatmarker für atherogenes Lipoprotein (sdLDL) sein.
ApoB	ApoB ist das Haupt-Apolipoprotein von LDL-C, aber auch ein Teil der anderen ApoB enthaltenden Lipoproteine (Chylomikronen, VLDL-C, IDL-C, Lp (a)), die bei Erhöhung als atherogen betrachtet werden. Jedes ApoB enthaltende Lipoprotein enthält ein ApoB-Partikel, das die genaue Bestimmung der Gesamtzahl der LDL-C-Teilchen liefert. Einige Studien zeigen, dass ein ApoB-Spiegel besser ein CVD-Risiko vorhersagen kann als ein LDL-C-Spiegel. Zudem sind erhöhte ApoB-Spiegel oft der erste Ausdruck von FCHL bei Kindern, noch vor Beginn einer manifesten Dyslipidämie.
ApoA-I	ApoA-I ist das Haupt-Apolipoprotein von HDL-C. Jedes ApoA-I-haltige Lipoprotein enthält ein ApoA-I-Partikel, das die genaueste Beurteilung der Gesamtzahl der HDL-C-Partikel liefert. Einige Studien zeigen, dass ApoA-I-Spiegel besser ein CVD-Risiko vorhersagen als HDL-C-Spiegel.
ApoE	ApoE kommt in drei Hauptisoformen vor (E2, E3 und E4), die die Affinität der ApoB enthaltenden Lipoproteine für Rezeptoren in Leberzellen bestimmen. Die Isoformen korrespondieren mit Varianten im *APOE*-Gen, welche als wichtigste polygene Varianten betrachtet werden. Kinder mit dem seltensten Allel ApoE-II haben in der Regel erniedrigte TC und LDL-C, einen niedrigeren BMI und Körperfettanteil sowie niedrigeres Insulin, aber höhere HDL-C-Spiegel als diejenigen mit ApoE-III oder ApoE-IV. Kinder mit ApoE-IV weisen die höchsten LDL-C-Spiegel auf.
Lp(a)	Lp (a) ist ein LDL-C-Teilchen mit einem zusätzlichen Apolipoprotein- (a-)Protein, strukturell dem LDL-C sehr ähnlich. Lp(a) ist eines der stärksten CVD-Risikomarker.
hs-CRP	Biomarker einer latenten Entzündung und eines ungünstigen kardiometabolischen Profils bei Kindern. Einer der stärksten Prädiktoren für präklinische ATS und CVD-Risiko, vor allem in Kombination mit LDL-C. Eine Nüchternprobe ist nicht erforderlich. Sehr hohe Konzentrationen (> 8 mg/L) weisen in der Regel auf eine akute Infektion hin, der Test sollte nach einigen Wochen wiederholt werden.

TC – total cholesterol; LDL-C – low-density lipoprotein cholesterol; IDL-C – intermediate-density lipoprotein; VLDL-C – very low-density lipoprotein; HDL-C – high-density lipoprotein; ApoB – apolipoprotein B; ApoE – apolipoprotein E; ApoA-I – apolipoprotein A-1; TG – triglycerides; Lp(a) – lipoprotein(a); hs-CRP – high sensitivity C-reactive protein; ATS – atherosclerosis; CVD – cardiovascular disease; BMI – body-Mass-Index.

*Teilauszüge aus: Daniels SR, Benuck I, Christakis DA, et al. Expert panel on integrated guidelines for cardiovascular health and risk reduction in children and adolescents: Full report. 2011. National Heart Lung and Blood Institute. Verfügbar unter: http://www.nhlbi.nih.gov/guidelines/cvd_ped/peds_guidelines_full.pdf. Ref. 41–46.

Literatur

[1] NCEP Expert Panel of Blood Cholesterol Levels in Children and Adolescents. National Cholesterol Education Program (NCEP): Highlights of the Report of the Expert Panel on Blood Cholesterol Levels in Children and Adolescents. Pediatrics. 1992; 89: 495–501.

[2] Expert Panel on Integrated Guidelines for Cardiovascular Health and Risk Reduction in Children and Adolescents; National Heart, Lung and Blood Institute. Expert Panel on Integrated Guidelines for Cardiovascular Health and Risk Reduction in Children and Adolescents: Summary Report. Pediatrics. 2011; 128(5): 213–256.

[3] Sedej K, Kotnik P, Avbelj Stefanija M, Grošelj U, Širca Čampa A, Lusa L, et al. Decreased prevalence of hypercholesterolaemia and stabilisation of obesity trends in 5-year-old children: possible effects of changed public health policies. Eur J Endocrinol. 2014; 170: 293–300.

[4] Kit BK, Carroll MD, Lacher DA, Sorlie PD, DeJesus JM, Ogden C. Trends in serum lipids among US youths aged 6 to 19 years, 1988–2010. JAMA. 2012; 308: 591–600.

[5] Innis SM, Hamilton JJ. Effects of developmental changes and early nutrition on cholesterol metabolism in infancy: a review. J Am CollNutr. 1992; 11: 63–68.

[6] Wiegman A, Hutten BA, de Groot E, Rodenburg J, Bakker HD, Büller HR, et al. Efficacy and safety of statin therapy in children with familial hypercholesterolemia. A randomized controlled trial. JAMA. 2004; 292: 331–337.

[7] de Jongh S, Lilien MR, op'tRoodt J, Stroes ESG, Bakker HD, Kastelein JJP. Early statin therapy restores endothelial function in children with familial hypercholesterolemia. J Am CollCardiol. 2002; 40: 2117–2121.

[8] McNeal CJ, Dajani T, Wilson D, Cassidy-Bushrow AE, Dickerson JB, Ory M. Hypercholesterolemia in youth: opportunities and obstacles to prevent premature atherosclerotic cardiovascular disease. CurrAtheroscler Rep.. 2010; 12: 20–28.

[9] Daniels SR, Greer FR. Committee on Nutrition. Lipid screening and cardiovascular health in childhood. Pediatrics. 2008; 122: 198–208.

[10] Klančar G, Grošelj U, Kovač J, Bratanič N, Bratina N, Trebušak Podkrajšek K, et al. Universal Screening for Familial Hypercholesterolemia in Children. J Am CollCardiol. 2015; 66: 1250–1257.

[11] Lee JM, Gebremariam A, Card-Higginson P, Shaw JL, Thompson JW, Davis MM. Poor performance of body mass index as a marker for hypercholesterolemia in children and adolescents. Arch PediatrAdolesc Med. 2009; 163: 716–723.

[12] Henriksson KM, Lindblad U, Agren B, Nilsson-Ehle P, Rastam L. Associations between body height, body composition and cholesterol levels in middle-aged men the coronary risk factor study in southern Sweden (CRISS). Eur J Epidemiol. 2001; 17: 521–526.

[13] Kusters DM, de Beaufort C, Widhalm K, Guardamagna O, Bratina N, Ose L, Wiegman A. Paediatric screening for hypercholesterolaemia in Europe. Arch Dis Child. 2012; 97: 272–276.

[14] Wald DS, Bestwick JP, Wald NJ. Child–parent screening for familial hypercholesterolaemia: screening strategy based on a meta-analysis. BMJ. 2007; 335: 599.

[15] Wiegman A, Gidding SS, Watts GF, Chapman MJ, Ginsberg HN, Cuchel M, et al European Atherosclerosis Society Consensus Panel. Familial hypercholesterolaemia in children and adolescents: gaining decades of life by optimizing detection and treatment. Eur Heart J. 2015; 36: 2425–2437.

[16] Kuivenhoven JA, Hegele RA. Mining the genome for lipid genes. BiochimBiophysActa. 2014; 1842: 1993–2009.

[17] Bennet AM, Di Angelantonio E, Ye Z, Wensley F, Dahlin A, Ahlbom A, et al. Association of apolipoprotein E genotypes with lipid levels and coronary risk. JAMA. 2007; 298: 1300–1311.

[18] Talmud PJ, Shah S, Whittall R, Futema M, Howard P, Cooper JA, et al. Use of low-density lipoprotein cholesterol gene score to distinguish patients with polygenic and monogenic familial hypercholesterolaemia: a case-control study. Lancet. 2013; 381: 1293–1301.

[19] Brahm AJ, Hegele RA. Combined hyperlipidemia: familial but not (usually) monogenic. CurrOpinLipidol. 2016; 27: 131–140.
[20] Kuromori Y, Okada T, Iwata F, Hara M, Noto N, Harada K. Familial combined hyperlipidemia (FCHL) in children: the significance of early development of hyperapo Blipoproteinemia, obesity and aging. J AtherosclerThromb. 2002; 9: 314–320.
[21] Kronenberg F. Lipoprotein(a): there's life in the old dog yet. Circulation. 2014; 129: 619–621.
[22] Erqou S, Kaptoge S, Perry PL, Di AE, Thompson A, White IR, et al. Lipoprotein(a) concentration and the risk of coronary heart disease, stroke, and nonvascular mortality. JAMA. 2009; 302: 412–423.
[23] Utermann G, Menzel HJ, Kraft HG, Duba HC, Kemmler HG, Seitz C. Lp(a) glycoprotein phenotypes. Inheritance and relation to Lp(a)-lipoprotein concentrations in plasma. J ClinInvest 1987; 80: 458–465.
[24] Khera AV, Everett BM, Caulfield MP, Hantash FM, Wohlgemuth J, Ridker PM, et al. Lipoprotein(a) concentrations, Rosuvastatin therapy, and residual vascular risk: an analysis from the JUPITER Trial (Justification for the Use of Statins in Prevention: An Intervention Trial Evaluating Rosuvastatin). Circulation. 2014; 129: 635–642.
[25] Kronenberg F, Utermann G. Lipoprotein(a): resurrected by genetics. J Intern Med. 2013; 273: 6–30.
[26] Cook S, Kavey RE. Dyslipidemia and pediatric obesity. PediatrClin North Am. 2011; 58: 1363–1373.
[27] Freedman DS, Dietz WH, Srinivasan SR, Berenson GS. The relation of overweight to cardiovascular risk factors among children and adolescents: the Bogalusa Heart Study. Pediatrics 1999; 103: 1175–1182.
[28] Eckel RH. Familial combined hyperlipidemia and insulin resistance: distant relatives linked by intra-abdominal fat? ArteriosclerThrombVascBiol. 2001; 21: 469–470.
[29] Medina-Urrutia A, Juarez-Rojas JG, Cardoso-Saldaña G, Jorge-Galarza E, Posadas-Sánchez R, Martínez-Alvarado R, et al. Abnormal high-density lipoproteins in overweight adolescents with atherogenic dyslipidemia. Pediatrics. 2011; 127: e1521–1527.
[30] Reinehr T, Kiess W, Andler W. Insulin sensitivity indices of glucose and free fatty acid metabolism in obese children and adolescents in relation to serum lipids. Metabolism. 2005; 54: 397–402.
[31] Steinberger J, Moorehead C, Katch V, Rocchini AP. Relationship between insulin resistance and abnormal lipid profile in obese adolescents. J Pediatr 1995; 126: 690–695.
[32] Glaser NS, Geller DH, Hagg A, Gitelman S, Malloy M. Lawson Wilkins Pediatric Endocrine Society Committee on Drugs and Therapeutics. Detecting and treating hyperlipidemia in children with type 1 diabetes mellitus: are standard guidelines applicable to this special population? Pediatr Diabetes. 2011; 12: 442–459.
[33] Schwab KO, Doerfer J, Scheidt-Nave C, Kurth BM, Hungele A, Scheuing N, et al. German/Austrian Diabetes Documentation and Quality Management System (DPV) and the German Health Interview and Examination Survey for Children and Adolescents (KiGGS). Algorithm-based cholesterol monitoring in children with type 1 diabetes. J Pediatr.. 2014; 164: 1079–1084
[34] Futema M, Plagnol V, Whittall RA, Neil HA. Simon Broome Register Group, Humphries SE. Use of targeted exome sequencing as a diagnostic tool for Familial Hypercholesterolaemia. J Med Genet. 2012: 644–649.
[35] Norsworthy PJ, Vandrovcova J, Thomas ER, Campbell A, Kerr SM, Biggs J, et al. Targeted genetic testing for familial hypercholesterolaemia using next generation sequencing: a population-based study. BMC Med Genet. 2014; 15: 70.
[36] McNeal CJ, Wilson DP, Christou D, Bush RL, Shepherd LG, Santiago J, et al. The use of surrogate vascular markers in youth at risk for premature cardiovascular disease. J PediatrEndocrinolMetab. 2009; 22: 195–211.

[37] Rodenburg J, Vissers MN, Wiegman A, van Trotsenburg AS, van der Graaf A, de Groot E, et al. Statin treatment in children with familial hypercholesterolemia: the younger, the better. Circulation. 2007; 116: 664–668.
[38] Juonala M, Viikari JS, Rönnemaa T, Marniemi J, Jula A, Loo BM, et al. Associations of dyslipidemias from childhood to adulthood with carotid intima-media thickness, elasticity, and brachial flow-mediated dilatation in adulthood: the Cardiovascular Risk in Young Finns Study. ArterioscIerThrombVascBiol. 2008; 28: 1012–1017.
[39] Mahoney LT, Burns TL, Stanford W, Thompson BH, Witt JD, Rost CA, et al. Coronary risk factors measured in childhood and young adult life are associated with coronary artery calcification in young adults: the Muscatine Study. J Am CollCardiol. 1996; 27: 277–284.
[40] Li S, Chen W, Srinivasan SR, Bond MG, Tang R, Urbina EM, et al. Childhood cardiovascular risk factors and carotid vascular changes in adulthood: the Bogalusa Heart Study. JAMA. 2003; 290: 2271–2276.
[41] Raitakari OT, Juonala M, Kähönen M, Taittonen L, Laitinen T, Mäkirkko N, et al. Cardiovascular risk factors in childhood and carotid artery intima-media thickness in adulthood: the Cardiovascular Risk in Young Finns Study. JAMA. 2003; 290: 2277–2283.
[42] Juonala M, Viikari JS, Kahonen M, Solakvi T, Helenius H, Jula A, et al. Childhood levels of serum apolipoproteins B and A-I predict carotid intimamedia Thickness and brachial endothelial function in adulthood: the cardiovascular risk in young Finns study. J Am CollCardiol. 2008; 52: 293–299.
[43] Nappo A, Lacoviello L, Fraterman A, Gonzalez-Gil EM, Hadjigeorgiou C, Marild S, et al. High-sensitivity C-reactive protein is a predictive factor of adiposity in children: results of the identification and prevention of dietary- and lifestyle-induced health effects in children and infants (IDEFICS) study. J Am Heart Assoc. 2013; 2: e000101.
[44] Ridker PM. C-reactive protein: a simple test to help predict risk of heart attack and stroke. Circulation. 2003; 108: 81–85.
[45] Jarvisalo MJ, Harmoinen A, Hakanen M, Paakkunainen U, Viikari J, Hartiala J, et al. Elevated serum Creactive protein levels and early arterial changes in healthy children. ArterioscIerThrombVascBiol. 2002; 22: 1323–1328.
[46] Maruyama C, Imamura K, Teramoto T. Assessment of LDL particle size by triglyceride/HDL-cholesterol ratio in non-diabetic, healthy subjects without prominent hyperlipidemia. J AtheroscIerThromb. 2003; 10: 186–191.
[47] Di Bonito P, Moio N, Scilla C, Cavuto L, Sibilio G, Sanguigno E, et al. Usefulness of the high triglyceride-to-HDL cholesterol ratio to identify cardiometabolic risk factors and preclinical signs of organ damage in outpatient children. Diabetes Care. 2012; 35: 158–162.

4 Diätetische und medikamentöse Behandlung

Kerstin Kapitzke, Evelin Sadeghian

4.1 Adipositas: Diätetische und medikamentöse Behandlung

4.1.1 Allgemeines zur Behandlung

Zur Behandlung der Adipositas bei Kindern und Jugendlichen muss man wissen, dass es aktuell keine kausale Therapie gibt – mit ganz wenigen Ausnahmen, wie etwa bei endokrinologischen Grunderkrankungen. Für Kinder und Jugendliche sind keine gewichtsreduzierenden Medikamente zugelassen. Auch Diäten sind nicht sinnvoll, da die sich noch in der Entwicklung befindenden Kinder und Jugendliche durch eine Mangelernährung bedroht sind. Ziel einer Therapie ist die langfristige Veränderung des Lebensstils mit dem Ergebnis einer Gewichtsreduktion oder/und Stabilisierung. Damit sollen das Wohlbefinden der Kinder verbessert und Folgeerkrankungen vermieden werden. Zur Optimierung der Lebensqualität muss nicht unbedingt das Idealgewicht erreicht werden, oft genügen hierfür schon eine Gewichtsstagnation und Verbesserung der Fitness.

Die ideale Therapie für die Volkskrankheit des 20. Jahrhunderts, die sich wie eine Epidemie ausgebreitet hat, zu beschreiben, ist nahezu unmöglich. Es gibt leider keine Adipositas-Therapie, deren Wirkung vergleichbar ist mit einem Antibiotikum bei einer Pneumonie oder dem Insulin bei Diabetes mellitus – erst recht nicht im Kindesalter, in dem man grundsätzlich eine Therapie möchte, die möglichst nebenwirkungsfrei ist und dies über viele Jahr(zehnt)e bleibt. Die Leitlinien der Fachgesellschaften und Experten empfehlen deshalb für Kinder und Jugendliche eine konservative Therapie mit multimodalem Ansatz. Das heißt, dass eine schulungsorientierte, multidisziplinäre Therapie mit dem Ziel einer Verhaltensmodifizierung derzeit den Goldstandard ergibt – wohl auch, weil eine effektive medikamentöse Therapie nicht existiert und weil bariatrische Chirurgie gleichbedeutend mit einem irreversiblen körperlichen Eingriff ist, dessen Langzeitfolgen (noch) nicht bis ins Detail abwägbar sind.

Werden die Therapieempfehlungen für die Adipositas bei Kindern und Jugendlichen genauer betrachtet [1], erklärt sich auch, warum der Erfolg einer Adipositas-Therapie nicht so groß ist wie erhofft. Die Behandlung verlangt nämlich den einzelnen Betroffenen einiges ab: das Ablegen alter Gewohnheiten und das komplette Umstellen von alltäglichem Verhalten (Näheres hierzu im Kapitel 6.2). Deshalb ist eine Voraussetzung für den Therapieerfolg, dass der Patient motiviert ist. Eine Motivation, die nur die Personen im Umfeld des Patienten empfinden (Eltern, betreuende Ärzte ...), die jedoch den Betroffenen selbst nicht erfasst hat, führt oft zu Frustration bei allen Beteiligten. Trotzdem sollte das Umfeld des Patienten nicht außen vor gelassen werden, im Gegenteil. Den Lebensstil eines Kindes ändern zu wollen macht keinen Sinn, wenn die Eltern oder Sorgeberechtigten nicht das gleiche Ziel verfolgen. Gerade bei

DOI 10.1515/9783110460056-005

jüngeren Kindern müssen die Eltern, die ja zum Beispiel maßgeblich die Ernährung des Kindes bestimmen, mindestens ebenso Adressaten der Therapie sein wie die Betroffenen selbst. Mit zunehmendem Alter ist dieser Aspekt nicht mehr so bedeutsam.

Eine weitere Voraussetzung zur Behandlung der Adipositas im Kindes- und Jugendalter ist neben der Motivation und der Einbeziehung der gesamten Familie ein multimodaler Ansatz, der sowohl verhaltenstherapeutische und ernährungsmedizinische als auch psychosoziale Aspekte sowie Bewegung und Sport umfasst.

Ziel der Therapie:
- langfristige Gewichtsreduktion (= Reduktion der Fettmasse) zur Vermeidung von Folgeerkrankungen und Verbesserung des Wohlbefindens

Prinzipien der Adipositas-Therapie bei Kindern und Jugendlichen:
- es gibt *keine kausale* Therapie,
- es gibt *keine Medikamente*, die für Kinder und Jugendliche zugelassen sind,
- *Diäten* sind nicht sinnvoll,
- *Maßnahme:* Veränderung des Lebensstils in der ganzen Familie,
- oft ist ein lebenslanges Management erforderlich.

4.1.2 Diätetische Behandlung

Diätetische Maßnahmen im Rahmen der Adipositas-Therapie sollen einerseits eine Normalisierung bzw. Reduktion der bisherigen Energiezufuhr zur Folge haben, andererseits besteht der Anspruch, eine bedarfsdeckende und ausgewogene Ernährung für die Heranwachsenden sicherzustellen. Allgemeingültige Ratschläge oder starre Diätpläne helfen den Betroffenen nicht weiter. Es geht vielmehr darum, individuell mit der Familie zusammenzuarbeiten. Dabei sollen innerhalb des komplexen Bereichs Ernährung individuell notwendige Veränderungen im Ess- und Ernährungsverhalten herausgearbeitet und festgelegt werden. Diese Umsetzung der neuen Regeln im Alltag wird dann mit Unterstützung aus der Verhaltenstherapie trainiert.

4.1.2.1 Das Konzept der Optimierten Mischkost

Die Optimierte Mischkost – kurz optiMIX® – ist ein vom Forschungsinstitut für Kinderernährung (FKE) entwickeltes, wissenschaftlich begründetes Ernährungskonzept. Sie bildet die Basis für alle diätetischen Empfehlungen in der pädiatrischen Adipositas-Therapie. Mit der Optimierten Mischkost werden die empfohlenen Referenzwerte für die Energie- und Nährstoffzufuhr für Kinder und Jugendliche erreicht und die aktuellen Empfehlungen zur Prävention ernährungsmitbedingter Krankheiten erfüllt. Neben wissenschaftlichen Kriterien ermöglichen konkrete lebensmittel- und mahlzeitenbezogene Empfehlungen die praktische Umsetzung im Alltag.

Empfohlen werden Lebensmittel mit hohen Nährstoffdichten, d. h. mit hohen Gehalten an Vitaminen und Mineralstoffen bezogen auf den Energiegehalt. Diese empfohlenen Lebensmittel decken 90 % des durchschnittlichen Energiebedarfs, aber schon mindestens 100 % des Nährstoffbedarfs. Die restlichen 10 % der Energiezufuhr können in Form so genannter geduldeter Lebensmittel mit niedrigen Nährstoffdichten aufgenommen werden, das sind zum Beispiel Süßigkeiten oder Fast Food. Insgesamt besteht die optimale Energiezufuhr für den menschlichen Körper zu ca. 15 % aus Eiweiß, 30 % aus Fett und 55 % aus Kohlenhydraten.

In der Optimierten Mischkost lauten die drei Kernbotschaften für die Lebensmittelauswahl:

1. Pflanzliche Lebensmittel und Getränke (möglichst energiefrei) reichlich
2. Tierische Lebensmittel (fettarme Varianten) mäßig
3. Fett- und zuckerreiche Lebensmittel sparsam

Grundsätzlich gibt es keine verbotenen Lebensmittel, jedoch ist die Dosierung zu beachten [2].

4.1.2.2 Altersgemäße Energiezufuhr

Richtwerte für die durchschnittliche Energiezufuhr bei Kindern und Jugendlichen ergeben sich aus dem Ruheenergieumsatz, der körperlichen Aktivität (PAL-Werte; PAL = *physical activity level*; Maß für die körperliche Aktivität) und dem zusätzlichen Energieverbrauch für Wachstum und Entwicklung. Die Empfehlung für die Energiezufuhr von adipösen Kindern und Jugendlichen ist am durchschnittlichen Energiebedarf bei geringer körperlicher Aktivität ausgerichtet. Außerdem wird sich am individuellen Therapieziel orientiert, sprich ob eine Gewichtsstabilisierung oder eine Gewichtsreduktion angestrebt wird. In der Regel ist bei noch im Wachstum befindlichen jüngeren Kindern eine Gewichtsstabilisierung zur Reduktion des BMI ausreichend [3].

4.1.2.3 Altersgemäße Lebensmittelverzehrmengen

Die Vermittlung der passenden Portionsgrößen bildet einen elementaren Bestandteil der Elternschulung, sie sollte nicht nur theoretisch, sondern auch durch praktische Übungen erfolgen. Eltern schätzen die notwendige Nahrungsmenge, die Kinder benötigen, um ihr Gewicht zu halten oder zu reduzieren, nämlich häufig falsch ein. Eine wichtige Hilfestellung beim Einschätzen geeigneter Portionsgrößen liefert die Tab. 4.1 mit Orientierungswerten zu altersgemäßen Lebensmittelmengen [3].

Im Alltag von Kindern, Jugendlichen und deren Eltern haben sich exakte Mengenangaben in Gramm für Portionen nicht bewährt. Es wird die eigene Hand als einfache Messhilfe verwendet. Eine Portion entspricht dabei einer Hand voll (in einigen Ausnahmen auch zwei Händen voll). Außerdem sind alltägliche Mengenangaben wie ein Glas und eine Scheibe geeignet. Die altersgemäßen Lebensmittel-Portionsgrößen kön-

Tab. 4.1: Altersgemäße Lebensmittelverzehrmengen in der Optimierten Mischkost [3].

Alter (Jahre)		4–6	7–9	10–12	13–14	15–18
Gesamtenergie[1]	kcal/Tag	1250	1600	1900	1950/2400 w/m[2]	2200/2700 w/m[2]
Empfohlene Lebensmittel	≥ 90 % der Gesamterergie					
Reichlich						
Getränke	ml/Tag	800	900	1000	1200/1300	1400/1500
Gemüse	g/Tag	200	220	250	260/ 300	300/ 350
Obst	g/Tag	200	220	250	260/ 300	300/ 350
Kartoffeln[1]	g/Tag	150	180	220	220/ 280	270/ 330
Brot, Getreide (-flocken)	g/Tag	150	180	220	220/ 280	270/ 330
Mäßig						
Milch, -produkte[1]	ml (g/Tag)	350	400	420	425/ 450	450/ 500
Fleisch, Wurst	g/Tag	40	50	60	65/ 75	75/ 85
Eier	Stck./Woche	2	2	2–3	2–3/ 2–3	2–3/ 2–3
Fisch	g/Woche	50	75	90	100/ 100	100/ 100
Sparsam						
Öl, Margarine, Butter	g/Tag	25	30	35	35/ 40	40/ 45
Geduldete Lebensmittel	10 % der Gesamtenergie					
	max. kcal/Tag	125	160	190	195/ 240	220/ 270
Bsp.: je 100 kcal =	1 Kugel Eiscreme oder 45 g Obstkuchen o. 4 Butterkekse o. 4 EL Flakes o. 4 TL Zucker o. 2 EL Marmelade o. 30 g Fruchtgummi o. 20 g Schokolade o. 10 Stck. Chips, 0,25 l Limonade					

[1] bei geringer körperlicher Aktivität (gemäß Referenzwerten für die Nährstoffzufuhr, Deutsche Gesellschaft für Ernährung, 2000)
[2] weiblich/männlich
[3] Kartoffeln oder Nudeln, Reis u. a. Getreide
[4] 100 ml Milch entsprechen ca. 15 g Schnittkäse oder 30 g Weichkäse

nen so im Alltag bereits nach kurzer Zeit ohne weitere Hilfsmittel wie eine Waage angewendet werden. Die angegebenen Mengen sind im Sinne einer „flexiblen Kontrolle" als Durchschnittswerte zu verstehen, reichen jedoch völlig als Orientierungsgröße aus [4].

4.1.2.4 Die aid-Ernährungspyramide

Unverzichtbar in der Arbeit mit übergewichtigen Kindern, Jugendlichen und deren Eltern ist die aid-Ernährungspyramide (Abb. 4.1). Es handelt sich um ein einfaches, leicht verständliches Ernährungsmodell, das sowohl unterschiedlichen Zielgruppen (Kindern, Jugendlichen, Eltern) als auch unterschiedlichen Indikationen und Anforderungen (Prävention, Adipositas-Behandlung, Nährstoffanalyse, Selbstkontrolle etc.) gerecht wird. Mit anschaulichen Symbolen und Unterteilung der Pyramidene-

Abb. 4.1: Die Ernährungspyramide.

benen in Portionsbausteine bietet das Modell eine klare Orientierung im Alltag. Die in der Optimierten Mischkost genannten Kernbotschaften für die Lebensmittelauswahl (reichlich – mäßig – sparsam) werden durch die Ampelfarben Grün, Gelb und Rot visuell aufgegriffen. Zu den möglichen Beratungsansätzen zählen zum Beispiel die Einordnung der Lebensmittel in die verschiedenen Lebensmittelgruppen, die Erläuterung einer Portionsgröße oder der Abgleich des eigenen Essverhaltens mit den Vorgaben der Pyramide.

4.1.2.5 Mahlzeitenstruktur und -planung

Mit fest geplanten Mahlzeiten fällt es leichter, die richtigen Lebensmittel und angemessene Portionsgrößen auszuwählen. Die Anordnung der Mahlzeiten ist flexibel und sollte dem individuellen Lebensrhythmus des Einzelnen bzw. der Familie angepasst sein. In der Optimierten Mischkost sind bis zu fünf Mahlzeiten pro Tag vorgesehen. Erwachsene kommen häufig mit drei annähernd gleichmäßig über den Tag verteilten Hauptmahlzeiten aus, bei Kindern empfiehlt es sich, zusätzlich das Pausenbrot und einen Imbiss am Nachmittag als Zwischenmahlzeit mit einzuplanen. Um unkontrolliertes „Zwischendurchessen“ zu vermeiden, sollte ein strukturierter Mahlzeitenrhythmus im Tagesablauf erlernt werden. Folgende Regeln können bei der Umsetzung helfen:

- regelmäßig zu festen Zeiten essen, möglichst drei Haupt- und bis zu zwei Zwischenmahlzeiten,
- zu jeder Mahlzeit gehört ein energiefreies Getränk,

- zu den Hauptmahlzeiten gehört immer eine sättigende Beilage (z. B. Kartoffeln oder Vollkornbrot),
- Zwischenmahlzeiten sollten zwei verschiedene Lebensmittelgruppen abdecken (z. B. Obst + Milchprodukt, Rohkost + Vollkornbrötchen, Obst + Gebäck),
- eine Hauptmahlzeit soll Lebensmittel aus mindestens drei verschiedenen Lebensmittelgruppen enthalten, zwei davon aus den grünen Ebenen der Ernährungspyramide.

4.1.2.6 Wissensvermittlung – Beratung – praktische Übungen

Im Themengebiet Ernährung steht nicht nur die reine Wissensvermittlung im Vordergrund, es werden auch konkrete Verhaltensänderungen angestrebt.

Praktische Übungen können hier einerseits den Blick der Patienten schärfen und sie befähigen, erforderliche Verhaltensänderungen durchzuführen. Andererseits stellen sie eine gute Möglichkeit dar, die Betroffenen z. B. über Sinnesübungen wieder an die Vielfalt der Lebensmittel heranzuführen.

Als praktische Übungen sowohl mit den Eltern als auch mit Kindern oder Jugendlichen bietet sich zum Beispiel Folgendes an:

- Besprechen von Zutatenlisten und Nährwertangaben,
- Zubereiten von kalten und warmen Mahlzeiten aus Grundzutaten,
- Vorratshaltung und Einkauf nach der Ernährungspyramide planen,
- Lieblingsrezepte fettärmer zubereiten,
- Einkaufszettel zur Vermeidung spontaner Fehlkäufe schreiben,
- energiearme Getränke zubereiten.

Bezogen auf die Lebensmittelauswahl kann ganz konkret auf folgende Ziele hin geschult werden. Dabei ist die individuelle Ausgangssituation zu berücksichtigen.

- Steigerung des Verzehrs von Brot, Getreide, Müsli und Cornflakes, Getreidebratlingen, Teigwaren, Kartoffeln und Kartoffelerzeugnissen,
- Bevorzugung von Vollkornprodukten mit einem hohen Anteil an komplexen Kohlenhydraten,
- mehrere Portionen Gemüse und Obst am Tag, und zwar idealerweise zu jeder Haupt- und Zwischenmahlzeit,
- Einsatz von Mineralwasser, Wasser, Früchte- oder Kräutertee zum Durstlöschen,
- Verwendung naturbelassener, fettreduzierter Milchprodukte,
- Verwendung fettarmer Fleisch- und Wurstsorten (eine Fettreduktion kann auch über die Reduktion der Essmenge erfolgen),
- Einsatz hochwertiger Pflanzenöle, wie z. B. Raps- oder Olivenöl,
- nur gelegentlicher Verzehr von z. B. Süßigkeiten, Gebäck, Limonade oder Fast Food.

4.1.3 Medikamentöse Behandlung

Eine medikamentöse Therapie der Adipositas im Kindes- und Jugendalter stellt mangels geeigneter Medikamente keine Option dar. Außerdem handelt es sich um keine leitlinienkonforme, evidenzbasierte Herangehensweise. Zum einen gibt es keine gewichtsreduzierenden Medikamente auf dem deutschen Markt, die für Kinder zugelassen sind. Zum anderen sind die wenigen Medikamente, die für Erwachsene zugelassen sind, meist nur wenig effektiv und erfordern für einen Erfolg immer auch eine Lebensstil-Änderung des Betroffenen.

Insbesondere in den Vereinigten Staaten von Amerika wurde in den letzten Jahren eine Reihe von Medikamenten zur Adipositas-Therapie vor allem bei Erwachsenen zugelassen, die dann aufgrund schwerer Nebenwirkungen wieder vom Markt genommen werden mussten. Da war zum Beispiel das Rimonabant, dessen Zulassung ruht, weil eine Assoziation mit Selbstmordgedanken und Suiziden vermutet wird, oder das Sibutramin, das nach 13 Jahren zurückgezogen wurde, weil es darunter in erhöhter Zahl zu kardiovaskulären Ereignissen kam [5].

Neuere Forschungsergebnisse zur Physiologie von Hunger und Sättigung bieten ebenso wie die Sequenzierung des menschlichen Genoms mit Identifizierung von an der Gewichtsregulation beteiligten Genen die Möglichkeit zur Entwicklung neuer Medikamente. Aufgrund der weltweiten Zunahme der Adipositas ist der Bedarf von gewichtsregulierenden, sicheren Medikamenten unbestritten [5]. Es gibt einige Medikamente, die immer wieder im Einzelfall zum Einsatz kommen. Insbesondere, wenn Komorbiditäten bestehen oder eine extreme Adipositas vorliegt, werden auch pharmakologische Produkte verordnet. Diese sollen nun im Folgenden erläutert werden. Vorab soll jedoch betont werden, dass eine medikamentöse Therapie keine evidenzbasierte Adipositas-Therapie ergibt. Laut Behandlungsleitlinie kann sie lediglich in besonders schweren Fällen erwogen werden, wenn eine klassische verhaltenstherapeutische Therapie über neun bis zwölf Monate nicht erfolgreich war [3]. Egal welches Medikament dann zum Einsatz kommt, es ist wichtig, dass der Patient engmaschig betreut und regelmäßig auf Nebenwirkungen untersucht wird.

Das Ziel aller Adipositas-Therapien besteht darin, eine negative Energiebilanz zu erreichen [5]. Bei einem Großteil der Medikamente, die in der Vergangenheit zur Behandlung von Adipositas eingesetzt wurden, wurden lebensbedrohliche Komplikationen beobachtet. Außerdem bewirken Medikamente leider keine Veränderung in der Physiologie oder im Verhalten des Patienten, sie sind nur wirksam, so lange sie eingenommen werden. Das heißt wiederum, dass Kenntnisse über die Langzeiteffekte der Medikamente vorliegen sollten, insbesondere, wenn diese Medikamente bereits im Kindes- und Jugendalter zum Einsatz kommen sollen.

4.1.3.1 Metformin

Ein Medikament, bei dem bereits langjährige Erfahrungen aus dem Bereich der Diabetestherapie vorhanden sind.

Wirkmechanismus: Metformin ist aus der Gruppe der Biguanide. Es reduziert die hepatische Glukoseproduktion durch Aktivierung der Adenosinmonophosphat-aktivierten Proteinkinase und erhöht die Insulinsensitivität durch verbesserte periphere Glucoseaufnahme und -verwertung. Metformin senkt die intestinale Glucose-Absorption. Außerdem hemmt es die Lipogenese der Fettzellen. Das Medikament scheint die Nahrungsaufnahme durch einen Anstieg des Glucagon-like Peptid-1 zu senken.

Indikation: Es ist das einzige orale Antidiabetikum, das für die Behandlung des Typ-2-Diabetes in Deutschland bereits ab einem Alter von zehn Jahren zugelassen ist. Es wird außerdem als Off-Label-Use beim Polyzystischen Ovarsyndrom eingesetzt. Auch zur Gewichtsreduktion wird Metformin oft außerhalb der Zulassung verordnet, vor allem wenn neben der Adipositas eine Hyperinsulinämie oder Insulinresistenz vorliegt.

Therapieerfolg: Zur Gewichtsreduktion ist Metformin bereits in vielen, oft eher kleinen Studien gut evaluiert. Es wird meist eine moderate Gewichtsreduktion nach kurzzeitiger Therapie (maximal 48 Monate) erreicht. In pädiatrischen Studien wird von einem Gewichtsverlust im Bereich von 0,3–6,1 Kilogramm (kg) berichtet [6]. Über eine Langzeittherapie bei Adipositas gibt es keine Daten [7].

Nebenwirkungen: Übelkeit, Blähungen, Durchfall und metallischer Mundgeschmack treten oft zu Beginn der Behandlung auf und können durch einschleichende Dosierung verringert werden. Es kann zu erhöhten Leberwerten kommen. Die gefährliche Laktatazidose ist sehr selten und tritt vor allem bei Nichtbeachten der Kontraindikationen auf.

Kontraindikationen: Niereninsuffizienz (Kreatinin-Clearance < 60 Milliliter pro Minute), schwere Lebererkrankung, Pankreatitis, Alkoholismus, schwere Herzinsuffizienz (NYHA III/IV), konsumierende Erkrankungen, respiratorische Insuffizienz, perioperativ, Schwangerschaft.

Dosierung: Einschleichend (zur Verringerung der Nebenwirkungen): 1 × 500 Milligramm (mg) nach dem Frühstück, nach je zwei Wochen Steigerung um 500 mg, Maximaldosis 3000 mg/Tag (in zwei bis drei Einzeldosen). In klinischen Studien zur Gewichtsreduktion ist die übliche Dosis 1500 mg/Tag.

4.1.3.2 Liraglutid 3,0 mg (Saxenda®)

Liraglutid 3,0 ist vor kurzem in den USA und in Europa für die Adipositas-Behandlung von Erwachsenen zugelassen worden [8]. Bis dahin war es in niedrigerer Dosierung zur Behandlung des Typ-2-Diabetes zugelassen. Es gibt Daten zur Anwendung bei Typ-2-Diabetes bei adipösen Jugendlichen, dort wurde jedoch bisher bei einer Maximaldosis von 1,8 mg kein signifikanter Gewichtsverlust erreicht [6]. Bei adipösen Jugendlichen ohne Diabetes ab zwölf Jahren wurde bisher eine Studie zur Sicherheit, Verträglichkeit und Pharmakokinetik von Liraglutid 3,0 mg durchgeführt, die nahelegt, dass Liraglutid bei Jugendlichen ähnlich sicher angewandt werden kann wie bei Erwachsenen [9]. Zu Aussagen über die Wirksamkeit bei Jugendlichen sind größere und längere Studien erforderlich.

Wirkmechanismus: Liraglutid ist ein langwirksamer Glucagon-like Peptid-1-(GLP-1-) Rezeptor-Agonist, der bis zu einer Dosis von 1,8 mg bei Erwachsenen zur Therapie des Typ-2-Diabetes eingesetzt wird. GLP-1-Agonisten bzw. Inkretine erhöhen die Insulinsekretion und hemmen die Glucagon-Ausschüttung bei erhöhten Blutzuckerspiegeln. Außerdem wirkt Glucagon-like Peptid-1 auf die Magenentleerung und zentral anorektisch durch Bindung an mesolimbische Rezeptoren.

Indikation: Liraglutid kann bei Erwachsenen mit Adipositas (BMI > 30 kg/m^2) oder mit Übergewicht und Begleiterkrankungen wie Hyperlipidämien, obstruktive Schlafapnoe, Typ-2-Diabetes, Prädiabetes oder arterielle Hypertension eingesetzt werden. Es ist nur als Zusatz zur Ernährungs- und Bewegungstherapie zugelassen [8].

Therapieerfolg: Es zeigt sich eine dosisabhängige Gewichtsreduktion bei adipösen erwachsenen Patienten ohne Diabetes, wenn die Behandlung über ein Jahr erfolgt und mit einer Lebensstilberatung einhergeht.

Nebenwirkungen: Übelkeit und Erbrechen sind häufige, transiente Nebenwirkungen, deren Auftreten sogar mit einer besseren Gewichtsabnahme assoziiert ist. Andere milde bis moderate gastrointestinale Symptome sind ebenfalls meist vorübergehend. Es kann zu Hypoglykämien kommen, vor allem wenn gleichzeitig blutzuckersenkende Medikamente eingenommen werden. Außerdem wurde ein erhöhtes Risiko für Pankreatitis und Pankreas-Karzinom diskutiert, was jedoch weder von der amerikanischen noch von der europäischen Zulassungsbehörde bestätigt wurde. In den Zulassungsstudien für Liraglutid 3,0 mg kam es zu einem geringen Auftreten von Schilddrüsentumoren, und zwar bei vier Personen, die mit Liraglutid 3,0 mg behandelt wurden (0,09 Ereignisse/100 Patientenjahre) und bei einem Probanden unter Placebotherapie (0,04 Ereignisse/100 Patientenjahre). Des Weiteren stieg in den Studien die Herzfrequenz leicht an, während der Blutdruck etwas gesenkt wurde [10].

Kontraindikationen: Schwangerschaft und Stillzeit.

Dosierung: Liraglutid zur Gewichtsreduktion wird einmal täglich mit einem Fertigpen subkutan gespritzt, möglichst zu einer festen Tageszeit. Es wird mit einer niedrigen Dosis von 0,6 mg/Tag begonnen und bei Verträglichkeit wöchentlich um 0,6 mg gesteigert. Es sollten ergänzend eine Nahrungsumstellung und eine Bewegungstherapie erfolgen. Die Europäische Zulassungsbehörde empfiehlt, dass die Therapie wieder beendet werden sollte, wenn nach zwölf Wochen keine Gewichtsreduktion von mindestens 5 % des Ausgangsgewichts erreicht wurde [11].

4.1.3.3 Exenatide (Byetta®)

Ebenso wie das Liraglutid ist Exenatide ein GLP-1-Agonist, der allerdings nur für die Behandlung von Typ-2-Diabetes bei Erwachsenen zugelassen ist. Auch mit Exenatide wurden mäßige Gewichtsreduktionen im Bereich von 1,6–2,8 Kilogramm verglichen mit Placebo (Zunahmen von 0,3–0,9 kg) erreicht [12]. Außerdem konnte der Nüchtern-Insulin-Wert reduziert werden. Bezüglich der kardiovaskulären Risikofaktoren konnte keine Verbesserung nachgewiesen werden [6].

Hinsichtlich der Anwendung bei Heranwachsenden gibt es auch für das Exenatide bisher zu wenig Daten. Zur Adipositas-Therapie wurden bisher in Amerika zwei kleine Studien an extrem adipösen Kindern und Jugendlichen durchgeführt. Außerdem kann die Notwendigkeit der parenteralen Gabe zu einer Einschränkung bei der Anwendbarkeit beziehungsweise bei der Compliance des Patienten führen [12].

4.1.3.4 Orlistat (Xenical® und Alli®)

Wirkmechanismus: Orlistat ist ein reversibler Inhibitor der gastrischen und pankreatischen Lipase und begrenzt die gastrointestinale Absorption von Cholesterolen. Damit werden etwa ein Viertel der Nahrungsfette unverdaut wieder ausgeschieden [13].

Indikation: Orlistat ist in den USA zur Gewichtsreduktion für Kinder ab zwölf Jahren zugelassen, auch zur Langzeittherapie [10]. In Deutschland gibt es das Medikament für Erwachsene apothekenpflichtig zu kaufen.

Therapieerfolg: Orlistat bewirkt in den vorhandenen Studien mit Kindern und Adoleszenten einen moderaten Gewichtsverlust von etwa 3–8 % im Vergleich mit Placebo [12] beziehungsweise eine signifikante BMI-Reduktion von 0,5–4,09 kg/m^2 [7].

Werden die Stoffwechselparameter betrachtet, finden sich im Vergleich zu Placebo keine signifikanten Unterschiede bezüglich der gemessenen Lipid-, Glukose- oder Insulin-Level [6].

Nebenwirkungen: Dadurch, dass die intestinale Absorption von Fett gehemmt wird, werden auch weniger fettlösliche Vitamine aufgenommen. Das heißt, es wird eine Supplementierung von Multivitaminen mit den Vitaminen A, E und K während der Einnahme von Orlistat empfohlen. Es besteht sonst das Risiko, dass Wachstum und Entwicklung der Kinder und Jugendlichen beeinträchtigt werden.

Außerdem treten bei allen Patienten gastrointestinale Beschwerden auf, die jedoch rasch reversibel und meist spätestens nach einem Monat abgeklungen sind. Es kann zur Reduzierung dieser Nebenwirkung die Verabreichung ballaststoffreicher Supplemente erwogen werden [7].

Als weitere potenzielle, sehr seltene Nebenwirkung werden in der Produktinformation Leberstörungen genannt. Im Jahr 2012 fand eine erneute Überprüfung durch die Europäische Aufsichtsbehörde statt, weil seit Einführung des Medikaments einzelne Fälle mit schweren Leberschäden bekannt wurden. Das CHMP (Committee for Medicinal Products for Human Use) kam zu dem Schluss, dass es keine starken Hinweise darauf gibt, dass Orlistat das Risiko schwerer Leberschädigungen erhöht. Es sei auch kein Mechanismus bekannt, mit dem Orlistat dies bewirken könnte [13].

Kontraindikationen: Schwangerschaft und Stillzeit, chronische Malabsorptionssyndrome, Cholestase [10].

Dosierung: 120 mg 3 × tgl. mit den Mahlzeiten für ein bis sechs Monate. Gleichzeitig soll eine Lebensstilintervention erfolgen [7].

Im Folgenden werden Medikamente erläutert, die auf die neuronalen Regelkreise der Energiehomöostase abzielen. All diese Medikamente wirken leider nicht nur auf die Appetitregulation und den Energieverbrauch, sondern sie spielen auch eine wichtige Rolle an anderen Systemen. Dies bewirkt, dass diese Medikamente zwar wirksam sind, aber nicht sicher und verträglich [14].

4.1.3.5 Naltrexon sustained release/Bupropion sustained release (USA: Contrave®, Europa: Mysimba®)

Dieses Kombinationspräparat aus zwei Medikamenten, die auch singulär zu einer moderaten Gewichtsabnahme führen, ist vor kurzem in den USA und in Europa für Erwachsene zugelassen worden. Die Kombination beinhaltet den Opioid-Antagonisten Naltrexon und den Dopamin- und Norepinephrin-Reuptake-Hemmer Bupropion als Antidepressivum. Bupropion wird bereits beim Nikotinentzug benutzt. Naltrexon ist bekannt aus der Therapie von Opioid- und Alkoholabhängigen [8]. Beide Medikamente für sich zeigen eine mäßige gewichtsreduzierende Wirkung, die erst durch die Kombination im nennenswerten Bereich nachweisbar wurde. Der Abnehmeffekt kommt durch die synergistische Wirkung beider Medikamente zustande. Sie bewirken eine stärkere und verlängerte Stimulation an den POMC-Neuronen, die die Energiebalance regulieren [14].

Über einen Behandlungszeitraum von einem Jahr wurde ein Gewichtsverlust von 4,9-6,2 kg beobachtet [6]. Für Minderjährige gibt es aufgrund des Nebenwirkungsprofils keine Indikation [14].

4.1.3.6 Zonisamid (Zonegran®)

Zonisamid ist zur Therapie partieller Epilepsien für Patienten im Alter von 16–65 Jahren zugelassen, in Europa als zusätzliche Therapie zu anderen Antiepileptika bereits ab sechs Jahren. Zonisamid wirkt sich auf spannungsabhängige Natrium- und Kalziumkanäle und auf die GABA-vermittelte neuronale Inhibition aus [16].

Berichte über Erfolge bei der pädiatrischen Adipositas-Therapie sind beschränkt auf Fallberichte und sehr spezielle Patientengruppen. In verschiedenen Studien wird ein Gewichtsverlust von 3 (± 7,4) kg bis 3,7 kg bei Adoleszenten und Erwachsenen mit Epilepsie angegeben. Die Gewichtsabnahme erfolgt nicht dosisabhängig [4].

Zonisamid hat ein breites Nebenwirkungsspektrum, das unter anderem ein Risiko für Stevens-Johnson-Syndrom, hämatologische Störungen, Suizidgedanken, Hitzschlag und Rhabdomyolyse beinhaltet. Die Nebenwirkungen werden dosisabhängig beobachtet. Bei pädiatrischen Patienten kam es zu einer deutlichen Verringerung des Vokabulars. Aufgrund des Nebenwirkungsprofils ist die Anwendung von Zonisamid als Adipositas-Medikament limitiert.

4.1.3.7 Metreleptin (Myalept®)

Metreleptin ist ein rekombinantes humanes Leptin. Das Zytokin Leptin wird in Adipozyten gebildet und signalisiert so quasi die Energiereserve des Körpers. Im Hypothalamus wirkt Leptin als Sättigungssignal. Bei adipösen Patienten besteht vermutlich eine Leptinresistenz.

Das Medikament ist in Europa als Orphan Drug für die Behandlung des Lawrence-Syndroms (erworbene generalisierte Lipodystrophie) registriert. In der Literatur sind Einzelfälle von erfolgreicher Adipositas-Therapie beschrieben, jedoch nur als Substitutionstherapie bei extremster Adipositas bei kongenitaler Leptindefizienz oder bei biologisch inaktivem Leptin [17].

4.1.3.8 Octreotid (Sandostatin®)

Octreotid ist ebenfalls nicht zur Therapie von Adipositas zugelassen und Therapieerfolge werden nur in einer kleinen speziellen Patientengruppe beobachtet. Es handelt sich um ein synthetisches Somatostatin-Analogon, das die Insulinsekretion und die Sekretion der Magensäure hemmt. Es verzögert die intestinale Passagezeit. Therapieerfolge werden lediglich bei schwerster hypothalamischer Adipositas, zum Beispiel nach einem Hirntumor oder kranialer Bestrahlung, verzeichnet [18].

Nur kurz sei noch die Wachstumshormontherapie erwähnt, die beim Prader-Willi-Syndrom zur Gewichtsreduktion und Verbesserung der Körperzusammensetzung führt, zur generellen Anwendung bei Adipositas jedoch viel zu teuer ist.

4.1.3.9 Lorcaserin (Belviq®)

Dieses Antidepressivum ist nicht mehr erhältlich in Europa [8], während es in den USA seit 2012 für die Adipositas-Therapie Erwachsener zugelassen ist.

Lorcaserin ist ein selektiver Serotonin-Rezeptor-Agonist, der gezielt an Serotonin-Rezeptoren vom Typ 5-HT_{2C} im Hypothalamus bindet, dadurch die Produktion von Pro-Opiomelanocortin (POMC) stimuliert und so appetitzügelnd wirkt. Dementsprechend soll das Medikament weniger Nebenwirkungen verursachen als ein nichtselektiver Serotonin-Rezeptor-Antagonist [14].

Es gibt keine Daten zur Anwendung bei adipösen Kindern oder Jugendlichen [6].

4.1.3.10 Phentermin/Topiramat extended release (ER) (Qsymia®)

Das Präparat ist nicht erhältlich in Europa [8]. In den USA ist das Medikament ab 18 Jahren seit 2012 zugelassen. Phentermin ist ein sympathomimetisches Phenylalkylamin, also chemisch verwandt mit Amphetaminen [14], mit anorektischer Wirkung. Topiramat, ein GABA-(gamma-Aminobuttersäure-)Agonist, ist bekannt als Antiepileptikum und Migränemedikament; es verfügt über eine Retardwirkung. In Studien zeigt sich ein durchschnittlicher Gewichtsverlust von 6,7 kg nach einem Jahr [10]. Es gibt eine hohe Inzidenz von unerwünschten Nebenwirkungen [15].

Auch Fluoxetin, ein selektiver Serotonin-Wiederaufnahme-Hemmer, wurde in der Vergangenheit Off-Label für die Adipositas-Therapie verordnet. Es zeigte sich jedoch nach einer kurzfristigen Gewichtsabnahme eine erneute Zunahme.

Amphetamin-Analoga sind aufgrund ihres Nebenwirkungsprofil nicht zur Adipositas-Therapie zugelassen, aber hier gibt es Missbrauch zum Beispiel mit Methylphenidat.

Die beta-adrenerg wirkenden Stoffe Koffein und Ephedrin wurden vor 20 Jahren großzügig zur Gewichtsreduktion eingesetzt. Es wurde angenommen, dass sie durch Aktivierung der Lipolyse in den Adipozyten, durch verstärkte Thermogenese und verzögerte Magenentleerung wirken. Die Zulassung wurde 2004 aufgrund kardiovaskulärer Nebenwirkungen widerrufen.

4.1.4 Ausblick

Derzeit vielversprechende Medikamente in der Forschung scheinen Pramlintide zu sein, ein synthetisches Analogon des Pankreasenzyms Amylin, und Cetilistat, ein gatrointestinaler Lipasehemmer [12].

Hoffnungsvoll wird auch auf die Entwicklung der von Tschöp und DiMarchi erstbeschriebenen synthetischen Kombinationshormone geblickt, die auf die Darmhormone GLP-1, Glucagon und Glukoseabhängiges insulinotropes Peptid (GIP) aufbauen, zum Beispiel Kopplung von Östrogen an das Peptidhormon GLP-1 [19].

Derzeit noch in der Entwicklung und Forschung sind Verfahren wie Stuhltransplantation, EndoBarrier und telemedizinisch unterstützte Maßnahmen.

Eine weitere Therapieoption als Ultima Ratio ist die bariatrische Chirurgie. Auch diese Therapie ist im Kindes- und Jugendalter nicht evidenzbasiert. Es gibt nur wenige Daten über die Langzeit-Wirkung dieser Therapie. Zwar kommt es drei Jahre nach Roux-en-Y-Operation oder Sleeve-Gastrektomie bei Heranwachsenden zu einer im Vergleich zu den anderen Therapiemaßnahmen beeindruckenden Gewichtsabnahme (im Mittel um 27 % bezogen auf das Ausgangsgewicht) und zur deutlichen Verbesserung vorhandener Komorbiditäten. Jedoch findet sich auch eine nicht unerhebliche Zahl an Komplikationen, die Nachoperationen notwendig machen. Ebenso tritt trotz Verordnung von Supplementierung bei einem Teil der Patienten ein Mangel an Mikronährstoffen wie Vitamin B_{12} und Eisen auf [20]. Aufgrund des fehlenden Wissens über die Langzeitwirkung solcher invasiven Maßnahmen sollten sie bei Kindern unter zwölf Jahren nur in lebensbedrohlichen Situationen in Erwägung gezogen werden. Bei Jugendlichen sollte die Indikation sehr vorsichtig gestellt werden. Der Expertenkonsens hierzu lautet, eine chirurgische Maßnahme nur nach sorgfältiger Einzelfallprüfung und unter Hinzuziehung einer unabhängigen Ethikkommission durchzuführen. Die Empfehlung zu dieser Therapie sollte lediglich bei Versagen der konservativen Therapiemaßnahmen erfolgen, wenn der BMI deutlich oberhalb 35 kg/m^2 liegt und wenn eine bedeutsame, schwere somatische und/oder psychosoziale Komorbidität besteht.

Eine operative Therapie sollte nicht vor dem Erreichen eines Pubertätsstadiums IV nach Tanner und 95 % der prognostizierten Endgröße durchgeführt werden [21].

4.1.5 Zusammenfassung

Übergewicht und Adipositas sind weit verbreitet und sollte bereits bei pädiatrischen Patienten unter Einbeziehung der Familie bzw. Betreuungspersonen konsequent behandelt werden. Hierzu ist die Therapie der Wahl aktuell eine Lebensstilintervention mit dem Ziel, das Ernährungs- und Bewegungsverhalten zu optimieren. Eine diätetische Therapie befolgt dabei die Regeln der Optimierten Mischkost optiMIX® und soll die Lebensmittelauswahl verbessern. Dazu gehört insbesondere, dass zum Durstlöschen keine energiehaltigen Getränke verwendet werden.

Eine wirksame und sichere Therapiealternative besteht derzeit nicht. Jegliche medikamentöse Therapie sollte nur erwogen werden, wenn die verhaltensverändernde Therapie versagt hat. Es gibt aktuell nur wenig effektive Medikamente zur Adipositas-Therapie und noch weniger zugelassene. Bei pädiatrischen Patienten scheint momentan Orlistat die beste Evidenz aufzuweisen [6], welches jedoch in Europa nicht zur Therapie bei Kindern und Jugendlichen zugelassen ist.

Literatur

[1] Barlow SE, Dietz WH. Obesity Evaluation and Treatment: Expert Committee Recommendations. Pediatrics. 1998; 102(3): E29.
[2] Alexy U, Clausen K, Kersting M. Die Ernährung gesunder Kinder und Jugendlicher nach dem Konzept der Optimierten Mischkost. Ernährungsumschau. 2008; 3: 168–177.
[3] Wabitsch M, Kunze D (federführend für die AGA). Konsensbasierte (S2) Leitlinie zur Diagnostik, Therapie und Prävention von Übergewicht und Adipositas im Kindes- und Jugendalter. Version 15.10.2015. http://www.a-g-a.de.
[4] Stachow R, Flothkoetter M (Red.). Trainermanual Leichter, aktiver, gesünder – Kopiervorlagen Schulungsbereich Ernährung Trainermanual – Leichter, aktiver, gesünder. Aid Infodienst. 2004.
[5] Colman E, Golden J, Roberts M, Egan A, Weaver J, Rosebraugh C. The FDA's Assessment of Two Drugs for Chronic Weight Management. NEJM. 2012; 367(17): 1577–1579.
[6] Boland CL, Harris JB, Harris KB. Pharmacological management of obesity in pediatric patients. Ann Pharmacother. 2015; 49(2): 220–232.
[7] Matson KL, Fallon RM. Treatment of Obesity in Children and Adolescents. J Pediatr Pharmacol Ther. 2012; 17(1): 45–57.
[8] Krentz AJ, Fujioka K, Hompesch M. Evolution of Pharmacological Obesity Treatments: Focus on Adverse Side-Effect Profiles. Diabetes Obes Metab. 2016; 18(6): 558–570.
[9] Danne T, Biester T, Kapitzke K, et al. First study with liraglutide in an adolescent population with obesity,a randomized, double-blind, placebo-controlled trial to assess safety, tolerability and pharmacokinetics of liraglutide in adolescents aged 12 to 17 years (submitted).
[10] Yanovski, SZ, Yanovski JA. Long-term Drug Treatment for Obesity: A Systematic and Clinical Review. JAMA. 2014; 311(1): 74–86.
[11] European Medicines Agency. Saxenda. Zusammenfassung des EPAR für die Öffentlichkeit. EMA/240673/2015. http://www.ema.europa.eu/docs/de_DE/document_library/EPAR_-_Summary_for_the_public/human/003780/WC500185789.pdf (Zugriff am 11. March 2016).
[12] Petkar R, Wright N. Pharmacological management of obese child. Arch Dis Child Educ Pract Ed. 2013; 98(3): 108–112.
[13] European Medicines Agency. Questions and answers on the review of orlistat-containing medicines. EMA/CHMP/113837/2012 Rev. 1. http://www.ema.europa.eu/docs/en_GB/document_library/Referrals_document/Orlistat_31/WC500122883.pdf (Zugriff am 9. March 2016).
[14] Kakkar AK, Dahiya N. Drug treatment of obesity: current status and future prospects. Eur J Intern Med. 2015; 26(2): 89–94.
[15] Shin JH, Kishore MG. Clinical utility of phentermine/topiramate (QsymiaTM) combination for the treatment of obesity. Diabetes Metab Syndr Obes. 2013; 6: 131–139.
[16] Fachinformation Zonegran® 25 mg/50 mg/100 mg Hartkapseln. 2013.
[17] Wabitsch M, Funcke JB, Lennerz B, et al. Biologically inactive leptin and early-onset extreme obesity. N Engl J Med. 2015; 372(1): 48–54.

[18] Lustig RH, Hinds PS, Ringwald-Smith K, et al. Octreotide therapy of pediatric hypothalamic obesity: a double-blind, placebo-controlled trial. J Clin Endocrinol Metab. 2003; 88(6): 2586–2592.
[19] Finan B, Yang B, Ottaway N, et al. A rationally designed monomeric peptide triagonist corrects obesity and diabetes in rodents. Nat Med. 2015; 21(1): 27–36.
[20] Inge TH, Courcoulas AP, Jenkins TM, et al. Teen-LABS Consortium. Weight Loss and Health Status 3 Years after Bariatric Surgery in Adolescents. N Engl J Med. 2016; 374(14): 113–123.
[21] Arbeitsgemeinschaft Adipositas im Kindes- und Jugendalter. Bariatrisch-chirurgische Maßnahmen bei Jugendlichen mit extremer Adipositas Informationen und Stellungnahme der Arbeitsgemeinschaft Adipositas im Kindes- und Jugendalter (AGA). Monatsschrift Kinderheilkunde. 2012; 160(11): 1123–1128.

Thomas Danne

4.2 Diabetes: Diätetische und medikamentöse Behandlung

4.2.1 Ernährungsberatung bei Typ-1-Diabetes

Moderne Therapievorstellungen basieren darauf, dass Kinder mit Diabetes gesunde Kinder sind, die sich durch einen Insulinmangel auszeichnen. Mit einer auf die Nahrungsaufnahme abgestimmten Insulinzufuhr sollen sie so weit wie möglich wie gesunde Kinder leben können. Kinder und Jugendliche mit Diabetes und ihre Eltern müssen in der Lage sein, vor jeder Mahlzeit den Kohlenhydratgehalt und die Blutglukosewirksamkeit der Nahrungsmittel abzuschätzen. Ohne Abschätzung insbesondere des Kohlenhydratgehalts der Nahrungsmittel sind auch die intensivierten Formen der Insulinbehandlung nicht erfolgreich umzusetzen. Es konnte nachgewiesen werden, dass Therapiekonzepte, die Ernährungsempfehlungen beinhalten, zu einer verbesserten Stoffwechselkontrolle beitragen [1].

Die Aufgabe von Nahrungsmittelaustauschtabellen besteht darin, die Vielfalt verfügbarer Nahrungsmittel mit ihrem unterschiedlichen Gehalt an Eiweiß, Fett und Kohlenhydraten in ein berechenbares System zu überführen. Die Austauscheinheiten BE, KHE und KE sind nicht als Berechnungs-, sondern als Schätzeinheiten zur praktischen Orientierung von insulinbehandelten Diabetespatienten anzusehen. Lebensmittelportionen, die 10–12 g verwertbare Kohlenhydrate enthalten, können gegeneinander ausgetauscht werden [2]. Die älteste und einfachste Orientierungsgröße zur Ermittlung des Kalorienbedarfs von Kindern stammt von Priscilla White und wird nach folgender Formel berechnet:

$$\text{Alter in Jahren} \times 100 + 1000 = \text{Kalorienbedarf (kcal) pro Tag}$$

Die Angaben zur altersbezogenen Kalorienzufuhr können zur Ermittlung der Tages-KE-Menge genutzt werden. Als Faustregel entspricht eine „gut belegte" KE etwa 100 kcal.

Da die Blutzuckerwirkung von Nahrungsmitteln nicht nur von dem enthaltenen Anteil an Kohlenhydraten, sondern auch von Faktoren, wie der Art der Kohlenhydrate, dem Fettgehalt, dem Ballaststoffanteil, der Magenfüllung etc. beeinflusst wird, ist eine grammgenaue Berechnung von Kohlenhydraten ernährungsphysiologisch nicht begründbar. Studien weisen darauf hin, dass Kinder und Jugendliche mit Diabetes bei der Ernährung überwiegend auf die Kohlenhydratzufuhr achten, während der Fettkonsum in der Regel überhöht ist. Dies ist bei der Ernährungsberatung besonders zu berücksichtigen. Sofern Zucker nicht pur, sondern in Nahrungsmitteln oder Mahlzeiten mit Fett, Eiweiß oder Ballaststoffen gemischt verzehrt wird, ist bei passender Insulingabe kein zu hoher Anstieg des Blutzuckers zu erwarten. Der Verzehr größerer Mengen hochkonzentrierter Zuckerwaren oder zuckerhaltiger Getränke und der plötzliche starke Blutglukoseanstieg stellen auch heute noch eine nicht befriedigende Situation für alle Beteiligten dar.

Eine Hilfe für die Abschätzung der blutglukosesteigernden Wirkung kohlenhydrathaltiger Nahrungsmittel bietet der glykämische Index. Nach diesem Einteilungsprinzip werden Nahrungsmittel mit niedrigem glykämischen Index (z. B. Hülsenfrüchte, Haferflocken, Graupen) von solchen mit hohem glykämischen Index (z. B. Zucker, Weißbrot, Nudeln) unterschieden. Bezugsgröße für den glykämischen Index ist die blutglukoseerhöhende Wirkung von Glukose, die mit 100 % angegeben wird.

In bestimmten Situationen kann es nach Verzehr einer fett- und eiweißreichen Mahlzeit (z. B. Pizza, Grill-Mahlzeiten, überbackenen Speisen) zu einem verspäteten Blutzuckeranstieg kommen. Als Ergänzung zur KE wurde dafür die Fett-Protein-Einheit (FPE) entwickelt [3]. Eine FPE steht für 100 kcal eines Lebensmittels aus dem Fett- und Eiweißanteil. Die Anwendung der Fett-Protein-Einheit zur Kalkulation der prandialen Insulinmenge bietet sich insbesondere bei der Insulinpumpentherapie an, da hier die Möglichkeit unterschiedlicher Formen der Bolusgaben existiert (KE = Normalbolusanteil, FPE = verzögerter Bolusanteil). Dabei kommt der gleiche Insulinsensitivitätsfaktor (E pro KE bzw. FPE) für die jeweilige Tageszeit zur Anwendung. Die Dauer der verzögerten Bolusgabe richtet sich nach der Menge der FPE.

Jugendliche müssen wissen, welche alkoholhaltigen Getränke ihre Blutglukosespiegel in welcher Weise beeinflussen können. Dabei müssen der Zuckergehalt, z. B. in Cocktails und Mischgetränken, und der Alkoholgehalt eingeschätzt werden können. Außerdem ist Alkohol ein nicht zu unterschätzender Energieträger: 1 g Alkohol liefert 7,1 kcal. Es muss dabei besonders betont werden, dass Alkohol die Glukoneogenese in der Leber hemmt. Alkoholgenuss kann zu Hypoglykämien führen, wenn nicht gleichzeitig Kohlenhydrate verzehrt werden.

4.2.2 Insulin

Der Behandlungsstandard bei pädiatrischen Patienten mit Typ-1-Diabetes sollte die intensivierte Insulintherapie sein [4, 5]. Bei Stoffwechselgesunden gelangt das von den β-Zellen sezernierte Insulin direkt über den Pfortaderkreislauf in die Leber und erst von dort in den peripheren Blutkreislauf. Die Basalinsulinkonzentration liegt daher in der Pfortader um ein Dreifaches, die Postprandialinsulinkonzentration um das Doppelte höher als in der Peripherie. Mehr als 50 % des in den Pfortaderkreislauf sezernierten Insulins werden von der Leber extrahiert. Um eine den normalen Verhältnissen entsprechende Insulinkonzentration in der Leber zu erreichen, müssen daher bei Patienten, die Insulin in das subkutane Fettgewebe spritzen, unphysiologisch hohe Insulinspiegel hingenommen werden. Die biologische Halbwertszeit von sezerniertem Insulin beträgt beim Stoffwechselgesunden 5,2 ± 0,7 min. Sie hängt fast ausschließlich von der vor allem in Leber und Niere erfolgenden Degradation und Elimination des Insulins ab. Im Vergleich dazu ist die Halbwertszeit subkutan injizierten Normalinsulins etwa um das Zehnfache verlängert. Die Halbwertszeit der verschiedenen Verzögerungsinsuline fällt noch viel höher aus. Sie kann in Abhängigkeit von der Insulinpräparation mehr als 12 h, im Falle des neuen Insulins Degludec sogar über 24 h, betragen [6]. Im Gegensatz zum intravasal sezernierten Insulin hängt die biologische Halbwertszeit der subkutan injizierten Insulinpräparate daher in erster Linie von ihrem unterschiedlich lang dauernden Absorptionsprozess ab, erst in zweiter Linie von ihrer Degradation und Elimination. Die Absorptionsgeschwindigkeit im subkutanen Fettgewebe der Bauchregion ist sehr viel größer als die aus der Subkutis des Oberschenkels. Die Injektionsstellen an Oberarm und Gesäß weisen eine mittlere Absorptionsgeschwindigkeit auf. Die Injektionsstellen sollten wegen ihrer unterschiedlichen Kapillardichte mit entsprechend variabler Absorptionsgeschwindigkeit im Hinblick auf die gewünschte Insulinwirkung ausgewählt werden (z. B. Normalinsulin vor einer Mahlzeit in die Bauchhaut, Verzögerungsinsulin spät abends in den Oberschenkel). Die Insulinabsorption ist bei Lipodystrophien (Lipome, Lipoatrophien) durch Verminderung der Mikrozirkulation herabgesetzt. Injektionsareale, die Lipodystrophien aufweisen, sind daher für die Insulinapplikation ungeeignet.

Die wesentlichen Präparate sind in (Tab. 4.2) aufgeführt [7].

4.2.3 Normalinsulin

Der Wirkungsablauf der verschiedenen Normalinsulin-Präparate (Humaninsulin) unterscheidet sich nicht voneinander. Der Wirkungseintritt erfolgt etwa 15–30 min nach subkutaner Injektion. Das Wirkungsmaximum tritt nach 120–150 min auf. Die Wirkungsdauer beträgt nach Angaben der meisten Firmen 6–8 h.

Das Maximum der Wirkung weist in Abhängigkeit von der Insulindosis dagegen erhebliche Unterschiede auf. Bei niedrigen Dosen (0,05 IE/kg KG) liegt es zwischen 1,5 und 3 h, bei mittleren Dosen (0,2 IE/kg KG) zwischen 2 und 5 h, bei hohen Dosen (0,4 IE/kg KG) zwischen 2,5 und 7 h. Auch die Wirkungsdauer nimmt mit steigender Insulindosis zu. Normalinsulin wird üblicherweise ebenso bei der i. v. Applikation verwendet, obwohl auch die kurzwirksamen Insulinanaloga Lispro, Aspart und Glulisine dafür zugelassen sind, aber keine klinischen Vorteile bieten.

Tab. 4.2: Insulintabelle.

Charakterisierung (unverzögerter Anteil in %)	W (min/h)	Sanofi	Lilly	Novo-Nordisk	B. Braun Melsungen & ratiopharm	Berlin-Chemie
Insulinanaloga						
Sehr kurz wirkend	10/4	Apidra (U100)[d]	Humalog (U100)[a]	NovoRapid (U100)[d]		Liprolog (U100)
Protamin (50)	15/15		Humalog Mix 50 (U100)[a]			Liprolog Mix 50 (U100)
Mischanaloga (30)	20/17			NovoMix 30 (U100)[b]		
Mischanaloga (25)	20/18		Humalog Mix 25 (U100)[a]	Ryzodeg (Insulin degludec/Insulin aspart 70/30) (U100)		Liprolog Mix 25 (U100)
Basalanaloga	60/24	Lantus (U100)[c]	Abasria (U100)[c]			
	90/20			Levemir (U100)[e]		
	120/30	Toujeo (U300)[c]				
	150/30			Degludec (U100)[f]		

Tab. 4.2: (fortgesetzt)

Charakterisierung (unverzögerter Anteil in %)	W (min/h)	Sanofi	Lilly	Novo-Nordisk	B. Braun Melsungen & ratiopharm	Berlin-Chemie
Humaninsuline						
Normalinsuline kurz wirkend	20/8	Insuman Rapid, Insuman Infusat (U100)	Huminsulin Normal	Actrapid Velosulin (U100)	B. Braun ratiopharm rapid	Berlinsulin H Normal (U100)
NPH (50)	30/14	Insuman Comb 50		Actraphane 50 (U100)		
Mischinsuline (40)	35/17			Actraphane 40 (U100)		
Mischinsuline (30)	35/19		Huminsulin Profil III	Actraphane 30 (U100)	B. Braun ratiopharm Comb 30/70	Berlinsulin H 30/70 (U100)
Mischinsuline (25)	35/17	Insuman Comb 25				
Mischinsuline (20)	45/21		Huminsulin Profil II (U100)	Actraphane 20 (U100)		Berlinsulin H 20/80 (U100)
Mischinsuline (15)	45/18	Insuman Comb 15				
Mischinsuline (10)	45/23			Actraphane 10 (U100)		
NPH-Insuline	45/20	Insuman Basal	Huminsulin Basal	Protaphane	B. Braun ratiopharm Basal	Berlinsulin H Basal (U100)

[a] Lispro Humalog, [b] Aspart NovoRapid, [c] Glargin Lantus/Toujeo, Biosimilar-Glargin Abasria [d] Glulisine Apidra, [e] Detemir Levemir. [f] Degludec Tresiba
W ungefährer Beginn der Insulinwirkung (min) und Wirkdauer (h)

4.2.4 Humanes Verzögerungsinsulin (NPH-Insulin)

NPH bedeutet Neutrales Protamininsulin Hagedorn und ist eine neutrale Insulinsuspension von Humaninsulin mit geringem Protamin- und Zinkgehalt. Der Wirkungseintritt der NPH-Insuline wird mit 1–1,5 h, das Wirkungsmaximum mit 4–5 h, die Wirkungsdauer mit 16–22 h angegeben. Wie beim Normalinsulin verschieben sich Wirkungsmaximum und Wirkungsdauer mit zunehmender Insulindosis. NPH-Insulin kann mit Normalinsulin in jedem Verhältnis stabil gemischt werden. Wesentlicher Nachteil des NPH-Insulins gegenüber den in klarer Lösung vorliegenden langwirksamen Insulinanaloga ist die Tatsache, dass die NPH-Insuline als Suspension vor jeder Injektion gründlich gemischt werden müssen.

Kombinationsinsuline sind konstante Mischungen aus Normal- und Verzögerungsinsulin bzw. kurz- und langwirksamen Insulinanaloga. Bei der Behandlung des Typ-1-Diabetes von Kindern und Jugendlichen finden die Kombinationsinsuline kaum Anwendung.

4.2.5 Kurzwirksame Insulinanaloga

Die schnellwirksamem Analoginsuline (Insulin Lispro, Insulin Aspart und Glulisin) zeigen einen rascheren Wirkungseintritt und eine frühere postprandiale Glukosesenkung gegenüber Normalinsulin Dies wird dadurch erreicht, dass die Selbstassoziation der Insulinmoleküle zu Hexameren vermindert ist und die Moleküle im subkutanen Fettgewebe vorwiegend als Mono- oder Dimere vorliegen. Auf einen Spritz-Ess-Abstand kann daher bei den rasch wirkenden Insulinanaloga verzichtet werden. Da bei Kindern nicht immer feststeht, wie viel sie während einer Mahlzeit wirklich essen, kann es zweckmäßig sein, das Insulinanalogon erst nach dem Essen zu injizieren. In Studien zeigten sich daher Vorteile in der Akzeptanz von Eltern kleiner Kinder, während Eltern Jugendlicher der postprandialen Injektion gegenüber kritisch gegenüberstanden, da die postprandiale Injektion leicht vergessen wird.

4.2.6 Ultra-schnelle kurzwirksame Insulinanaloga

Da durch strukturelle Änderungen des Insulinmoleküls offenbar keine Beschleunigung der Insulinwirkung über die gegenwärtig erhältliche kurzwirksamen Insulinanaloga hinaus erreicht werden kann, laufen gegenwärtig klinische Versuche mit geänderten Zusätzen zur Beschleunigung der Monomerbildung nach Injektion von kurzwirksamen Insulinen. Die Fa. NovoNordisk verwendet beim FIAsp (Faster acting Insulin Aspart) Niacinamid zur Beschleunigung der Absorption sowie eine Zugabe von Arginin zur Stabilisierung des Insulinmoleküls. Ersten klinischen Studien zufolge wird damit ein doppelt so schneller Wirkbeginn im Blutstrom erreicht sowie eine um

50 % größere Wirkung in den ersten 30 min, somit also eine Linksverschiebung der initialen Wirkkurve. Die Wirklänge scheint insgesamt gleich zu sein.

4.2.7 Langwirksame Insulinanaloga

4.2.7.1 Glargin

Durch Verschiebung des isoelektrischen Punktes, d. h. des pH-Wertes, bei dem das Insulin am wenigsten löslich ist, von 5,4 zum neutralen pH-Wert, können die pharmakokinetischen Eigenschaften der Insulinanaloga dahingehend modifiziert werden, dass sie langsamere Absorptionsraten aufweisen als Humaninsulin. Die Fa. Sanofi entwickelte ein solches als klar gelöste Insulinzubereitung vorliegendes Insulinanalogon, das Diarginin-(B31-, B32-)Insulin Glargin, welches als Lantus® (U100) bzw. Toujeo® (U300) der Fa. Sanofi und als Insulinanalog LY2963016 der Firmen Lilly und Boehringer (Biosimilar Glargin-Insulin, Abasria®) erhältlich ist. Weder für Toujeo noch für Abrasia liegen gegenwärtig Kinderstudien vor.

4.2.7.2 Detemir

Der Verzögerungseffekt beim Insulin Detemir (Levemir®) entsteht dadurch, dass das lösliche Insulinanalogon nach relativ schneller Absorption im Blut über eine angekoppelte Fettsäure an das Ende der B-Kette (Position 28) an Albumin gebunden wird. Erst nach verzögerter Freisetzung aus der Albuminbindung kann das Analogon über den Insulinrezeptor wirken. Insulin Detemir weist eine geringere interindividuelle Varianz als NPH-Insulin auf und kann altersunabhängig bei Kindern, Jugendlichen und Erwachsenen nach den gleichen Titrationsregeln dosiert werden. Eine bislang ungeklärte Beobachtung zeigt, dass die Gewichtsentwicklung verschiedener Patientengruppen bei einer Verwendung von Insulin Detemir als Basalinsulin reproduzierbar günstiger verläuft als bei allen anderen Basalinsulinen.

4.2.7.3 Degludec

Insulin Degludec (Tresiba®) ist ein neues, langwirksames Insulinanalogon, das eine mutmaßliche Wirkungsdauer von über 24 h besitzt und gegenwärtig auf dem deutschen Markt nicht erhältlich ist. Bei Degludec handelt es sich um ein modifiziertes Humaninsulin, welches nach subkutaner Gabe lösliche Multihexamere bildet. Bei einmal täglicher Injektion wird der steady-state nach ungefähr drei Tagen erreicht. Bei Patienten mit Typ-1-Diabetes scheint die Tag-zu-Tag-Variabilität gegenüber Insulin Glargin ungefähr viermal niedriger zu sein. Es ergab sich in den Erwachsenen-Studien kein Unterschied zwischen flexibel verabreichtem Insulin degludec (Injektionsintervalle zwischen 8 und 40 Stunden aufeinanderfolgender Injektionen) mit täglich zur selben Zeit verabreichtem Insulin Glargin und Insulin Degludec. Gerade bei Jugendlichen mit täglich sehr wechselndem Tagesrhythmus kann diese Flexibilität besonders nützlich sein.

4.2.8 Metformin

Metformin ist bei pädiatrischem Typ-2-Diabetes Mittel der ersten Wahl. Ist die Metformin-Monotherapie bei Typ-2-Diabetes nicht erfolgreich, wird eine Therapieerweiterung um Insulin empfohlen. Bei Vorliegen einer Kontraindikation oder einer persistierenden Metformin-Unverträglichkeit wird ebenfalls die Therapie mit Insulin empfohlen. Für weitere Antidiabetika, wie GLP-1-Analoga, Thiazolidine, Glinidine, α-Glukosidase-Inhibitoren, Exenatide und Dipeptidyl-Peptidase-IV-Inhibitoren, besteht bislang für das Kindesalter keine ausreichende oder keine ausreichend sichere Datenlage.

4.2.9 SGLT-Hemmer

SGLT-Hemmer führen zu einer Zuckerausscheidung über die Nieren und senken dadurch den Glukosespiegel. Sie sind zur Behandlung für Patienten mit Typ-2-Diabetes zugelassen. Diese Substanzklasse repräsentiert somit einen möglichen Ansatz für eine Kombinationstherapie auch bei pädiatrischem Typ-1-Diabetes. Durch den insulinunabhängigen Wirkungsmechanismus wird die erhöhte Blutglukose ohne medikamentenbedingte Hypoglykämiegefahr gesenkt. Außerdem bietet die Substanzklasse mögliche Schutzeffekte hinsichtlich der Nephropathie. Sowohl bei Typ-1- als auch Typ-2-Diabetes sind mehrere Fälle einer so genannten „euglykämischen“ Ketoazidose beschrieben worden, was zu einer entsprechenden Warnung der Aufsichtsbehörden geführt hat. Insofern müssen Patienten bei einer (gegenwärtig für Typ-1-Diabetes noch „Off-Label“) durchgeführten SGTL2-Inhibitor-Behandlung besonders auf die Zeichen einer Ketoazidose auch bei nicht wesentlich erhöhter Blutglukose und die Notwendigkeit einer Ketonbestimmung – bevorzugt im Blut zur raschen und exakten Erfassung – aufmerksam gemacht werden.

4.2.10 Insulintherapie mit Injektionen (ICT)

Bei Manifestation des Typ-1-Diabetes ist der Insulinbedarf zunächst relativ hoch, und zwar umso höher, je länger der Diabetes bereits vorlag, ohne diagnostiziert zu werden. In Abhängigkeit vom Manifestationstyp liegt der Insulintagesbedarf bei Patienten mit ausgeprägter Dehydratation und Ketoazidose bzw. Coma diabeticum zwischen 1,5 und 2,5 IE/kg KG, bei Kindern mit mittelgradiger Dehydratation ohne Ketoazidose zwischen 1,0 und 1,5 IE/kg KG und bei der leichten Manifestationsform mit geringgradiger Dehydratation zwischen 0,5 und 1,0 IE/kg KG. Bei etwa 90 % der Patienten kann die Insulindosis einige Tage nach Beginn der Behandlung nach und nach reduziert werden. Der Patient kommt in die Remissionsphase, die durch eine unterschiedlich ausgeprägte Restsekretion von endogenem Insulin charakterisiert ist. Eine Remissionsphase liegt vor, wenn das Insulindosis-adjustierte HbA1c (IDAA1C) ≤ 9 beträgt. Die Berechnung des IDAA1C erfolgt nach der Formel:

$$\text{HbA1c}\ (\%) + [4 \times \text{Insulindosis (Einheiten pro kg pro 24 h)}]$$

Ein IDAA1C ≤ 9 entspricht einem bei 275 Kindern unter 16 Jahren gefundenen prädiktiven stimulierten C-Peptid > 300 pmol/l.

Die Remissionsphase hält unterschiedlich lange an. Damit das Prinzip der intensivierten Therapie „Insulin und Essen gehören zusammen" auch bei niedrigem insulinbedarf nicht in Vergessenheit gerät, tendieren wir dazu, eher auf das Basalinsulin als auf die Prandialgaben zu verzichten. Während der Postremissionsphase liegt der Insulintagesbedarf bei Kindern vor der Pubertät zwischen 0,8 und 1,0 IE/kg KG, meist näher bei 1,0 IE/kg KG. Allerdings steigt der Insulintagesbedarf während der Pubertät deutlich an. Er liegt bei Mädchen zwischen 1,0 und 1,3 IE/kg KG, bei Jungen zwischen 1,1 und 1,4 IE/kg KG. Ursachen des steigenden Insulinbedarfs sind der Wachstums- und Entwicklungsprozess der Patienten. Insulinantagonistische Hormone wie Kortikoide, Wachstumshormon, Schilddrüsenhormon, Sexualhormone werden während dieser Altersphase in wechselnder Menge sezerniert und führen zu einer deutlichen Verminderung der Insulinwirksamkeit. Das ist auch einer der Gründe dafür, dass während der Pubertät, der Zeit der Sexualreife, eine zufrieden stellende Stoffwechseleinstellung oft sehr schwierig zu erzielen ist. Nach der Pubertät sinkt der Insulintagesbedarf bei Mädchen wieder auf Werte unter 1,0 IE/kg KG, während er bei Jungen von deutlich über 1,0 IE/kg KG auf etwa 1,0 IE/kg KG zurückgeht. Der endgültige Insulinbedarf des Erwachsenen, der bei etwa 0,6–0,7 IE/kg KG liegt, wird meist jenseits des 20. Lebensjahres erreicht.

Bei Kindern jeder Altersgruppe ist es sinnvoll, sich bereits unmittelbar nach Diabetesmanifestation für eine intensivierte Form der Insulintherapie zu entscheiden. Viele Jahre hindurch wurde fast ausschließlich eine 4-Injektionen-Therapie durchgeführt (ICT). Inzwischen wird jedoch zunehmend – auch besonders bei Kindern im Vorschulalter – die Insulinpumpentherapie bei Manifestation eingesetzt (CSII). Bei der intensivierten Insulintherapie (ICT) erhalten die Kinder bzw. Jugendlichen morgens, mittags und abends vor den Hauptmahlzeiten Normalinsulin als Prandialrate, wenn damit zwei aufeinanderfolgende Mahlzeiten abgedeckt werden (z. B. Frühstück und Snack in der ersten Pause in der Schule), und abends spät ein Verzögerungsinsulin (z. B. NPH-Insulin) als Basalrate. Es können auch Insulinanaloga mit schnellem und langsamem Wirkungseintritt injiziert werden. Normalinsulin und kurzwirksames Analoginsulin können dabei ebenfalls komplementär und von Tag zu Tag unterschiedlich bei den Mahlzeiten eingesetzt werden.

4.2.10.1 Prandialinsulindosis

Die Prandialinsulindosis hängt von der Menge der während einer Mahlzeit zugeführten Kohlenhydrate ab und wird als Quotient „Insulin/KE" anzugeben). Der Insulin-KE-Quotient liegt meist zwischen 1,5 und 2,0 IE/KE. Er ist intra- und interindividuell unterschiedlich groß und muss daher vom Patienten ständig neu ermittelt werden. Auch die zirkadianen Veränderungen der Insulinwirksamkeit beeinflussen den Insulin-KE-Quotienten. Während der Zeit der Morgenhyperglykämie (Dawn-Phänomen) werden normalerweise deutlich mehr als 2 IE/KE benötigt. Am späten Nachmittag liegt ebenfalls eine Hyperglykämieneigung vor (Dusk-Phänomen), so dass etwa 2 IE/KE injiziert werden müssen. Am späten Vormittag und um die Mittagszeit sowie nach Mitternacht während der ersten Nachthälfte besteht eine ausgesprochene Hypoglykämieneigung. Während dieser Zeit sollte das Insulin daher sehr vorsichtig dosiert werden. Meist kommen die Patienten um die Mittagszeit mit 1,0–1,5 IE/KE, um Mitternacht mit 0,5–1,0 IE/KE aus. Die Insulindosis, die vor einer Mahlzeit injiziert werden muss, hängt nicht nur von der geplanten Nahrungszufuhr ab, sondern auch vom aktuellen präprandialen Blutglukosewert. Die mit Hilfe des Insulin-KE-Quotienten errechnete Insulindosis muss daher korrigiert werden. Bei hohen Präprandialwerten muss Korrekturinsulin hinzugefügt, bei niedrigen abgezogen werden.

Der Blutglukosespiegel wird bei Kindern und Jugendlichen durch 1 I. E. Normalinsulin um durchschnittlich 40 mg/dl (2,2 mmol/l) gesenkt. Dieser Wert weist große individuelle Schwankungen auf und hängt u. a. vom Gewicht ab. So kann die Absenkungsrate durch 1 I. E. Normalinsulin bei Jugendlichen nur 30 mg/dl (1,7 mmol/l) betragen, bei Kleinkindern dagegen 90 mg/dl (5 mmol/l) und mehr. Die Absenkungsrate nach Injektion von 1 I. E. Normalinsulin hängt jedoch wegen des Zirkadianrhythmus der Insulinwirkung auch vom Zeitpunkt der Insulininjektion ab.

4.2.10.2 Basalinsulindosis

Die Injektion von Verzögerungsinsulin soll die basale Insulinsekretion zur Regulation der hepatischen Glukoseproduktion nachahmen. Der Tagesbedarf von Basalinsulin liegt bei stoffwechselgesunden Erwachsenen um 0,3 IE/kg KG. Der tägliche Basalinsulinbedarf kann bei Kindern und Jugendlichen mit Typ-1-Diabetes im Hungerversuch (Fastentag) ermittelt werden. Er liegt bei Kleinkindern um 0,2 und bei Kindern um 0,3 IE/kg KG. Während der Pubertät steigt der basale Insulinbedarf auf höhere Werte. Wegen seiner Wirkungsdauer von 16–17 h und seines Wirkungsmaximums nach 5–7 h kann NPH-Insulin an den Zirkadianrhythmus der Insulinwirkung angepasst werden. Bei sehr niedrigem Insulinbedarf wird NPH-Insulin nur abends spät injiziert, häufiger jedoch morgens und spät abends. Bei erhöhtem Insulinbedarf am späten Nachmittag (Dusk-Phänomen) ist nicht selten auch mittags vor der zweiten Mahlzeit eine NPH-Insulininjektion notwendig. Abends zur dritten Hauptmahlzeit kann meist auf Basalinsulin verzichtet werden, da der Blutglukosewert spät abends vor dem Schlafen nicht zu niedrig sein sollte (> 100 mg/dl bzw. (5,6 mmol/l).

Das mittellang wirksame Insulin Detemir (Levemir) muss wegen seiner Wirkdauer von etwa 12–16 h in der Regel zweimalig injiziert werden. Dabei kommen Schemata mit morgendlicher und abendlicher, mittäglicher und spätabendlicher (besonders bei Dawn-Phänomen) und morgendlicher und spätabendlicher Gabe zur Anwendung. Bei der Dosisfindung ist ein interindividuell sehr unterschiedliches Ansprechen auf Detemir zu beobachten. Im Vergleich mit NPH-Verzögerungsinsulin ergeben sich bei spätabendlicher Gabe Dosiserhöhungen von im Mittel 1,7-mal der ursprünglichen Dosis. Dabei wurden gute Nüchternblutzucker bei einzelnen Patienten auch bei dosisgleicher Umstellung beobachtet, während andere erst nach einer Verdopplung der Dosis gute Morgenwerte ohne nächtliche Unterzuckerungen aufwiesen.

Bei Erwachsenen und auch in einigen pädiatrischen Zentren wird häufig das langwirkende Insulinanalogon Glargin als Basalinsulin eingesetzt. Wegen seiner langen Wirkungsdauer von 22–24 h wurde Glargin zunächst nur einmal am Tag injiziert. Inzwischen sind jedoch verschiedene Modifikationen seines Einsatzes entwickelt worden. Es wird frühmorgens und abends (18 Uhr), frühmorgens und spät abends (23 Uhr), aber auch mittags und spät abends injiziert. An den Zirkadianrhythmus der Insulinwirkung kann es wegen seiner sehr langen Wirkungsdauer nicht in gleicher Weise angepasst werden wie die NPH-Insuline und das Detemir.

Tab. 4.3: Richtwerte für die Durchführung der intensivierten konventionellen Insulintherapie (ICT).

Insulintagesbedarf	Kinder	0,80–1,0 IE/kg KG
	Jugendliche	1,2–0,8 IE/kg KG
	Erwachsene	0,6–0,7 IE/kg KG
Basalinsulintagesbedarf	Kinder	0,30–0,35 IE/kg KG
	Jugendliche	
	Erwachsene	
Prandialinsulindosis	Morgens	–1,5–2,5 IE/KE
	Mittags	–1,0–1,5 IE/KE
	Abends	–1,5–2,0 IE/KE
	Nachts	–0,5–1,0 IE/KE
Blutglukoseabsenkungsraten nach 1 I. E. Normalinsulin	Morgens	20–30 mg/dl (1,1–1,7 mmol/l)
	Mittags	40–50 mg/dl (2,2–2,8 mmol/l)
	Abends	30–40 mg/dl (2,2–2,8 mmol/l)
	Nachts	60–80 mg/dl (3,3–4,4 mmol/l)
Täglicher Kalorienbedarf	Kinder	45–70 kcal/kg KG
	Jugendliche	35–45 kcal/kg KG
	Erwachsene	25–35 kcal/kg KG

KG Körpergewicht

Bei der differenzierten Prandial- und Basalinsulinsubstitution der intensivierten Insulintherapie bei Kindern und Jugendlichen bestehen etwa 70 % der Tagesdosis aus schnell wirkendem Insulin (Normalinsulin oder Analogon), etwa 30 % aus Verzögerungsinsulin. Richtwerte für die Durchführung der intensivierten konventionellen Insulintherapie (ICT) finden sich in Tab 4.3.

4.2.11 Insulinpumpentherapie (CSII)

Das Vorgehen bei intensivierter Insulintherapie mit Hilfe einer Insulinpumpe (CSII) ist im Prinzip sehr ähnlich. Die Prandialinsulingaben werden vom Patienten vor den Mahlzeiten abgerufen und die kontinuierliche Basalinsulinapplikation entsprechend der zirkadianen Rhythmik einprogrammiert. Es gibt heute keine spezifische Altersgruppe, bei der Gründe für oder gegen die CSII sprechen. Die CSII kann prinzipiell in jeder Altersgruppe zur Anwendung kommen, d. h. sowohl bei Jugendlichen, älteren und jüngeren Schulkindern als auch bei Kindern im Vorschulalter und bei Säuglingen [8].

Gegenwärtig werden in Deutschland im Kindesalter katheterbasierte Insulinpumpen und eine so genannte „Patch-Pumpe", die ohne Katheter direkt auf der Haut platziert wird, eingesetzt (Abb. 4.2).

In einer Insulinpumpe können zwei Sorten Insulin verwendet werden, Normalinsuline und schnellwirkende Insulinanaloga. Da Stoffwechselschwankungen bei Kindern besonders ausgeprägt sind, setzen wir bei der CSII daher ausschließlich schnellwirkende Insulinanaloga (U100) ein. Grundsätzlich kann mit Hilfe eines insulinfreien Mediums eine Insulinverdünnung hergestellt werden. Da dieses Verfahren sehr aufwendig ist, verwenden wir nur noch in Ausnahmefällen bei sehr geringem Insulinbedarf (< 0,1 IE/h) ein verdünntes Insulin.

Für Kinder und Jugendliche sind in erster Linie abkoppelbare Katheter geeignet. Wir setzen ab Beginn der CSII Stahlkatheter mit guter Akzeptanz ein, weil darunter nach unserer Einschätzung ein unbemerktes Abknicken des flexiblen Teflonkatheters mit daraus folgenden unerklärlichen Glukoseschwankungen seltener vorkommen kann. Kinder haben im Vergleich zu Erwachsenen wesentlich weniger Unterhautfettgewebe. Die Kanülenlänge beträgt daher in den meisten Fällen 6 oder 8 mm. Bei häufigen Katheterproblemen und unbefriedigendem Ergebnis der CSII sollten bei älteren Kindern durchaus längere Katheterkanülen ausprobiert werden. Der Katheter muss alle ein bis drei Tage gewechselt werden, um eine gute Insulinwirkung zu gewährleisten und Lipohypertrophien und Hautinfektionen zu vermeiden. Grundsätzlich ist auf die Entwicklung eines Katheterabszesses zu achten, der sich auch bei regelmäßigem Wechsel bilden und gegebenenfalls eine antibiotische Therapie oder chirurgische Abszessspaltung erforderlich machen kann.

	Medtronic Veo	Medtronic 640G	Roche Insight	Animas vibe	Omnipod Patch-Pumpe
Bolusrechner	BolusExpert	BolusExpert	Accu-Check Insight Diabetes Manager	ezCarb	Personal Diabetes Manager (PDM)
Blutzucker (BZ) Gerät mit direkter Übertragung	Contour® Next Link von Bayer	Contour® Next Link 2.4 von Bayer	Accu-Check Insight Diabetes Manager	–	Integriertes FreeStyle®-Messgerät
Manuelle BZ Eingabe möglich	Ja	Ja	Nein	Ja	Ja
Bolusschrittgröße/ Max. Bolus/ Bolusarten	Schritte: 0,025/0,05/0,1 E max. Bolus: 75 E Normal-Bolus, Easy-Bolus (0,1 bis 2 E), Dual-Bolus, verlängerter Bolus (30 Min.–8 Std.)	Schritte: 0,025/0,05/0,1 E max. Bolus: 75 E Normal-Bolus, Easy-Bolus (0,1 bis 2 E), Dual-Bolus, verlängerter Bolus (30 Min.–8 Std.), Bolus-Tempo (Standard bzw. Schnell)	Schritte: 0,05/ 0,1/0,5/1/5 E max. Bolus: 25 E Standard-Bolus, Quick-Bolus (0,1 bis 2,0 E), verzögerter Bolus, Multi-Wave-Bolus	Schritte: 0,05/ 0,1/0,5/1/5 E max. Bolus: 35 E Normal-Bolus, Combo-Bolus, verlängerter Bolus, Audio-Bolus	Schritte: 0,05/ 0,1/0,5/1,0 E max. Bolus: 30 E Normal-Bolus, erweiterter Bolus: % oder E
Basalrateneinstellung	0,025–35 E/Std.	0,025–35 E/Std.	Min.= 0,02 E/ Std. bis Max.= 25 E/Std.	0,025 bis 25 E/ Std. in 0,025 E/ Std. Schritten	in 30-Minuten-Schritten Max. Basalrate: 30 E/Std. Basalratenschrittweite: 0,05 E/Std. Temporäre Basalrate: % oder E
Basalraten/ Basalprofile	3 Profile mit jeweils 48 Basalraten	8 Profile mit jeweils 48 Basalraten	5 Profile mit jeweils 24 Basalraten	4 Profile mit jeweils 12 Basalraten	7 Profile mit jeweils 24 Basalraten
CGM Fähigkeit/ Hypo-Abschaltung	mit LGS	mit SmartGuard	nein	mit DEXCOM G4	nein
Katheter Teflon	Quick-set oder Mio Nadellänge: 6,9 mm Schlauchlänge: 45, 60, 80 (Mio : 110cm)	Quick-set oder Mio Nadellänge: 6,9 mm Schlauchlänge: 45, 60, 80 (Mio : 110cm)	Accu-Check Insight Flex oder Accu-Check Insight Tender Nadellänge: 6, 8, 10 mm Schlauchlänge: 30, 60, 80, 110 cm	verschiedene Katheter unterschiedlicher Hersteller mit Luer-Lock Anschluss (z.B. wie bei Medtronic oder Roche Pumpen)	eingebauter Katheter

Abb. 4.2: Vergleich verschiedener, in der pädiatrischen Diabetologie eingesetzter Pumpenmodelle.

	Medtronic Veo	Medtronic 640G	Roche Insight	Animas vibe	Omnipod Patch-Pumpe
Katheter Stahl	Sure-T Nadellänge: 6, 8, 10 mm Schlauchlänge: 45 (nur 6 mm), 60, 80 cm	Sure-T Nadellänge: 6, 8, 10 mm Schlauchlänge: 45 (nur 6 mm), 60, 80 cm	Accu-Check Insight Rapid Nadellänge: 6, 8, 10, 12 mm Schlauchlänge: 30, 60, 80, 110 cm	verschiedene Katheter unterschiedlicher Hersteller mit Luer-Lock Anschluss (z.B. wie bei Medtronic oder Roche Pumpen)	nein
Batterie	1 x AAA Batterie	1 x AA Lithium, Alkali oder Akku	1 x AAA Alkali, Lithium	1 x AA Alkaline, Lithium	2 x AAA Alkaline
Bolusbesonderheit	Nein	Vorprogrammierter Bolus möglich	Startverzögerung Programmierbar 0 Min., 15 Min., 30 Min., 45 Min., 45 Min., 60 Min. (gedacht z.B. für Patienten mit Störung der Magenentleerung)	nein	nein
Insulinreservoir	1,8 ml und 3 ml	3 ml	1,8 ml oder vorgefüllte Novorapid Ampullen verfügbar	2 ml	2 ml
Farbdisplay	Nein	Ja	Ja, mit Zoom-Funktion	Ja	Ja
Wasserfest	spritzwassergeschützt	wasserdicht bis zu 3,6 m und über 24 Stunden	wasserdicht bis zu 1,3 m und über 60 min	wasserdicht bis zu 3,6 m und über 24 Stunden	wasserdicht bis zu 7,6 m und über 60 min

Abb. 4.2: (fortgesetzt)

4.2.11.1 Festlegen der Basalrate

Die Basalrate reguliert den nahrungsunabhängigen Insulinbedarf. Wie bei der ICT entfallen 30–40 % der Insulintagesdosis auf die Basalrate. Die richtige Wahl der Basalratendosis ist daran zu erkennen, dass jede Nahrungszufuhr (auch eine Zwischenmahlzeit!) einen Bolus erfordert. Dabei ist die zirkadiane Verteilung der Basalrate über den Tag sehr stark vom Alter abhängig (Abb. 4.3) [9]. Die maximale Basalrate liegt bei den präpubertären Kindern in den späten Abendstunden (zwischen 21 Uhr und 24 Uhr). Dagegen ist sie bei den pubertären Kindern in der Zeit von 3–9 Uhr und von 21–24 Uhr am höchsten. Bei der Korrektur der Basalrate wird die Dosis nicht erst in der Stunde verändert, in der eine Hypo- oder Hyperglykämie aufgetreten ist, sondern schon ca. 1–2 h vorher. Das ergibt sich aus den Wirkungsprofilen der verwendeten Insuline. Zur Überprüfung der Basalrate können Auslassversuche einzelner Mahlzeiten durchgeführt werden. Der Basalratentest wird an drei aufeinanderfolgenden Tagen

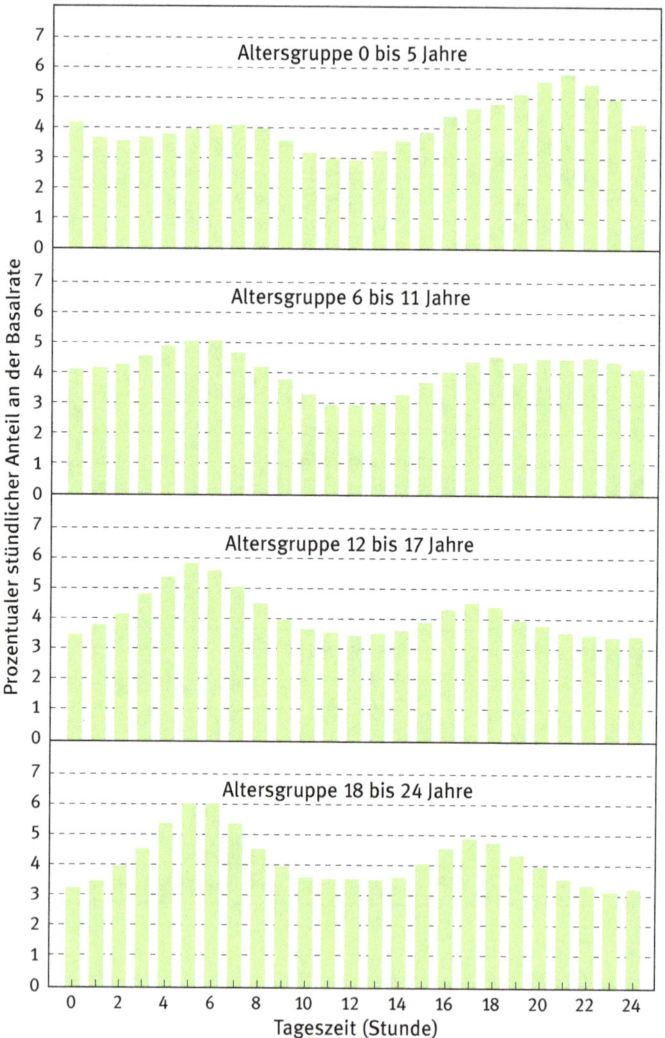

Abb. 4.3: Altersabhängige Basalraten bei der Pumpentherapie im Kindesalter [9].

durchgeführt. Es werden an jedem Tag eine Hauptmahlzeit und die darauf folgende Zwischenmahlzeit ausgelassen. In dieser Zeit ist es den Kindern nur erlaubt, kohlenhydratfreie Nahrungsmittel zu sich zu nehmen. Es sollte dabei allerdings auch auf extrem fett- und eiweißhaltige Nahrungsmittel verzichtet werden.

Änderungen der Basalrate sollten nicht punktuell, d. h. nur für die Dauer einer Stunde, sondern über größere Zeitabschnitte programmiert werden. Sie sollten prozentual in Schritten von 10–20 % bezogen auf die programmierte Basalrate im Zeitabschnitt erfolgen (sofern es nicht zu Entgleisungen gekommen ist). Bei verschiedenen Pumpenmodellen kann die Basalrate für einige Stunden erhöht oder gesenkt werden, ohne dass die Basalrate umprogrammiert werden muss. Bei anderen Pumpenmodellen können alternative Basalraten, z. B. für Tage mit besonderer körperlicher Belastung (z. B. Fußballtraining), eingegeben werden.

4.2.11.2 Berechnung des Prandialinsulins

Die Prandialinsulinboli sind wie bei der Injektionsbehandlung von der Tageszeit und den vorgesehenen KE abhängig. Im Allgemeinen ist der Insulin-KE-Quotient bei der ICT im Vergleich zur CSII frühmorgens deutlich höher, mittags vergleichbar und abends wieder höher. Der von der Tageszeit abhängige Insulin-KE-Quotient bleibt bis zu einer Kohlenhydrataufnahme von ca. 5 KE konstant. Bei höheren KE-Mengen ist der Bolus etwas niedriger als der mit Hilfe des vorgegebenen Insulin-KE-Quotienten berechnete. Das Insulin wird bei Blutglukosewerten < 80 mg/dl (4,4 mmol/l) direkt nach dem Essen, bei Werten zwischen 80 und 160 mg/dl (4,4–8,8 mmol/l) direkt vor dem Essen und bei einem Wert > 160 mg/dl (8,8 mmol/l) 10 min vor dem Essen abgegeben. Bei sehr jungen Kindern ist es möglich, das Insulin generell nach dem Essen abzugeben, damit die richtige Prandialinsulindosis entsprechend der tatsächlich eingenommenen Kohlenhydratmenge herausgefunden werden kann. Bei einem richtigen Mahlzeitenbolus bleiben die physiologischen Blutglukoseschwankungen erhalten, d. h. die Blutglukosewerte liegen 2 h nach der Mahlzeit ca. 30 mg/dl (1,7 mmol/l) über dem Ausgangswert und 4 h nach der Mahlzeit auf der Höhe des Ausgangswerts. Jede Haupt- und Zwischenmahlzeit erfordert einen Bolus – anderenfalls ist die Basalrate zu hoch. Wie auch bei ICT ist die Größe des Korrekturbolus von der Insulinempfindlichkeit und der vorgesehenen Blutglukosesenkung abhängig, d. h. der Differenz zwischen aktuellem Blutglukosewert und Blutglukosezielwert.

Ein wichtiger Aspekt zur Vermeidung einer Ketoazidose ist deren Thematisierung bei den Schulungen zur CSII. Liegt der Blutglukosewert über 250 mg/dl (13,9 mmol/l), muss unbedingt das Azeton im Urin oder im Blut getestet werden.

4.2.12 Sensorunterstützte Pumpentherapie und Closed Loop

Mit der Verbindung von Insulinpumpen und CGM entstand eine neue Therapieform, die sensorunterstützte Pumpentherapie (SuP). Zahlreiche randomisierte, kontrollierte Studien haben gezeigt, dass die SuP sowohl der intensivierten Insulintherapie (ICT) als auch der „klassischen“ Insulinpumpentherapie (CSII) überlegen ist [4]. Bei entsprechend dauerhafter Nutzung des Glukosesensors kommt es zu deutlich verbesserten Glukosewerten, ohne dass die Gefahr einer Hypoglykämie erhöht wird. Das Paradigm VEO-System (Fa. Medtronic) verfügt mit der Hypoglykämieabschaltung, dem so genannten „Low Glucose Suspend“ (LGS), über einen Algorithmus, der bei Unterschreiten eines einstellbaren Hypoglykämiegrenzwertes und bei Nichtreaktion durch den Patienten zur Unterbrechung der Insulinabgabe über maximal 120 min führt. Ein Hypoglykämie-Alarm-Schwellenwert ≤ 70 mg/dl (3,9 mmol/l) ist wirkungsvoll zur Hypoglykämievorbeugung.

Eine weitere Verfeinerung des Algorithmus ergibt sich, indem die Abschaltung prädiktiv bereits zu einem Zeitpunkt erfolgt, zu dem sich die Glukosekonzentration in Richtung der Hypoglykämieschwelle bewegt und beim Ansteigen des Glukosewertes wieder aufgehoben wird. Beim neuen SmartGuard® System der Medtronic 640G Pumpe wird erstmals aktiv in die Therapie eingegriffen, so dass es in vielen Fällen gar nicht mehr zum Erreichen eines hypoglykämischen Schwellenwerts kommt. Allerdings muss der Patient darauf hingewiesen werden, die prädiktive Abschaltung nicht mit Nahrungsaufnahme zur Hypoglyklämieprävention zu kombinieren, weil sonst Hyperglykämien nach der Abschaltung auftreten.

Beim „Closed-Loop“ kommt es zu einer Vermeidung von Hypo- und Hyperglykämien [10]. Dazu wird die Basalrate entsprechend den aktuellen kontinuierlich gemessenen Sensorwerten und den vorausgegangenen individuellen Sensorglukose- und Insulininfusionsdaten konstant angepasst bzw. zusätzliche automatische Bolusgaben werden abgegeben. Die Zulassung eines so genannten „Hybrid-Closed-Loops“ mit sensorgesteuerter Änderung der Basalarate und automatisierter Insulinabgabe bei Eingabe der KE-Menge der Mahlzeit (Medtronic 670G Pumpe) wird in den USA. für das Jahr 2017 erwartet.

4.2.13 Empfehlungen für die Dosisanpassung bei Sport

Besonders bei langdauerndem aerobem Sport reicht die üblicherweise empfohlene „Sport-KE“ nicht aus [11]. Es sind deutlich mehr zusätzliche KE erforderlich, um einer Hypoglykämie während des Sports vorzubeugen. Dabei erhöht eine vorausgegangene Hypoglykämie das Hypoglykämierisiko durch eine eingeschränkte gegenregulatorische Hormonausschüttung und die daraus folgende Wahrnehmungsstörung. Somit steigert eine Hypoglykämie während des Sports das Risiko für weitere Hypoglykämien, wenn die körperliche Belastung fortgesetzt wird. Daher sind regelmäßige Blutzuckerselbstkontrollen vor, während und nach der sportlichen Aktivität unverzichtbar.

Allgemein wird empfohlen, dass der Blutglukosewert beim Beginn einer sportlichen Aktivität zwischen 120–180 mg/dl (6,6–10,0 mmol/l) liegen sollte. Zur Vermeidung von Hypoglykämien ist generell die Zufuhr von Sport-KE wichtiger als die Insulindosisreduktion mittels einer temporären Basalrate. Am besten werden beide Maßnahmen kombiniert. Für sportlich aktive Insulinpumpenträger wird im Allgemeinen die Dauer der Basalratensenkung auf 4–5 h oder länger programmiert. Der Insulinbedarf beträgt bei mittlerer Belastung 50–70 % des Insulingrundbedarfs (Basalrate), bei lang andauernder Belastung nur 25–50 % des Grundbedarfs. Ein evtl. notwendiger Mahlzeitenbolus sollte um etwa 30 % gesenkt werden. Wegen des Auffülleffekts von Muskelglykogen und der dadurch verstärkten Gefahr von Hypoglykämien müssen die

Basalratensenkung und der reduzierte Mahlzeitenbolus für einige Stunden beibehalten werden.

Patienten sollten auch darauf aufmerksam gemacht werden, dass es trotz eines stabilen Blutglukoseverlaufs vor dem Sport zu einem signifikanten Anstieg der BZ-Spiegel auch ohne Nahrungsaufnahme bei Beginn sportlicher Betätigung kommen kann. Hier spielen sowohl ein Anstieg von Katecholaminen (Anspannung beim Wettkampf) als auch erhöhte Kortisolspiegel eine Rolle. Unter diesen Bedingungen kann gegebenenfalls ein Bolus von 1–2 E eines schnellwirksamen Analoginsulins direkt vor dem Sport Abhilfe schaffen. Bei anderen Patienten führt die Absenkung gegenregulatorischer Hormone in Erwartung einer Wettkampfsituation zur Hypoglykämie. Ein weiteres Problem besteht in der Hemmung der Magen- und Darmaktivität. Die Nahrung wird nicht oder sehr verzögert resorbiert. Auch dies kann eine Hypoglykämie zur Folge haben, so dass nur allgemeine Ratschläge gegeben werden können, die empirisch überprüft werden müssen.

Eine Steigerung der Insulinempfindlichkeit wird insbesondere 7–11 h nach körperlicher Belastung beobachtet, jedoch sind auch „Late-onset“-Unterzuckerungen bis zu 36 h nach dem Sport beschrieben worden. Besondere Bedeutung ist der nächtlichen Hypoglykämie nach sportlicher Betätigung beizumessen. Bei untrainierten Personen ist das Risiko einer nächtlichen Hypoglykämie insbesondere bei Sport mit intermittierender hoher Intensität gegenüber moderater Dauerbelastung erhöht. Eine bessere „Kohlenhydratladung“ (Glykogenaufbau) vor dem Sport und die vorzugweise Einnahme eines Snacks vor dem Schlafen (niedriger glykämischer Index mit Fett/Eiweiß) anstelle der Dosisreduktion des Bolusinsulins vor dem Abendbrot werden für Untrainierte in diesem Fall empfohlen.

Bei Blutglukosewerten über 300 mg/dl (16,7 mmol/l) sollte keine körperliche Anstrengung erfolgen. Sehr starke körperliche Belastung und hochintensiver Sport oberhalb der Laktatgrenze können zu einer Hyperglykämie bis hin zur Ketoazidose führen. Bei Blutzuckerwerten über 250 mg/dl (13,9 mmol/l) wird daher eine Überprüfung der Blut- oder Urinketonwerte empfohlen.

4.2.14 Inselzell- und Pankreastransplantation

Die großen Fortschritte der Diabetesbehandlung der letzten Jahre verbesserten die Prognose auch von Patienten mit sehr labilem Typ-1-Diabetes mellitus. Sie ist somit heute wesentlich besser als diejenige anderer Krankheiten, welche durch eine Transplantation behandelt werden. Trotzdem stellen Hypoglykämie-Wahrnehmungsstörungen und schwere, rezidivierende Hypoglykämien ein großes Problem bei einem nicht zu unterschätzenden Prozentsatz aller Patienten dar. Bei dieser Indikation müssen die Risiken einer lebenslangen Immunsuppression und des operativen Eingriffs gegen den potenziellen Nutzen (Vermeidung von lebensgefährlichen Hypoglykämien und Fortschreiten der mikro- und makrovaskulären Folgekomplikationen des Diabetes mellitus aufgrund einer schlechten Blutzuckerkontrolle) sorgfältig gegeneinander abgewogen werden. Wegen des ausgeprägten Spenderorganmangels und der Abnahme der Inselzelltransplantatfunktion über die Zeit kam es zu einem Paradigmenwechsel bei der Inselzelltransplantation: Das Hauptziel, das mit der Inseltransplantation verfolgt wird, ist nicht mehr unbedingt eine Insulinunabhängigkeit, sondern eine gute Blutzuckerkontrolle und Vermeidung von schweren Hypoglykämien. Dieses Ziel konnte bei 80–90 % aller Patienten, die eine Inseltransplantation erhielten, erfüllt werden, auch wenn geringe Dosen von Insulin injiziert werden müssen. Der größte Hauptnachteil der Pankreastransplantation ist die hohe Rate von Komplikationen (Thrombose, Lecks, Infektionen etc.).

Literatur

[1] Smart CE, Annan F, Bruno LPC, Higgins LA, Acerini CL. ISPAD Clinical Practice Consensus Guidelines 2014 Compendium. Nutritional management in children and adolescents with diabetes. Pediatr Diabetes. 2014; 15(20): 135–153.

[2] Grüßer M, Jörgens V, Kronsbein P. Zehn Gramm KH = ... Kirchheim Verlag, Mainz. 2013.

[3] Kordonouri O, Hartmann R, Remus K, Bläsig S, Sadeghian E, Danne T. Benefit of supplementary fat plus protein counting as compared with conventional carbohydrate counting for insulin bolus calculation in children with pump therapy. Pediatr Diabetes. 2012; 13: 540–544.

[4] Neu A, Bartus B, Bläsig, S, Bürger-Büsing J, Danne T, Dost A, et al. S3–Leitlinie zur Diagnostik, Therapie und Verlaufskontrolle des Diabetes mellitus im Kindes- und Jugendalter. S3 Leitlinie der Deutschen Diabetes Gesellschaft. 2015; http://www.diabetes-kinder.de.

[5] Danne T, Kordonouri O, Lange K. Diabetes bei Kindern und Jugendlichen. 2015; 7. Auflage, Springer Verlag.

[6] Danne T, Bangstad HJ, Deeb L, Jarosz-Chobot P, Mungaie L, Saboo B, et al. International Society for Pediatric and Adolescent Diabetes (2014).ISPAD Clinical Practice Consensus Guidelines 2014. Insulin treatment in children and adolescents with diabetes. Pediatr Diabetes. 2014 Sep; 15(20): 115–134.

[7] Insulintabelle: von Kriegstein, et al. http://www.diabetesde.org/fileadmin/users/Patientenseite/PDFs_und_TEXTE/Infomaterial/L-Standl_Insulintabelle_2011.pdf

[8] Phillip M, Battelino T, Rodriguez H, Danne T, Kaufman F. European Society for Paediatric Endocrinology; Lawson Wilkins Pediatric Endocrine Society; International Society for Pediatric and Adolescent Diabetes; American Diabetes Association; European Association for the Study of Diabetes. Use of insulin pump therapy in the pediatric age-group: consensus statement from the European Society for Paediatric Endocrinology, the Lawson Wilkins Pediatric Endocrine Society, and the International Society for Pediatric and Adolescent Diabetes, endorsed by the American Diabetes Association and the European Association for the Study of Diabetes. Diabetes Care. 2007; 30: 1653–1662.

[9] Bachran R, Beyer P, Klinkert C, Heidtmann B, Rosenbauer J, Holl RW; German/Austrian DPV Initiative; German Pediatric CSII Working Group; BMBF Competence Network Diabetes. Basal rates and circadian profiles in continuous subcutaneous insulin infusion (CSII) differ for preschool children, prepubertal children, adolescents and young adults. Pediatr Diabetes. 2012; 13: 1–5.

[10] Kropff J, DeVries JH. Continuous Glucose Monitoring, Future Products, and Update on Worldwide Artificial Pancreas Projects. Diabetes Technol Ther. 2016; 18(2): S253–263.

[11] Robertson K, Riddell MC, Guinhouya BC, Adolfsson P, Hanas R; International Society for Pediatric and Adolescent Diabetes ISPAD Clinical Practice Consensus Guidelines 2014. Exercise in children and adolescents with diabetes. Pediatr Diabetes. 2014 Sep; 15(20): 203–223.

Thomas Danne, Cathrin Guntermann, Olga Kordonouri

4.3 Fettstoffwechselstörungen: Diätetische und medikamentöse Behandlung

4.3.1 Grundlagen der diätetischen Therapie

Die Behandlung primärer Fettstoffwechselstörungen soll erhöhte Chlolesterin- und Triglyceridwerte im Blutplasma normalisieren und das Risiko für arteriosklerotische Gefäßveränderungen (KHK etc.) senken bzw. verhindern.

Grundlage jeder Behandlung primärer Fettstoffwechselstörungen im Kindes- und Jugendalter ist eine abwechslungsreiche und kindgerechte Ernährung, die eine altersgerechte Kalorien- und Nährstoffzufuhr gewährleistet und somit zu einem normalen Wachstum und einer gesunden Entwicklung beiträgt. Diese Ernährung orientiert sich grundsätzlich an den D-A-C-H-Referenzwerten und hinsichtlich der Umsetzung in die Praxis an den „10 Regeln für eine vollwertige Ernährung“ der Deutschen Gesellschaft für Ernährung (DGE). Eine gesunde Ernährung soll den Kindern und Jugendlichen selbstverständlich auch schmecken, denn das bedeutet Lebensqualität und gehört zu einer glücklichen Entwicklung eines Kindes mit dazu. Bei einem entsprechenden Krankheitsbild bedeutet das, dass nicht nur eine Ernährungsmodifikation, sondern auch eine Lebensstiländerung mit mehr Bewegungsaktivität im Alltag und regelmäßigem Sport notwendig ist.

Grundsätzlich sollte die Ernährung für Kinder (> als 2 Jahre) und Jugendliche wie folgt zusammengestellt sein:

- 30–35 % des Gesamtkalorienbedarfs in Form von Fett (bei übergewichtigen Kindern ca. 30 %, das kann zur gewünschten Begrenzung der Energieaufnahme beitragen),
- 55 % in Form von komplexen Kohlenhydraten,
- 10–15 % als Proteine.

Bei einer entsprechenden Hyperlipidämie sollte die Zusammensetzung des Fettgehaltes im optimalen Fall

- 8–12 % gesättigte sowie trans-isomere Fettsäuren (< 1 % Trans-Fettsäuren),
- 7–10 % mehrfach ungesättigte Fettsäuren,
- > 10 % einfach ungesättigte Fettsäuren

betragen.

Die tägliche Cholesterinaufnahme sollte 300 mg/Tag nicht überschreiten.

Eine generelle vegetarische Ernährungsweise wird nicht empfohlen, Fette pflanzlicher Herkunft werden favorisiert. Außerdem ist eine hohe Nahrungszufuhr an antioxidativen Vitaminen, wie A, C, E und Beta-Carotin erwünscht, wie auch von Ballaststoffen, vor allem den wasserlöslichen.

Diese Richtlinien stimmen mit den Empfehlungen mehrerer Gesellschaften, wie Arbeitsgemeinschaft für Pädiatrische Stoffwechselstörungen (APS) in der Deutschen Gesellschaft für Kinderheilkunde und Jugendmedizin, American Heart Association und National Cholesterol Education Program (NCEP), überein. Sie alle empfehlen als primäre Therapiemaßnahme der Hyperlipidämien eine cholesterin- und fettarme Ernährung, die sogenannte STEP 1 DIET. Erzielt diese Ernährungsumstellung noch nicht den gewünschten Erfolg, findet die sogenannte STEP 2 DIET Anwendung. Hierbei werden der Konsum

- an gesättigten Fettsäuren bis auf 7 % der Gesamtkalorien und
- die Cholesterinzufuhr auf 200 mg/Tag im Kindesalter und 250 mg/Tag bei Adoleszenten

beschränkt [1, 2].

4.3.2 Einfluss der Ernährung auf die Blutlipide

Die verschiedenen Wirkungen der Nahrungsfette auf die Lipoproteine im Blutplasma werden in Tabelle 4.4 deutlich gemacht. Zum anderem ist hier zu sehen, in welchen Lebensmittel diese unterschiedlichen Fettsäuren enthalten sind. Außerdem wird aufgezeigt, ob sie einen Risikofaktor für die Entstehung von Herz-Kreislauf-Erkrankungen darstellen. Zu den anderen Risikofaktoren gehören unter anderem Diabetes mellitus, Hypertonie und die familiär vorkommende koronare Herzkrankheit.

Die Senkung des Gesamt- und LDL-Cholesterins durch eine solche Ernährungsumstellung verläuft individuell sehr unterschiedlich. Diese individuellen Schwankungen werden durch verschiedene Parameter beeinflusst, wie die zugrundeliegende Fettstoffwechselstörung, die Höhe der Ausgangslipidwerte, die diätetische Compliance, eine Körperreduktion, genetische Polymorphismen der Apolipoproteine E, B, A, C und die LDL-Partikelgröße [1]. Klinische Studien haben gezeigt, dass eine fettmodifizierte Ernährung bei pädiatrischen Patienten sowohl das Gesamt- als auch das LDL-Cholesterin um 15–20 % senken kann [4]. Bei der Senkung des Triglyceridwertes kann durch Gewichtsreduktion und entsprechende Ernährung ein Wert bis zu 40 % erreicht werden [5].

Das sind die theoretischen Vorgaben, die nun von den betroffenen Patienten und Familien umgesetzt werden müssen. Hierfür ist es sinnvoll, mit einer Ernährungsfachkraft im Rahmen einer Erstschulung die wünschenswerten Veränderungen auf Grundlage der momentanen aktuellen Ernährungsgewohnheiten zu besprechen.

Tab. 4.4: Einfluss von Nahrungsfett auf die Blutlipide (modifiziert nach [3]).

Erhöhung von	Enthalten in:	Risiko für Fettstoff-wechsel-Störungen	Einfluss auf: LDL	HDL	Tri-glyceride
Gesamtfett		↑	↑		
Gesättigte Fettsäuren (SFA)	tierischen Produkten: Fleisch vor allem mit sichtbarem Fett, Innereien, Wurstwaren, Eigelb, Butter, Milch, Käse, bestimmte Fischarten, Meeresfrüchte, Schokolade, Chips, Gebäck, das mit Butter und Eiern hergestellt wird	↑	↑ LDL/HDL-Quotient	gering ↑	↓
Einfach ungesättigte Fettsäuren (MUFA)	Oliven-, Rapsöl, Haselnüsse, Avocado	↓	↓	gering ↑	↓
Mehrfach ungesättigte Fettsäuren (PUFA):					
-n-6-PUFA	Maiskeim-, Distel-, Sonnenblumenöl	↓	↓	gering/ ↓ kein Einfluss	kein Einfluss
-langkettige n-3-PUFA	fettreichen Seefischen, wie Lachs, Makrele, Hering, (Fischöl)	↓	Evtl. gering↑	Kein Einfluss	↓
-α-Linolensäure	Lein-, Walnuss-, Raps-, Hanf-, Sojaöl	↓	↓	Kein Einfluss	↓ in sehr hohen Mengen
Transfettsäuren	industriell gehärteten pflanzlichen Fetten, z. B. in Margarine, Pommes frites, Donuts, Crackern, Kuchenstücken	↑	↑	↓	↑
Cholesterin	tierischen Produkten (s. o.)	↑	↑[1]		

[1] Cholesterin i. d. Nahrung hat bei der Hälfte der Menschen einen deutlichen Effekt auf das LDL.

4.3.3 Praktische Umsetzung bei erhöhtem Cholesterinspiegel

Bei einer Ernährung mit erhöhtem Cholesterinspiegel stellt die Reduzierung der gesättigten Fettsäuren die wichtigste Maßnahme zur Senkung des LDL-Cholesterins dar. Dies trägt automatisch zu einer Reduktion der Kalorien- und Cholesterinaufnahme bei [5]. Zur Einsparung von langkettigen gesättigten Fettsäuren gilt:

- bei tierischen Lebensmitteln – konsequent magere Sorten, Stücke oder fettarme/ -reduzierte Varianten auswählen,

- bei verarbeiteten Lebensmitteln/Fertigprodukten auf versteckte Fette achten und diese meiden, wie z. B. Tiefkühlprodukte, Feinkostsalate, Pizzen, Gratins, Kuchen/Torten, Süßwaren, Brotaufstriche,
- bei Koch- und Streichfetten die verwendeten Mengen reduzieren, Fette mit hohem Anteil an gesättigten Fettsäuren meiden wie Schmalz, Speck, Sahne, (Butter),
- fettarme Zubereitungsarten wie Dünsten, Dämpfen und Grillen und geeignetes Kochgeschirr, z. B. beschichtete Pfannen, Bratschlauch, Römertopf, auswählen.

Da die einfach und mehrfach ungesättigten Fettsäuren einen überwiegend positiven, also senkenden Einfluss auf den LDL- und Triglyceridspiegel und z. T. erhöhenden bzw. keinen signifikanten Einfluss auf den HDL-Wert haben, kommt ihnen ein hoher Stellenwert in der Ernährungstherapie zu. Um die Zufuhr von einfach und mehrfach ungesättigten Fettsäuren zu erhöhen, gilt:

- bevorzugt pflanzliche Fette und Öle mit einem hohen Anteil an ungesättigten Fettsäuren und günstigem Verhältnis von n-6- zu n-3-Fettsäuren verwenden. Dazu gehören Lein-, Raps-, Walnussöl, Pflanzenmargarine mit einem hohen Anteil an Rapsöl. Olivenöl und daraus hergestellte Streichfette enthalten reichlich einfach ungesättigte Fettsäuren.
- Nüsse (maßvoll konsumiert) sind positiv, da sie ebenfalls einen hohen Anteil von einfach und mehrfach ungesättigten Fettsäuren haben.
- Außerdem stellen pflanzliche Fette und Öle eine gute Quelle für Vitamin E dar, welches eine antioxidative Schutzwirkung für LDL-Partikel bewirkt.

Um eine höhere Aufnahme von n-3-Fettsäuren zu erreichen, gilt:

- ein bis zwei Seefischmahlzeiten pro Woche zu verzehren. Fettreiche Fische wie Lachs, Hering, Makrele und Thunfisch enthalten reichlich langkettige n-3-Fettsäuren. Panierter Fisch, Fischdauerwaren, verarbeiteter Tiefkühlfisch, Fischsalate mit Sahnesaucen sind zu meiden.
- Außer Fisch haben Lein-, Walnuss- und Rapsöl einen hohen Gehalt an α-Linolensäure und tragen somit zur n-3-Fettsäuren-Zufuhr bei.

Fischölkapseln sollten nur in Absprache mit dem Arzt Verwendung finden!

Durch die konsequente Auswahl fettarmer und fettreduzierter tierischer Lebensmittel wird die Cholesterinaufnahme bereits reduziert. Zusätzlich sollte auf besonders cholesterinhaltige Lebensmittel verzichtet werden, wie Innereien (die keinen großen Stellenwert in der heutigen Ernährung einnehmen), Meeresfrüchte, Aal und Räucherfisch. Bei Fisch und Geflügel sollte die Haut nicht mitgegessen werden, da sie sehr fettreich ist. Der Verbrauch von Eiern sollte auf zwei (bis drei) Stück pro Woche begrenzt werden. Hierbei sollte auch an verarbeitete Eier in z. B. Nudeln, Fertiggerichten, Dressings, Salaten, Aufläufen, Kuchen und Gebäck gedacht werden. Pflanzliche Fette und Öle enthalten von Natur aus kein Cholesterin, jedoch Phytosterine, die einen positiven Effekt auf die Cholesterinsenkung im Blutplasma bewirken. In Europa ist der

Einsatz von mit Phytostanolen/-sterolen angereicherten Lebensmitteln wie z. B. Margarine, Margarine- und Joghurtprodukte und Käse bei Kindern ab dem Alter von fünf Jahren und Jugendlichen mit einer Hypercholesterinämie von 1–3 g/Tag in Absprache mit dem Arzt erlaubt [2].

Transfettsäuren haben sowohl einen erhöhenden Einfluss auf den LDL- und den Triglyceridspiegel als auch einen senkenden Einfluss auf den HDL-Spiegel. Enthalten sind sie in geringen Mengen in Milch und -produkten, Fleisch und Margarine. Derzeit finden gehärtete Fette überwiegend in der industriellen Lebensmittelherstellung wie beim Braten, Backen und Frittieren ihre Anwendung. Deshalb wird empfohlen, auf Gebäck, Produkte aus Blätterteig, Kartoffelchips, Erdnussflips sowie Pommes frites weitgehend zu verzichten.

Einen günstigen Effekt zeigen die pflanzlichen Lebensmittel, da sie nativ fettarm und cholesterinfrei sind. Hierzu zählen die Vollkornprodukte (Nudeln, Reis, Brote, Getreideflocken), Hülsenfrüchte, Kartoffeln, Gemüse, Salate sowie frisches Obst. Ein regelmäßiger und reichlicher Verzehr führt zu einer erhöhten Ballaststoffzufuhr und somit zu einer besseren Sättigung und verdrängt so fast automatisch die ungünstigen, fettreichen tierischen Lebensmittel. Die pflanzlichen Lebensmittel enthalten verschiedene Mineralstoffe wie Magnesium, Kalium, Folat, Selen und Vitamin C, welche unterschiedliche protektive Wirkungen auf das Herz-Kreislauf-System ausüben. So zeigen auch die sekundären Pflanzenstoffe cholesterinsenkende, antioxidative und antientzündliche Wirkungen.

4.3.4 Praktische Umsetzung bei erhöhten Triglyceridwerten

In der Regel finden hier die gleichen Ernährungsempfehlungen ihre Anwendung wie bei erhöhten Cholesterinwerten. Besonderes Augenmerk wird auf die Energie- und Kohlenhydratzufuhr gelegt:

- Erhöhte Triglyceridwerte stehen mit Übergewicht bzw. Adipositas in engem Zusammenhang, so dass eine hypokalorische Ernährung mit der daraus resultierenden Gewichtsabnahme in den Vordergrund der Therapie zu rücken ist. Hierdurch sinken die Trigycerid- und die LDL-Cholesterinwerte und gleichzeitig steigt der HDL-Cholesterinwert an.
- Einfache Kohlenhydrate wie Mono-, Disaccharide und mehrwertige Zuckeralkohole lassen den Triglyceridspiegel ansteigen. Die Verzehrmenge und -häufigkeit solcher Kohlenhydrate, die in Honig, Zucker, Sirup, Süßigkeiten, Süßspeisen, Kuchen, Gebäck, Konservenobst etc. enthalten ist, sollten deutlich reduziert werden.
- Besser ist hier die Aufnahme von stärkehaltigen Lebensmitteln, die zugleich Ballaststoffe enthalten, wie Vollkornprodukten, Gemüse, Salaten und Hülsenfrüchten. Die Ballaststoffempfehlung liegt bei 5 g/Tag und Alter in Jahren (> 2 Jahren).

Außerdem ist im Rahmen der Ernährung bei erhöhten Triglyceridwerten auf die Zufuhr von n-3-Fettsäuren, die in fettreichen Fischen wie Lachs, Makrele, Hering und Thunfisch enthalten sind, zu achten. Die Empfehlung liegt bei zwei Fischmahlzeiten in der Woche.

Obwohl Alkohol nichts in der Ernährung von Kindern verloren hat, möchte ich ihn hier kurz mit erwähnen. Aufgrund seines hohen Energiegehaltes begünstigt es die Gewichtszunahme und somit den Anstieg der Triglyceride im Blutplasma.

4.3.5 Lebenstilmodifikation

An erster Stelle jeglicher Therapiemaßnahmen hat die Lebensstilmodifikation zu stehen. Hierzu gehören eine Ernährungsmodifikation, gegebenenfalls eine Gewichtsreduktion und regelmäßige körperliche Aktivität (mind. eine Stunde Ausdauersport am Tag). Dies wirkt sich unter anderem positiv auf den HDL-Cholesterinspiegel aus. Sind Kinder von einer Hyperlipidämie betroffen, sollte die gesamte Familie die Lebensstiländerung vollziehen, damit sie mit gutem Beispiel vorangeht und dem Kind die Umstellung vereinfacht. Die Ernährungsumstellung bildet die Grundlage der Therapie, eine diätetische Behandlung kann etwa ab dem 2. Lebensjahr begonnen werden. Es empfiehlt sich, möglichst früh ein gesundheitsförderndes Essverhalten zu erlernen, da das Essverhalten schon in jungen Jahren für das weitere Leben geprägt wird. Eine Ernährungsumstellung braucht Zeit – manchmal Monate oder Jahre. Maßgeblich für den Erfolg der Ernährungsmodifikation und die Compliance der Patienten und Eltern sind eine einfühlsame, altersgerechte und professionelle Ernährungsberatung und die regelmäßige Begleitung sowie Unterstützung durch die pädiatrische Ernährungsfachkraft und den Arzt.

Führt eine mindestens sechs bis zwölf Monate umfassende konsequente Umsetzung der Lebensstiländerung, wie diätetische Maßnahmen und erhöhte körperliche Aktivität, nicht zu dem gewünschten Erfolg, also zu keiner nennenswerten Reduzierung des LDL-Cholesterin- bzw. des Trigycerid-Spiegels, wird eine medikamentöse Therapie empfohlen (ab dem Alter von etwa acht Jahren, ggf. auch eher) [6]. Bevor eine medikamentöse Therapie zusätzlich zur Diätbehandlung eingesetzt wird, wird diese im Hinblick auf weitere Risikofaktoren mit dem Kinderarzt besprochen. Immer strengere Diäten bergen sonst das Risiko einer nicht ausreichenden Ernährung des Kindes und ggf. des Verlustes der Lebensfreude des Patienten [7].

4.3.6 Grundlage der medikamentösen Behandlung der Hyperlipidämie

Kinder und Jugendliche mit Hyperlipidämien und ihre Eltern sollen eine kompetente sowie einfühlsame, altersgemäße Aufklärung und sachgerechte Informationen erhalten. Bei Bedarf sollte zusätzlich eine psychosoziale Unterstützung angeboten werden.

Erforderlich sind eine altersgerechte, professionelle Ernährungsberatung und wiederholte Schulungen durch eine pädiatrische Ernährungsfachkraft. Die Betreuung betroffener Patienten sollte in enger Kooperation zwischen hausärztlich tätigem Kinder- und Jugendarzt bzw. Hausarzt und einem erfahrenen Stoffwechselzentrum/-spezialisten erfolgen. Eine medikamentöse lipidsenkende Therapie sollte bei Kindern ≥ 8 Jahren unter einer konsequent durchgeführten 3- bis 6-monatigen Lebensstil- und Ernährungsmodifikation entsprechend dem Schema der aktuellen pädiatrischen Leitlinie umgesetzt werden (Abb. 4.4) [2].

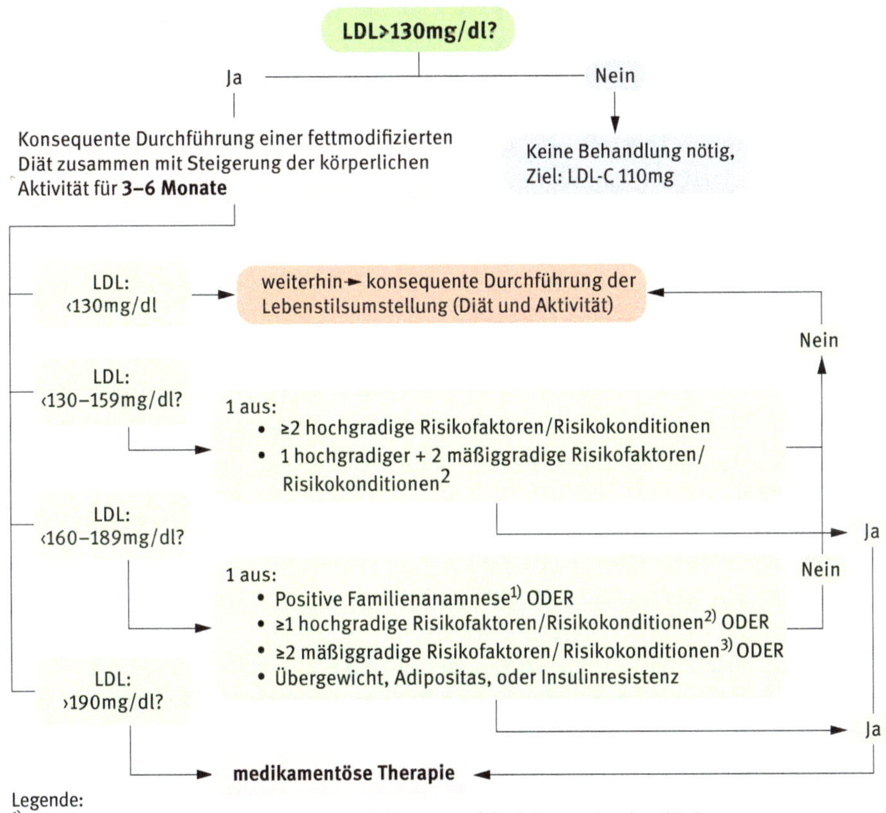

Legende:

1) > 1 betroffenen Verwandten 1. Grades < 55 J. (m) bzw. 65 J. (w) mit Koronarherzkrankheit

2) hochgradige Risikofaktoren (arterielle Hypertonie, Rauchen, BMI ≥97. P., Lipoprotein(a) >30 mg/dl), hochgradige Risikokonditionen (Typ-1- oder Typ-2-Diabetes, Kawasaki-Syndrom mit Aneurysma (in Regression), chronische Nierenerkrankung, Niereninsuffizienz, Nierentransplantation, chronisch-entzündliche Erkrankung)

3) mäßiggradige Risikofaktoren (BMI ≥85. P.- <97. P., HDL-Cholesterin < 40 mg/dl), mäßiggradige Risikokonditionen (Kawasaki-Syndrom mit Aneurysma (frisch), HIV-Infektion, Nephrotisches Syndrom, Medikamente)

Abb. 4.4: Behandlungsalgorithmus bei erhöhtem LDL-Cholesterin (nach [2]).

Bei der Beurteilung der Notwendigkeit einer lipidsenkenden Therapie bei pädiatrischen Patienten sollten sowohl der Typ der Dyslipidämie als auch die potenziellen

Auswirkungen eines früheren bzw. eines späten Behandlungsbeginns berücksichtigt werden. Wenn die Therapie bis ins Erwachsenenalter verzögert wird, ist die Möglichkeit für eine Prävention der atherogenen Auswirkungen der Dyslipidämie wesentlich vermindert. Eine frühzeitige Einleitung der Statin-Therapie bei Kindern mit familiärer Hypercholesterinämie hingegen kann zur Prävention der Arteriosklerose in der Adoleszenz beitragen. Bei der Entscheidung zur Wahl der Therapie und zum Therapiebeginn (ggf. auch vor dem Alter von acht Jahren) sollten besondere Risikofaktoren für ein hohes Risiko für eine frühe Arterioskleroseentwicklung berücksichtigt werden (z. B. chronische Nierenerkrankungen, Typ-2- oder Typ-1-Diabetes, Kawasaki-Syndrom mit koronaren Aneurysmen, Zustand nach Herztransplantation).

Die Entscheidung über die Notwendigkeit einer Therapie sollte auf den Ergebnissen von mindestens zwei Messungen der Lipidwerte (nüchtern) beruhen, die mindestens zwei Wochen, aber nicht mehr als drei Monate auseinanderliegen. Das Ziel einer LDL-senkenden Therapie in Kindheit und im Jugendalter besteht darin den LDL-Cholesterinspiegel unter die < 95. Perzentile (≤ 130 mg/dl) zu verringern.

4.3.7 Grundlage der medikamentösen Behandlung der Hypertriglyceridämie

Bei Kindern mit erhöhten Triglyceriden sollen eine Normalisierung eines erhöhten Körpergewichts sowie Lebensstil- und Ernährungsmodifikationen umgesetzt werden. Bei Triglyceriden über 1000 mg/dl tragen die Patienten ein erhöhtes Risiko für eine Pankreatitis, so dass eine konsequente Triglyceridsenkung vorgenommen werden soll. Eine medikamentöse Therapie wird nur selten für stark übergewichtige Kinder mit erhöhten Triglyceriden benötigt, sofern eine wirksame Gewichts- und Lebenstilmodifikation nicht erreicht werden können.

Fibrate sollten bei Kindern zurückhaltend eingesetzt werden, da die Daten über die Wirksamkeit und Sicherheit begrenzt sind.

Wenn diätetische Maßnahmen zusammen mit einer erhöhten körperlichen Aktivität keine befriedigende Senkung der Plasmalipide erzielen und die Gesamtbewertung der Patientenbefunde für ein erhebliches Risiko spricht, sollte ab dem Alter von etwa acht Jahren eine medikamentöse Therapie zusätzlich zur Diätbehandlung erwogen werden.

4.3.8 Cholesterinsynthesehemmer (HMG-CoA-Reduktase-Hemmer, Statine)

Cholesterinsynthesehemmer (z. B. Atorvastatin, Fluvastatin, Lovastatin, Pravastatin und Simvastatin) unterdrücken effektiv die HMG-CoA-Reduktase, das Schlüsselenzym der Cholesterinbiosynthese. Cholesterinsynthesehemmer sind bei Kindern und Jugendlichen mit bestehender Indikation zur medikamentösen Therapie einer Hypercholesterinämie Medikamente der ersten Wahl. Die verminderte intrazelluläre

Cholesterinsynthese vor allem in den Leberzellen führt zu einer Hochregulation der LDL-Rezeptoren und damit zu einer vermehrten LDL-Aufnahme aus dem Blut. Statine sind bei fehlender LDL-Rezeptoraktivität (ein Teil der Patienten mit homozygoter familiärer Hypercholesterinämie) nahezu ineffektiv, könnten jedoch bei einigen Patienten mit Compound-Heterozygotie eine Wirkung zeigen.

Je nach Substanz und Dosis können Cholesterinsynthesehemmer das LDL-Cholesterin um etwa 20–60 % senken und die Häufigkeit kardiovaskulärer Erkrankungen bei Erwachsenen deutlich reduzieren. Die Triglyceride werden leicht erniedrigt und das HDL-Cholesterin leicht erhöht. Bei Erwachsenen ist die cholesterinsenkende Wirkung pro mg Statine am stärksten bei Atorvastatin, gefolgt von Simvastatin, Lovastatin, Pravastatin und Fluvastatin. Bei Schulkindern und Jugendlichen mit primär genetischer und sekundärer Hypercholesterinämie senkt eine medikamentöse Therapie mit Statinen (Atorvastatin, Lovastatin, Pravastatin, Simvastatin) das LDL-Cholesterin durchschnittlich um 20–60 %, bei insgesamt sehr geringer Rate an beobachteten Nebenwirkungen. Auf Grundlage der verfügbaren Daten gelten Statine als sicheres und wirksames Medikament für die Behandlung von Fettstoffwechselstörungen bei pädiatrischen Patienten mit hohem Risiko. Zudem sind sie gut verträglich und sicher in Bezug auf Nebenwirkungen, Wachstum oder Pubertätsentwicklung.

Eine langfristige lipidsenkende Therapie mit Statinen kann bei Kindern und Jugendlichen mit heterozygoter familiärer Hypercholesterinämie das LDL-Cholesterin senken und dementsprechend das kardiovaskuläre Risiko signifikant verringern. Nach einer zweijährigen Therapiedauer wurde eine verminderte Zunahme der Intima-Media-Dicke der A. carotis beobachtet [8]. Studien haben gezeigt, dass Simvastatin und Pravastatin bei Kindern mit FH die arterielle Funktion verbessern [9]. Da eine langfristige Risikosenkung für kardiovaskuläre Ereignisse erzielt werden soll, ist eine deutliche Senkung des LDL-Cholesterins auch ohne vollständige Normalisierung als Therapierfolg einzuschätzen.

Zu den Nebenwirkungen der Statine zählen Myopathien mit Muskelschmerzen und Muskelschwäche, Erhöhung der Creatin-Kinase (CPK) bis zum Zehnfachen der oberen Referenzwerte und in sehr seltenen Fällen schwere Rhabdomyolysen, Erhöhungen der Transaminasen und sehr selten schwerwiegende Leberschädigungen (Abb. 4.5) [10].

Jede Statindosisverdoppelung bringt nur 6 % zusätzliche LDL-Cholesterinreduktion, jedoch deutlich mehr Nebenwirkungen [11]. Statine unterliegen einem ausgeprägtem First-pass-Effekt in der Leber, also ihrem eigentlichen Wirkort, und werden durch unterschiedliche Subtypen des Zytochroms P450, vor allem des Zytochroms 3a4, und im geringen Ausmaß vom CYP2C19 verstoffwechselt. Die Bioverfügbarkeit schwankt daher zwischen 5 und 25 %. Diese wird durch einen genetischen Polymorhismus mitbedingt, wobei eine Steigerung der Bioverfügbarkeit das Risiko von Myopathien erhöht. Da bei Europäern das Risiko für derartige Mutationen bei über 15 % liegt, kann eine Genotypisierung im Hinblick auf das C-Allel als Teil der Nutzen-Risiko-Bewertung erwogen werden. Bei Trägern des C-C-Genotyps sollte dann z. B.

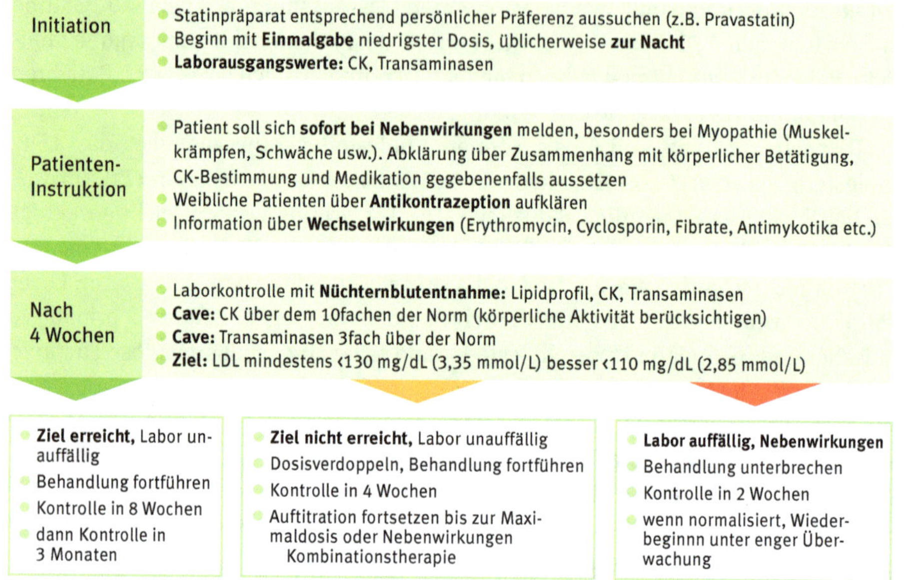

Abb. 4.5: Steuerung der Statinen-Therapie bei Kindern und Jugendlichen (nach [10]).

eine Dosissteigerung auf 80 mg oder mehr vermieden werden. CPK und Transaminasen (GOT, GPT) werden etwa sechs Wochen nach Beginn einer Statinbehandlung und danach erneut nach drei und je sechs weiteren Monaten bestimmt. Bei Anstieg auf das Dreifache der oberen Norm sollte die Statindosis reduziert und/oder die Behandlung unterbrochen werden. Durch den Metabolismus über Zytochrom P450A führt die Behandlung zur Interaktion mit anderen über diesen Stoffwechselweg katabolisierten Medikamenten (u. a. Fibraten, Antimykotika, Makrolid-Antibiotika, Antiarrhythmika und Protease-Inhibitoren). Die gleichzeitige Therapie kann daher das Nebenwirkungsrisiko erhöhen. Da Hinweise auf eine mögliche Feto-/Embryotoxizität von Statinen vorliegen, ist bei adoleszenten Frauen auf eine konsequente Antikonzeption zu achten. Möglicherweise ist diese Embryotoxizität pharmakologisch bedingt bei Pravastatin geringer als bei Atorvastatin, Lovastatin oder Simvastatin. Alternativ ist bei fehlender oder unsicherer Antikonzeption eine lipidsenkende Therapie mit Ezetimib zu bevorzugen.

Nicht über Zytochrom P450A metabolisiert wird Pravastatin. Pravastatin ist in Deutschland derzeit als einziges Statin für die Therapie im Kindesalter ab dem Alter von acht Jahren zugelassen. Fluvastatin ab einem Alter von neun Jahren und Atorvastatin, Lovastatin, Rosuvastatin und Simvastatin sind ab dem Alter von zehn Jahren zugelassen. Pitavastatin wurde bei Patienten mit Hypercholesterinämie (und zusätzlich Insulinresistenz, niedrigem HDL-Cholesterin, hohem CRP oder chronischen Nierenerkrankungen) getestet, wobei sich ein möglicher Nutzen von Pitavastatin bei der Verringerung des kardiovaskulären Risikos zeigte. Die Sicherheit und Wirksamkeit von Pitavastatin bei Kindern werden derzeit in klinischen Studien untersucht. Das Medikament darf aber zurzeit erst ab einem Alter von 18 Jahren verwendet werden. Da es sich bei Rosuvastatin um ein sehr neues Präparat handelt, gibt es wenige Erfahrungen im Kindes- und Jugendalter. Nach den Daten der FDA-AERS-Datenbank bezüglich der Medikamentennebenwirkungen scheint Rosuvastatin mit dem höchsten Nebenwirkungsrisiko in Post-Marketing-Studien verknüpft zu sein.

Statine können in einer Dosis pro Tag eingenommen werden. Die Einnahme ist abends zu empfehlen, da die Cholesterineigensynthese nachts am höchsten liegt. Bei Pravastatin beträgt die Anfangsdosis 1 × 10 mg, die je nach Wirkung in Schritten à 10 mg auf bis zu 1 × 40 mg/Tag gesteigert werden kann. Bei Patienten ab zehn Jahren beträgt die empfohlene Initialdosis von Atorvastatin 10 mg pro Tag mit nachfolgender Auftitration auf 20 mg pro Tag. Die Auftitration sollte sich bei pädiatrischen Patienten an dem individuellen Ansprechen und der Verträglichkeit orientieren. Die Daten zur Sicherheit bei pädiatrischen Patienten, die mit höheren Dosen als 20 mg (entsprechend ca. 0,5 mg/kg) behandelt wurden, sind begrenzt.

4.3.9 Ezetimib

Ezetimib (Ezetrol®) lagert sich am Bürstensaum des Dünndarms an und verhindert so die Aufnahme von Cholesterin in die Enterozyten. Dadurch wirkt es spezifisch auf die Sterinabsorption und beeinflusst – im Gegensatz zu Anionenaustauscherharzen – nicht die Resorption von Triglyceriden oder von fettlöslichen Vitaminen. Gleichzeitig führt dies zu einer vermehrten Synthese von LDL-Cholesterin-Rezeptoren an der Oberfläche der Leber und damit zu einer Steigerung der Aufnahme von LDL-Cholesterin. Durch die Hemmung der intestinalen Resorption von Cholesterin und pflanzlichen Sterinen durch Ezetimib wird das LDL-Cholesterin um 15–20 % bei guter Verträglichkeit gesenkt. Triglyceride können um 10–15 % gesenkt werden, während das HDL-Cholesterin zu einem geringen Anstieg tendiert. Nebenwirkungen, wie Kopfschmerzen, Bauchschmerzen oder Diarrhö, kommen nur sehr selten vor. Deshalb könnte Ezetimib als Monotherapie eine wichtige Strategie für jüngere Patienten darstellen. In der Kombination von Ezetimib mit Statin kann die Dosis für das Statin deutlich reduziert werden. Der Effekt bezüglich der LDL-Cholesterinsenkung lässt sich trotzdem steigern und das Risiko für Komplikationen wie Myopathie oder Rhabdomyolyse wird deutlich gesenkt. Auf dem Markt stehen heute Simvastatin mit Ezetimib und auch Atorvastatin in Kombination zur Verfügung. Ezetimib ist ab dem Alter von zehn Jahren zugelassen und kann als Monotherapie (10 mg/Tag) oder in Kombination mit Statinen oder Anionenaustauscherharzen eingesetzt werden.

4.3.10 Anionenaustauscherharze

Anionenaustauscherharze sind als Medikamente zweiter Wahl zur Monotherapie oder in Kombination mit Statinen zur Cholesterinsenkung wirksam und sehr sicher. Nichtresorbierbare Anionenaustauscherharze (Cholestyramin und Colestipol in Form von Kautabletten oder Granulat) wirken im Intestinaltrakt durch eine Unterbrechung des enterohepatischen Kreislaufes. Sie hemmen die Resorption von Gallensäuren und Cholesterin und steigern die Gallensäuresynthese aus Cholesterin in der Leber. Die resultierende Senkung der hepatischen Cholesterinkonzentration führt zu einer Vermehrung der LDL-Rezeptoren. Unter der Behandlung kommt es häufig zu einem leichten Anstieg der Triglyceride und des HDL-Cholesterins um 4–5 %.

Anionenaustauscherharze können das LDL-Cholesterin bei konsequenter Einnahme um etwa 15–20 % reduzieren, sollten aber nicht bei Kindern mit Hypertriglyceridämie verwendet werden. Aufgrund des Wirkungsmechanismus ist bei fehlender LDL-Rezeptoraktivität (homozygoter familiärer Hypercholesterinämie) keine lipidsenkende Wirkung zu erwarten. Da Anionenaustauscherharze nicht aus dem Gastrointestinaltrakt absorbiert werden, sind sie nicht mit ernsten Nebenwirkungen, wie einer systematischen Toxizität, verbunden. Die wichtigsten Nebenwirkungen sind gastrointestinale Beschwerden, wie Völlegefühl und Obstipation, die durch eine langsam einschleichende Behandlung vermindert werden können. Anionenaustauscherharze werden zu den Mahlzeiten mit reichlich Flüssigkeit eingenommen.

Die langfristige Einnahme ist belastend und erfordert eine hohe Motivation und Disziplin. Die Compliance im Kindes- und Jugendalter ist daher vielfach nicht zufriedenstellend. Aufgrund der insgesamt unbefriedigenden Compliance mit der belastenden Therapie durch Anionenaustauscherharze sind diese nicht mehr Therapie der ersten Wahl. Bei Verwendung von Tabletten hat sich bei Kindern die Praktikabilität der Therapie verbessert. Die Therapie sollte zur Verminderung von Nebenwirkungen mit einer niedrigen Dosierung pro Tag (< 8 g/T Cholestyramin oder < 10 g/T Colestipol) beginnen, und zwar unabhängig vom Körpergewicht. Eine Dosiserhöhung bewirkt keine lineare Wirkungssteigerung. Cholestyramin wird für die Behandlung von Hypercholesterinämie bei Kindern eingesetzt.

Die Wirksamkeit und Sicherheit von Colestipol und Colesevelam wurden in neuen Studien bei Erwachsenen dokumentiert. Anionenaustauscherharze können die Resorption fettlöslicher Vitamine (vor allem Vitamin D) und von Folsäure beeinträchtigen. Eine adäquate Supplementierung kann bei einem längerfristigen Einsatz dieser Mittel bei Kindern erforderlich sein. Zusätzlich kann es auch zu einer Beeinträchtigung der Resorption von Medikamenten wie Digitalis, Schilddrüsenhormonen und Phenprocoumon kommen. Deshalb wird empfohlen, die Einnahme anderer Medikamente mindestens zwei Stunden zeitversetzt zur Einnahme der Ionenaustauscher vorzunehmen. Colesevelam ist die am besten tolerierte Form dieser Mittel. Es zeigt eine größere Affinität für Gallensäure und kann somit in einer niedrigeren Dosis verwendet werden. Colesevelam führt zur Verminderung von LDL-C, wird gut vertragen und war mit einer hohen Compliance von bis zu 85 % verbunden. Die derzeit verfügbaren Daten zeigen, dass Colesevelam sowohl allein als auch mit Statinen zusammen wirksam ist und bei der Behandlung der heterozygoten FH bei erwachsenen und pädiatrischen Patienten gut vertragen wird. In Deutschland ist Colesevelam jedoch noch nicht für Kinder zugelassen.

4.3.11 Fibrate

Im Kindes- und Jugendalter werden Fibrate (z. B. Bezafibrat, Etofibrat, Fenofibrat, Gemfibrozil) vor allem bei schwerer Hypertriglyceridämie (> 350 mg/dl) und bei schwerer kombinierter Hyperlipidämie eingesetzt, obwohl keine Zulassung für dieses Lebensalter vorliegt. Wegen möglicher Nebenwirkungen, wie Transaminasenerhöhung, Myopathie, gastrointestinalen Beschwerden und Cholecystolithiasis, ist eine strenge Indikationsstellung erforderlich. Fibrate binden an die nuklearen Rezeptoren PPAR-α, steigern die Aktivität der Lipoproteinlipase und vermindern die Serumkonzentration von Apolipoprotein C-III. Durch die resultierende gesteigerte Lipolyse werden die Hydrolyse triglyceridreicher Lipoproteine und die VLDL-Elimination aus dem Plasma gefördert. Zudem steigt die HDL-Cholesterin-Konzentration bei einer gesteigerten Synthese von Apolipoprotein A-I und A-II. Fenofibrat und Bezafibrat können bei erhöhtem LDL-Cholesterin zu dessen Verminderung um 15–20 % führen. Die cholesterinsenkende Effizienz der Fibrate wird in Kombination mit pflanzlichen Sterinen oder mit Ezetimib deutlich verbessert. Eine Kombination von Bezafibrat und Sitosterin erzielte eine Verminderung des LDL-Cholesterins um 40 %. Bei mäßiger Hypertriglyceridämie (< 400 mg/dl) senken Fibrate die Triglyceride im Plasma um bis zu 50 % und erhöhen das HDL-Cholesterin um bis zu 15 %. Bei schwerer Hypertriglyceridämie (> 400 mg/dl) kommt es zu einem Anstieg von LDL-Cholesterin um 10–30 %.

4.3.12 Omega-3-Fettsäuren

Eine Supplementierung von hochdosierten Omega-3-Fettsäuren (2–4 g/T) ist selten bei Patienten mit schwerer Hypertriglyceridämie indiziert [12]. Bei der ORIGIN-Studie erwachsener Typ-2-Diabetespatienten ergab sich kein Effekt auf kardiovaskuläre Endpunkte, dagegen senkten sie jedoch deutlich erhöhte Triglyceridwerte, so dass sie als additive Therapie bei Patienten mit kardiovaskulären Risikofaktoren und Hypertriglyceridämie eingesetzt werden können. Omega-3-Fettsäuren können die endothelabhängige flussvermittelte Dilatation bei Kindern mit FH verbessern.

4.3.13 Niacin

Nikotinsäurepräparate (Niaspan®, Tredaptive®) wurden auf Grund enttäuschender Studienergebnisse (AIM-HIGH bzw. THRIVE) bei Erwachsenen vom deutschen Markt genommen. Niacin wird sehr selten bei ausgewählten Patienten mit homo- oder heterozygoter FH eingesetzt. Zusätzlich findet es auch Anwendung bei heterozygoten FH-Patienten mit sehr hohem Lp(a) und einer Familienanamnese mit vorzeitigen Herzerkrankungen. Bei Kindern ist die Erfahrung mit Niacin-Therapie begrenzt und sie sollte dementsprechend zurückhaltend bei Kindern und Jugendlichen eingesetzt werden. Die Behandlung mit Niacin führt zu einer Senkung sowohl von LDL-Cholesterin als auch von Triglyceriden und zu einer Erhöhung des HDL-Cholesterins, wobei der genaue Wirkungsmechanismus nicht bekannt ist. Als Nebenwirkungen besteht eine erhöhte Gefahr von Glukose-Intoleranz, Myopathie, Hyperurikämie und Hepatitis. Sehr häufig treten Hauterscheinungen (Rash) auf. Niacin wird deshalb nicht als Routinebehandlung bei Kindern eingesetzt. Nach der negativen Nutzen-Risiko-Bewertung ist den Niacin-Präparaten durch die EMA Anfang 2013 die Marktzulassung entzogen worden.

4.3.14 Lipidapherese, Plasmapherese, Lebertransplantation

Bei schwer therapierbaren Formen der Hyperlipidämie (homozygote familiäre Hypercholesterinämien; seltene Formen schwerer sekundärer Hyperlipidämien), bei denen auch eine maximale Dosis von Statinen nicht effektiv ist, kann durch regelmäßige Apherese- oder Plasmapherese-Therapie eine effektive Lipidsenkung erreicht werden. Die LDL-Apherese wird häufig mit Dextran-Sulphatecellulose-Absorption (DSA) oder mit dem HELP-Verfahren durchgeführt. Das belastende Verfahren muss alle ein bis zwei Wochen wiederholt werden und ist teuer, wird aber erfolgreich ab dem Grundschulalter und bei einzelnen Kindern auch im Vorschulalter eingesetzt. Bei homozygoter familiärer Hypercholesterinämie kann die Kombination von Lipidapherese mit einer Statintherapie das LDL-Cholesterin stärker senken und die Intervalle zwischen den Apheresebehandlungen verlängern. Die Apherese-Therapie wird als Behandlung der Wahl angesehen. Jedoch wurde bei einzelnen Patienten mit schwersten Hyperlipidämien auch durch eine Lebertransplantation eine effektive Lipidsenkung erreicht. Die Wahl der Therapie bei den schwersten Formen von Hyperlipidämie bleibt eine Ermessensentscheidung, die im Einzelfall in enger Kooperation mit erfahrenen Stoffwechselzentren getroffen werden sollte.

Bei Kindern mit homozygoter familiärer Hypercholesterinämie und bei Patienten mit aus anderen Gründen extrem erhöhtem LDL-Cholesterin (> 500 mg/dl) sollte eine LDL-senkende Therapie mit regelmäßiger LDL-Apherese durchgeführt werden.

4.3.15 PCSK9-Hemmstoffe

Kommt es zu einer unzureichenden Senkung des LDL-Cholesterins insbesondere bei Patienten mit sehr hohem LDL-Ausgangswert (> 190mg/dl), gibt es ein bislang nur für Erwachsene zugelassenes innovatives Therapieprinzip, einen Antikörper gegen den PCSK9-Rezeptor auf der Leberoberfläche (PCSK9: proprotein convertase subtilisin-like kexin type 9) (Abb. 4.6).

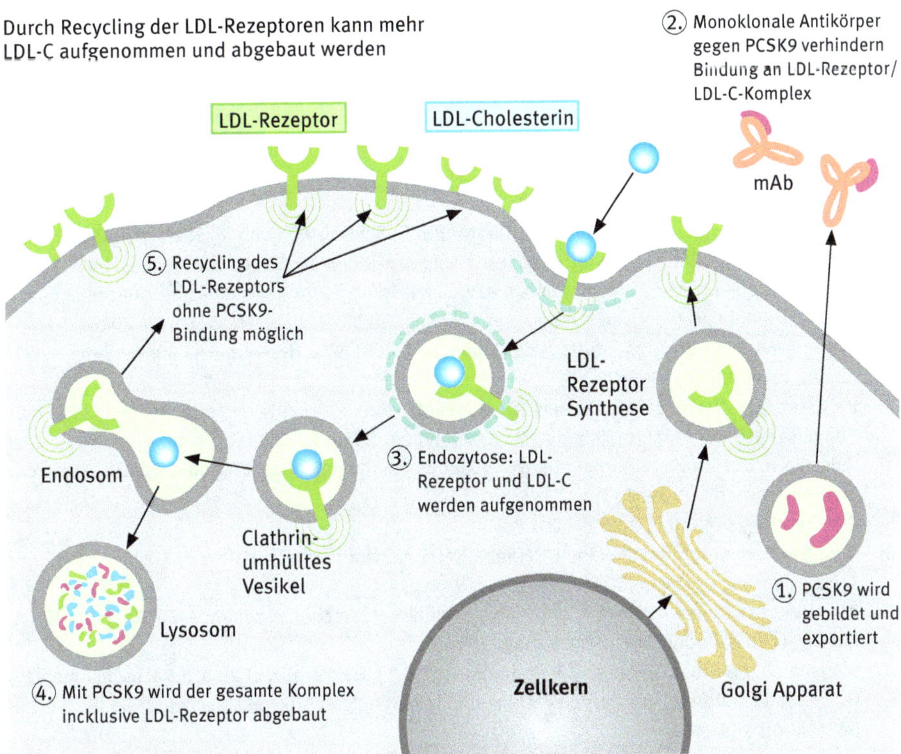

Abb. 4.6: Wirkmechanismus der PCSK9-Hemmer. PCSK9 reguliert die Anzahl der LDL-Rezeptoren (LDL-R) an der Oberfläche von Leberzellen und beeinflusst so die LDL-Cholesterin-(LDL-C-)Konzentration im Blut [modifiziert nach [13].

In Studien konnten die beiden bislang zugelassenen Präparate Alirocumab (Praluent®) und Evolocumab (Repatha®) die kardiovaskulären Endpunkte schon nach kurzer Zeit deutlich senken und sind daher weltweit für die Behandlung von Patienten mit Hypercholesterinämie, gemischten Dylipidämien und homozygoter FH bei Erwachsenen zugelassen [14]. Die Entdeckung des PCSK9-Gens und seiner Mutationen bildet ein Beispiel von Genetik-gesteuerter Therapieentwicklung. Diese monoklonalen Antikörper binden an die zirkulierenden PCSK9 und verhindern deren Bindung an die LDL-Rezeptoren; dementsprechend wird der Abbau von LDL-Cholesterin über die LDL-Rezeptoren gesteigert. In allen Studien konnte eine LDL-Cholesterinsenkung von mehr als 50 % bei nur geringer Nebenwirkungsrate und meist guter Verträglichkeit erreicht werden. Eine Injektion nur alle 14 Tage oder nur einmal pro Monat erhöht möglicherweise darüber hinaus in Zukunft die Compliance. Für Kinder, die Statine nicht gut vertragen oder bei denen diese kontraindiziert sind, könnten solche alternativen therapeutischen Strategien zur Senkung des LDL-Cholesterin ebenfalls erfolgreich sein, es liegen aber bislang noch keine Studiendaten vor [15].

Literatur

[1] Brümmer SM. Medikamentöse und diätetische Therapie der Hyperlipidämie im Kindesalter: Evaluation von Wirksamkeit, Nebenwirkungen und Compliance im Patientenkollektiv der Kinder-Lipidambulanz von 1997–2000.

[2] Chourdakis M, Buderus S, Dokoupil K, Oberhoffer R, Schwab KO, Wolf M. et al. Arbeitsgemeinschaft für Pädiatrische Stoffwechselstörungen (APS) in der Deutschen Gesellschaft für Kinderheilkunde und Jugendmedizin e. V. S2k-Leitlinien zur Diagnostik und Therapie von Hyperlipidämien bei Kindern und Jugendlichen. AWMF-Register Nr. 027-068. 2015. http://www.awmf.org/uploads/tx_szleitlinien/027-068l_s2k_Hyperlipid%C3%A4mien_Kinder_Jugendliche_2016-02.pdf

[3] Deutsche Gesellschaft für Ernährung (Hrsg.). Evidenzbasierte Leitlinie: Fettkonsum und Prävention ausgewählter ernährungsbedingter Krankheiten, Bonn. 2006.

[4] Koletzko B, Herzog M. Hyperlipidämien im Kindes- und Jugendalter: Diagnostik und Therapie. Med Wochenschr. 1999; 128: 477–485S.

[5] DGE Beratungs-Standards 2009–2011.

[6] Widhalm K. Hyperlipidämien. In: v. Reinehr, Kersting, van Teeffelen-Heithoff, Widhalm: Pädiatrische Ernährungsmedizin. 2012; Schattauer Verlag.

[7] Kordonouri O, Danne T, Lange K. Fr1dolin – Familiäre Hypercholesterinämie, Ein Ratgeber für Eltern und ihre Kinder, Kirchheim Verlag. 2016.

[8] Wiegman A, de Groot E, Hutten BA, Rodenburg J, Gort J, Bakker HD, et al. Arterial intima-media thickness in children heterozygous for familial hypercholesterolaemia. Lancet. 2004 Jan 31; 363(9406): 369–370.

[9] Braamskamp MJ, Kastelein JJ, Kusters DM, Hutten BA, Wiegman A. Statin Initiation During Childhood in Patients With Familial Hypercholesterolemia: Consequences for Cardiovascular Risk. J Am Coll Cardiol. 2016; 67: 455–456.

[10] McCrindle BW, Urbina, EM, Dennison BA, Jacobson MS, Steinberger J, Rocchini AP, et al. Drug Therapy of High-Risk Lipid Abnormalities in Children and Adolescents. A Scientific Statement From the American Heart Association Atherosclerosis, Hypertension, and Obesity in Youth Committee, Council of Cardiovascular Disease in the Young, With the Council on Cardiovascular Nursing Circulation. 2007; 115: 1948–1967.

[11] Leitersdorf E. Cholesterol absorption inhibition: filling an unmet need in lipid-lowering management. European Heart Journal Supplements. 2001; Supplement E, E17–E23.

[12] Chahal N, Manlhiot C, Wong, H, McCrindle BW. Effectiveness of Omega-3 Polysaturated Fatty Acids (Fish Oil) Supplementation for Treating Hypertriglyceridemia in Children and Adolescents. Clin Pediatr. 2014; 53: 645–651.

[13] Do RQ, Vogel RA, Schwartz GG. PCSK9 Inhibitors: potential in cardiovascular therapeutics.Curr Cardiol Rep. 2013; 15: 345.
[14] Everett BM, Smith RJ, Hiatt WR. Reducing LDL with PCSK9 inhibitors – the clinical benefit of lipid drugs. N Engl J Med. 2015; 373: 1588–1591.
[15] Vuorio A, Watts GF, Kovanen PT. Initiation of PCSK9 inhibition in patients with heterozygous familial hypercholesterolaemia entering adulthood: a new design for living with a high-risk condition? Eur Heart J. 2016; 0:ehw010v1–ehw010.

5 Akut- und Langzeitkomplikationen

Martin Wabitsch

5.1 Adipositas: Akut- und Langzeitkomplikationen

5.1.1 Einleitung

Durch die deutlich erhöhte Prävalenz der Adipositas im Kindes- und Jugendalter in den letzten Dekaden kommt es dazu, dass Krankheitsbilder als Folge einer erhöhten Körperfettmasse, die früher nur bei Erwachsenen auftraten, jetzt bereits im Kindes- und Jugendalter zu diagnostizieren sind. Zu nennen sind hier beispielsweise kardiovaskuläre Erkrankungen wie die arterielle Hypertonie und die linksventrikuläre Hypertrophie sowie auch metabolische Folgen der Adipositas wie gestörte Glukosetoleranz, Typ-2-Diabetes, Dyslipidämien und nicht alkoholische Fettlebererkrankung. Ebenso bedeutsam, jedoch bis heute nicht ausreichend untersucht, ist das Vorkommen eines Schlafapnoe-Syndroms bei Kindern und Jugendlichen mit Adipositas sowie einer Reihe orthopädischer Erkrankungen.

Die Abb. 5.1 gibt einen groben Überblick über mögliche Folgeerkrankungen der Adipositas im Kindes- und Jugendalter. In Tab. 5.1 sind Zahlen zum Vorkommen ausgewählter Begleit- und Folgeerkrankungen aus der Murnauer Komorbiditätsstudie

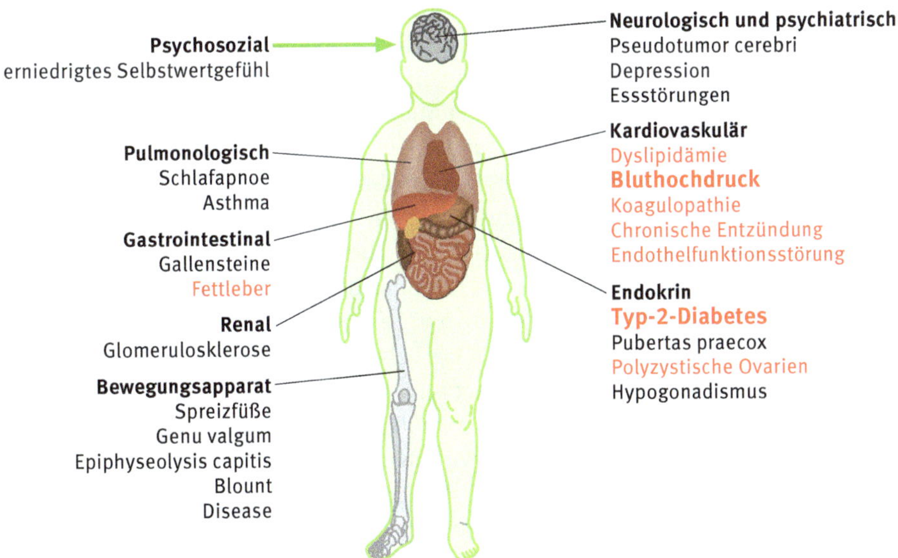

Abb. 5.1: Folgestörungen bei Adipositas im Kindes- und Jugendalter. Die rot gekennzeichneten Störungen sind direkt oder indirekt mit dem Metabolischen Syndrom assoziiert.

DOI 10.1515/9783110460056-006

Tab. 5.1: Kinder und Jugendliche mit Adipositas in Deutschland. Begleit- und Folgeerkrankungen (Ergebnisse der Murnauer Komorbiditätstudie 1998–2001, n = 520) [1].

6 %	Störungen im **Glukosestoffwechsel** **(gestörte Nüchternglykämie oder/und gestörte Glukosetoleranz)**
1 %	Typ-2-Diabetes
35 %	(Prä-)**Metabolisches Syndrom** (Hypertonie, Fettstoffwechselstörung, Insulinresistenz, Hyperurikämie)
30 %	Steatosis hepatis (**Fettleber**)
2 %	**Gallensteine**
35 %	**orthopädische Folgestörungen**

dargestellt. Die angeführten orthopädischen Folgestörungen bestanden in dieser Studie in einer Achsfehlstellung im Kniegelenk, Fußfehlstellungen und in ca. 7 % der Fälle in einer abgelaufenen milden Epiphyseolysis capitis femoris (ECF). Letztere stellt eine Präarthrose des Hüftgelenks dar.

Von besonderer Bedeutung ist die hohe Prävalenz des Metabolischen Syndroms bei Kindern und Jugendlichen mit Adipositas. Wir fanden bei bereits 6 % einen Prädiabetes und bei einem von hundert Kindern und Jugendlichen einen bislang seltenen und meist vorher nicht bekannten Altersdiabetes. Da der Typ-2-Diabetes mellitus die teuerste Komplikation der Adipositas generell darstellt, ist davon auszugehen, dass in wenigen Jahren in Anbetracht der hohen Prävalenzzahlen für Adipositas eine beträchtliche Kostenlawine auf das Gesundheitssystem zukommen wird.

Neben den somatischen Folgeerkrankungen der Adipositas führt diese zu anderen ungünstigen Auswirkungen, die für die betroffenen Kinder und Jugendlichen oftmals von größerem Krankheitswert sind. Hierzu gehören die Störungen der psychosozialen Entwicklung durch die Reaktion der Gesellschaft auf die bestehende Adipositas und die daraus resultierende Störung des Selbstbildes, des Selbstvertrauens bis hin zu einer depressiven Stimmungslage.

Die neuen Krankheitsbilder, die als Komorbiditäten der Adipositas auftreten, stellen für den Kinder- und Jugendarzt eine Herausforderung dar, da sie bislang in dieser Altersphase selten waren. Ihre Diagnostik und Therapie werden heute noch längst nicht ausreichend durch die Kinder- und Jugendmedizin durchgeführt. Im Folgenden sollen einzelne Folgeerkrankungen (akute und Langzeitkomplikationen) der Adipositas im Kindes- und Jugendalter ausführlicher beleuchtet werden.

Die ökonomische Analyse der Adipositas im Kindes- und Jugendalter ist aufgrund der immer noch mangelnden Daten zum Verlauf der Folgeerkrankungen und zur Wirtschaftlichkeit medizinischer Maßnahmen diesbezüglich derzeit nicht genau möglich. Die teuersten und folgeschwersten Komplikationen der Adipositas im Jugendalter umfassen den Altersdiabetes, das Metabolische Syndrom sowie orthopädische Folgeerkrankungen.

Die folgenden Anführungen geben der Inhalt der S_2-Leitlinien der Arbeitsgemeinschaft Adipositas im Kindes- und Jugendalter wider [2].

5.1.2 Arterielle Hypertonie

Bei Kindern und Jugendlichen wird die arterielle Hypertonie beim Vorliegen eines systolischen und/oder diastolischen Blutdruckwertes > 95. alters- und geschlechtssowie Körperhöhen-spezifischen Perzentils diagnostiziert. Die Messungen müssen mindestens dreimal reproduziert werden. Kohortenuntersuchungen zeigen, dass bei etwa einem Drittel der Kinder und Jugendlichen mit einem zu hohen Körpergewicht bereits eine arterielle Hypertonie auf der Basis der Kriterien der Leitlinien der Arbeitsgemeinschaft Adipositas im Kindes- und Jugendalter vorliegt [2].

Erhöhte Blutdruckwerte bei Adipositas sind auf drei pathophysiologische Mechanismen zurückzuführen: Veränderungen in der vaskulären Struktur und Funktion, Insulinresistenz und eine Störung im autonomen Nervensystem. Eine frühmanifeste Hypertonie führt zusammen mit den metabolischen Veränderungen bei Adipositas zu einer sehr früh auftretenden Arteriosklerose. Bei Kindern mit Adipositas ist bereits eine erhöhte Intima-Media-Dicke der Arteria carotis communis im Vergleich zu schlanken Kindern nachweisbar.

5.1.3 Metabolische Komplikationen

5.1.3.1 Störungen der Glukosetoleranz und Typ-2-Diabetes mellitus

Wie bereits in der Einleitung erwähnt, finden wir in Deutschland bei ca. 1 % der Fälle mit Adipositas bei Kindern Hinweise für einen Typ-2-Diabetes mellitus und bei weiteren 6–7 % eine Störung der Glukoseregulation. Unklar ist dabei jedoch, ob diese Befunde persistent sind, da Nachuntersuchungen einzelner Kohorten zeigten, dass in vielen Fällen zunächst eine Remission dieser Störungen nach durchlaufener Pubertät zu finden ist.

Die Kriterien für die Diagnosestellung eines Typ-2-Diabetes mellitus bei Kindern und Jugendlichen sind in Leitlinien festgelegt [2]. Neben der Adipositas sind Zeichen der Insulinresistenz (Acanthosis nigricans, polyzystisches Ovarsyndrom), eine positive Familienanamnese bzw. eine Zugehörigkeit zu einer bestimmten ethnischen Gruppe (vor allem Ostasiaten, Afroamerikamer, Hispanier und indigene Bevölkerung) hinweisend auf ein erhöhtes Risiko.

5.1.3.2 Veränderung der Serumlipide

Bei ungefähr 25 % der Kinder und Jugendlichen mit Adipositas liegt eine Veränderung des Lipidprofils vor. Dabei zeigen sich vor allem eine Hypertriglyceridämie sowie erniedrigte HDL-Cholesterinspiegel. Bei Erwachsenen ist der Zusammenhang zwischen Adipositas, Dyslipidämie und einem daraus resultierenden erhöhten kardiovaskulären Risiko durch zahlreiche Untersuchungen belegt. Da auch bei Kindern und Jugendlichen mit Adipositas ein deutlicher Zusammenhang zwischen dem BMI und Veränderungen des Lipidprofils vorliegt, ist davon auszugehen, dass kardiovaskuläre Schäden bei diesen Patienten frühzeitig zu erwarten sind.

5.1.3.3 Das Metabolische Syndrom

Das Metabolische Syndrom ist definiert durch das Zusammentreffen der Risikofaktoren viszerale Adipositas, Bluthochdruck, Dyslipidämie, Insulinresistenz und ggf. gestörte Glukoseregulation. Longitudinale Untersuchungen konnten zeigen, dass dieser Symptomenkomplex bereits im Kindes- und Jugendalter den Motor für die Entwicklung kardiovaskulärer Erkrankungen und des Altersdiabetes darstellt. Für das Metabolische Syndrom besteht zudem eine deutlich genetische Prädisposition, was dazu führt, dass es Kinder und Jugendliche mit Adipositas gibt, die eine deutliche Ausprägung dieser Symptome zeigen, und andere, bei denen diese gar nicht nachweisbar sind.

Die Symptome des Metabolischen Syndroms werden durch eine energiereiche Ernährung und Bewegungsmangel verstärkt. Ein zentraler pathogenetischer Befund des Metabolischen Syndroms ist die Insulinresistenz, die in verschiedenen Organ- und Zellsystemen nachweisbar ist. Ein weiteres charakteristisches Merkmal des Metabolischen Syndroms bildet die chronische Inflammation des Fettgewebes.

In den westlichen Nationen liegt die Prävalenz des Metabolischen Syndroms je nach Definition bei normalgewichtigen Kindern bei ca. 0,1 %, bei übergewichtigen Kindern bei 5–8 % und bei adipösen Kindern bei 20–35 %.

Weitere typische Befunde, die im Zusammenhang mit dem Metabolischen Syndrom auftreten können, sind die nicht alkoholische Fettlebererkrankung (s. u.), die Hyperurikämie, das Syndrom polyzystischer Ovarien (PCOS) sowie eine Mikroalbuminurie.

Im Jahr 2007 hat die internationale Diabetesföderation (IDF) [3] einen Vorschlag für die Definition des Metabolischen Syndroms im Kindes- und Jugendalter gemacht. Dieser ist in Tab. 5.2 dargestellt. Diese eher vorsichtige Definition des Metabolischen Syndroms für das Kindes- und Jugendalter ist in der Praxis gut anwendbar und berücksichtigt die Entwicklungsaspekte. Die Komponenten des Metabolischen Syndroms, Hypertonie, Dyslipidämie und Insulinresistenz, zeigen eine deutliche Abhängigkeit von der Ausprägung der Adipositas und damit von der Fettmasse. Eine Auswertung von 26.000 Datensätzen von Kindern und Jugendlichen des Adipositas-Patienten-Verlaufsdokumentation-(APV-)Registers belegte dies in eindrucksvoller Weise (Abb. 5.2). Mit steigendem relativen BMI kommt es zu einer Erhöhung der Werte der gemessenen kardiovaskulären Risikofaktoren und des Clusterings von Risikofaktoren.

Tab. 5.2: Konsensdefinition des Metabolischen Syndroms im Kindes- und Jugendalter der International Diabetes Federation (IDF) [3].

Altersgruppe (Jahre)	Adipositas* (WC)	Triglyceride	HDL-C	Blutdruck	Glukose oder bekannter T2D
6 < 10	≥ 90. Perzentile	Metabolisches Syndrom kann nicht diagnostiziert werden, aber weitere Messungen sollten durchgeführt werden, wenn es einen familiären Hintergrund für das MetS, T2D, Dyslipidämie, kardiovaskuläre Erkrankungen, Hypertension und/oder Adipositas gibt.			
10 < 16 Metabolisches Syndrom Adipositas plus 2 der folgenden Faktoren	≥ 90. Perzentile oder cutt-off für Erwachsene wenn niedriger	≥ 1,7 mmol/l (≥ 150 mg/dl)	< 1,03 mmol/l (< 40 mg/dl)	systolisch ≥ 130 mm Hg oder diastolisch ≥ 85 mm Hg	≥ 5,6 mmol/l (100 mg/dl) Wenn Glukose ≥ 5,6 mmol/l OGTT wird empfohlen
16+ Metabolisches Syndrom (MetS)	Verwendung vorhandener IDF Kriterien für Erwachse: zentrale Adipositas (definiert als WC ≥ 94 cm für europäische Männer und ≥ 80 cm für europäische Frauen mit ethnisch spezifischen Werten für andere Gruppen) plus zwei der folgenden vier Faktoren: – erhöhte Triglyceride ≥ 1,7 mmol/l (≥ 150 mg/dl) – erniedrigtes HDL-C: < 1,03 mmol/l (≥ 40 mg/dl) bei Männern und < 1,29 mmol/l (< 50 mg/dl) bei Frauen, oder spezielle Behandlung dieser Lipidabnormalitäten – erhöhter Blutdruck: systolisch ≥ 130 oder diastolisch ≥ 85 mm Hg, oder Behandlung der vorher diagnostizierten Hypertonie – gestörte Nüchternglykämie (IGF), Nüchtern-Plasmaglukose (FPG) ≥ 5,6 mmol/l (≥ 100 mg/dl), oder vorher diagnostizierter T2DM sind für die Abschätzung des Risikos notwendig				

WC: waist circumference; HDL-C: high-density lipoprotein cholestero l; T2D: Typ-2-Diabetes; OGTT: oraler Glukosetoleranz-Test
* Die IDF-Konsensusgruppe erkennt, dass es ethnische, Geschlechts- und Altersunterschiede gibt, aber weitere Untersuchungen sind nötig für die Abschätzung des Risikos

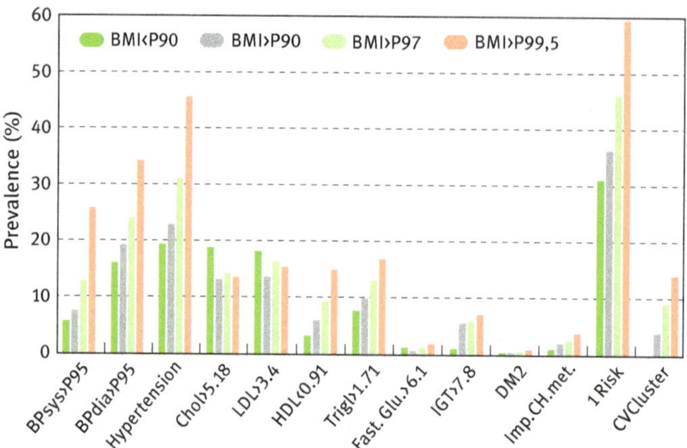

Abb. 5.2: Kardiovaskuläre Risikofaktoren bei 26.008 übergewichtigen Kindern und Jugendlichen – eine Analyse des APV-Registers [4].

5.1.4 Gastrointestinale Komplikationen

Zu den gastrointestinalen Komplikationen bei Adipositas ist zahlenmäßig am bedeutsamsten die nichtalkoholische Fettlebererkrankung. Darunter sind verschiedene Formen der Leberverfettung zusammengefasst, beginnend mit einer benignen Form mit oder ohne begleitende Entzündungsreaktion bis hin zur progressiven Lebererkrankung. Eine Leberzirrhose als Endstadium wird in Einzelfällen bereits im Kinder- und Jugendalter bei Adipositas beobachtet. In diesen Fällen sind meistens zusätzliche Noxen nachweisbar. Die nichtalkoholbedingte Steatohepatitis ist die aggressivere Verlaufsform der nichtalkoholischen Fettlebererkrankung. Diese geht mit einer Degeneration des Lebergewebes und der Entwicklung einer Fibrose einher.

Sonographische Untersuchungen zeigen, dass Veränderungen der Leber bei Kindern und Jugendlichen mit Adipositas bei bis zu 70 % nachweisbar sind. Wenn biochemische Marker wie die Serum-Aminotransferasen als diagnostische Parameter verwendet wurden, ergaben sich Häufigkeiten von bis zu 30 %. Es gibt keine repräsentativen Häufigkeitsangaben, die auf der Untersuchung einer Leberbiopsie beruhen.

Ein gastroösophagealer Reflux sowie Magenentleerungsstörungen als Folge eines vermehrten intraabdominellen Drucks können bei Kindern und Jugendlichen mit Adipositas häufiger vorkommen als bei Normalgewichtigen.

5.1.5 Cholelithiasis

Die Entwicklung von Gallenblasenkonkrementen bei Adipositas im Kindes- und Jugendalter stellt ebenfalls ein relevantes Phänomen dar. Bei einem von hundert bis einem von fünfhundert betroffenen Kindern und Jugendlichen können Konkremente in der Gallenblase nachgewiesen werden. Schnelle und häufige Gewichtsabnahmen ergeben einen natürlichen Risikofaktor für die Entstehung von Gallensteinen. Das Risiko für das Auftreten von Gallensteinen ist bei Adipositas im Kindesalter um das bis zu 10-Fache erhöht, insbesondere bei wiederholten Gewichtsabnahmen.

5.1.6 Respiratorische Komplikationen

Veränderungen des Atemsystems bei bestehender Adipositas können vielfältig sein. Nachweisbar sind restriktive Ventilationsstörungen, die zu einer erhöhten Atemarbeit führen und durch eine verringerte inspiratorische Vitalkapazität charakterisiert sind. Ebenso sind obstruktive Ventilationsstörungen im Sinne von obstruktiven Bronchitiden, Asthma bronchiale, eventuell kombiniert mit einer erhöhten bronchialen Reagibilität, nachzuweisen. Säuglinge und Kleinkinder mit Adipositas leiden häufiger an obstruktiven Bronchitiden als normalgewichtige.

Klinisch bedeutsam und bis heute unterdiagnostiziert ist das obstruktive Schlafapnoe-Syndrom bei Kindern und Jugendlichen mit extremer Adipositas. Die Patienten fallen oft durch eine ausgeprägte Tagesmüdigkeit auf. Streng genommen ist diese Veränderung nur durch eine Untersuchung im Schlaflabor diagnostizierbar. Die Betroffenen haben auch Lernschwierigkeiten und können neurokognitive Defizite zeigen.

5.1.7 Orthopädische Komplikationen

Kinder mit Adipositas zeigen häufig den Befund eines Pes planus. Dieser Befund ist oft assoziiert mit Genua valga und einem überelastischen Bandapparat im Beinbereich. Beim Pes planus entsteht ein Verlust des Fußlängsgewölbes. Der Krankheitswert dieser Veränderung ist eher als gering einzustufen.

Unter der idiopathischen Tibia vara (Morbus Blount) ist eine aseptische Osteochondronekrose zu verstehen. Es handelt sich um eine Störung des Wachstums der proximalen, medialen Tibiaepiphyse und -epiphysenfuge. Diese Veränderung findet sich häufiger bei Kindern und Jugendlichen mit Adipositas im Vergleich zu normalgewichtigen.

Die Hüftkopflösung (Epiphyseolysis capitis femoris) tritt typischerweise während der Pubertätsentwicklung und des dazugehörigen Wachstumsschubs auf. Sie wird bei Kindern mit Adipositas deutlich häufiger gefunden als bei schlanken Kindern. Die Pathogenese der Epiphyseolysis capitis femoris ist bislang nicht eindeutig geklärt. Hormonelle Veränderungen zusammen mit einer höheren mechanischen Belastung sind als Hauptfaktoren zu nennen. Klinisch können Schmerzen im Hüft- und Kniebereich bestehen. Oft verläuft diese Veränderung jedoch silent, ohne klinische Symptome. Eine abgelaufene Epiphyseolysis capitis femoris stellt in der Regel eine

Präarthrose dar, die im Spätstadium zu einer Coxarthrose führen kann. Es ist davon auszugehen, dass eine bedeutende Zahl der erwachsenen Patienten mit Coxarthrose im Jugendalter eine silente Epiphyseolysis capitis femoris hatten.

5.1.8 Dermatologische Veränderungen

Striae distensae und intertriginöse Hautinfektionen werden bei Kindern und Jugendlichen mit extremer Adipositas häufig beobachtet. Auch ein vermehrtes Vorkommen von Akne und Hirsutismus ist bei adipösen Mädchen bekannt.

5.1.9 Wachstums, Körperhöhe und hormonelle Veränderungen

Kinder und Jugendliche mit Adipositas haben in der Regel vor der Pubertät und in der frühen pubertären Phase eine größere Körperhöhe und ein akkzeleriertes Skelettalter. Die darauffolgende Steigerung der Wachstumsgeschwindigkeit während des pubertären Wachstumsschubs ist vermindert. In diesem Zusammenhang werden auch häufig erhöhte Serumspiegel für IGF-1 in dieser Phase beobachtet.

Bei Kindern und Jugendlichen mit Adipositas werden oftmals leicht erhöhte TSH-Serumspiegel gemessen. Auch die T3-Spiegel können im oberen Referenzbereich liegen oder sogar erhöht sein. Beide Befunde sind mit Adipositas assoziiert und haben in der Regel keinen Krankheitswert, sondern sind Ausdruck sekundärer Anpassungsveränderungen (zentrale Leptinresistenz, erhöhter Grundumsatz).

Ebenfalls sind erhöhte DHEAS-Spiegel als Ausdruck einer frühnormalen Nebennierenrindenreifung zu beobachten.

Bei adipösen Jungen kann gelegentlich eine Gynäkomastie beobachtet werden. Dies ist meist keine Pseudogynäkomastie, sondern es liegt neben der erhöhten subkutanen Fettmasse auch eine echte Vergrößerung des Brustdrüsengewebes aufgrund der erhöhten Aromataseaktivität im Fettgewebe und der daraus resultierenden höheren Österogenspiegel vor. Aufgrund der zu erwartenden weiteren Gewichtszunahme während der Pubertät ist eine chirurgische Intervention wegen der dann zu prognostizierenden unschönen Narbenbildung eher kontraindiziert.

Das polyzystische Ovarsyndrom (PCOS) stellt eine häufige Folgeerkrankung der Adipositas bei Frauen dar. Bei adipösen Jugendlichen ist das Vollbild des Syndroms oft noch nicht vorhanden. Das Syndrom ist assoziiert mit einer Acanthosis nigricans als klinischem Zeichen einer Hyperinsulinämie, einem Hirsutismus (Barthaare, Haare um die Brustwarzen) und männlichen Schambehaarungstyp (sowie Regelblutungsanomalien).

5.1.10 Psychische und psychiatrische Komplikationen

Kinder und Jugendliche mit Adipositas werden mit zunehmendem Alter sozial isoliert. Sie erfahren eine Ausgrenzung und Stigmatisierung. Dies führt zu einem erniedrigten Selbstwertgefühl und zu depressiven Episoden. Die Lebensqualität leidet darunter und zeigt einen stetigen Rückgang mit ansteigendem Lebensalter und Ausprägung der Adipositas. Aufgrund der ständigen und negativen Rückmeldung der Umgebung gegenüber der äußeren Erscheinung der Kinder und Jugendlichen mit Adipositas leidet das Selbstbild der Betroffenen deutlich. Dies kann sich auch auf eine Minderung der sozialen Kontakte auswirken.

Kinder und Jugendliche mit Adipositas zeigen ebenfalls eine erhöhte Rate an psychiatrischen Erkrankungen. Hierzu gehören affektive und somatoforme Störungen, Angst- und Essstörungen. An dieser Stelle ist wichtig zu erwähnen, dass die korrekte Diagnosestellung dieser psychiatrischen Erkrankungen und deren bestmögliche Therapie eine Voraussetzung wiederum für eine effektive Therapie der Adipositas bilden.

Adipositas selbst ist primär keine Essstörung. Ein geringer Anteil der Adipösen leidet jedoch an einer Essstörung. Hierbei muss zwischen dem sogenannten Binge-Eating-Syndrom und dem sogenannten Night-Eating-Syndrom unterschieden werden . Adipöse Jugendliche zeigen in 20–30 % der Fälle Hinweise für das Binge-Eating-Syndrom. Dabei sind Mädchen häufiger betroffen als Jungen. Diese Störung ist ihrerseits häufig mit anderen psychiatrischen Krankheiten assoziiert. Die Betroffenen zeigen auch häufiger eine depressive Verstimmung und ein niedrigeres Selbstwertgefühl.

Literatur

[1] Mayer H, Wabitsch M. Murnau comorbidity study on obesity in children and adolescents – a call to prevention. MMW Fortschr Med. 145:30–34 (2003).

[2] Wabitsch M, Kunze, D. (Federführend für die AGA), et al. (Version 2015) Konsensbasierte Leitlinie zur Diagnostik, Therapie und Prävention der Adipositas im Kindes- und Jugendalter. Arbeitsgemeinschaft Adipositas im Kindes- und Jugendalter. http://www.a-g-a.de.

[3] Alberti KG, Zimmet P, Shaw J. IDF Epidemiology Task Force Consensus Group (2005): The metabolic syndrome – a new worldwide definition. Lancet 366: 1059–1062. Also available from http://www.idf.org/webdata/docs/metac_syndrome_def.pdf.

[4] l'Allemand D, Wiegand S, Reinehr T, Muller J, Wabitsch M, Widhalm K, Holl R. Cardiovascular risk in 26,008 European overweight children as established by a multicenter database. Obesity (Silver Spring). 16:1672–1679 (2008).

Nicolin Datz und Torben Biester

5.2 Diabetes: Akut- und Langzeitkomplikationen

Da die Insulintherapie die einzige Therapie des Typ-1-Diabetes darstellt, stehen die Komplikationen in direktem Zusammenhang mit der Güte ihrer Durchführung. Hierbei gibt es sowohl bei der Hypo- als auch bei der Hyperglykämie Akut- und Langzeitkomplikationen.

5.2.1 Hypoglykämie

5.2.1.1 Prävalenz und Definition

Die Hypoglykämie ist die häufigste Akutkomplikation der Insulintherapie [1] und wichtiger Bestandteil des Lebens von Menschen mit einem insulinpflichtigen Diabetes.

Genaue Zahlen über die Häufigkeit im Alltag der Menschen mit Typ-1-Diabetes lassen sich schwer abschätzen, Erhebungen sind älteren Datums. Es wird angenommen, dass ca. 5–10 % der Lebenszeit in Hypoglykämie verbracht werden [2].

Daten gibt es nur für die Rate schwerer Unterzuckerungen (ohne Koma), die rückläufig ist und bei ca. 15 Ereignissen/100 Patientenjahren liegt (2004–2012), mit Bewusstlosigkeit bei ca. 2/100 Patientenjahre [3].

Der Beginn der Symptomatik ist interindividuell sehr unterschiedlich.

Eine leichte Unterzuckerung kann durch die sofortige orale Kohlenhydratzufuhr behoben werden.

Die schwere Unterzuckerung ist definiert als Zustand des niedrigen Glukosewertes, der nur mit Fremdhilfe wieder zu beheben ist. Im Kindesalter wird altersbedingt immer von der Notwendigkeit einer Fremdhilfe ausgegangen, daher sind hier Bewusstseinsverlust, Koma/Krampfanfall die Kriterien einer schweren Hypoglykämie.

Im praktischen Alltag gelten Werte unterhalb von 70 mg/dl (3,9 mmol/l) als Unterzuckerung (Abb. 5.3) [4].

5.2.1.2 Ursachen

Grund für Hypoglykämien ist ein Missverhältnis zwischen Kohlenhydrataufnahme und verabreichter Insulinmenge. Therapiefehler wie eine falsche Einschätzung der Kohlenhydratmenge und Überdosierung des Insulins sind hier ebenso möglich wie eine akzidentelle Überdosierung des Insulins.

Körperliche Anstrengung wie Sport oder eine verbesserte Insulinaufnahme des Körpers, z. B. bei wärmeren Temperaturen, können hier ebenfalls eine Unterzuckerung begünstigen.

Weitere Risikofaktoren sind der Konsum von Alkohol oder stattgehabte schwere Unterzuckerungen in der Vergangenheit [5].

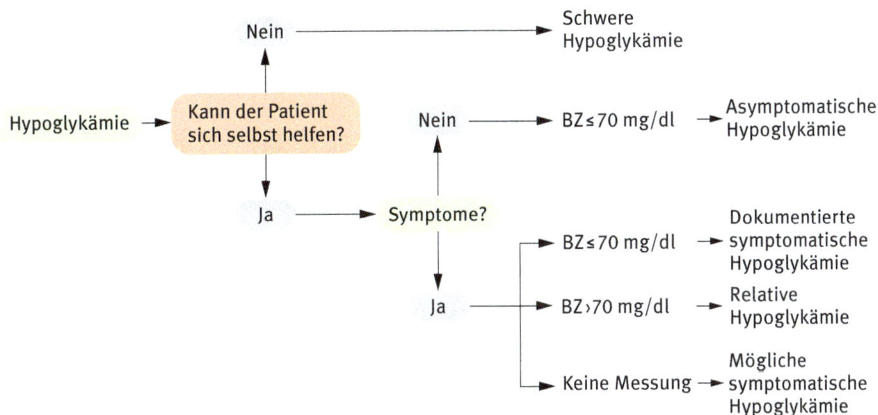

Abb. 5.3: Einteilung der Hypoglykämie (nach ADA).

5.2.1.3 Symptome

Durch einen Substratmangel kommt es zu einer Symptomatik, die interindividuell sehr unterschiedlich ausgeprägt sein kann.

Kalter Schweiß, Bauchschmerzen, Heißhunger, Zittern, „wackelige Knie", Konzentrationsstörungen, Aggressivität, Weinerlichkeit, Blässe und Müdigkeit sind die häufigsten Symptome [6]. Auch eine schlaganfallartige Symptomatik mit Hemiparese ist möglich.

Insbesondere bei kleinen Kindern sind Blässe, Albernheit oder auch ein stilles „In-sich-Kehren" nicht selten.

Eine Autoregulation führt zur Ausschüttung anti-insulinerger Hormone (insbesondere Glukagon, Adrenalin), die durch Glykogenolyse den Mangelzustand beenden sollen. Hierdurch erklären sich die autonomen Symptome, die nicht direkt mit einer zentralen Glykopenie in Zusammenhang stehen.

Die maximale Ausprägung ist die „schwere Unterzuckerung" („Zuckerschock"), die eine lebensbedrohliche Situation darstellt. Hierbei besteht eine ausgeprägte zerebrale Glykopenie, die zu Bewusstlosigkeit, tief komatösen Zuständen oder auch epileptischen Anfallsereignissen führen kann. Im schlimmsten Fall kann eine Hypoglykämie letal enden, primär werden hier ursächlich Herzrhythmusstörungen vermutet.

Das so genannte „Dead-in-bed-Syndrom" wird vor allem der schweren nächtlichen Hypoglykämie angelastet und ist im Kindesalter extrem selten.

Morgendliches Aufwachen mit Kopfschmerzen, Übelkeit, zerwühltem, verschwitztem Bett, Müdigkeit trotz ausreichender Schlafenszeit sind immer verdächtig für stattgehabte nächtliche Hypoglykämien und sollten unbedingt weiter untersucht werden.

5.2.1.4 Diagnostik

Besteht der Verdacht auf rezidivierende Unterzuckerungen oder nächtliche Hypoglykämien, bedürfen diese einer raschen Abklärung.

Im Tagesverlauf bietet sich die regelmäßige Blutzuckermessung alle zwei Stunden im Tagesverlauf an. Bei der Insulinpumpentherapie sollte auch ein Basalratentest durchgeführt werden. Für die Diagnostik insbesondere nächtlicher Unterzuckerungen eignen sich Systeme zum kontinuierlichen Glukose-Monitoring (CGM) besonders, da diese ohne nächtliche Intervention automatisch die subkutanen Glukosespiegel aufzeichnen.

5.2.1.5 Therapie

Die Therapie der akuten Unterzuckerung besteht in der oralen Gabe rasch wirksamer Kohlenhydrate: Traubenzucker in fester oder Gel-Form. Als Alternative wird im Kindesalter die Gabe zuckerhaltiger Getränke empfohlen; hierbei sind die Verfügbarkeit und die Akzeptanz der raschen Einnahme die wichtigsten Aspekte bei der Auswahl [7]. 10 min nach der Gabe sollte eine Kontrollmessung erfolgen, bei weiterhin bestehender Hypoglykämie eine erneute Kohlenhydrat-Gabe.

Bei Bewusstlosigkeit darf aufgrund der Aspirationsgefahr keinesfalls oral behandelt werden. Die direkte Therapiemöglichkeit ist die intravenöse Glukosegabe (0,2–0,5 g pro kg Körpergewicht über 5 min). Das Therapieziel liegt hier in dem Wiedererwachen des Patienten.

Für Angehörige im heimischen Umfeld steht ein Notfallset mit Glukagon zur Injektion i. m. zur Verfügung; dieses muss im Kühlschrank gelagert und direkt vor der Applikation aus Trockenpulver und Lösungsmittel zubereitet werden.

Eine schwere Hypoglykämie ist immer eine Indikation für einen Notruf.

5.2.1.6 Langzeitkomplikationen

Eine akute Hypoglykämie kann auch „chronifizieren". Im Falle einer nicht ausreichenden Kohlenhydrateinnahme bei rezidivierenden Unterzuckerungen wird der niedrige Glukosespiegel durch Verbrauch der hepatischen Glykogenspeicher ausgeglichen. Kommt es rezidivierend zu solchen Unterzuckerungszuständen, ist der hepatische Speicher irgendwann „leer", ein endogener Ausgleich ist dann nicht mehr möglich und das Risiko schwerer Unterzuckerungen ist deutlich erhöht.

Erkennbar ist solch ein Zustand an mangelnden postprandialen Peaks im Glukoseverlauf.

Dass das häufige Auftreten von Unterzuckerungen (insbesondere schwerer) auch dauerhafte Konsequenzen haben kann, gerät zunehmend in den Fokus wissenschaftlicher Arbeiten, hier fallen die Ergebnisse allerdings kontrovers aus. Während einzelne Untersuchungen Hinweise für eine Verschlechterung kognitiver Leistungen nach schweren Hypoglykämien zeigten [8, 9], sieht die EDIC-Studie als Follow-up der DCCT hier keine Korrelation [10].

5.2.1.7 Konsequenzen

Unterzuckerungen stellen nicht nur für Patienten und Angehörige eine psychische Belastung dar [11], sondern können auch sozialmedizinische Konsequenzen nach sich ziehen.

Rezidivierende schwere Unterzuckerungen sind ein Grund für das Verwehren oder den Entzug eines Führerscheins, um die Allgemeinheit vor möglichen Unfallfolgen bei schwerer Unterzuckerung im Straßenverkehr zu schützen [12]. Auch Einschränkungen im Beruf sind möglich [13].

5.2.1.8 Prävention

Ziel der Insulintherapie sollte es sein, eine normnahe glykämische Kontrolle mit Vermeidung von Unterzuckerungen zu erreichen. Das Erreichen von HbA1c-Werten im Zielbereich ist aufgrund von Fortschritten in der Therapie heute kein erhöhtes Risiko für schwere Unterzuckerungen mehr [14].

Hierfür ist die individuelle Schulung der Patienten, Angehörigen sowie potenzieller anderer Betreuungskräfte (Lehrer, Tageseltern, Sporttrainer) essentiell. Neben der präzisen Insulindosierung sollten alle Teilnehmer einer Schulung mit den Symptomen der Unterzuckerung vertraut gemacht werden. Dieses gilt sowohl für die intrinsischen (Patienten) als auch die äußerlich erkennbaren Anzeichen (Angehörige), damit frühzeitig reagiert werden kann. Für die Patienten empfiehlt es sich, im Rahmen einer Schulung, z. B. bei einer Sportstunde, das Erreichen niedriger Glukosewerte zu provozieren, um auch eine beginnende Symptomatik sicher zu erkennen.

Um auf Unterzuckerungen reagieren zu können, sollten alle Menschen mit einer Insulintherapie immer ausreichend Traubenzucker rasch greifbar bei sich tragen. Auch in Betreuungseinrichtungen sowie im Haushalt sollte stets ein Vorrat bestehen.

Werden niedrige Werte nicht mehr gut realisiert, kann ein „Hypo-Wahrnehmungstraining" durchgeführt werden (HyPos©; Forschungsinstitut Diabetes-Akademie Bad Mergentheim). Evaluierte Programme gibt es bisher nur im Erwachsenenalter.

Mit Hilfe einer kontinuierlichen subkutanen Glukosemessung, die im Falle drohender Messwerte unterhalb eines festgelegten Grenzwertes warnt, können gut geschulte Patienten auf das drohende Ereignis aufmerksam werden und durch frühzeitige Kohlenhydratgabe eine Hypoglykämie verhindern.

Eine automatisierte Möglichkeit der Prävention von Unterzuckerungen stellen Insulinpumpensysteme in Kombination mit einer kontinuierlichen Glukosemessung dar. Hierbei kann die Insulinpumpe bei drohenden niedrigen Werten die Insulinzufuhr unterbrechen und erst bei Werten im sicheren Bereich wieder fortsetzen (MiniMed 640G, Medtronic©) (Abb. 5.4) [15]. Bei rezidivierenden schweren Hypoglykämien ist diese Form der Therapie unbedingt indiziert.

Für die Nutzung eines „Hypo-Hundes" zur Warnung vor Hypoglykämien gibt es bisher keine wissenschaftliche Evidenz [16].

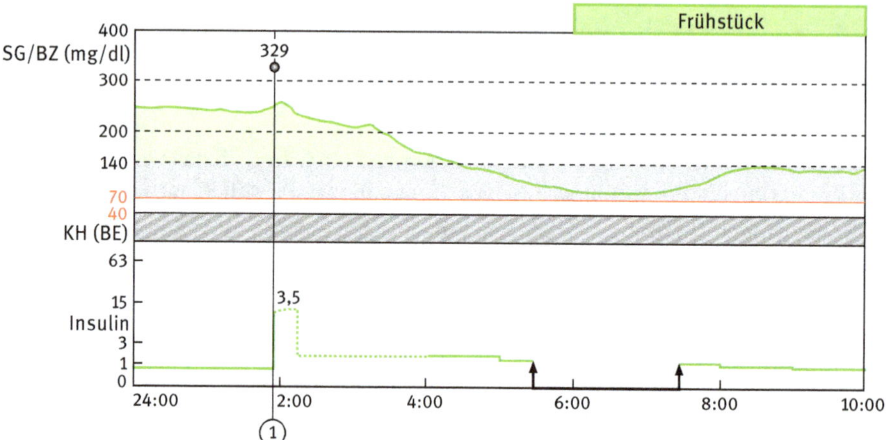

Abb. 5.4: Verhinderung einer Unterzuckerung nach einer nächtlichen Korrektur eines erhöhten Glukosewerts um 2:00 Uhr. Durch automatisierte vorausschauende Insulinabschaltung bei noch normalen Glukosespiegeln um 5:30 frühmorgends wird ein Absinken der Glukosewerte in den hypoglykämischen Bereich verhindert. Die Sensorkurve bleibt oberhalb von 70 mg/dl (3,0 mmol/l).

5.2.2 Hyperglykämie und diabetische Ketoazidose

Die Definition der Hyperglykämie ist nicht festgelegt. Zielwerte für die Behandlung von Kindern und Jugendlichen mit Diabetes sind nüchtern oder präprandial zwischen 90–145mg/dl (5–8mmol/), postprandial 90–180mg/dl (5–10mmol/l), und nachts 80–160mg/dl (4,5–9 mmol/l). Zielwert für den HbA1c als Langzeitverlaufsparameter ist < 7,5 % für alle Altersgruppen [17,18]. Die genannten Blutglukosezielwerte müssen ggf. individuell an die jeweiligen Lebensumstände des Kindes angepasst werden. Kleinere Kinder könnten z. B. höhere Zielwerte als größere Kinder haben.

Zu hohe Werte entstehen durch zu wenig Insulin bzw. durch eine zu hohe Kohlenhydratzufuhr. Zunächst kommt es zur Hyperglykämie, im weiteren Verlauf zur Ketonbildung durch das Überwiegen von Ketose und Lipolyse. Durch engmaschige Blutzuckerkontrollen und ausreichende Insulinzufuhr kann die Hyperglykämie oft erfolgreich selbstständig durch die Eltern behandelt werden. Die anhaltende Hyperglykämie mit zunehmender Ketonurie und Azetonämie endet jedoch in der diabetischen Ketoazidose mit den klinischen Symptomen von Erbrechen, Kussmaulscher Atmung, Dehydratation sowie Insulinresistenz und kann oft nur noch durch intravenöse Insulin- und Flüssigkeitszufuhr behandelt werden.

5.2.2.1 Diabetische Ketoazidose

Die diabetische Ketoazidose stellt die Hauptursache für die Morbidität und Mortalität von Kindern und Jugendlichen mit Typ-1-Diabetes dar, sowohl bei Manifestation als auch im weiteren Verlauf. Sie ist eine potenziell lebensgefährliche Erkrankung und sollte umgehend in einer spezialisierten Einrichtung behandelt werden. Das heißt, es sollte ein Behandlungsplan vorliegen und ein Diabetesteam zur Verfügung stehen, dass Erfahrung mit Kindern [19] hat. Die Häufigkeit der diabetischen Ketoazidose beträgt bei Diabetesmanifestation zwischen 15–70 % in Europa und Nordamerika [20, 21] und ca. 21 % in Deutschland [22]. Das Risiko, bei einem bereits bekannten Diabetes mellitus in eine Ketoazidose zu geraten, liegt in Deutschland bei ca. 4,8 %, wobei Mädchen und Migranten sowie Kinder mit einem höheren HbA1c (> 9,0 %) hier die Gruppe mit dem höheren Risiko darstellen [23].

Besonders gefährdet für die Entwicklung einer diabetischen Ketoazidose sind Kinder:

- < 2 Jahre,
- bei verzögerter Diagnosestellung,
- mit niedrigem Sozialstatus und
- in Ländern mit niedrigerer Prävalenz des Diabetes

5.2.2.2 Pathophysiologie

Auslöser der Entwicklung einer Ketoazidose ist der Insulinmangel, der entweder relativ oder absolut besteht. Während bei der Diabetesmanifestation ein absoluter Insulinmangel vorliegt, kommt es im Rahmen von Stress, Infektionen oder einer unzureichenden Insulinzufuhr bei bekanntem Diabetes zu einem relativen Insulinmangel. Die in Stresssituationen vom Körper produzierten gegenregulatorisch wirksamen Hormone Kortisol, Wachstumshormon, Glukagon und Katecholamine führen zur Lipolyse, verminderten Glukoseverwertung, Proteolyse und Glykogenolyse. Während die Lipolyse über die Entstehung freier Fettsäuren die Ketogenese stimuliert und eine Azidose nach sich zieht, enden die verminderte periphere Glukoseutilisation, die Proteolyse und die Glykogenolyse letztendlich in der Hyperglykämie mit Stimulation der Glukoneogenese und Glukosurie mit konsekutiver osmotischer Diurese und Dehydratation (Abb. 5.5). Dieser circulus vitiosus ist erst durch die intravenöse Zufuhr von Flüssigkeit und Insulin zu unterbrechen.

5.2.2.3 Definition und Schweregradeinteilung

Die Definition der Ketoazidose nach biochemischen Kriterien ist wie folgt:

- pH < 7,3,
- Bikarbonat < 15 mmol/l,
- Hyperglykämie > 200 mg/dl,
- Ketonurie (≥ 2+) und Ketonnachweis im Blut (≥ 3 mmol/l).

Des Weiteren werden in Abhängigkeit vom pH-Wert bzw. Bikarbonat drei Schweregrade unterschieden:

- leicht: pH < 7,3 oder Bikarbonat < 15 mmol/l,
- mittelschwer: pH < 7,2 oder Bikarbonat < 10 mmol/l,
- schwer: pH < 7,1 oder Bikarbonat < 5 mmol/l.

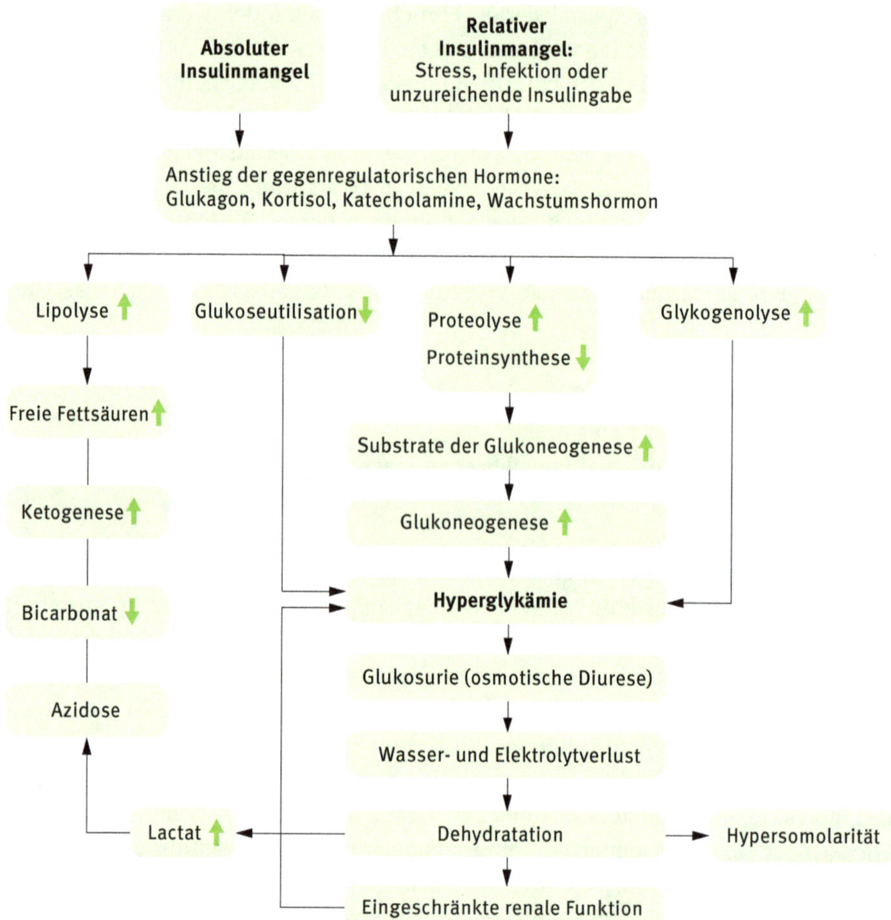

Abb. 5.5: Pathophysiologie der diabetischen Ketoazidose (DKA) (modifiziert nach [18]).

5.2.2.4 Klinik

Klinisch präsentieren sich die Kinder mit Dehydratation, Tachykardie, Tachy(dys)-pnoe, vertiefter Atmung (= Kussmaulscher Atmung), Erbrechen, Abdominalschmerzen, Verwirrtheitszuständen, Schwäche und Bewusstlosigkeit. Je nach Schweregrad der Azidose sind diese klinischen Symptome mehr oder weniger stark ausgeprägt. Diese Symptome werden oft fehlinterpretiert, so dass die Diagnose verzögert gestellt wird.

5.2.2.5 Therapie

Die Therapie der diabetischen Ketoazidose sollte umgehend und durch ein erfahrenes Team erfolgen. In jeder Klinik sollte ein klinikinternes Schema zur Behandlung der diabetischen Ketoazidose vorliegen und ein mit dieser Therapie vertrauter Pädiater zur Verfügung stehen.

Die Ziele der Therapie sind:

1. Kreislaufstabilisierung mit langsamem Flüssigkeits- und Elektrolytausgleich,
2. langsame Normalisierung des Blutzuckers (maximal 100 mg/dl/h senken),
3. Ausgleich der Azidose und Ketose,
4. Vermeidung von Komplikationen (Hirnödem, Hypokaliämie),
5. Diagnose und Therapie der auslösenden Faktoren.

In vielen Kliniken existieren hausinterne Schemata, so dass an dieser Stelle nur kurz auf die einzelnen Punkte eingegangen und für weitere Details auf die Leitlinien der AGPD und die der internationalen Gesellschaft für pädiatrische Diabetologie (ISPAD) verwiesen wird.

1. **Kreislaufstabilisierung und Elektrolytausgleich**

   Kreislaufstabilisierung: Initial erfolgt zur Kreislaufstabilisierung die Gabe einer isotonen Lösung (z. B. NaCl 0,9 %) in einer Dosis von 10–20 ml/kg über zwei Stunden, im Anschluss daran sollte weiterhin isotone Lösung verabreicht werden. Insgesamt sollte nicht mehr als das 1,5- bis 2-Fache des normalen täglichen alters- und gewichtsadaptierten Bedarfs verabreicht werden.

   Elektrolytausgleich:

   Natrium: Die Natriumkonzentration ist bei der DKA ein unzuverlässiger Parameter für die Abschätzung des Extrazellulärvolumens. Die hohe Glukosekonzentration im Extrazellulärraum führt zu einer osmotischen Verschiebung von Flüssigkeit in den Extrazellulärraum und damit zu einer Verdünnungshyponatriämie. Daher muss eine Berechnung zur Korrektur des Natriums nach folgender Formel erfolgen:

$$\text{korrigiertes Natrium} = \frac{\text{gemessenes Na}^{+} + 2 \times [(\text{Blutzucker (in mg/dl)} - 100)]}{100\,\text{mg/dl}}$$

   bzw.

$$\text{korrigiertes Natrium} = \frac{\text{gemessenes Na}^{+} + 2 \times [(\text{Blutzucker (in mmol/l)} - 5{,}6]}{5{,}6\,\text{mmol/l}}$$

   Mit der Gabe von Flüssigkeit sinkt die Glukosekonzentration, während die Natriumkonzentration langsam ansteigt.

   Kalium: Bei länger bestehendem Insulinmangel kommt es zu einem Kaliumdefizit, insbesondere intrazellulär. Durch die Gabe von Insulin und den Ausgleich der Azidose erfolgt eine Verschiebung des Kaliums von extra- nach intrazellulär mit der Gefahr einer Hypokaliämie. Es besteht damit ein erhöhter Kaliumbedarf und es muss auf eine ausreichende Kaliumsubstitution geachtet werden (6 mmol/kg/d).

Deshalb gilt bei Ketoazidose mit initialer
- **Hypokaliämie:** Kaliumsubstitution mit Beginn der Flüssigkeitssubstitution,
- **Normokaliämie:** Kaliumsubstitution mit Beginn der Insulintherapie,
- **Hyperkaliämie:** Kaliumsubstitution nach Einsetzen der Urinproduktion.

2. **Langsame Normalisierung des Blutzuckers**
   Die Insulingabe sollte mit einer Dosis von 0,05–0,1 IE/kg/h über einen Perfusor intravenös erfolgen. Ziel ist eine Senkung des Blutzuckers von ca. 36–90 mg/dl/h (2–5 mmol/l/h).
3. **Ausgleich der Azidose**
   Die Behandlung der Azidose erfolgt ausschließlich über die Substitution von Flüssigkeit und Insulin. Kontrollierte Studien zeigten keinen Vorteil durch die Gabe von Bikarbonat [24, 25]. Ganz im Gegenteil ist die Bikarbonatgabe mit dem Auftreten einer paradoxen ZNS-Azidose und aufgrund von Elektrolytverschiebungen mit dem Risiko einer Verschlechterung eines Hirnödems verbunden. Die Bikarbonatgabe ist im Rahmen der diabetischen Ketoazidose nur in absoluten Ausnahmefällen (z. B. pH < 6,9 oder bei lebensbedrohlicher Hyperkaliämie) indiziert.
4. **Vermeidung von Komplikationen (Hirnödem, Hypokaliämie)**
   Die Kontrolle und das Monitoring der Vitalparameter und der Elektrolyte erfolgen in engmaschigen Abständen und reduzieren die Gefahr der Entwicklung eines therapiebedingten Hirnödems, einer inadäquaten Rehydrierung sowie die Gefahr von Hypo- und Hyperglykämien sowie Hypokaliämien.
5. **Diagnose und Therapie der auslösenden Faktoren**
   Die Evaluation der Ursache der Ketoazidose ist ein wichtiger Punkt. Insbesondere bei bekanntem Typ-1-Diabetes ist zu klären, ob z. B. ein Infekt, eine Insulinpumpendysfunktion, Katheterprobleme oder absichtliches Weglassen des Insulins verantwortlich für die Stoffwechselentgleisung sind. Entsprechende Konsequenzen sollten erfolgen: z. B. Schulung oder eine psychologische Evaluation.
   Das Erkennen einer Ketose und die Verhinderung einer Ketoazidose sowie ein „sick day management" sind wesentliche Bestandteile der Diabetesschulung. Den Patienten und Angehörigen sollte ein konkretes Schema zum Vorgehen bei anhaltend hohen Blutzuckerwerten „an die Hand" gegeben werden. Hierzu gehört auch die Selbstbestimmung der Ketose: Die semiquantitative Methode mit Urin-Stix wird zunehmend zugunsten der Bestimmung des β-Hydroxybutyrat mittels POCT-Gerät verlassen.

5.2.2.6 Komplikationen der diabetischen Ketoazidose

Die Entwicklung einer zerebralen Krise, des Hirnödems, stellt die gefürchtete Komplikation der diabetischen Ketoazidose im Kindes- und Jugendalter dar. In ca. 0,3–1 % aller diabetischen Ketoazidosen entwickelt sich ein Hirnödem [26, 27, 28]. Die Mortalität nach Entwicklung einer zerebralen Krise mit Hirnödem liegt zwischen

21–24 %, während 15–16 % der Überlebenden schwere neurologische Schädigungen erleiden. 60–90 % aller unter einer diabetischen Ketoazidose auftretenden Todesfälle werden durch ein Hirnödem verursacht. Die Ätiologie und Pathogenese des Hirnödems werden kontrovers diskutiert – einerseits das vasogene Hirnödem, das durch die Akkumulation von Wasser im interstitiellen Raum entsteht, andererseits das zytotoxische Hirnödem, das durch die Akkumulation von Wasser im Intrazellulärraum und Dysregulation der Zellvolumenregulation hervorgerufen wird. Auch die Freisetzung inflammatorischer Substanzen bei Reperfusion trägt zur Entstehung des Hirnödems bei. Als Risikofaktoren für die Entwicklung eines Hirnödems im Rahmen einer Ketoazidose scheinen folgende Punkte von Bedeutung zu sein [29, 30].

1. **Anamnestische/demographische Risikofaktoren**
   - Alter < 5 Jahren bei Manifestation,
   - Manifestation des Typ-1-Diabetes,
   - längere Dauer der diabetesspezifischen Symptome.
2. **Klinische Risikofaktoren**
   - schwere Dehydratation,
   - erhöhte Harnstoffwerte (als Zeichen der ausgeprägten Dehydratation und Katabolie),
   - schwere Azidose,
   - schwere Hypokapnie (niedriger initialer pCO_2 als Zeichen einer stärkeren Hyperventilation),
   - mangelnder Anstieg oder Abfall des Serumnatriums während der ersten Stunden des Volumenausgleichs.
3. **Therapeutische Risikofaktoren**
   - Gabe von Bikarbonat (Liquor pCO_2 steigt, Liquor pH und pO_2 fällt ab).

Charakteristischerweise entwickelt sich ein klinisch signifikantes Hirnödem vier bis zwölf Stunden nach Therapiebeginn. Es kann aber auch bereits vor Therapiebeginn auftreten oder in extrem seltenen Fällen bis zu 24–48 Stunden nach Therapiebeginn.

Die Diagnose des Hirnödems wird anhand klinischer Kriterien gestellt:
- Kopfschmerzen,
- Herzfrequenzabfall, Blutdruckanstieg, Abfall der Sauerstoffsättigung,
- neurologischer Veränderungen: Unruhe, Reizbarkeit, Somnolenz, Inkontinenz,
- fehlenden Aufklarens oder sekundärer Eintrübung.

Der in der Abb. 5.6 dargestellte Diagnosescore hat eine Sensitivität von 92 % bei einer falsch-positiven Rate von 4 % und lässt sich im klinischen Alltag hilfreich einsetzen [31].

Diagnosescore für das symptomatische Hirnödem

Die Diagnose erfolgt entweder aufgrund **eines direkten diagnostischen Kriteriums** oder aufgrund **indirekter Kriterien** (**zwei Hauptkriterien** oder **ein Hauptkriterium und zwei Nebenkriterien**).

1. Direkte diagnostische Kriterien

- Abnorme motorische oder verbale Reaktion auf Schmerzreize
- Dezerebrationsstarre bei Mittelhirneinklemmung (erhöhter Muskeltonus, Opisthotonus und Beugung der Hand- und Fingergelenke) oder Dekortikationsstarre bei diffuser (hypoxischer) Schädigung des Großhirns (überstreckte Beine und im Ellbogengelenk gebeugte Arme ohne Opisthotonus)
- Hirnnervenparese (insbesondere III, IV, VI)
- Abnormes neurogenes Atemmuster (z.B. Cheyne-Stokes-Atmung bei Schädigung beider Hemisphären oder hyperventilatorische Maschinenatmung bei Mittelhirnläsionen).

2. Indirekte Kriterien: Hauptkriterien

- veränderte mentale Aktivität/wechselnder Bewusstseinszustand
- anhaltendes Absinken der Herzfrequenz
- altersinadäquate Inkontinenz

3. Indirekte Kriterien: Nebenkriterien

- Erbrechen
- Kopfschmerz
- Lethargie oder schwere Erweckbarkeit
- diastolischer Blutdruck > 90 mmHg
- Alter < 5 Jahre

Abb. 5.6: Diagnosescore für das symptomatische Hirnödem (modifiziert nach [31]).

5.2.2.7 Therapie des symptomatischen Hirnödems im Rahmen der diabetischen Ketoazidose

Die Therapie des Hirnödems sollte zügig eingeleitet und intensivmedizinisch überwacht werden. Nur dann kann ein schneller Rückgang der neurologischen Symptomatik erreicht werden, der prognostisch von Bedeutung ist [32].

Bereits bei Verdacht, also ersten klinischen Symptomen, sollte eine sofortige Therapie mit Mannitol eingeleitet werden. Dazu wird Mannitol in einer Menge von 0,5–1 g pro kg Körpergewicht innerhalb von zehn bis 15 Minuten intravenös verabreicht. Bei ausbleibender Besserung kann eine erneute Gabe nach 30 Minuten bis zu zwei Stunden notwendig sein. Bei ausbleibender Wirkung des Mannitols oder fehlender Verfügbarkeit ist alternativ die Gabe einer hypertonen NaCl-Lösung (z. B. 3 %) in einer Dosis von 2,5–10 ml pro kg Körpergewicht über zehn bis 15 Minuten i. v. möglich. Parallel sollte die Flüssigkeitssubstitution auf 30 % reduziert werden und eine Kopfhochlagerung auf 30 Grad erfolgen. Bei eintretender Ateminsuffizienz ist eine Intubation notwendig, jedoch möglichst ohne Hyperventilation. Erst nach Einleitung der akuten Therapie und Stabilisierung des Patienten sollten die Durchführung eines CCT und die Ableitung eines EEG zur Sicherung der Diagnose erfolgen, um eventuelle andere Ursachen (z. B. eine Thrombose oder eine Hirnblutung) als Auslöser der neurologischen Symptome auszuschließen.

5.2.2.8 Langzeitfolgen der Hyperglykämie

Mikro -und makrovaskuläre Folgeerkrankungen als Komplikationen des Diabetes treten im Kindes- und Jugendalter selten auf. Die Pathogenese beginnt jedoch bereits kurz nach der Manifestation und nimmt mit Beginn der Pubertät zu. Kommt es bereits im Kindes- und Jugendalter zu Komplikationen wie diabetischer Retinopathie oder Nephropathie ist dies ein Hinweis für die Entwicklung ausgeprägter Komplikationen im Erwachsenenalter [33, 34]. Epidemiologische Studien haben gezeigt, dass ein Zusammenhang zwischen der diabetischen Stoffwechsellage und der Entwicklung vaskulärer Komplikationen besteht. Eine schlechte (HbA1c > 9 %) oder sehr schlechte (HbA1c > 10 %) Stoffwechsellage über einen langen Zeitraum erhöht z. B. bei Jugendlichen mit Typ-1-Diabetes die Entwicklung einer Retinopathie um das 4- bis 8-Fache. Der HbA1c-Wert gibt Auskunft über die Langzeitstoffwechsellage und ist der einzige Messwert, für den als prädiktiven Faktor gesicherte Daten vorliegen.

Die Aussage ist insofern von begrenzter Qualität, da der Messwert nicht die Blutzuckerschwankungen und klinisch relevanten Hypo- und Hyperglykämien darstellt. Zur Prävention der Entwicklung diabetischer Folgeerkrankungen empfehlen die nationale (AGPD) und internationale (ISPAD) Gesellschaft für pädiatrische Diabetologie in ihren Leitlinien als Zielwert einen HbA1c von < 7,5 % für alle Altersklassen und ein regelmäßiges Screening zur frühzeitigen Erkennung mikrovaskulärer Komplikationen. Weitere Risikofaktoren für die Entwicklung von Folgeerkrankungen sind:
- längere Diabetesdauer,
- höheres Alter,
- Alter bei Manifestation,
- Pubertät,
- Hypertonie,
- Dyslipoproteinämie (LDL- und Triglyceriderhöhung),
- Rauchen,
- positive Familienanamnese für Komplikationen,
- hoher BMI.

5.2.2.9 Screening auf Diabetes-assoziierte Komplikationen

Screeninguntersuchungen sollten mindestens ab dem Alter von elf Jahren oder einer Diabetesdauer von fünf Jahren jährlich hinsichtlich der Entwicklung von Retino-, Nephro- und Neuropathie erfolgen. Zusätzlich sind der Blutdruck und der Fettstoffwechsel regelmäßig zu überprüfen.

Bei allen Folgeerkrankungen gilt, dass die möglichst normnahe Einstellung des Blutzuckers einen Progress verlangsamt.

5.2.2.10 Retinopathie

Die Prävalenz einer Retinopathie bei Kindern und Jugendlichen mit Typ-1-Diabetes beträgt in Deutschland 27,4 %, die der fortgeschrittenen Retinopathie 8 % [35]. Ein unabhängiger Risikofaktor für das Auftreten einer Retinopathie ist neben der Stoffwechseleinstellung und Hypertonie ein erhöhter Cholesterinspiegel.

Als Screeninguntersuchung wird eine jährliche Funduskopie der Augen empfohlen. Diese wird von einem Augenarzt in Mydriasis durchgeführt und dokumentiert. Eine Fluoreszenzangiographie kann in Zweifelsfällen weiteren Aufschluss über das retinale Gefäßbild bringen.

Bei Vorliegen einer milden Retinopathie sind die wichtigsten Ziele eine normnahe Glukoseeinstellung und eine normotensive Blutdruckeinstellung.

5.2.2.11 Nephropathie

Hinweisend für eine Nephropathie ist eine erhöhte Albuminausscheidung im Urin. Diese wird mittels Messung der Albuminexkretionsrate (AER) oder der Albumin-Kreatinin-Ratio (ACR) bestimmt.

Die Prävalenz in Deutschland für eine erhöhte Albuminausscheidung beträgt 4,5 % und 7,5 % für die Mikroalbuminurie bei Jugendlichen mit Typ-1-Diabetes [36].

Grenzwerte für eine Mikroalbuminurie:

- **Albuminkonzentration im Spontanurin**: > 20–200 mg/l,
- **Albuminexkretionsrate (AER) im Sammelurin:** > 20 µg/min bis < 200 µg/min in mindestens zwei von drei aufeinanderfolgenden Nachtsammelurinen,
- **Albumin-Kreatinin-Ratio**:
  - 2,5–25 mg/mmol oder 20–200 mg/g bei Jungen,
  - 3,5–35 mg/mmol oder 30–300 mg/g bei Mädchen.

Von einer Makroalbuminurie wird bei Überschreiten der hier genannten oberen Grenzwerte gesprochen.

Bei Nachweis einer Mikroalbuminurie müssen differentialdiagnostisch zunächst folgende Ursachen ausgeschlossen werden: ein Harnwegsinfekt, die Menstruationsblutung, eine orthostatische Proteinurie, die Glomerulonephritis und Zustand nach körperlicher Belastung. Die Mikroalbuminurie mit normaler Nierenfunktion kann durch eine normnahe Blutzuckereinstellung reduziert bzw. deren Progression verzögert werden. Nach Studienlage profitieren auch normotensive Patienten mit Mikroalbuminurie von dem Einsatz von ACE-Hemmern durch einen Rückgang der Albuminausscheidung, während es keinen signifikanten Effekt auf die glomeruläre Filtrationsrate zu geben scheint. Bei bestehendem Hypertonus sollte eine antihypertensive Therapie mit ACE-Hemmern erfolgen, da diese zu einer um Jahre verzögerten Progression zur Nephropathie führt.

Die Behandlung mit einem ACE-Hemmer kann also bei normotensiven Patienten mit Mikroalbuminurie erwogen werden und sollte bei hypertensiven Patienten erfolgen.

5.2.2.12 Neuropathie

Die Untersuchung der Neuropathie beginnt mit der Anamnese, in der erhoben wird, ob Patienten ungewöhnliche Gefühle der Beine wie Schmerzen oder Parästhesien verspüren („Plus-Symptome") oder Gefühlsstörungen im Sinne von Hypästhesien, unbemerkten Verletzungen („Minus-Symptome").

In der körperlichen Untersuchung sind das Erfassen des Gefäßstatus mit Tasten der Fußpulse (dors. pedes und tib. posterior) sowie der Status der Füße (z. B. nach Wagner und Amstrong zu klassifizieren) zu erhebende Parameter.

Funktionell werden dann das Vibrations-, Temperatur- und Schmerzempfinden sowie der Achillessehnenreflex untersucht (Untersuchungsgeräte siehe Abb. 5.7). Hieraus lässt sich der Neuropathie-Defizit-Score nach Young ableiten, der als Parameter für den prospektiven Verlauf geeignet ist.

Die autonome Neuropathie mit verminderter Herzfrequenzmodulation oder Gastroparese wird bei pädiatrischen Patienten nicht beobachtet.

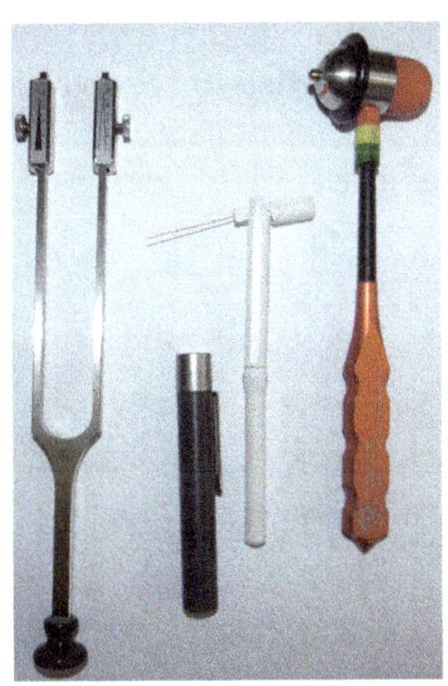

Abb. 5.7: Materialien zur neurologischen Untersuchung: Stimmgabel, Tip-Therm®, Monofilament, Reflexhammer (von links).

5.2.2.13 Zusätzliche Risikofaktoren

Zusätzlich zum Diabetes bestehende weitere kardiovaskuläre Risikofaktoren sollten bei Kindern mit Diabetes identifiziert und im Sinne einer Risikominimierung frühzeitig behandelt werden. Hierzu gehören: Hypercholesterinämie, arterielle Hypertonie, Rauchen und Übergewicht.

5.2.2.14 Arterielle Hypertonie

Die Messung des Blutdrucks sollte bei allen Kindern mit Diabetes ab dem 11. Lebensjahr alle drei Monate, mindestens einmal jährlich, erfolgen. Bei erhöhten Gelegenheitsblutdruckwerten über der 95. Perzentile [37] oder > 130/80 mmHg sowie Vorliegen einer Mikroalbuminurie sollte eine Langzeit-RR-Messung stattfinden. Bei bestehender arterieller Hypertonie (24-Stunden-RR-Werte > 90. Perzentile [38]) muss nach Ausschluss einer sekundären Hypertonie eine antihypertensive Therapie erfolgen. Das Ziel liegt dann darin, Blutdruckwerte < 90. Perzentile zu erreichen. Primär eingesetzt werden im Kindes- und Jugendalter ACE-Hemmer.

5.2.2.15 Hyperlipidämie

Die Kontrolle des Lipidstatus sollte mindestens einmal im ersten Diabetesjahr und im Verlauf alle zwei Jahre erfolgen. Bei einer Hypercholesterinämie ist zunächst die Ernährungsberatung und ggf. Umstellung im Alltag erforderlich. Bei ausbleibendem Therapieerfolg ist die medikamentöse Therapie mit Statinen bei Hypercholesterinämie, bei Hypertriglyceridämie mit Fibraten angezeigt (siehe auch Kapitel 4.3).

5.2.2.16 Nikotin

Im Sinne einer Gesundheitsberatung sollte jeder Kinder- und Jugendarzt seinen Patienten vom Rauchen abraten. Insbesondere für Patienten mit einem Diabetes potenziert der Nikotinkonsum das kardiovaskuläre Risiko, was einen Grund zum Anraten der absoluten Nikotinkarenz ergeben sollte.

Literatur

[1] The Diabetes Control and Complications Trial Research Group. The effect of intensive treatment of diabetes on the development and progression of long-term complications in insulin-dependent diabetes mellitus. N Engl J Med. 1993 Sep 30; 329(14): 977–986.

[2] Boland E, Monsod T, Delucia M, Brandt CA, Fernando S, Tamborlane WV. Limitations of conventional methods of self-monitoring of blood glucose. Diabetes Care. 2001; 24: 1858–1862.

[3] Karges B, Kapellen T, Wagner VM, Steigleder-Schweiger C, Karges W, et al. DPV Initiative. Glycated hemoglobin A1c as a risk factor for severe hypoglycemia in pediatric type 1 diabetes. Pediatr Diabetes. 2015, Dec 29.

[4] American Diabetes Association Workgroup on Hypoglycemia. Defining and Reporting Hypoglycemia in Diabetes. Diabetes Care. May 2005; 28(5): 1245–1249.

[5] Ly TT, Maahs DM, Rewers A, Dunger D, Oduwole A, Jones TW. International Society for Pediatric and Adolescent Diabetes. ISPAD Clinical Practice Consensus Guidelines 2014. Assessment and management of hypoglycemia in children and adolescents with diabetes. Pediatr Diabetes. 2014, 20: 180–192.

[6] Chiarelli F, Verrotti A, di Ricco L, Altobelli E, Morgese G. Hypoglycaemic symptoms described by diabetic children and their parents. Acta Diabetol. 1998 Jul; 35(2):81–84.

[7] AGPD Diagnostik, Therapie und Verlaufskontrolle des Diabetes mellitus im Kindes- und Jugendalter, S3-Leitlinie der DDG und AGPD. 2015; AWMF-Registernummer 057–016.

[8] Asvold BO, Sand T, Hestad K, Bjørgaas MR. Cognitive function in type 1 diabetic adults with early exposure to severe hypoglycemia: a 16-year follow-up study. Diabetes Care. 2010; 33: 1945–1947.

[9] Marzelli MJ, Mazaika PK, Barnea-Goraly N, Hershey T, Tsalikian E, et al. Neuroanatomical correlates of dysglycemia in young children with type 1 diabetes. Diabetes. 2014; 63: 343–353.
[10] Musen G, Jacobson AM, Ryan CM, Cleary PA, Waberski BH, et al. Impact of diabetes and its treatment on cognitive function among adolescents who participated in the Diabetes Control and Complications Trial. Diabetes Care. 2008; 31:1933–1938.
[11] Patton SR, Dolan LM, Smith LB, Thomas IH, Powers SW. Pediatric parenting stress and its relation to depressive symptoms and fear of hypoglycemia in parents of young children with type 1 diabetes mellitus. J Clin Psychol Med Settings. 2011; Dec18(4): 345–352.
[12] Bundesgesetzblatt 2010; 2023–2029; Anlage 4 zur Fahrerlaubnisverordnung.
[13] Deutsche Gesetzliche Unfallversicherung (DGUV), Leitfaden für Betriebsärzte zu Diabetes und Beruf. 2011.
[14] Karges B, Rosenbauer J, Kapellen T, Wagner VM, Schober E, et al. Hemoglobin A1c Levels and Risk of Severe Hypoglycemia in Children and Young Adults with Type 1 Diabetes from Germany and Austria: A Trend Analysis in a Cohort of 37,539 Patients between 1995 and 2012. PLoS Med. 2014; 11(10): e1001742.
[15] Biester T, Danne T, Kordonouri O, Holder M, Remus K, et al. Hypoglycemia prevention in children with Type 1 Diabetes by using SmartGuard Algorith in Sensor-augmented Pump Therapy, Diabetes Technology & Therapeutics. Feb 2016; 18(S1): 207.
[16] Weber KS, Roden M, Müssig K. Do dogs sense hypoglycaemia? Diabet Med. 2015; Oct 3.
[17] Neu A, Bürger-Büsing J, Danne T, et al. Diagnostik, Therapie und Verlaufskontrolle des Diabetes mellitus im Kindes- und Jugendalter. Diabetologie. 2016; 11: 35-94.
[18] Wolfsdorf JI, Allgrove J, Craig ME, Edge J, Glaser N, Jain V, et al. International Society for Pediatric and Adolescent Diabetes. ISPAD Clinical Consensus Guidelines. Diabetic ketoacidosis and hyperglycemic hyperosmolar state. Pediatr Diabetes. 2014; 15(20): 154–179.
[19] Australian Paediatric Endocrine Group, Department of Health and Ageing, National Helath and Medical Research Council (NHMRC). Clinical practice guidelines. 2005; Type1 diabetes in children and adolescents.
[20] Rewers A, Klingensmith G, Davis C, Petitti DB, Pihoker C, Rodriguez B, et al. Presence of diabetic ketoacidosis at diagnosis of diabetes mellitus in youth: the Search for Diabetes in Youth Study. Pediatrics. 2008; 121: e1258–e1266.
[21] Levy-Marchal C, Patterson CC, Green A. Geographical variation of presentation at diagnosis of type 1 diabetes in children: the EURODIAB study. European and Diabetes. Diabetologia. 2001; 44(3): B75–B80.
[22] Neu A, Willasch A, Ehehalt S, Hub R, Ranke MB. DIARY Group Baden-Wuerttemberg. Ketoacidosis at onset of type 1 diabetes-mellitus in children-frequency and clinical presentation. Pediatr Diabetes. 2003, 4(2): 77–81.
[23] Karges B, Rosenbauer J, Holterhus PM, Beyer P, Seithe H, Vogel C, et al. DPV Initiative. Hospital admission for diabetic ketoacidosis or severe hypoglycemia in 31.330 young patients with type 1 diabetes. Eur J Endocrinol. 2015: 173(3): 341–350.
[24] Glaser N Barnett P, McCaslin I, et al. Risk Factors for Cerebral Edema in Children with Diabetic Ketoacidosis. N Engl J Med. 2001; 344: 264–269.
[25] Okuda Y, Adrogue HJ, Field JB, Nohara H, Yamashita K. Counterproducitve effects of sodium bicarbonate in diabetic ketoacidosis. J Clin Endocrinol Metab. 1996; 81(1): 314–320.
[26] Edge JA, Hawkins MM, Winter DL, Dunger DB. The risk and outcome of cerebra oedema developing during diabetic ketoacidosis. Arch Dis Child. 2001; 85(1): 16–22.
[27] Lawrence SE, Cummings EA, Gaboury I, Daneman D. Population based study of incidence and risk factors for cerebral edema inpediatric diabetic ketoacidosis. J Pediatr. 2005; 146: 699–692.
[28] Hanas R, Lindgren F, Lindblad B. Diabeteic ketoacidosis and cerebral oedema in Sweden. a 2 year paediatric population study. Diabet Me. 2007; 24(10): 1080–1085.

[29] Edge JA, Jakes RW, Roy Y, Hawkins M, Winter D, et al. Th UK case-control study of cerebral oedema complicating diabetic ketoacidosis in children. Diabetologia. 2006; 49: 2002–2009.
[30] Fiordalisi I, Novotny WE, Holbert D, Finber L, Harris GD. An 18-yr prospective study of pediatric diabetic ketoacidosis: an approach to minimizing the risk of brain herniation during treatment. Pediatr Diabetes. 2007; 8: 142–149.
[31] Muir AB, Quisling RG, Yang MC, Rosenbloom AL. Cerebral Oedema in chilrdhood diaetic ketoacidosis: Natural histor, radiographic findings and early identification. Diabetes Care. 2004; 27(7): 1541–1546.
[32] Carlotti A, Bohn D, Halperin M. Importance of timingof risk factors for cerebral oedema during therapy for diabetic ketoacidosis. Arch Dis Child. 2003; 88: 170–173.
[33] Moore WV, Donaldson DL, Chonko AM, Ideus P, Wiegmann TB. Ambulatory blood pressure in type I diabetes mellitus. Comparison to presence of incipient nephropathy in adolescents and young adults. Diabetes. 1992; 41: 1035–1041.
[34] Nathan DM, Cleary PA, Backlund JY, Genuth SM, Lachin JM, Orchard TJ, et al. Intensive diabetes treatment and cardiovascular disease in patients with type 1 diabetes. N Engl J Med. 2005; 353: 2643–2653.
[35] Hammes HP, Kerner W, Hofer S, Kordonouri O, Raile K, Holl RW. Diabetic retinopathy in type 1 diabetes-a contemporary analysis of 8,784 patients. Diabetologia. 2011; b54: 1977–1984
[36] Raile K, Galler A, Hofer S, et al. Diabetic nephropathy in 27.805 children, adolescents, and adults with type 1 diabetes: effect of diabetes duration, A1C, hypertension, dyslipidemia, diabetes onset, and sex. Diabetes Care. 2007; Oct,30(10): 2523–2528.
[37] Neuhauser H, Schienkiewitz A, Schaffrath RA, Dortschy R, Kurth BM, Robert Koch-Institut (RKI). Referenzperzentile für anthropometrische Maßzahlen und Blutdruck aus der Studie zur Gesundheit von Kindern und Jugendlichen in Deutschland (KiGGS). 2., erweiterte Auflage, RKI, Berlin. 2013.
[38] Wühl E, Witte K, Soergel M, Mehls O, Schaefer F. Distribution of 24-h ambulatory blood pressure in children: normalized reference values and role of body dimensions. J Hypertens. 2002; 20: 1995–2007.

Karl Otfried Schwab, Jürgen Doerfer

5.3 Fettstoffwechselstörungen: Akut- und Langzeitkomplikationen

5.3.1 Dyslipoproteinämien und atherosklerotische Komplikationen

Aus postmortalen Untersuchungen von Kindern und Jugendlichen, die durch Unfälle, Gewalt oder Suizid ums Leben kamen, ist bekannt, dass die Bildung atherosklerotischer Gefäßwandläsionen in der Kindheit beginnt und dass hinsichtlich des Ausmaßes und der Progression der Veränderungen eine enge Beziehung zu atherogenen Risikofaktoren wie Dyslipidämie, Adipositas, Diabetes mellitus, Hypertonie oder Rauchen besteht [1, 2].

Erste Manifestationen einer Arteriosklerose im Kindes- und Jugendalter sind als Endotheldysfunktion und erhöhte Intima-Media-Dicke der A. carotis communis nachweisbar und sollten zur konsequenten Vermeidung und Behandlung kardiovaskulärer Risikofaktoren (siehe Tab. 5.3) führen, um das damit verbundene erhöhte kardio-

Tab. 5.3: Kardiovaskuläre Risikofaktoren und Risikomarker.

Unbeeinflussbar	Beeinflussbar	
Zunehmendes Alter	Hypercholesterinämie	Hypertriglyceridämie
Männliches Geschlecht	Erniedrigtes HDL-C	Infektionen
Familiäre Belastung (primäre Fettstoffwechselstörung, Hypertonie, Diabetes, Adipositas)	Erhöhtes Lp(a)	Erhöhtes hsCRP
	Hypertonie	Homoarginin
	Diabetes mellitus	ADMA
	Insulinresistenz	Erhöhtes Apo B, A-I
	Übergewicht/Adipositas	Erhöhtes Homocystein
	Bewegungsmangel	Erhöhte prothrombotische Aktivität
	Ungesunde Ernährung	Erhöhtes Fibrinogen
	Alkoholismus	
	Rauchen	

HDL-C – High Density Lipoprotein Cholesterin; Lp(a) – Lipoprotein (a); Apo B – Apolipoprotein B; Apo A-I – Apolipoprotein – A-I; hsCRP – hochsensitives C-reaktives Protein; ADMA – asymmetrisches Dimethylarginin

vaskuläre Risiko (Myokardinfarkt, Schlaganfall) im späteren Erwachsenenalter zu verringern [3].

5.3.2 Hypercholesterinämie

Der Cholesterintransport im Plasma wird in erster Linie von den Low-Density-Lipoproteinen (LDL) übernommen, die beim Abbau der Very-Low-Density-Lipoproteine (VLDL) und Intermediate-Density-Lipoproteine (IDL) oder direkt in der Leber entstehen. LDL-Partikel variieren in Größe, Dichte, Zusammensetzung und Stoffwechselverhalten [4]. Die Größe der LDL-Partikel unterliegt sowohl genetischen als auch Umwelteinflüssen. Unterschieden werden die großen, weniger dichten LDL-Partikel (large buoyant LDL) von den kleinen, dichten, hoch atherogenen LDL-Partikeln (small dense LDL).

Für eine erhöhte Atherogenität kleiner, dichter LDL werden verschiedene Gründe diskutiert. Aufgrund ihrer geringeren Größe können sie leichter durch das Endothel in die Gefäßwand gelangen, unterliegen häufiger oxidativen Prozessen (oxLDL) und werden verzögert und schlechter durch LDL-Rezeptoren entsorgt. Aufgrund dieser atherogenen und immunogenen Eigenschaften können kleine, dichte LDL das kardiovaskuläre Risiko um etwa das Dreifache erhöhen [5].

Begleitet von Entzündungsprozessen beginnt die Arteriosklerose mit dem vermehrten Eindringen atherogener Lipoproteine in die Intima, in erster Linie von oxLDL-Partikeln. Folgen dieser Veränderungen sind eine Störung der Endothelfunktion und die Verdickung der Intima media. Bei Fortschreiten dieser Initialläsionen bilden sich zunächst Fettstreifen (fatty streaks) infolge einer Anreicherung von lipidspeichernden Makrophagen, die zu Schaumzellen degenerieren.

Wirken die atherogenen Risikofaktoren weiter, kommt es zur Bildung von Plaques und letztlich zur Entwicklung einer atherosklerotischen Gefäßkrankheit mit ihrer häufigsten klinischen Manifestation der koronaren Herzkrankheit [6], siehe Abb. 5.8.

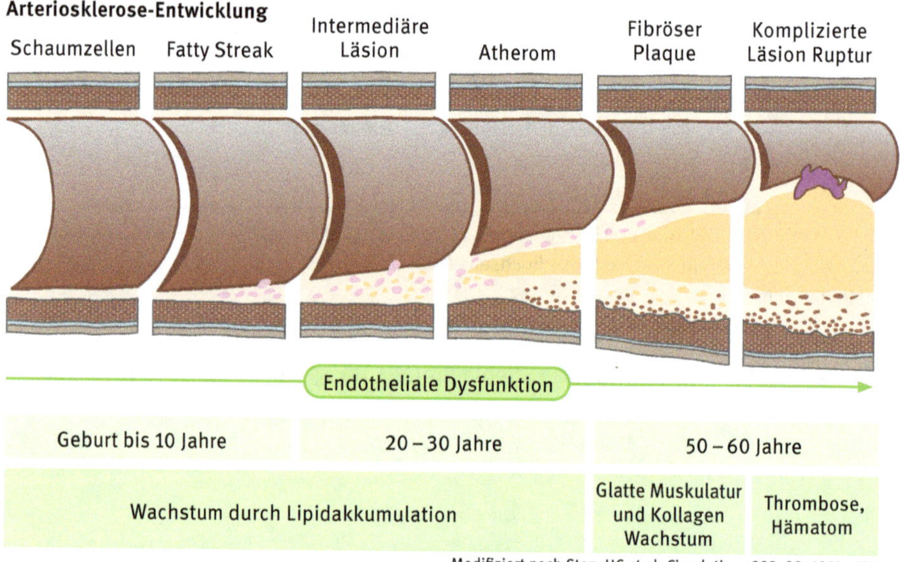

Abb. 5.8: Schematische Darstellung der Arteriosklerose-Entwicklung.

Beginnende atherosklerotische Gefäßkomplikationen bei Kindern und Jugendlichen sind in der Regel klinisch noch nicht nachweisbar, deshalb ist die Suche nach präklinischen Arteriosklerosezeichen bei Risikopatienten von besonderer Bedeutung. Geeignet sind Untersuchungen der Endothelfunktion und der Intima-Media-Dicke.

5.3.2.1 Endotheliale Dysfunktion

Eine Reihe unterschiedlicher Risikofaktoren kann zur Entstehung einer endothelialen Dysfunktion beitragen. Von klinischer Bedeutung sind chronische Einflüsse durch Hypercholesterinämie, Hyperglykämie, Hypertonie, Entzündungsprozesse, Rauchen und Alterung. So vielfältig wie die Risikofaktoren sind folglich auch die pathologischen Prozesse, die einer endothelialen Dysfunktion zugrunde liegen können. Im Mittelpunkt steht jedoch eine ungenügende Bioverfügbarkeit von Stickstoffmonoxid (nitric oxide, NO) mit Regulationsstörungen des Gefäßtonus [7].

Als Maß der Gefäßreagibilität und einer eingeschränkten Vasodilatation kann beispielsweise die Erweiterung der A. brachialis nach passagerem Manschettenverschluss dienen. Die Messung von Durchblutung und Gefäßweite während der reaktiven Hyperämie kann mit Hilfe der Duplexsonographie erfolgen [8]. Bei Kindern und Jugendlichen wurde eine endotheliale Dysfunktion bei Erkrankungen mit erhöhtem kardiovaskulären Risiko wie Hypercholesterinämie [9], Adipositas und Diabetes mellitus [10] nachgewiesen.

5.3.2.2 Intima-Media-Dicke

Messungen der Intima-Media-Dicke werden mit hochauflösenden B-Mode-Ultraschallgeräten durchgeführt. Zur Darstellung der Intima-Media-Schichten und Auswertung der Messergebnisse sollte ein automatisches Konturerkennungsverfahren mit simultaner EKG-Aufzeichnung eingesetzt werden, um die Untersuchung zu standardisieren, die methodische Genauigkeit zu erhöhen und die Reproduzierbarkeit zu verbessern [11, 12], siehe Abb. 5.9. Aufgrund unterschiedlicher Messtechniken stehen standardisierte Normwerte für das Kindesalter bisher nicht zur Verfügung. Am häufigsten wird die A. carotis communis als Untersuchungsobjekt gewählt, seltener Aorta oder A. femoralis. Eine erhöhte Intima-Media-Dicke wird als subklinisches Frühzeichen einer generalisierten Arteriosklerose angesehen [13].

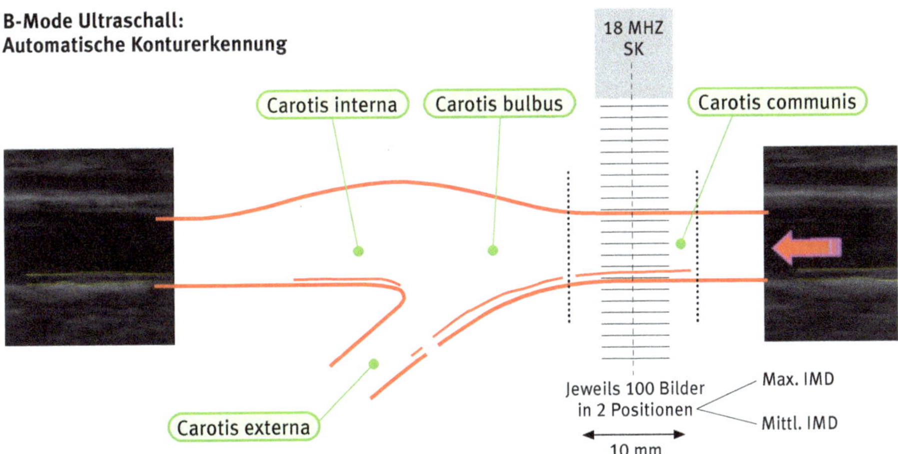

Abb. 5.9: Intima-Media-Dicken-(IMD-)Messung mit einer automatischen Konturerkennung und EKG-Triggerung nach [11, 23]. SK (= Schallkopf) und IMD (= Intima-Media-Dicke), Originalfotos von Prof. Arno Schmidt-Tucksäss, Basel, Schweiz.

Im Erwachsenenalter besteht eine enge Beziehung zwischen einer Intima-Media-Verdickung und dem erhöhten Risiko für zukünftige kardiovaskuläre Ereignisse einschließlich Myokardinfarkt und Schlaganfall [14]. Diese Daten sind von besonderem

Interesse, da in Studien gezeigt werden konnte, dass bei Kindern und Jugendlichen ab dem 9. Lebensjahr der Nachweis hoher Werte für Gesamtcholesterin, Triglyceride, Blutdruck und Body-Mass-Index mit einer erhöhten Intima-Media-Dicke im Erwachsenenalter verbunden ist [15].

Da die Dyslipidämie einen der wichtigsten kardiovaskulären Risikofaktoren für die atherosklerotische Gefäßkrankheit ergibt, sollte die Diagnose möglichst im Kindes- und Jugendalter gestellt werden, um mit einer gezielten Behandlung das atherogene Risikopotenzial langfristig zu verringern. Dafür sprechen auch mehrere Studien, die zeigen, dass bei Kindern und Jugendlichen nachgewiesene Erhöhungen des LDL-Cholesterins, der Apolipoproteine B und A-I oder das Auftreten einer Dyslipoproteinämie IIb mit pathologischen Cholesterin- und Triglyceridwerten im späteren Erwachsenalter eine erhöhte Intima-Media-Dicke verursachen [16–18].

Eine Zunahme der Intima-Media-Dicke im Vergleich mit Gesunden ist jedoch auch schon bei Kindern und Jugendlichen nachweisbar, die an Erkrankungen mit erhöhtem kardiovaskulären Risiko leiden. Betroffen sind vor allem Kinder und Jugendliche mit familiärer Hypercholesterinämie [19], Typ-1-Diabetes [20], Hypertonie [12], Adipositas und metabolischem Syndrom [21, 22].

5.3.3 Hypertriglyceridämie

5.3.3.1 Pankreatitis

Zur Häufigkeit der akuten Pankreatitis bei Kindern und Jugendlichen in Deutschland liegen keine Daten vor. In den USA wurde die Inzidenz der akuten Pankreatitis für Kinder und Jugendliche im Jahr 2009 mit 61 Fällen pro 10.000 hospitalisierter Patienten errechnet, wobei das mittlere Alter 17 Jahre betrug [24]. Als häufigste Ursachen der Pankreatitis werden Gallensteine, Arzneimittel, Virusinfektionen oder Traumata diagnostiziert.

Eine Pankreatitis als Folge einer Hypertriglyceridämie wird im Kindes- und Jugendalter sehr selten beobachtet und kam in einer 12-Jahresanalyse nur bei drei von 253 Betroffenen vor, dabei betrug der mittlere Triglyceridspiegel 11,24 mmol/l (986 mg/dl) [25]. Als zugrunde liegende pathophysiologische Vorgänge werden die Hydrolyse der Triglyceride durch die Pankreaslipase, die erhöhte Bildung freier Fettsäuren mit entzündlichen Prozessen und Kapillarschäden angenommen [26]. Ein hohes Risiko, im Kindes- und Jugendalter an einer akuten oder chronisch rezidivierenden Pankreatitis zu erkranken, besteht auch bei einem familiären Lipoprotein-Lipasemangel. Diese seltene Krankheit wird autosomal rezessiv vererbt und führt in der Regel zu Triglyceridwerten über 11,4 mmol/l (1000 mg/dl). High-Density-Lipoprotein-(HDL-) und LDL-Cholesterinwerte sind oft erniedrigt. Die Blutproben zeigen bereits nach einer Stunde Lagerung im Kühlschrank einen rahmigen Chylomikronen-Überstand [27, 28].

In Einzelfällen kann auch eine diabetische Ketoazidose mit schwerer Hypertriglyceridämie und akuter Pankreatitis einhergehen. Ein Fallbericht beschreibt ein 10-jähriges Mädchen mit akuter Pankreatitis und initialen Triglyceridwerten von 186 mmol/l (16.334 mg/dl), die mit Hilfe einer Plasmapherese-Therapie effektiv gesenkt werden konnten, was dadurch zum Abklingen der Pankreatitis führte [29].

5.3.3.2 Arteriosklerose

Bei der metabolischen Bewältigung einer Hypertriglyceridämie kommt es zu komplexen Veränderungen des Fettstoffwechsels, die das Risiko für eine akzelerierte Atherogenese erhöhen. Triglyceriderhöhungen beruhen je nach Ätiologie auf einer Anhäufung triglyceridreicher Chylomikronen oder VLDL und ihren spezifischen Remnants im Plasma. Dadurch wird eine Übertragung von Triglyceriden auch auf LDL- und HDL-Partikel ausgelöst. Diese Triglyceridübernahme erfolgt im Austausch gegen Cholesterin, das von Remnant-Lipoproteinen aufgenommen wird. Aus ursprünglich triglyceridreichen Remnant-Lipoproteinen entstehen dadurch vermehrt mit Cholesterin angereicherte Remnant-Partikel, die als besonders atherogen gelten. Erhöhte Plasmatriglyceride erlauben so eine indirekte Einschätzung des Arterioskleroserisikos, da sie Marker für die Vermehrung triglyceridreicher Remnant-Lipoproteine sind, die durch Lipidaustauschprozesse beträchtliche Cholesterinmengen enthalten, eine verlängerte Plasmaverweildauer zeigen und eine erhöhte transendotheliale Migration aufweisen. Je kleiner die Remnant-Lipoproteine im Verlauf des Metabolisierungsprozesses werden, desto leichter können sie in die Gefäßwand gelangen und von Makrophagen aufgenommen werden, die bei Überschreitung ihrer Speicherkapazität zu Schaumzellen degenerieren und den Beginn der atherosklerotischen Gefäßkrankheit darstellen. Die Atherogenität der durch die Hypertriglyceridämie in Gang gesetzten Fettstoffwechselstörungen wird durch die oben beschriebene abnorme Triglyceridanreicherung der HDL und LDL noch potenziert, da sie diese Lipoproteine anfälliger für den Abbau durch hepatische und Lipoproteinlipasen macht. Eine raschere Metabolisierung der HDL bedingt die Erniedrigung ihres Plasmaspiegels und bei den LDL führt dieser Prozess zu einer Verschiebung des Subgruppenprofils zugunsten kleiner dichter LDL-Partikel, die leichter oxidieren und vermehrt in Makrophagen der arteriellen Gefäßwand gespeichert werden. Bei Hypertriglyceridämien ließen sich noch weitere Veränderungen nachweisen. So konnten die Produktion entzündungsfördernder Zytokine, Störungen der Fibrinolyse sowie eine Erhöhung der Gerinnungsfaktoren VII und VIII gezeigt werden [30, 31].

Zusammenfassend lassen sich die mit einer Hypertriglyceridämie verbundenen pathogenen Veränderungen in vier Bereiche unterteilen, die alle als potenziell atherogen angesehen werden können: (1) Zunahme atherogener Remnant-Lipoproteine, (2) Erniedrigung der HDL, (3) Vermehrung der kleinen dichten LDL-Partikel und (4) Erhöhung des Thromboserisikos.

Es erscheint deshalb empfehlenswert, bei Hinweisen auf eine familiäre Belastung mit Fettstoffwechselstörungen oder atherosklerotischen Gefäßerkrankungen und beim Vorliegen atherogener Risikofaktoren im Kindes- und Jugendalter, wie z. B. Fettstoffwechselstörungen, ungesundem Lebensstil, Übergewicht/Adipositas, Diabetes mellitus, Bluthochdruck, Rauchen, die Bestimmung eines Lipidprofils zu veranlassen und die Triglyceridplasmaspiegel in das Konzept zur Arterioskleroseprävention einzubeziehen.

5.3.4 Adipositas und atherogene Dyslipoproteinämie

Dyslipoproteinämien sind einer der wichtigsten Risikofaktoren für die atherosklerotische Gefäßkrankheit. So konnte beispielsweise gezeigt werden, dass 3- bis 18-jährige Kinder und Jugendliche mit der Kombination aus erhöhten Triglyceriden und erhöhtem LDL Cholesterin (Typ IIb nach Fredrickson) nach 20 Jahren im Erwachsenenalter eine signifikant erhöhte Intima-Media-Dicke im Vergleich zu Kontrollen aufwiesen [17, 18].

Eine kombinierte Dyslipoproteinämie ist im Vergleich mit gesunden Gleichaltrigen auch häufig bei adipösen Kindern und Jugendlichen nachweisbar. Sie ist durch erhöhte Triglyceride, vermehrtes LDL- und Non-HDL-Cholesterin, eine steigende Zahl kleiner dichter LDL-Partikel sowie erniedrigtes HDL-Cholesterin charakterisiert. Ursache der bei Adipösen vorherrschenden Hypertriglyceridämie ist eine gesteigerte VLDL-Produktion in der Leber infolge vermehrten Zustroms freier Fettsäuren aus den umfangreichen Fettdepots. Insbesondere viszerale und abdominale Anreicherungen des Fettgewebes zeigen eine verstärkte Lipolyse [30, 31]. Die Erhöhung des atherogenen Risikos adipöser Kinder und Jugendlicher durch eine Hypertriglyceridämie mit nachfolgender kombinierter Dyslipoproteinämie wurde ausführlich im Kapitel 5.1 beschrieben.

Für adipöse 12- bis 19-Jährige in den USA konnte in den Jahren 1999–2006 gezeigt werden, dass bei 42,9 % mindestens ein pathologischer Lipidparameter nachweisbar war [32]. Es erscheint deshalb gerechtfertigt, bei adipösen Kindern und Jugendlichen ein gezieltes nüchternes Lipidprofil zu erstellen.

Eine Verdickung der Intima-Media als subklinisches Frühzeichen der Arteriosklerose ließ sich in verschiedenen Studien bei adipösen Kindern und Jugendlichen im Vergleich mit gesunden Kontrollen zeigen. Dabei bestanden signifikante Korrelationen zwischen erhöhter Intima-Media-Dicke und Lipidparametern wie Triglyceriden, LDL-Cholesterin und HDL-Cholesterin als Hinweis für die Bedeutung der Lipide und Lipoproteine als atherogene Risikofaktoren [33, 34]. Mit zunehmender Dauer und Schwere einer Adipositas im Kindes- und Jugendalter steigt auch das Risiko einer kardiovaskulären Erkrankung im späteren Erwachsenenalter. So entwickelte sich bei adipösen Erwachsenen ein erhöhtes Risiko für Typ-2-Diabetes, Hypertension, Dyslipidämie und Arteriosklerose der A. carotis, wenn sie schon als Kinder übergewichtig oder adipös waren. Gelang jedoch eine Gewichtsnormalisierung bis zum Eintritt in das Erwachsenenalter, entsprach das kardiovaskuläre Risiko dieser Patienten den Personen, die als Kinder und Erwachsene immer einen normalen Body-Mass-Index zeigten [35]. Diese Studiendaten unterstützen eindrucksvoll alle Bemühungen um eine Verminderung von Übergewicht und Adipositas bei Kindern und Jugendlichen.

5.3.5 Diabetes mellitus und atherogene Dyslipoproteinämie

Eine sekundäre Dyslipoproteinämie kann sich sowohl beim Typ-1- als auch Typ-2-Diabetes mellitus entwickeln, wobei das Ausmaß der Fettstoffwechselstörungen wesentlich von der Qualität der Diabeteseinstellung abhängt. Trotz gewisser pathogenetischer Unterschiede der Dyslipoproteinämie zwischen Typ-1 und Typ-2-Diabetes sind die resultierenden Fettstoffwechselveränderungen grundsätzlich vergleichbar. Am häufigsten ist eine Hypertriglyceridämie in Verbindung mit erniedrigten HDL-Cholesterinwerten diagnostizierbar. Obwohl die LDL-Cholesterinwerte nur leicht erhöht sind, lässt sich mit Hilfe der Ultrazentrifugation eine Zunahme kleiner dichter LDL-Partikel auf Kosten der großen leichten Subfraktionen finden.

5.3.5.1 Typ-1-Diabetes

Insulinmangel verursacht eine Aktivitätsminderung der Lipoprotein-Lipase mit nachfolgend eingeschränktem Abbau von triglyceridreichen Lipoproteinen (Chylomikronen, VLDL) und deren Anstieg im Blut. Zusätzlich werden durch die fehlende Insulinwirkung in erhöhtem Maße freie Fettsäuren aus Fettzellen mobilisiert, die zusammen mit der erhöhten Blutglukose die Triglycerid- und VLDL-Synthese der Leber anregen. Eine unzureichende Insulinsubstitution ist bei diesen Patienten auch für quantitative und qualitative Veränderungen der LDL-Partikel verantwortlich. Die reduzierte Aktivität der LDL-Rezeptoren führt zu längerer Verweildauer und zum Anstieg der LDL im Blut. Bei einer diabetischen Hypertriglyceridämie kommt es außerdem zur Bildung triglyceridreicher LDL, die vermehrt zu atherogenen, kleinen dichten LDL mit erhöhter Anfälligkeit für oxidative Veränderungen umgebaut werden. Auch die HDL-Partikel sind durch die beschriebenen Stoffwechselveränderungen in ungünstiger Weise betroffen. Glykierung und Triglyceridanreicherung der HDL stimulieren ihren Abbau durch die hepatische Lipase und die eingeschränkte Aktivität der Lipoprotein-Lipase senkt ihre Synthese [36].

Bei einer 2006 durchgeführten Analyse von 27.358 Patienten mit Typ-1-Diabetes im Alter von einem bis 26 Jahren war der häufigste kardiovaskuläre Risikofaktor eine ungenügende Diabeteseinstellung gefolgt von Dyslipidämie, Übergewicht/Adipositas, Hypertension und Rauchen. Der Anteil der Dyslipidämie betrug 26,3 %, eine medikamentöse Therapie erhielten aber nur 0,4 % der Patienten [37]. Die Lipoproteine werden bei Kindern mit Typ-1-Diabetes durch zwei nicht veränderbare Faktoren (Alter,

Geschlecht) sowie durch zwei prinzipiell veränderbare Faktoren (Body-Mass-Index, HbA1c) beeinflusst [38]. Basierend auf diesen vier Beeinflussungsfaktoren wurden zwei Datenbanken stratifiziert, die Studie zur Gesundheit von Kindern und Jugendlichen in Deutschland mit 14.057 Gesunden (KiGGS) sowie die Diabetes-Patienten-Verlaufsdokumentation (DPV) mit 26.147 an Typ-1-Diabetes erkrankten Kindern und Jugendlichen [39]. Die Werte für LDL-, HDL- und Non-HDL-Cholesterin wurden als tabellarischer Algorithmus dargestellt, der den Vergleich der Lipoprotein-Werte diabetischer Kinder und Jugendlicher mit den Werten gesunder Gleichaltriger ermöglicht. Darüber hinaus ist dieser Algorithmus für die Langzeitüberwachung der Lipoprotein-Werte geeignet und erlaubt Rückschlüsse, ob durch die Verbesserung von Diabeteseinstellung und Reduktion des Körpergewichts potenzielle Verbesserungen der Cholesterinwerte zu erwarten sind oder weitere cholesterinsenkende Maßnahmen eingeleitet werden sollten. Eine weitere Unterstützung zur Beantwortung der Frage einer etwaigen medikamentösen Therapieeinstellung ergibt sich aus der Messung von Non-HDL-Cholesterin. Dieser Parameter erfasst das kardiovaskuläre Risiko zuverlässiger als LDL-Cholesterin allein, da Non-HDL-Cholesterin alle potenziell atherogenen Lipoproteine wie LDL, Lipoprotein (a), VLDL und seine Remnants einschließt. Bei erwachsenen Diabetikern erwies sich Non-HDL-Cholesterin als der zuverlässigere Parameter hinsichtlich der Vorhersage der Mortalität infolge einer koronaren Herzkrankheit als LDL-Cholesterin [40]. Bei einer Analyse der Non-HDL-Cholesterinwerte von 26.358 Kindern und Jugendlichen mit Typ-1-Diabetes ergaben sich Patientengruppen, die auch nach Normalisierung des HbA1c-Werts oder des Körpergewichts keine Chance hatten, den allgemein anerkannten oberen Grenzwert von 3,64 mmol/l (140 mg/dl) für Non-HDL-Cholesterin zu unterschreiten. Bei diesen Patienten muss zur Reduktion ihres kardiovaskulären Risikos daran gedacht werden, neben der konsequenten Einhaltung einer gesunden Lebensweise auch eine sofortige lipidsenkende Therapie einzuleiten [41].

5.3.5.2 Typ-2-Diabetes

Im Mittelpunkt der Fettstoffwechselstörungen beim Typ-2-Diabetes steht die Insulinresistenz, die eine erhöhte Lipolyse des Fettgewebes mit vermehrtem Zustrom freier Fettsäuren zur Leber auslöst. Häufig anzutreffendes Übergewicht verstärkt diese Vorgänge noch zusätzlich. Das Überangebot an freien Fettsäuren und Glukose stimuliert die hepatische Triglyceridsynthese und die Produktion triglyceridreicher VLDL. Die verminderte Insulinwirkung und die Zunahme freier Fettsäuren hemmen die Lipoprotein-Lipase-Aktivität und verlängern dadurch noch die Plasmahalbwertszeit dieser triglyceridreichen Lipoproteine. Der LDL-Stoffwechsel ist beim Typ-2-Diabetes quantitativ geringer als beim Typ-1-Diabetes betroffen. Qualitativ finden sich jedoch die durch die Hypertriglyceridämie schon beim Typ-1-Diabetes beschriebenen Veränderungen der LDL und HDL, die als atherogen eingeschätzt werden müssen [42].

5.3.5.3 Arterioskleroserisiko

Hypertriglyceridämie, HDL-Erniedrigung und LDL-Erhöhung mit Verschiebung des LDL-Profils zugunsten kleiner dichter Partikel steigern das Risiko einer vorzeitigen Arteriosklerose erheblich, insbesondere mit zunehmender Diabetesdauer, bei chronischer Hyperglykämie und in Verbindung mit atherogenen Risikofaktoren wie Hypertonie, Adipositas, Mikroalbuminurie oder Rauchen. Frühe und noch asymptomatische arteriosklerotische Gefäßveränderungen wurden bei Kindern und Jugendlichen mit Diabetes mellitus als endotheliale Dysfunktion (z. B. Arteria brachialis) und Intima-Media-Verdickung (z. B. Arteria carotis, Aorta) nachgewiesen. Diese multiple Gefährdung von Patienten mit Diabetes mellitus hinsichtlich einer beschleunigten Atherogenese beginnt im Kindesalter und führt später im Erwachsenenalter zu einem 3- bis 5-fach erhöhten Risiko für kardio- und zerebrovaskuläre Ereignisse wie Herzinfarkt oder Schlaganfall [42, 43].

Literatur

[1] Zieske AW, Malcolm GT, Strong JP. Natural history and risk factors of atherosclerosis in children and youth: the PDAY study. Pediatr Pathol Mol Med. 2002; 21: 213–237.

[2] Berenson GS, Srinivasan SR, Bao W, Newman III WP, Tracy RE, Wattigney WA, for the Bogalusa Heart Study. Association between multiple cardiovascular risk factors and atherosclerosis in children and young adults. N Engl J Med. 1998; 338: 1650–1656.

[3] Groner JA, Joshi M, Bauer JA. Pediatric precursors of adult cardiovascular disease: noninvasive assessment of early vascular changes in children and adolescents. Pediatrics. 2006; 118: 1683–1691.

[4] Feingold KR, Grunfeld C. Introduction to lipids and lipoproteins. In: De Groot LJ, et al., editors. Endotext [Internet]. South Darmouth (MA): MDText.com, Inc.. 2000–2015.

[5] Rizzo M, Berneis K. Low-density lipoprotein size and cardiovascular risk assessment. Q J Med. 2006; 99: 1–14.

[6] Frostegard J. Immunity, atherosclerosis and cardiovascular disease. BMC Med. 2013; 11: 117.

[7] Su JB. Vascular endothelial dysfunction and pharmacological treatment. World J Cardiol. 2015; 7: 719–741.

[8] Kizhakekuttu TJ, Gutterman DD, Phillips SA, Jurva JW, Arthur EIL, Das E, et al. Measuring FMD in the brachial artery: how important is QRS gating? J Appl Physiol. 2010; 109: 959–965.

[9] de Jongh S, Lilien MR, op't Roodt J, Stroes ESG, Bakker HD, Kastelein JJP. Early statin therapy restores endothelial function in children with familial hypercholesterolemia. J Am Coll Cardiol. 2002; 40: 2117–2121.

[10] Short KR, Blackett BR, Gardner AW, Copeland KC. Vascular health in children and adolescents: effects of obesity and diabetes. Vasc Health Risk Manag. 2009; 5: 973–990.

[11] Schmidt-Trucksäss A, Cheng D, Sandrock M, Schulte-Mönting J, Rauramaa R, Huonker M, et al. Computerized analysing system using the active contour in ultrasound measurement of carotid artery intima-media thickness. Clin Physiol. 2001; 21: 561–569.

[12] Krebs A, Schmidt-Trucksäss A, Alt J, Doerfer J, Krebs K, Winkler K, et al. Synergistic effects of elevated systolic blood pressure and hypercholesterolemia on carotid intima-media thickness in children and adolescents. Pediatr Cardiol. 2009; 30: 1131–1136.

[13] Urbina EM, Williams RV, Alpert BS, Collins RT, Daniels SR, Hayman L, et al., on behalf of the American Heart Association, Atherosclerosis, Hypertension, and Obesity in Youth Committee of the Council on Cardiovascular Disease in the Young. Noninvasive assessment of subclinical atherosclerosis in children and adolescents. Hypertension. 2009; 54: 919–950.
[14] Lorenz MW, Markus HS, Bots ML, Rosvall M, Sitzer M. Prediction of clinical cardiovascular events with carotid intima-media thickness. Circulation. 200; 115: 459–467.
[15] Juonala M, Magnussen CG, Venn A, Dwyer T, Burns TL, Davis PH, et al. Influence of age on association between childhood risk factors and carotid intima-media thickness in adulthood. The Cardiovascular Risk in Young Finns Study, the Childhood Determinants of Adult Health Study, the Bogalusa Heart Study, and the Muscatine Study for the International Childhood Cardiovascular Cohort (i3C) Consortium. Circulation. 2010; 122: 514–520.
[16] Davis PH, Dawson JD, Riley WA, Lauer RM. Carotid intimal-medial thickness is related to cardiovascular risk factors measured from childhood through middle age. The Muscatine Study. Circulation. 2001; 104: 2815–2819.
[17] Juonala M, Viikari JSA, Kähönen M, Solakivi T, Helenius H, Jula A, et al. Childhood levels of Serum apolipoproteins B and A-I predict carotid intima-media thickness and brachial endothelial function in adulthood. J Am Coll Cardiol. 2008; 52: 293–299.
[18] Juonala M, Viikari JSA, Rönnemaa T, Marniemi J, Jula A, Loo B-M, et al. Associations of dyslipidemias from childhood to adulthood with carotid intima-media thickness, elasticity, and brachial flow-mediated dilatation in adulthood. Arterioscler Thromb Vasc Biol. 2008; 28: 1012–1017.
[19] Kusters DM, Wiegman A, Kastelein JJP, Hutten BA. Carotid intima-media thickness in children with familial hypercholesterolemia. Circ Res. 2014; 114: 307–310.
[20] Krebs A, Schmidt-Trucksaess A, Doerfer J, Grulich-Henn J, Holder M, Hecker W, et al. Cardiovascular risk in pediatric type 1 diabetes – sex-specific intima-media thickening verified by automatic contour identification and analyzing systems. Pediatr Diabetes. 2012; 13: 251–258.
[21] Iannuzzi A, Licenziati MR, Acampora C, Salvatore V, Auriemma L, Romano LM, et al. Increased intima-media thickness and stiffness in obese children. Diabetes Care. 2004; 27: 2506–2508.
[22] Vijayasarathi A, Goldberg SJ. Comparison of carotid intima-media thickness in pediatric patients with metabolic syndrome, heterozygous familial hyperlipidemia and normals. J Lipids. 2014; 2014: 546863.
[23] Schwab KO, Doerfer J, Scheidt-Nave C, Kurth BM, Hungele A, Scheuing N, et al. German-Austrian Diabetes Documentation and Quality Management System (DPV) and the German Health Interview and Examination Survey for Children and Adolescents (KiGGS). Algorithm-based cholesterol monitoring in children with type 1 diabetes. J Pediatr. 2014; 164: 1079–1084.
[24] Pant C, Deshpande A, Olyaee M, Anderson MP, Bitar A, Steele MI, et al. Epidemiology of acute pancreatitis in hospitalized children in the United States from 2000–2009. PLoS ONE. 2014; 9: e95552.
[25] Park A, Latif SU, Shah AU, Tian J, Werlin S, Hsiao A, et al. Changing referral trends of acute pancreatitis in children – A 12-year single-center analysis. J Pediatr Gastroenterol Nutr. 2009; 49: 316–322.
[26] Valdivielso P, Ramirez-Bueno A, Ewald N. Current knowledge of hypertriglyceridemic pancreatitis. Eur J Intern Med. 2014; 25: 689–694.
[27] Krebs A, Hoffmann MM, Krebs K, Kratzin T, Doerfer J, Schwab KO. Hypertriglyzeridämie infolge eines familiären Mangels an Lipoproteinlipase. Pädiat Prax. 2005/2006; 67: 481–487.
[28] Sisman G, Erzin Y, Hatemi I, Caglar E, Boga S, Singh V, et al. Familial chylomicronemia syndrome related chronic pancreatitis – a single-center study. Hepatobiliary Pancreat Dis Int. 2014; 13: 209–214.

[29] Lutfi R, Huang J, Wong HR. Plasmapheresis to treat hypertriglyzeridemia in a child with diabetic ketoacidosis and pancreatitis. Pediatrics. 2012; 129: e195–198.

[30] Chapman MJ, Ginsberg HN, Amarenco P, Andreotti F, Boren J, Catapano AL, et al., for the European Atherosclerosis Society Consensus Panel. Triglyceride-rich lipoproteins and high-density lipoprotein cholesterol in patients at high risk of cardiovascular disease – evidence and guidance for management. Eur Heart J. 2011; 32: 1345–1361.

[31] Tenenbaum A, Klempfner R, Fisman EZ. Hypertriglyceridemia – a too long unfairly neglected major cardiovascular risk factor. Cardiovasc Diabetol. 2014; 13: 159.

[32] Centers for Disease Control and Prevention. Prevalence of abnormal lipid levels among youths – United States, 1999–2006. MMWR Morb Mortal Wkly Rep. 2010; 59: 29–33.

[33] Slyper AH, Rosenberg H, Kabra A, Weiss MJ, Blech B, Gensler S, et al. Early atherogenesis and visceral fat in obese adolescents. Int J Obes (Lond). 2014; 38: 954–958.

[34] Fang J, Zhang JP, Luo CX, Yu XM, Lv LQ. Carotid intima-media thickness in childhood and adolescent obesity relations to abdominal obesity, high triglyceride level and insulin resistance. Int J Med Sci. 2010; 7: 278–283.

[35] Juonala M, Magnussen CG, Berenson GS, Venn A, Burns TL, Sabin MA, et al. Childhood adiposity, adult adiposity, and cardiovascular risk factors. N Engl J Med. 2011; 365: 1876–1885.

[36] Verges B. Lipid disorders in type 1 diabetes. Diabetes Metab. 2009; 35: 353–360.

[37] Schwab KO, Doerfer J, Hecker W, Grulich-Henn J, Wiemann D, Kordonouri O, et al., DPV Initiative of the German Working Group for Pediatric Diabetology. Spectrum and prevalence of atherogenic risk factors in 27,358 children, adolescents, and young adults with type 1 diabetes. Diabetes Care. 2006; 29: 218–225.

[38] Schwab KO, Doerfer J, Naeke A, Rohrer T, Wiemann D, Marg W, et al., on behalf of the German/Austrian pediatric DPV-Initiative. Influence of food intake, age, gender, HbA1c- and BMI levels on plasma cholesterol in 29,979 children and adolescents with type 1 diabetes – reference data from the German diabetes documentation and quality management system (DPV). Pediatr Diabetes. 2009; 10: 184–192.

[39] Schwab KO, Doerfer J, Scheidt-Nave C, Kurth BM, Hungele A, Scheuing N, Krebs A, Dost A, Rohrer TR, Schober E, Holl RW. German/Austrian Diabetes Documentation and Quality Management System (DPV) and the German Health Interview and Examination Survey for Children and Adolescents (KiGGS). Algorithm-based cholesterol monitoring in children with type 1 diabetes. J Pediatr. 2014; 164(5): 1079–1084.

[40] Liu J, Sempos C, Donahue RP, Dorn J, Trevisan M, Grundy SM. Joint distribution of Non-HDL and LDL cholesterol and coronary heart disease risk prediction among inividuals with and without diabetes. Diabetes Care. 2005; 28: 1916–1921.

[41] Schwab KO, Doerfer J, Hungele A, Scheuing N, Krebs A, Dost A, et al. Non-High-Density lipoprotein cholesterol in children with diabetes: proposed treatment recommendations based on glycemic control, body mass index, age, sex, and generally accepted cut points. J Pediatr. 2015; 167: 1436–1439.

[42] Giannini C, Mohn A, Chiarelli F, Kelnar CJH. Macrovascular angiopathy in children and adolescents with type 1 diabetes. Diabetes Metab Res Rev. 2011; 27: 436–460.

[43] Bardini G, Rotella CM, Giannini S. Dyslipidemia and diabetes: reciprocal impact of impaired lipid metabolism and beta-cell dysfunction on micro- and macrovascular complications. Rev Diabet Stud. 2012; 9: 82–93.

6 Schulung und psychosoziale Betreuung

Karin Lange

6.1 Chronische Stoffwechselstörungen: Schulung und psychosoziale Betreuung

Allen drei chronischen Stoffwechselstörungen ist gemein, dass sie eine tiefgreifende und beständige Modifikation des Lebensstils der betroffenen Kinder und ihrer Familien erfordern. Sowohl die kurzfristige Qualität der metabolischen Parameter der Kinder und Jugendlichen als auch deren langfristige Prognose und Lebensqualität werden zu einem erheblichen Teil dadurch bestimmt, in welchem Umfang sie ihre Therapie im Alltag umsetzen können [1, 2, 3]. Dies betrifft die Auswahl und Menge der Nahrungsmittel und die Ernährungsgewohnheiten ebenso wie die körperliche Aktivität oder die – je nach Grunderkrankung und ggf. Komorbidität – notwendige Gabe von Medikamenten. Alle therapeutischen Schritte müssen täglich, 365 Tage im Jahr, verlässlich durch die Kinder, Jugendlichen und deren Eltern gewährleistet und verantwortet werden.

Demgegenüber beschränkt sich der Kontakt zum behandelnden pädiatrischen Team in der Regel auf wenige kurze ambulante Vorstellungen im Jahr, wenn nicht zusätzlich strukturierte Schulungen, Beratungen oder verhaltensorientierte Coachings angeboten werden [4].

6.1.1 Schulung: viel mehr als Wissensvermittlung

Entsprechend besteht ein zentrales Therapieziel darin, die jungen Patienten und ihre Eltern in die Lage zu versetzen, die Behandlung eigenverantwortlich und selbstbestimmt zu gestalten. Die Begriffe „Empowerment", d. h. die Befähigung zu verantwortungsbewusster Therapie, und Selbstmanagement haben dazu seit den 1990er Jahren Eingang in die wissenschaftliche Diskussion um wirksame Schulungskonzepte bei chronischen Krankheiten gefunden [4, 5, 6]. Das „Empowerment" folgt der Überlegung, dass Menschen eher bereit sind, sich für ihre gesundheitlichen Belange einzusetzen, wenn sie damit persönlich bedeutsame Ziele verbinden und den Weg, auf dem die Ziele angestrebt werden, verantwortlich mitbestimmen können. Für die Schulung chronisch kranker Kinder und deren Familien wird daraus abgeleitet, dass ...

- alle Familienmitglieder verständlich und altersangemessen über die Krankheit und das damit verbundene kurz- und langfristige Risiko informiert werden,
- sie Informationen über den aktuellen Stand der empfohlenen Therapien und ggf. über alternative Ansätze erhalten, die ihnen eine begründete Entscheidung erlauben,

DOI 10.1515/9783110460056-007

- Kinder und Eltern auf akute Notfälle, hier insbesondere beim Typ-1-Diabetes, sicher, schnell und korrekt reagieren können,
- sie praktisch unterstützt werden, neue selbstgewählte Verhaltensweisen und Therapien unter Supervision eines erfahrenen Teammitglieds zu üben und sicher zu beherrschen,
- die Familie Hilfen dabei erhalten, wie sie neue Verhaltensweisen zur Gewohnheit machen und sich durch Rückfälle nicht entmutigen lassen,
- Eltern besonders jüngerer Kinder lernen, die Therapie in einen kindgemäßen Alltag zu integrieren und trotz der Belastungen eine positive Eltern-Kind-Beziehung aufrechtzuerhalten,
- Eltern ihre chronisch kranken Kinder auf dem Weg in eine altersgemäße Selbstständigkeit allgemein und bezogen auf die Therapie angemessen fördern,
- die allgemeine körperliche, kognitive und emotionale Entwicklung der Kinder und Jugendlichen so unterstützt wird, dass ihre Schulleistungen und ihre soziale Integration möglichst wenig beeinträchtigt werden,
- zusätzliche emotionale und soziale Belastungen sowie kulturelle Spezifika wahrgenommen und in den Schulungs- und Beratungsprozess einbezogen werden [1, 3, 7, 8].

6.1.2 Lebensbegleitende Schulungen

Vor allem in der Pädiatrie kann die Schulung der jungen Patienten und ihrer Familien keine einmalige Intervention sein, die das Therapieverhalten über viele Jahre nachhaltig positiv beeinflusst. Die Angebote für Eltern und Kinder müssen sich am aktuellen Stand der Erkrankung, dem kognitiven Entwicklungsstand des Kindes und dessen Entwicklungsaufgaben orientieren [1, 2, 3, 7]. Die erste „Initialschulung" nach der Diagnose einer chronischen Erkrankung prägt das Erleben und Verhalten der Familien in besonderem Maße. Hier findet eine zentrale Weichenstellung für den weiteren Umgang mit der Stoffwechselstörung statt. Die Diagnose eines Typ-1-Diabetes trifft Familien fast immer völlig unerwartet. Die typischen Symptome werden von Eltern und Kindern noch nach Jahren als einschneidendes Lebensereignis erinnert. Demgegenüber wird die Diagnose einer Fettstoffwechselstörung ebenso wie die einer Adipositas nicht mit einer plötzlichen, schwerwiegenden Beeinträchtigung des Befindens verbunden. Unabhängig von dieser Ausgangssituation sollte allen Familienmitgliedern, die Verantwortung für die Therapie tragen, kurzfristig nach der Diagnose eine umfassende Schulung angeboten werden, in der nicht nur Kenntnisse, sondern auch Fertigkeiten zur Modifikation des Lebensstils und zur medikamentösen Therapie vermittelt werden. Vor allem aber sollten ihnen die langfristigen Risiken angemessen einfühlsam, aber auch authentisch besorgt vermittelt werden. Während beim Typ-1-Diabetes dabei eher überzogene Ängste auf ein realistisches Maß abgebaut werden müssen, stellt es eine besondere Herausforderung dar, Risiken angemessen zu vermitteln, wenn aktuell keine Symptome spürbar sind.

An der **Initialschulung** sollten möglichst beide Eltern und ggf. andere wichtige Bezugspersonen teilnehmen. Außerdem sollten für Kinder im Vorschulalter, im Grundschulalter, vor der Pubertät und speziell für Jugendliche spezifische Schulungen angeboten werden. Sie sollten altersgemäß erfahren, was die Diagnose bedeutet und wie sie selbst zu ihrem Wohlbefinden beitragen können. Je jünger ein erkranktes Kind ist, als umso unverzichtbarer erweist sich jedoch eine umfassende Einbindung der Eltern. Sie sollen so geschult werden, dass sie förderliche Bedingungen für das Kind herstellen, seine Therapie sicherstellen und es durch das eigene Vorbild im Umgang mit der Krankheit motivieren [3, 7, 9, 10]. Aber auch weitere Betreuer, d. h. Großeltern, Erzieher in Kindereinrichtungen und Lehrkräfte an Schulen, sollten über die besonderen Bedürfnisse eines chronisch kranken Kindes so informiert werden, dass sie es bei seiner Therapie, vor allem aber bei akuten Komplikationen, unterstützen können.

Strukturierte Folgeschulungen sollten sich an neuen Entwicklungsaufgaben der Kinder und Jugendlichen orientieren, d. h. Schuleintritt, Wechsel in eine weiterführende Schule, Adoleszenz und Selbstständigkeit sowie dem Wechsel in die internistische Betreuung. Dabei sollten die Curricula auf die zunehmende Autonomie und Selbstverantwortlichkeit der jungen Patienten zugeschnitten sein. Die Schulungen können ambulant als geplante Kurse für kleine altershomogene Gruppen von Kindern und Jugendlichen angeboten werden. Hinzu kommen individuelle Schulungen bei akuten Komplikationen oder Therapieanpassungen, z. B. zu Beginn einer Insulinpumpentherapie, oder der Einsatz einer kontinuierlichen Glukosemessung bei Typ-1-Diabetes. Bei Jugendlichen sollten die Eltern über die Ziele des jeweiligen Programms informiert werden, damit sie ihre Kinder im Alltag unterstützen. Die Jugendlichen selbst sollten aber gemeinsam mit Gleichaltrigen ohne Anwesenheit ihrer Eltern an den Kursen teilnehmen [1, 3, 7].

Längerfristige **verhaltenstherapeutische Programme** zur strukturierten Modifikation eines ungünstigen Lebensstils gehen im Umfang und in den inhaltlichen Schwerpunkten weit über die oben vorgenannten klassischen Folgeschulungen hinaus. Sie richten sich vor allem an Kinder und Jugendliche mit Adipositas und damit assoziierten Erkrankungen, die eine langfristige multiprofessionelle Unterstützung zur Veränderung ihrer Lebensgewohnheiten im Alltag benötigen [10, 11].

Mit Ausnahme der Initialschulung bei Typ-1-Diabetes werden im deutschen Gesundheitssystem in der Regel alle Schulungen zu den genannten Stoffwechselstörungen ambulant durchgeführt. Sie können aber durch stationäre Angebote während Rehabilitationsmaßnahmen nach § 40 SGB V und § 31 SGB VI ergänzt werden. Sie werden durch die Träger der gesetzlichen Kranken- und Rentenversicherungen finanziert.

6.1.3 Multidisziplinäre Schulungsteams

Die Integration einer chronischen Krankheit und ihrer Therapie in den Alltag erfordert viele, vor allem praktische Kenntnisse, Fertigkeiten und Tipps, die von einer Profession allein nicht vermittelt werden können. Die kinderärztliche Beratung und Therapie müssen bei den hier genannten Stoffwechselstörungen durch eine qualifizierte Ernährungsberatung sowie eine psychologische Beratung zur Verhaltensänderung und zu Erziehungsfragen ergänzt werden. Beim Typ-1-Diabetes wird ein großer Teil der Schulungen von dafür qualifizierten Diabetesberaterinnen DDG verantwortet. Zum Behandlungsteam für adipöse Kinder und Jugendliche zählen immer auch Physiotherapeuten und/oder qualifizierte Sportlehrer. Sozialarbeiter, die Familien bei sozialrechtlichen Fragen unterstützen können, ergänzen die multiprofessionellen Teams [1, 2, 3, 11].

Kombinierte, gut abgestimmte multidisziplinäre Therapien haben sich als erfolgreicher erwiesen als Beratungen, die nur einzelne Aspekte einer Krankheit ansprechen [3, 7]. Die enge Kooperation zwischen allen Teammitgliedern, die sich auch in einer gemeinsamen Behandlungsphilosophie und konsistenten Therapiezielen widerspiegelt, hat sich als „das Erfolgsrezept" in einer internationalen Vergleichsstudie zur Behandlung von Kindern und Jugendlichen mit Typ-1-Diabetes dargestellt [12].

6.1.4 Qualitätskriterien für strukturierte Schulungen

Die aktuellen Leitlinien zu den drei chronischen Stoffwechselstörungen [1, 2, 3] formulieren vergleichbare zentrale Kriterien für qualifizierte Schulungen für Kinder, Jugendliche und Eltern:

- Ein multiprofessionelles Teams, dem ein Pädiater mit zusätzlicher Qualifikation für das jeweilige Krankheitsbild, eine (Diabetes-)Beraterin und eine Diätassistentin angehören, ist erforderlich. Zusätzlich sollen ein Psychologe, ein Sozialarbeiter und ggf. ein Physiotherapeut, jeweils mit krankheitsspezifischer Expertise, eingebunden sein.
- Alle Teammitglieder sollen über Erfahrungen in der Anwendung moderner Therapiemethoden verfügen, sich kontinuierlich fortbilden und an Maßnahmen der Qualitätssicherung beteiligen.
- Alle Teammitglieder sollen didaktisch für die Unterrichtstätigkeit und die jeweiligen Schulungsprogramme ausgebildet sein.
- Altersgemäße Schulungsprogramme, entsprechende Lern- und Übungsmedien und schriftlich formulierte strukturierte Curricula sollen für alle Schulungsangebote vorliegen.
- Interaktive didaktische Methoden, z. B. Problemlösetraining, entdeckendes Lernen oder Gruppenarbeiten, sollten genutzt werden, um Erfolgserlebnisse zu vermitteln und die Motivation zu stärken.

- Die Schulungsprogramme sollen evaluiert und die Ergebnisse publiziert worden sein.
- Das Behandlungsteam soll in der Lage sein, die Schulung flexibel an Bedürfnisse, kulturelle Spezifika und psychosoziale Besonderheiten jeder Familie anzupassen.
- Angemessene Räumlichkeiten zur individuellen Beratung, für Gruppensitzungen und für körperliches Training bei Adipositas sollen vorhanden sein.
- Die Schulungen sollen integraler Bestandteil der Langzeitbehandlung sein und eng mit ihr abgestimmt werden.

6.1.5 Finanzierung der Schulungen für Eltern, Kinder und Jugendliche

Für zwei chronische Krankheiten im Kindesalter liegen standardisierte und evaluierte Schulungsprogramme für Eltern, Kinder und Jugendliche vor, die von qualifizierten multiprofessionellen Teams angeboten werden und durch das Bundesversicherungsamt (BVA) im Rahmen von Disease-Management-Programmen (DMP) akkreditiert sind: Typ-1-Diabetes und Asthma bronchiale. Die Qualitätskriterien zur Anerkennung sind in den Empfehlungen des Koordinierungsausschusses zu den Disease-Management-Programmen gemäß § 137 f Abs. 2 Satz 2 SGB V niedergelegt.

Daneben ist die initiale stationäre Schulung von Kindern mit Typ-1-Diabetes und deren Eltern durch ein multiprofessionelles Behandlungsteam über die multimodale Komplexbehandlung (K60A und K60B) im DRG-System abgebildet. Folgeschulungen während stationärer Aufenthalte wegen akuter Komplikationen werden ebenfalls über das DRG-System finanziert. Beim Typ-1-Diabetes werden die seit einigen Dekaden bundesweit implementierten strukturierten Schulungsangebote als eine Begründung für die – im internationalen Vergleich – ungewöhnlich guten deutschen und österreichischen Therapieergebnisse diskutiert [13, 14].

Außerhalb der Disease-Management-Programme ist die Finanzierung von Schulungen für chronisch kranke Kinder, Jugendliche und deren Eltern über Einzelfallentscheidungen der Krankenkassen nach § 43 Abs. 1 Nr. 2 SGB V (als ergänzende Leistungen zur Rehabilitation) möglich. Eine Voraussetzung für die Kostenübernahme durch die Kostenträger liegt dabei unter anderem darin, dass die Patientenschulungsmaßnahmen wirksam und effizient sind, d. h., deren Wirksamkeit wurde durch eine wissenschaftliche, publizierte Studie belegt. Die besonderen Qualitätskriterien für Adipositas-Programme wurden von einer pädiatrischen Konsensus-Gruppe unter Moderation des BMG entwickelt und publiziert [11].

6.1.6 Grenzen von Patientenschulungen

Schulungen können nur dann erfolgreich sein, wenn Kinder, Jugendliche und Eltern bereit sind, neue Erfahrungen zu sammeln und in ihren Alltag aufzunehmen. Wenn dagegen psychosoziale Belastungen, manifeste psychische Störungen, Überforderung oder schwerwiegende familiäre Konflikte die eigenverantwortliche Behandlung einer Stoffwechselstörung bereits erheblich beeinträchtigen, ist kaum ein positiver Schulungseffekt zu erwarten [3, 7, 8]. Die Schulung kann sogar eher kontraproduktiv wirken, indem sie eine grundlegende Störung zusätzlich verstärkt [3]. Statt wiederholter Schulungen sollten hier frühzeitig soziale oder auch psychotherapeutische Hilfen für Familien oder das betroffene Kind durch das multidisziplinäre Team initiiert werden.

6.1.7 Screening auf psychosoziale Belastungen und psychische Störungen

Bei der Diagnose jeder der drei Stoffwechselstörungen sollte eine strukturierte anamnestische Erfassung der psychosozialen Situation der Familie und der psychischen Belastung des betroffenen Kindes oder Jugendlichen erfolgen [1, 3, 8]. Bei Kindern und Jugendlichen mit Adipositas sollte speziell das Vorliegen einer schwerwiegenden psychiatrischen Grunderkrankung, z. B. einer Essstörung, einer affektiven Störung oder auch einer Verhaltensstörung, abgeklärt werden (s. Tab. 6.1). Diese können sowohl zur Entstehung als auch zur Aufrechterhaltung der Adipositas maßgeblich beigetragen haben. Die frühzeitige Identifikation außergewöhnlicher familiärer Belastungen und Risiken kann bei allen Kindern dazu beitragen, die Therapie und Schulung darauf abzustimmen und angepasste Therapieziele zu entwickeln.

Im Einzelfall sollte auch geklärt werden, ob Hilfen für Kinder aus psychosozial hoch belastetem Milieu im Rahmen des Kinder- und Jugendhilfegesetzes (SGB VIII) innerhalb der Familie oder auch außerfamiliär erforderlich sind.

Seit mehreren Dekaden ist bekannt, dass psychosozial belastete oder sozioökonomisch benachteiligte Kinder und Jugendliche in Deutschland allgemein einen schlechteren psychischen und physischen Gesundheitszustand aufweisen [15, 16, 17, 18]. Ebenso besteht ein internationaler Konsens, dass psychosoziale Faktoren die wichtigsten Determinanten für das Therapieverhalten und damit die Therapieergebnisse von chronisch kranken Kindern und Jugendlichen darstellen [1, 3, 8].

Aber auch im Verlauf der Langzeittherapie sollten die aktuelle Lebenssituation und die psychische Befindlichkeit, z. B. durch geeignete Screening-Instrumente [19], erfasst werden (Tab. 6.1), um auf Risiken frühzeitig reagieren zu können [1, 3, 8].

Folgende familiären und sozioökonomischen Faktoren mit erhöhten somatischen und psychischen Risiken für Kinder und Jugendliche sollten anamnestisch erfasst werden [1, 3]:

- Vernachlässigung und Überforderung des Kindes, zu frühe Selbstständigkeit bei Jugendlichen, ungünstige, vor allem vernachlässigende „Laissez-faire“-Erziehungsstile,
- anhaltende familiäre Konflikte,

- nicht zielführende (dysfunktionale) Kommunikationsformen innerhalb der Familie und mit dem Behandlungsteam,
- niedriger sozioökonomischer Status,
- Zugehörigkeit zu Minoritäten mit geringer Integration und kulturelle Spezifika,
- unvollständige Familien/Scheidung,
- körperliche und/oder seelische Erkrankung der Mutter, insbesondere Depression, Essstörung,
- nicht zielführende (dysfunktionale), vermeidende Bewältigungsstrategien,
- irrationale Ängste und Akzeptanzprobleme der Eltern.

Gleichzeitig tragen chronisch kranke Kinder und Jugendliche gegenüber gesunden Gleichaltrigen ein erhöhtes Risiko für psychische Störungen, vor allem Depression, Angststörung, psychische Belastungsstörung und Essstörung. Betroffen sind vor allem Jugendliche und dabei Mädchen mehr als Jungen [3, 8, 15]. Diese können einerseits wie bei der Adipositas zur Entwicklung der Gesundheitsstörung beigetragen haben, andererseits können sie aber auch durch die Anforderungen der Therapie und ihre sozialen Folgen entstanden sein:

Bei subklinischen und klinisch relevanten Essstörungen (incl. ‚Insulinpurging' = gezieltes Unterdosieren von Insulin, Binge-Eating-Disorder (BED), Essen mit Kontrollverlust) besteht ohne adäquate Intervention ein erhöhtes Risiko für eine langfristig unzureichende Stoffwechseleinstellung, eine weitere Gewichtszunahme bei Adipositas und frühzeitige Folgekomplikationen. Angesichts einer Quote von 21,9 % der Kinder und Jugendlichen mit einem gestörten Essverhalten in Deutschland allgemein [20, 21] stellt diese Komorbidität ein bedeutsames allgemeines Problem dar.

Verhaltensprobleme, z. B. Aufmerksamkeits- und Hyperaktivitätsstörungen, sind assoziiert mit Adipositas und einer unzureichenden Stoffwechseleinstellung bei Diabetes.

Affektive Störungen (Depression und/oder Angst und geringes Selbstwertgefühl) stehen vor allem bei Jugendlichen im Zusammenhang mit einer unzureichenden Stoffwechseleinstellung und Adipositas.

Wenn sich ein Verdacht auf eine psychiatrisch relevante Störung ergibt, sollen Kinder- und Jugendpsychiater oder psychologische Psychotherapeuten hinzugezogen und eine abgestimmte somatische und psychotherapeutische Behandlung initiiert werden. Hier sollten die jeweils in den störungsspezifischen Leitlinien empfohlenen psychotherapeutischen Ansätze und ggf. Medikationen vorgeschlagen werden.

Zur Prävention psychischer Störungen und bei subklinischen Ausprägungen können Eltern und Kinder/Jugendliche durch familienbasierte, verhaltensmedizinische Interventionen unterstützt werden, die Therapie gemeinsam und möglichst konfliktfrei bei guter Lebensqualität zu verantworten [1,,3, 6, 8, 9]. Hierzu liegen diverse evaluierte Ergebnisse für die einzelnen Krankheitsbilder vor, die oft auch integraler Bestandteil der Curricula ambulanter Folgeschulungen sind.

Tab. 6.1: Ausgewählte Screening-Instrumente zu Wohlbefinden, psychischen Belastungen und Risiken.

Allgemeine Lebensqualität
KIDSCREEN (Pabst, Lengerich, 2006): Fragebogen für Kinder, Elternversion, kombinierbar mit DISAB-KIDS Diabetes Modul; http://www.kidscreen.de
KINDL (Ravens-Sieberer, U. & Bullinger, M. 1998): Fragebogen für Kinder, Jugendliche und Eltern; neben den generischen Bögen gibt es krankheitsspezifische Bögen zu Adipositas, Diabetes u. a. http://www.kindl.org/
PedsQL^{TM} (Varni, Seid, Rode, 1999): Fragebogen für Kinder, Elternversion; http://www.pedsql.org/
Diabetesspezifische Lebensqualität/Belastungen
DISABKIDS Diabetes Modul (DM) (Pabst, Lengerich, 2006): Fragebogen für Kinder, Elternversion; http://www.disabkids.de/
PedsQL^{TM} Diabetes spezifisches Modul (Varni, et al. 2003): Fragebogen für Kinder, Elternversion; http://www.pedsql.org/
PAID (Problem areas in diabetes questionnaire) (Polonsky 1995): Fragebogen für Jugendliche, Elterm und Erwachsene; http://www.dawnstudy.com
DQOLY–SF (Diabetes Quality of Life) (Hoey, et al. 2006) Diabetesspezifischer Fragebogen für Jugendliche, der in viele Sprachen übersetzt wurde. http://www.dawnstudy.com
Emotionale und Verhaltensprobleme von Kindern
SDQ (Strengths & Difficulties Questionnaires) (Goodman, 1997): Einschätzung der Kinder (3–16 Jahre) durch die Eltern, Selbstbeurteilungsversion für ältere Kinder (11–16 Jahre); http://www.sdqinfo.com/
CBCL (Child Behaviour Checklists) (Achenbach, 2012): Elterneinschätzung kindlicher Verhaltensauffälligkeiten für Kinder von 1,5–5 Jahren und von 4–18 Jahren; http://www.aseba.org/
SPS–J (Screening psychischer Probleme im Jugendalter) (Hampel P, Petermann F, 2005): Selbstbeurteilung psychischer Störungen in den Bereichen aggressiv-dissoziales Verhalten, Ärgerkontrollprobleme, Ängstlichkeit/Depressivität und Selbstwertprobleme (11–16 Jahre).
Depressive Verstimmung
WHO–5 (Well–being index) (Bech, 2004): Selbstbeurteilung des emotionalen Wohlbefindens, Jugendliche ab 13 Jahren und Eltern; http://www.who-5.org
Beck Depressionsinventar–II (Hautzinger, Keller, Kühner, 2012): Selbstbeurteilungsinstrument für Erwachsene und Jugendliche ab 13 Jahren zur Beurteilung der Schwere der Depression.
DIKJ (Depressionsinventar für Kinder und Jugendliche) (Stiensmeier-Pelster, Schürmann, Duda, 2000): Selbsteinschätzungsfragebogen für Kinder und Jugendliche zwischen 8 und 16 Jahren.

Tab. 6.1: (fortgesetzt)

Ängste
State-Traint-Anxiety-Inventory für Kinder, (STAIK-T,Trait-Form, dt. Fassung von Unnewehr, et al., 1990) zur Erfassung der allgemeinen Ängstlichkeit ab dem Grundschulalter.
PHOKI (Phobiefragebogen für Kinder und Jugendliche) (Döpfner M, Schnabel M, Goletz H, Ollendick TH, 2006): Erfasst Ängste vor verschiedenen Objekten und Situationen (8–18 Jahre).
Gestörtes Essverhalten
SCOFF (Morgan JF, Reid F & Lacey JH (BMJ (1999) 319: 1467): Selbstbeurteilungsinstrument zur Einschätzung des Essverhaltens.
Strukturierte Essstörungsinterviews – Eating Disorder Examnination (EDE; Fairburn & Cooper, 1993; deutsch: von Hilbert, Tuschen-Caffier & Ohms, 2004), – Child Eating Disorder Examination (ChEDE) (Bryant-Waugh, et al. 1996; deutsche Version von Hilbert, et al., 2004) für Kinder zwischen 8–14 Jahren.
DEPS–R (Diabetes Eating Problem Survey Revised) Markowitz JT, Butler DA, Volkening LK, et al. Diabetes Care. 2010; 33: 495–500, deutsch: Saßmann H, Albrecht C, Busse-Widmann P, et al. Diabet Med. 2015; 32: 1641–1647.
Hyperaktivitätsstörungen
KIDS 1: Aufmerksamkeitsdefizit- und Hyperaktivitätsstörung (ADHS) (Döpfner M, Lehmkuhl G, Steinhausen H–C, 2006): Das Kinder-Diagnostik-System beinhaltet sowohl Screening-Verfahren als auch solche zur differenzierteren Diagnostik und Therapieevaluation.

Insbesondere für ältere Kinder und Jugendliche sollten edukative und psychologische Angebote unterbreitet werden, die eine Stärkung der Erfahrung von Selbstwirksamkeit und die Motivation und Fähigkeit zum Selbstmanagement zum Ziel haben. Fast alle anerkannten Schulungsprogramme zum Diabetes und verhaltensmedizinischen Interventionen bei Adipositas sind heute entsprechend ausgerichtet.

Literatur

[1] Neu A, Bürger-Büsing J, Danne T, Dost A, Holder M, Holl RW, et al. Diagnostik, Therapie und Verlaufskontrolle des Diabetes mellitus im Kindes- und Jugendalter S3–Leitlinie der DDG und AGPD. 2015. AWMF-Registernummer 057–016. Diabetologie. 2016; 11: 35–94.

[2] Chourdakis M, Buderus S, Dokoupil K, Oberhoffer R, Schwab KO, Wolf M, et al. S2k–Leitlinien zur Diagnostik und Therapie bei Hyperlipidämien bei Kindern und Jugendlichen. AWMF 027/068. 2015 http://www.awmf.de 23.03.2016.

[3] Wabitsch M, Kunze D (federführend für die AGA). Konsensbasierte (S2) Leitlinie zur Diagnostik, Therapie und Prävention von Übergewicht und Adipositas im Kindes- und Jugendalter. Version 15.10.2015; http://www.a-g-a.de 23.03.2016.

[4] Lange K. Förderung von Selbstmanagement. In: Nauck MA, Meier JJ (Hrsg). Kursbuch klinische Diabetologie. 2. Auflage. Mainz, Verlag Kirchheim. 2013.

[5] Anderson RM, Funnell MM, Butler PM, Arnold M, Fitzgerald JT, Feste CC. Patient empowerment. Results of a randomized controlled trial. Diabetes Care. 1995; 18: 943–949.

[6] Lange K, Hirsch A (Hrsg.). Psycho-Diabetologie: Personenzentriert beraten und behandeln. Mainz, Verlag Kirchheim. 2002.

[7] Lange K, Swift P, Pankowska E, Danne T. Diabetes education in children and adolescents: ISPAD Clinical Practice Guidelines 2014 Compendium. Pediatric Diabetes. 2014; 15(20): 77–85.

[8] Delamater AM, de Wit M, McDarby V, Malik J, Acerini CL. Psychological care of children and adolescents with type 1 diabetes. Pediatr Diabetes. 2014; 15(20): 232–244.

[9] Hürter P, von Schütz W, Lange K. Kinder und Jugendliche mit Diabetes. 4., akt. Aufl. Heidelberg, Berlin, Springer. 2016.

[10] Stachow R, Stübing K, von Egmont-Fröhlich A, Vahabzadeh Z, Jaeschke R, Kuhn-Dost A, et al. „Leichter, aktiver, gesünder – interdisziplinäres Konzept für die Schulung übergewichtiger oder adipöser Kinder und Jugendlicher. Trainermanual. aid infodienst Verbraucherschutz, 2., aktualisierte und überarbeitete Auflage, Ernährung Landwirtschaft e. V. DVG, Bonn. 2007.

[11] Goldapp C, Mann R, Shaw R (BZgA). Qualitätskriterien für Programme zur Prävention und Therapie von Übergewicht und Adipositas bei Kindern und Jugendlichen. Köln, BZgA. 2005.

[12] Cameron F, de Beaufort C, Aanstoot HJ, Hoey H, Lange K, Castano L, et al.; the Hvidoere International Study Group. Lessons from the Hvidoere International Study Group on childhood diabetes: be dogmatic about outcome and flexible in approach. Pediatr Diabetes. 2013; 14: 473–480.

[13] Maahs D, Hermann J, Holman N, Foster N, Kapellen T, Allgrove J, et al. Rates of diabetic ketoacidosis: international comparison with 49,859 pediatric patients with type 1 diabetes from England, Wales, the US, Austria and Germany. Diabetes Care. 2015; 38: 1876–1882.

[14] McKnight JA, Wild SH, Lamb MJ, Cooper MN, Jones TW, Davis EA, et al. Glycaemic control of Type 1 diabetes in clinical practice early in the 21st century: an international comparison. Diabet Med. 2015; 32: 1036–1050.

[15] Hölling H, Schlack R, Petermann F, Ravens-Sieberer U, Mauz E, KiGGS Study Group. Psychische Auffälligkeiten und psychosoziale Beeinträchtigungen bei Kindern und Jugendlichen im Alter von 3 bis 17 Jahren in Deutschland – Prävalenz und zeitliche Trends zu 2 Erhebungszeitpunkten (2003–2006 und 2009–2012). Ergebnisse der KiGGS-Studie – Erste Folgebefragung (KiGGS Welle 1). Bundesgesundheitsbl. 2014; 57: 807–819.

[16] Kurth BM, Schaffrath RA. Die Verbreitung von Übergewicht und Adipositas bei Kindern und Jugendlichen in Deutschland. Ergebnisse des bundesweiten Kinder– und Jugendgesundheitssurveys (KiGGS). Bundesgesundheitsbl. 2007; 50: 736–743.

[17] Rattay P, von der Lippe E, Lampert T, KiGGS Study Group. Gesundheit von Kindern und Jugendlichen in Eineltern-, Stief- und Kernfamilien. Ergebnisse der KiGGS-Studie – Erste Folgebefragung (KiGGS Welle 1). Bundesgesundheitsbl. 2014; 57: 860–868.

[18] Icks A, Rosenbauer J, Strassburger K, Grabert M, Giani G, Holl RW. Persistent social disparities in the risk of hospital admission of paediatric diabetic patients in Germany-prospective data from 1277 diabetic children and adolescents. Diabet Med. 2007; 24: 440–442.

[19] Lange K, Klotmann S, Saßmann H, Aschemeier B, Wintergerst E, Gerhardsson P, et al. A Paediatric Diabetes Toolbox for creating Centres of Reference. Pediatric Diabetes. 2012; 13(16): 49–61.

[20] Hölling H, Schlack R. Essstörungen im Kindes- und Jugendalter. Erste Ergebnisse aus dem Kinder- und Jugendgesundheitssurvey (KiGGS). Bundesgesundheitsbl. 2007; 50: 794–799.
[21] Hölling H, Schlack R, Petermann F, Ravens-Sieberer U, Mauz E & KiGGS Study Group. Psychische Auffälligkeiten und psychosoziale Beeinträchtigungen bei Kindern und Jugendlichen im Alter von 3 bis 17 Jahren in Deutschland – Prävalenz und zeitliche Trends zu 2 Erhebungszeitpunkten (2003–2006 und 2009–2012). Bundesgesundheitsbl. 2014; 57: 807–819.

Claudia Ziegler

6.2 Adipositas: Schulung und psychosoziale Betreuung

6.2.1 Psychosoziale Aspekte der Adipositas

Übergewicht im Kindesalter hat neben somatischen (s. Kapitel 5.1) auch gravierende psychosoziale Beeinträchtigungen zur Folge. Übergewichtige und adipöse Kinder sowie Jugendliche werden sowohl von Gleichaltrigen als auch Familienangehörigen stigmatisiert. Die Hänseleien beginnen bereits im Kindergartenalter. Die Folgen sind ein reduziertes körperbezogenes Selbstwertgefühl und eine reduzierte gesundheitsbezogene Lebensqualität bei adipösen Kindern und Jugendlichen im Vergleich zu normalgewichtigen Kindern und Jugendlichen. Psychische Probleme (Depression, Angsterkrankungen, niedriger Selbstwert, Verhaltensauffälligkeiten, Essstörungen) treten bei adipösen Kindern und Jugendlichen, die eine Behandlung aufsuchen, im Vergleich zur Gesamtgruppe adipöser Kinder und Jugendlicher vermehrt auf. Hingegen ist die Datenlage zur Psychopathologie übergewichtiger und adipöser Kinder sowie Jugendlicher in populationsbasierten Studien bislang uneindeutig.

6.2.1.1 Stigmatisierung und Selbstwert

Eine Vielzahl von Studien belegt, dass Kinder und Jugendliche mit überdurchschnittlichem Körpergewicht aufgrund ihres Erscheinungsbildes gehänselt, stigmatisiert und sozial ausgegrenzt werden (z. B. Metanalyse von [1]). Die Stigmatisierung übergewichtiger Kinder beginnt nicht erst im Schulalter, sondern zeigt sich schon vor dem Schuleintritt. In einer Studie sollten Kindergartenkinder vorgegebene Eigenschaften einer dicken und einer dünnen Figur zuschreiben. Es zeigte sich, dass die Kindergartenkinder einer dicken Figur im Vergleich zu einer schlanken Figur vermehrt negative Eigenschaften wie „hässlich“ und „dumm“ zuordneten. Außerdem wählten die Kindergartenkinder bei einer dicken Figur gehäuft die Kategorien, „keiner mag mit ihr spielen“ und „kann nicht so schnell rennen“ [2]. In der Schule werden adipöse Kinder häufig Opfer von Mobbing [3]. Hänseleien gehen sowohl von Gleichaltrigen als auch Familienmitgliedern aus [4]. Die Vorurteile gegenüber Übergewichtigen sind bei Schulkindern bereits so fest verankert, dass selbst Interventionen in Schulen zur Reduktion der Vorurteile bislang erfolglos waren [5].

Die Stigmatisierungserfahrungen können sich negativ auf die weitere Entwicklung der Kinder und Jugendlichen auswirken. Bereits Kinder im Grundschulalter greifen zu gesundheitsschädlichen Maßnahmen, z. B. in Form von Diäten zur Gewichtskontrolle [6]. Übergewichtige Jugendliche, die aufgrund ihres Gewichts unter Hänseleien leiden, zeigen vermehrt ein gestörtes Essverhalten [4]. Ebenso verringert sich die Wahrscheinlichkeit einer Verabredung und sexuellen Aktivität bei Jugendlichen mit steigendem Körperfettanteil [7].

Ob sich die Stigmatisierungserfahrungen aufgrund des Übergewichts auch auf das Selbstwertgefühl der betroffenen Kinder auswirken, war Gegenstand zahlreicher Untersuchungen. Werden die Ergebnisse zusammengefasst, zeigt sich Folgendes: Die Hänseleien haben unabhängig vom Alter und Geschlecht Einfluss auf das Selbstwertgefühl der adipösen Kinder und Jugendlichen [8]. Die Studienlage zum Zusammenhang zwischen Übergewicht und allgemeinem Selbstwertgefühl ist nicht eindeutig [9, 10]. Hingegen zeigt sich in einer Vielzahl von Studien, dass das körperbezogene Selbstwertgefühl negativ mit dem Gewicht korreliert (Überblick bei [11]).

6.2.1.2 Psychiatrische Morbidität, Essstörungen, Verhaltensprobleme

Psychiatrische Diagnosen und Symptome sind in klinischen Stichproben im Vergleich zu nichtklinischen Stichproben adipöser Kinder und Jugendlicher und im Vergleich zur Allgemeinbevölkerung deutlich erhöht. Bislang ist unklar, ob das größere Ausmaß des Übergewichts oder eine höhere Therapiemotivation die Unterschiede in der Psychopathologie erklären können [9, 10]. Bei extrem adipösen Jugendlichen aus Deutschland, die sich einer Behandlung zur Gewichtsreduktion unterzogen, zeigten sich zweifach erhöhte Prävalenzraten von Angsterkrankungen und affektiven Störungen im Vergleich zu altersentsprechenden Kontrollen. Auf die Frage, wann sich die Symptome der Angst oder Depression zuerst zeigten, gaben die meisten Jugendlichen an, dass sich diese erst nach Eintreten des Übergewichts entwickelt hätten [12]. Ob bei übergewichtigen oder adipösen Kindern und Jugendlichen, die keine Behandlung aufsuchen, höhere Raten an z. B. ängstlichen oder depressiven Symptomen als bei Normalgewichtigen vorliegen, kann aufgrund der aktuellen Datenlage nicht eindeutig beantwortet werden [10].

Praxistipp
Behandler sollten bei Kindern und Jugendlichen mit dem Wunsch nach Gewichtsreduktion eine komorbide psychiatrische Störung sowohl bei der Eingangsdiagnostik als auch im Verlauf abklären.

Die Prävalenz von Bulimie (Bulimia Nervosa, BN) und Binge-Eating-Störung (BED) liegt in klinischen Stichproben übergewichtiger Jugendlicher signifikant höher als in populationsbasierten übergewichtigen Vergleichsgruppen [12, 13, 14]. Bei extrem adipösen Jugendlichen, die eine Behandlung aufsuchen, berichten 20–40 % Symptome einer Binge-Eating-Störung [12, 15]. Bei übergewichtigen Kindern (6–10 Jahre) sind es einer Studie zufolge bis zu 5.3 % mit einer BED-Diagnose [16]. Der BED gilt besondere Berücksichtigung, da sie oftmals mit weiteren psychischen Erkrankungen assoziiert ist. Die von einer BED Betroffenen weisen signifikant ausgeprägte depressive und Angstsymptome und ein signifikant geringeres Selbstwertgefühl im Vergleich zu Übergewichtigen ohne BED auf [9, 10].

Praxistipp
Das Vorliegen einer BED sollte abgeklärt werden, um ggf. psychiatrische Komorbiditäten zu ermitteln.

Verhaltensprobleme zeigen sich vermehrt bei übergewichtigen Jugendlichen im Vergleich zu normalgewichtigen Gleichaltrigen [17]. In den meisten Fällen erfüllen die Verhaltensauffälligkeiten übergewichtiger Kinder jedoch nicht sämtliche Kriterien einer Verhaltensstörung. Nichtsdestotrotz werden in klinischen Stichproben adipöser Schulkinder höhere Raten von Aufmerksamkeits-Defizit-/Hyperaktivitäts-Störung (ADHS) festgestellt als bei normalgewichtigen Gleichaltrigen (z. B. [18])

6.2.1.3 Lebensqualität von Kindern mit Übergewicht und Adipositas

Die Beziehung zwischen Übergewicht und Lebensqualität bei Kindern und Jugendlichen wurde sowohl in klinischen als auch in populationsbasierten Studien untersucht. Eine Studie untersuchte z. B. die gesundheitsbezogene Lebensqualität von 106 adipösen Kindern und Jugendlichen, die aufgrund ihres Übergewichts an ein Kinderkrankenhaus überwiesen wurden, im Vergleich zu der Lebensqualität von normalgewichtigen und von krebskranken Kindern, die eine Chemotherapie erhielten. Die adipösen Kinder und Jugendlichen zeigten, im Vergleich zu den gesunden Kindern, eine eingeschränkte Lebensqualität in allen Bereichen, die vergleichbar mit der Lebensqualität krebskranker Kinder war [19]. Zusammenfassend lässt sich festhalten, dass sowohl klinische als auch populationsbasierte Studien zeigen, dass die Lebensqualität übergewichtiger Kinder im Vergleich zu normalgewichtigen Gleichaltrigen signifikant eingeschränkt ist. Bei übergewichtigen Kindern und Jugendlichen, die eine Maßnahme zur Gewichtsreduktion aufsuchten und innerhalb klinischer Studien untersucht wurden, ist die Beeinträchtigung der gesundheitsbezogenen Lebensqualität größer als bei übergewichtigen Kindern und Jugendlichen, die im Rahmen populationsbasierter Studien untersucht wurden [20, 21].

6.2.2 Therapie der Adipositas durch multimodale Adipositas-Schulungsprogramme

Angesichts der somatischen, aber auch psychosozialen Beeinträchtigungen, die mit der kindlichen Adipositas verbunden sind, besteht eine Notwendigkeit nach wirksamen Therapiemaßnahmen. Leitlinien empfehlen zur Therapie der Adipositas im

Kindes- und Jugendalter eine multimodale Behandlung in Adipositas-Schulungsprogrammen. Der Wirksamkeitsnachweis derartiger Therapiemaßnahmen ist in Metaanalysen erfolgt, fällt jedoch gering aus. Aber auch bei moderatem Gewichtsverlust zeigen sich Effekte z. B. bei der Verbesserung von Komorbiditäten, Veränderungen des Ess- und Bewegungsverhaltens sowie psychosozialer Variablen.

6.2.2.1 Zielgruppe und Therapieziele

Die deutsche evidenzbasierte Leitlinie zur Therapie der Adipositas im Kindes- und Jugendalter empfiehlt, dass „der Zugang zu einem kombinierten multidisziplinären Therapieprogramm (...) jedem adipösen bzw. übergewichtigem Kind und Jugendlichen mit Komorbidität (6–17 J) ermöglicht werden" sollte. Zudem soll die gesamte Familie aktiv in den Therapieprozess mit einbezogen werden [22]. Studien zeigen eindeutig, dass die Beteiligung der Eltern und Kinder effektiver für den Schulungserfolg ist, als wenn sich die Maßnahme nur an die Kinder richtet [23].

Ziele der Adipositas-Therapie sind (1) eine langfristige Gewichtsreduktion (= Reduktion der Fettmasse) und Stabilisierung, (2) Verbesserung der adipositasassoziierten Komorbidität, (3) Verbesserung des aktuellen Ess- und Bewegungsverhaltens des Patienten unter Einbeziehung seiner Familie. Erlernen von Problembewältigungsstrategien und langfristiges Sicherstellen erreichter Verhaltensänderungen, (4) Vermeiden unerwünschter Therapieeffekte, (5) Förderung einer normalen körperlichen, psychischen und sozialen Entwicklung und Leistungsfähigkeit [24].

6.2.2.2 Multimodale Adipositas-Schulungsprogramme

Zur Therapie der Adipositas im Kindes- und Jugendalter empfehlen nationale und internationale Leitlinien eine konservative (nichtpharmakologische), multimodale Behandlung der Kinder, Jugendlichen und ihrer Eltern, zum Beispiel in Adipositas-Schulungsprogrammen [22, 25, 26]. Dies bedeutet, dass Therapieprogramme, die aus den Komponenten Ernährungs-, Bewegungs- und Verhaltenstherapie bestehen, angeboten werden sollen (Abb. 6.1).

Programme, die lediglich einzelne Therapiebausteine umfassen, haben sich langfristig als nicht wirksam herausgestellt [24]. Verschiedene Studien und Metaanalysen zeigen, dass Schulungsprogramme erfolgreich beim Erreichen der Therapieziele sein können [26, 27, 28]. Hierbei muss betont werden, dass die erzielten Gewichtsverluste zwölf und 24 Monate nach Schulungsbeginn als gering eingeschätzt werden müssen: 0,05–0,42 BMI-SDS („Standard Deviation Score" des Body-Mass-Index) [28]. Dies muss den Teilnehmern und Familien vor Beginn der Maßnahme vermittelt werden, um realistische Erwartungen und Zielsetzungen zu fördern. Ein extrem Adipöser kann z. B. aufgrund dieser Datenlage nicht erwarten, durch ein Adipositas-Schulungsprogramm normalgewichtig zu werden. Aber auch bei moderatem Gewichtsverlust zeigen sich Effekte der Adipositas-Schulung, z. B. bei der Verbesserung der Komorbiditäten, wie

z. B. ein signifikant verminderter Anteil von Kindern mit Hypertonie, Dyslipidämie und Hyperurikämie [29] und eine Normalisierung von Diagnosemarkern einer nichtalkoholischen Fettleber [30], Veränderungen des Ess- und Bewegungsverhaltens [29] sowie psychosozialer Variablen, wie z. B. der Verbesserung der Lebensqualität [31].

Einige Patienten und/oder Eltern erhoffen sich durch die bariatrische Chirurgie eine Lösung des Adipositas-Problems. Hierbei sind oftmals hohe Erwartungen mit der Operation verbunden. An dieser Stelle muss betont werden, dass es sich um einen operativen Eingriff handelt, der Komplikationen nach sich ziehen kann. Zudem ist nach der Operation eine konsequente Veränderung des Essverhaltens erforderlich. Aber genau dies ist vielen Patienten vor der Operation schwergefallen. Daher sollte die Indikation nur nach sorgfältiger Einzelfallprüfung in einem multidisziplinärem Team aus Ärzten, Psychologen und Ernährungsberatern in einem spezialisiertem Zentrum für Adipositas-Chirurgie erfolgen. Ebenso muss eine entsprechende Nachbetreuung angeboten werden.

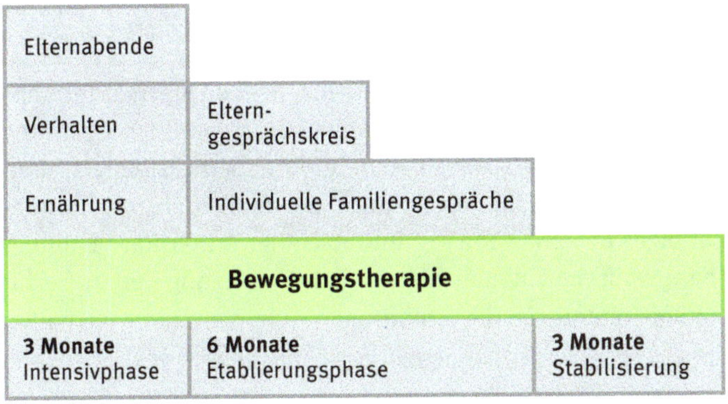

Abb. 6.1: Aufbau eines multimodalen Adipositas-Schulungsprogramms nach [32].

Bei der Durchführung der Adipositas-Schulung ist bei der Methodik und Didaktik auf das entwicklungspsychologische Alter der Teilnehmer zu achten. Der Fokus sollte hierbei auf den Ressourcen der Teilnehmer und Familien und nicht deren Defiziten liegen. Darüber hinaus ist eine Langzeitbetreuung der Patienten nach Beendigung des Schulungsprogramms notwendig. Studien zeigen, dass die Effekte der vorhandenen Adipositas-Schulungsprogramme in Deutschland sehr unterschiedlich ausfallen [27]. Therapieprogramme sollten daher bestimmte Qualitätskriterien erfüllen und sich einer regelmäßigen Evaluation unterziehen. „Die Therapie und Betreuung des Patienten und seiner Familie muss durch den Kinder- und Jugendarzt/Hausarzt koordiniert werden und sollte unter Mitbetreuung durch Psychologen, Ernährungsfachkräfte und Sporttherapeuten durchgeführt werden“ [24].

Praxistipp
Auf den Leitlinien der Arbeitsgemeinschaft Adipositas im Kindes- und Jugendalter (AGA) basierend, hat die Konsensusgruppe Adipositasschulung für Kinder und Jugendliche (KgAs) ein Schulungskonzept entwickelt [33]

Die Adipositas-Schulung ist nicht geeignet für Kinder und Jugendliche mit sekundärer Adipositas, mit fehlender Gruppenfähigkeit oder mit intellektuellen Handicaps sowie bei fehlender Motivation für Verhaltensänderungen seitens des Kindes/Jugendlichen und dessen Familie. Besteht darüber hinaus eine psychiatrische Erkrankung, ist zu entscheiden, welche Erkrankung vorrangig zu behandeln ist (s. Indikation) [24].

Praxistipp
Zertifizierte Therapieangebote in Deutschland sind zu finden unter: http://www.aga.adipositas-gesellschaft.de.

6.2.3 Psychosoziale Betreuung innerhalb eines Adipositas-Schulungsprogramms

Die nationalen Leitlinien zur Therapie der Adipositas im Kindes- und Jugendalter empfehlen, dass psychologische Aspekte, die die Entstehung und/oder Aufrechterhaltung der Adipositas beeinflussen, bei der Adipositas-Behandlung zu berücksichtigen sind. Eine psychosoziale Diagnostik sollte zur Überprüfung der Indikation und Evaluation des Behandlungserfolges entsprechend vor und nach der Adipositas-Schulung erfolgen. „Verhaltenstherapeutische Maßnahmen sind zur Umsetzung und Aufrechterhaltung der erzielten Veränderungen im Ernährungs- und Bewegungsverhalten sinnvoll (...)“ [24].

6.2.3.1 Psychologische Diagnostik zur Überprüfung der Indikation

Vor Beginn der Adipositas-Schulung muss neben der medizinischen Indikation bzw. Kontraindikation ebenfalls überprüft werden, ob aus psychologischer Sicht eine Indikation für oder gegen eine primäre Therapie der Adipositas in Form einer Schulung besteht. Bei psychischen Störungen (wie z. B. Depression) und extremen familiären Belastungssituationen ist zu entscheiden, ob die Adipositas vorrangig zu behandeln ist. Differentialdiagnostisch sind folgende Bereiche abzuklären:

a) *Essstörungen*: Die Bulimische Essstörung (Bulimia nervosa, BN) stellt eine Kontraindikation dar. Die Behandlung der BN sollte vorrangig erfolgen. Bei Vorliegen einer Binge-Eating-Disorder (BED, s. psychiatrische Morbidität) sind psychiatrische Komorbiditäten abzuklären und ggf. zu behandeln.

Praxistipp
Als Screening-Instrument für Essstörungen eignet sich der SCOFF [34].

b) *Affektive, emotionale und Verhaltensstörungen*: Affektive, emotionale und Verhaltensstörungen stellen keine Kontraindikation dar. Da sie jedoch den Therapieverlauf beeinflussen, muss entschieden werden, welche Erkrankung zuerst behandelt wird.

Praxistipp
Als Screening-Instrument für das emotionale Wohlbefinden eignet sich der WHO-5 [35, 36] (http://www.who-5.org). Ängste können z. B. mit dem PHOKI (Phobiefragebogen für Kinder und Jugendliche) erfasst werden [37]. Zur Einschätzung von Verhaltensauffälligkeiten dient z. B. die CBCL (Child behavior checklist) [38] (http://www.aseba.org; siehe auch Tab. 6.1).

Es sei an dieser Stelle darauf hingewiesen, dass ein psychologisches Screening keine Diagnose liefert, sondern lediglich Anhaltspunkte, die ggf. mit weiterer psychologischer Diagnostik abgeklärt werden müssen.

Die diagnostischen Kriterien für die psychischen Störungen finden sich im ICD 10 [39].

Im Rahmen einer ausführlichen Anamnese soll darüber hinaus die familiäre Situation (z. B. spezielle familiäre Belastungen, psychische Erkrankungen der Eltern) erfasst werden, um zu entscheiden, ob bzw. welche weitere Unterstützung die Familie für eine erfolgreiche Teilnahme an einem Adipositas-Schulungsprogramm benötigt. Weiterhin ist zu klären, wer an der Schulung neben dem Kind/Jugendlichen teilnehmen soll (z. B. Großeltern, Stiefelternteile). Grundsätzlich hat es sich in der Praxis als günstig erwiesen, alle relevanten Bezugspersonen einzuladen, um die Kurz- und Langzeitcompliance zu verbessern [40].

Zudem muss abgeklärt werden, ob ein Kind/Jugendlicher und die Familie ausreichend motiviert zur Mitarbeit sind und über die zeitlichen Ressourcen zur Teilnahme verfügen. Beides sind wichtige Faktoren für den Schulungserfolg. Sie müssen vor Beginn der Schulung erläutert und geprüft werden.

Praxistipp
Als Motivationsnachweis hat sich die regelmäßige Teilnahme an einem Sportprogramm (z. B. spezielle Adipositas-Sportgruppen) vor Beginn der Adipositas-Schulung erwiesen [41] (Abb. 6.2).

6.2.3.2 Verhaltenstherapeutische Interventionen

Die verhaltenstherapeutische Herangehensweise basiert auf der Annahme, dass Ess- und Bewegungsverhalten erlernt sind und somit verändert werden können. Ungünstiges Ess- und Bewegungsverhalten sollen abgebaut und gesundheitsförderliches Verhalten aufgebaut sowie Bewältigungsstrategien im Umgang mit dem Übergewicht gefördert werden [42].

Folgende verhaltenstherapeutischen Strategien sollten im Rahmen eines multimodalen Adipositas-Schulungsprogramms erlernt werden, da sie sich als wirksam

Sehr geehrte Eltern und liebe Kinder, **Hannover, xx**

vor der Teilnahme am KiCK- Programm soll mindestens **1x in der Woche** an einem **Vereinsport** (z.B. 96-KiCK-Fitness) teilgenommen werden.
Bitte auf diesem Zettel vom Trainer die Teilnahme mit Datum dokumentieren lassen, am besten mit Stempel.

Auf der Bult – Kinder- und Jugendkrankenhaus
KICK - Adipositasprogramm
Janusz- Korcak- Allee 12 30173 Hannover
oder Fax 0511 8115 3334

Name: .... Geb.: .. /.. /....
Verein: .... Sportart: ....
Name des Trainers: ....

Teilnahme am Vereinssport (Datum, Unterschrift):

1	2	3	4	5
Datum	Datum	Datum	Datum	Datum
Unterschrift	Unterschrift	Unterschrift	Unterschrift	Unterschrift
6	7	8	9	10
Datum	Datum	Datum	Datum	Datum
Unterschrift	Unterschrift	Unterschrift	Unterschrift	Unterschrift
11	12	13	14	15
Datum	Datum	Datum	Datum	Datum
Unterschrift	Unterschrift	Unterschrift	Unterschrift	Unterschrift

Abb. 6.2: Sportteilnahme als Motivationsnachweis.

erwiesen haben, Verhaltensweisen zu ändern, die zur Entstehung oder Aufrechterhaltung der Adipositas beitragen [24, 42]:

a) **Selbstbeobachtung.** Selbstbeobachtung bedeutet, dass ein definiertes Verhalten vom Teilnehmer bewusst wahrgenommen und hinsichtlich seines Auftretens protokolliert wird. Es handelt sich um eine Voraussetzung für eine Verhaltensmodifikation, da es das Erkennen auslösender und aufrechterhaltender Bedingungen ermöglicht, z. B. Emotionen und Gedanken, die das Essen auslösen oder begleiten (Abb. 6.3).

b) **Einübung eines flexibel kontrollierten Ess- und Bewegungsverhaltens** (im Gegensatz zur rigiden Verhaltenskontrolle). Bei der Adipositas-Therapie besteht die Gefahr der rigiden Kontrolle des Essverhaltens. Das bedeutet eine Regelverletzung („heute Eis gegessen“) der strikten Maßnahmen (z. B. „nie wieder Süßes essen“) kann zur Enthemmung der kognitiven Kontrolle nach dem „Alles-oder-nichts-Prinzip“ und dem Motto „Jetzt ist es auch egal“ führen („abends wird noch mehr Süßes gegessen). Die Folge sind ein höherer BMI, gestörtes Essverhalten und schlechtere Gewichtsstabilisierung. Besser ist eine flexible Maßnahme (z. B. „sieben Handvoll Süßigkeiten pro Woche“). Das ermöglicht dem Teilnehmer z. B. an einem Tag zwei Portionen zu essen, ohne sein ganzes Konzept aufzugeben, indem er z. B. am nächsten Tag auf Süßes verzichtet (Abb. 6.4).

c) **Stimuluskontrolle.** Auslösesituationen für ein bestimmtes, zu veränderndes Verhalten werden ermittelt und dann wird versucht, die Auftretenshäufigkeit dieser Situationen zu senken (Beispiel: beim Essen nicht Fernsehen).

Ich beobachte meinen Alltag

Selbstbeobachtungs-Tagebuch: Bitte immer Datum eintragen

Bewegung	Anzahl pro Tag	Mo.	Di.	Mi.	Do.	Fr.	Sa.	So.	Ergebnis	Ziel	☺ 😐 ☹
Aktiver Alltag (1 Aktivität = 1 Strich)											
Sport (30 min = 1 Strich)											
Faulenzen, TV (30 min = 1 Strich)											
Essen											
Süßigkeiten	1									7	
Fett, Öl	2									14	
Fleisch, Fisch, Wurst	1									7	
Milch, Käse	3									21	
Obst, Gemüse	4									28	
Getreide	5									35	
Getränke	6									42	
So oft habe ich gegessen											
Sonderaufgabe zum Essen											
Wie habe ich mich gefühlt ☺ 😐 ☹											

Abb. 6.3: Selbstbeobachtungstagebuch nach [33,S. 48].

	Rigide Kontrolle des Essverhaltens	Flexible Kontrolle des Essverhaltens
Merkmale	• strenge, einschneidende Maßnahmen • Alles-oder-Nichts-Prinzip • häufige, aber kurzfristige Diätmaßnahmen	• mäßige, einfache Maßnahmen, aber keine völlige Freigabe • Prinzip der kleinen Schritte • Gewichtskontrolle als permanente, lebenslange Aufgabe
Beispiele	• 1000-kcal-Diät • „ab morgen nie mehr Schokolade"	• fettarme Kost mit moderater Einschränkung der Energiezufuhr • „2 Tafeln Schokolade pro Woche"
Ergebnis	• fördert das Entstehen von gestörtem Essverhalten • hilft nicht bei der langfristigen Gewichtskontrolle	• schützt vor gestörtem Essverhalten • ermöglicht langfristige Gewichtsstabilisierung

Abb. 6.4: Rigide und flexible Kontrolle des Essverhaltens nach [33, S. 38].

d) **Kognitive Umstrukturierung**. Ungünstige Kognitionen sollen aufgedeckt, in Frage gestellt und durch hilfreiche Gedanken ersetzt werden.
e) **Zielvereinbarungen**. Unrealistische Ziele werden identifiziert, realistische Ziele definiert und zur Überprüfung der Zielerreichung operationalisiert (Beispiel: nie wieder Süßes essen vs. pro Tag eine Handvoll, Süßigkeitenprotokoll).
f) **Verstärkerstrategien**. Verhalten, das eine positive Konsequenz zur Folge (Belohnung, z. B. Lob für Wasser trinken) hat, steigt in seiner Auftretenswahrscheinlichkeit. Verstärker müssen als unmittelbare Konsequenz auf ein Verhalten folgen und nicht als Konsequenz auf ein Verhaltensergebnis. In der Schulung haben sich Token-Systeme bewährt, bei denen erwünschtes Verhalten durch bestimmte Symbole (z. B. farbige Stempel) anerkannt wird, die später gegen Belohnungen eingelöst werden (Beispiel: 2 x 0,5 l Wasser pro Tag sind ein Punkt, bei fünf Punkten erhält der Teilnehmer ein Produkt seiner Wahl aus dem Drogeriemarkt).
g) **Verhaltensübung**. Zum Beispiel ermöglichen es Rollenspiele in der Gruppe, durch die Beobachtung der anderen Teilnehmer neue Verhaltensweisen zu erwerben (Modelllernen) (z. B. selbstbewusstes Verhalten im Umgang mit Hänseleien oder „Verlockungssituationen").

Weitere verhaltenstherapeutische Strategien eines Adipositas-Schulungsprogramms sind: Rückfallprävention, z. B. Umgang mit Misserfolgen, soziale Unterstützung, Problemlöse-/Konfliktlösetraining sowie soziales Kompetenz-/Selbstbehauptungstraining.

6.2.3.3 Bedeutung der Elternschulung

Die Familie ist wichtig, um die Teilnehmer bei der Einführung und Umsetzung der neu erlernten Verhaltensweisen zu unterstützen. Eltern erfüllen eine wichtige Modellfunktion für das Ess- und Bewegungsverhalten ihrer Kinder [43]. Der elterliche Einfluss bleibt bis ins Jugendalter relevant. Durch die zusätzliche Teilnahme der Eltern an einem Adipositas-Schulungsprogramm ist eine bessere Gewichtsreduktion der Kinder und Jugendlichen zu erreichen (z. B. [44]). Eltern und Kinder bzw. Jugendliche sollten getrennt geschult werden.

Praxistipp
Die Unterzeichnung eines Elternvertrages sowohl durch die Eltern als auch durch den Leiter des Schulungsprogramms vor Beginn der Maßnahme stellt die Bedeutung der Eltern für den Schulungserfolg von Anfang an in den Vordergrund (Abb. 6.5).

6.2.3.4 Motivierende Gesprächsführung

Die Motivationssteigerung beim Kind/Jugendlichen und seiner Familie im Verlauf der 1-jährigen Adipositas-Schulung stellt eine wesentliche Aufgabe dar. Bei der Verwendung der „Motivierenden Gesprächsführung" [45] handelt es sich um einen vielversprechenden Ansatz für die Therapie der kindlichen Adipositas. Er wurde bislang größtenteils bei adipösen Erwachsenen untersucht. Studienergebnisse belegen die Wirksamkeit der motivierenden Gesprächsführung in einer erhöhten Motivation der Teilnehmer für eine Lebensstilveränderung [46, 47]. Bei adipösen Jugendlichen zeigen sich Verbesserungen des Ess- und Bewegungsverhaltens [48]. Die Studienlage bei adipösen Kindern ist bislang gering. Eine erste Überblicksarbeit demonstriert, dass die „Motivierende Gesprächsführung" bei adipösen Kindern einen positiven Effekt auf den BMI sowie adipositas-assoziierte Verhaltensweisen haben kann [50].

6.2.4 Psychologische Diagnostik zur Evaluation

Zum Abschluss der Adipositas-Schulung sollte die Zielerreichung bzw. Annäherung der Ziele der Adipositas-Therapie überprüft werden. Für die psychosozialen Ziele 3, 4, 5 (s. Kap Schulung) sind im Folgenden mögliche Erhebungsverfahren gelistet:

- Die *Lebensqualität* kann z. B. mit dem KINDL [51] bestimmt werden.
- Die Food-Frequency-List [52] bietet sich zur differenzierten Erfassung von Ernährungsgewohnheiten an.

6.2.5 Zusammenfassung

Übergewicht im Kindes- und Jugendalter hat neben somatischen Folgerkrankungen auch gravierende psychische Beeinträchtigungen zur Folge. Experten sind sich

Elternvertrag

Zwischen Mutter/Vater des Kindes ....

und dem Ärztlichen Leiter der Adipositas-Schulung ....

Liebe Eltern!

Für die erfolgreiche Teilnahme ihres Kindes am Jahreskurs ist eine Veränderung des Ernährungs-, Bewegungs- und Freizeitverhaltens sowie eine Stärkung des Selbstwertgefühls entscheidend.

Dazu benötigt ihr Kind die volle elterliche Unterstützung.

Denn das Team kann durch Wissensvermittlung und das Einüben von neuen Wegen in der Ernährung, der Freizeitgestaltung und im Sozialverhalten nur die Grundsteine für eine Gewichtsveränderung und eine andere Lebensgestaltung legen. Ihre Aufgabe als Eltern besteht darin, Ihr Kind innerhalb des Familienalltags zu unterstützen und beim Umsetzen der guten Vorsätze mitzuhelfen. Dazu benötigt Ihr Kind Ihre Zeit, und wir brauchen Ihre Rückmeldung über die gemachten Erfahrungen.

Um die Verbindlichkeit der regelmäßigen Teilnahme von Kind und Eltern deutlich zu machen, haben wir eine vertragliche Regelung gewählt.

„Uns/mir ist der Umfang der Behandlung bekannt und wir verpflichten uns,

- es unserem Kind zu ermöglichen, zu allen vorgesehenen Treffen regelmäßig und pünktlich zu erscheinen, bzw. bei besonderen Anlässen telefonisch zu entschuldigen,
- selbst regelmäßig an den vorgesehenen Elternterminen teilzunehmen,
- unser Kind darin zu unterstützen, die neu gelernten Wege und das erworbene Wissen im Alltag umzusetzen und dabei besonders die Freude an der Bewegung zu unterstützen,
- unserem Kind Zugang zu einem Sportverein mindestens für das Jahr der Schulung zu ermöglichen."

Hannover, den ....
Unterschrift der Erziehungsberechtigten

Hannover, den ....
Unterschrift des Arztes

Abb. 6.5: Elternvertrag.

einig, dass multidisziplinäre Adipositas-Schulungsprogramme mit den Bausteinen Ernährungs-, Bewegungs- und Verhaltenstherapie erfolgreich bei der Behandlung der Adipositas im Kindes- und Jugendalter sein können. Daher sollte der Zugang zu einem solchen Programm jedem übergewichtigen Kind/Jugendlichen ermöglicht werden. Für den Schulungserfolg ist die aktive Einbindung der Bezugspersonen sowohl bei Kindern als auch Jugendlichen relevant. Die Familien müssen vor Behandlungsbeginn über das Ausmaß der zu erwartenden Gewichtsreduktion aufgeklärt werden. Zur Überprüfung der Indikation sollte neben der somatischen standardmäßig auch eine psychosoziale Diagnostik erfolgen. Verhaltenstherapeutische Strategien, wie z. B. Verstärker, haben sich als wirksam erwiesen, Verhaltensweisen zu ändern, die zur Entstehung und Aufrechterhaltung der Adipositas beitragen. Zur Verbesserung der Therapieangebote ist es erforderlich, dass Anbieter von Adipositas-Schulungsprogrammen Qualitätssicherung betreiben. Weitere Interventionsstrategien wie z. B. die Motivierende Gesprächsführung haben sich als wirksam bei adipösen Jugendlichen erwiesen. Die große Differenz in der erzielten Gewichtsreduktion wirft weiterhin Fragen nach den Prädiktoren des Behandlungserfolges auf. Hierfür ist es erforderlich, die Zielvariablen zu erweitern und neben Gewichts- und somatischen Parametern stets psychosoziale und Verhaltensvariablen vor und nach Beendigung des Adipositas-Schulungsprogramms standardisiert zu erfassen.

Literatur

[1] van Geel M, Vedder P, Tanilon J. Are overweight and obese youths more often bullied by their peers? A meta-analysis on the correlation between weight status and bullying. Int J Obes. 2014; 38: 1263–1267.

[2] Dunkeld-Turnbull J, Heaslip S, McLeod HA. Pre-school children's attitude to fat and normal male and female stimulus figures. Int J Obes. 2000; 24:1705–1706.

[3] Janssen I, Craig WM, Boyce WF, Pickett W. Association between overweight and obesity with bullying behaviors in school-aged children. Pediatrics. 2004; 113: 1187–1194.

[4] Neumark-Sztainer D, Falkner N, Story M, Perry C, Hannan PJ, Mulert S. Weight-teasing among adolescents: correlations with weight status and disordered eating behaviors. Int J Obes. 2002; 26: 123–131.

[5] Hennings A, Hilbert A, Thomas J, Siegfried W, Rief W. Reduktion der Stigmatisierung Übergewichtiger bei Schülern: Auswirkungen eines Informationsfilms. Psychotherapie, Psychosomatik, Medizinische Psychologie. 2007; 57: 359–363.

[6] Robinson TN, Chang JY, Haydel K F, Killen JD. Overweight concerns and body dissatisfaction among third-grade children: The impacts of ethnicity and socioeconomic status. Journal of Pediatrics. 2001; 138: 181–187.

[7] Halpern CT, Udry J R, Campell B, Suchindran C. Effects of body fat on weight concerns, dating, and sexual activity: A longitudinal analysis of black and white adolescent girls. Developmental Psychology. 1999; 35: 721–736.

[8] Danielsen YS, Stormark KM, Nordhus IH, et al. Factors Associated with Low Self-Esteem in Children with Overweight. Obes Facts. 2012; 5: 722–733.

[9] Herpertz-Dahlmann B. Verhaltensauffälligkeiten, psychiatrische Komorbidität und Essstörungen. In: Wabitsch M, Hebebrand J, Kiess W, Zwiauer K., Hrsg. Adipositas bei Kindern und Jugendlichen. Grundlagen und Klinik. Berlin Springer. 2005; 223–233.

[10] Latzer Y, Stein D. A review of the psychological and familial perspectives of childhood obesity. Journal of Eating Disorders. 2013; 1: 7.

[11] French SA, Story M, Perry CL. Self-esteem and obesity in children and adolescents: A literature review. Obesity Research. 1995; 3: 497–490.

[12] Britz B, Siegfried M, Ziegler A, et al. Rates of psychiatric disorders in a clinical study group of adolescents with extreme obesity and in obese adolescents ascertained via a population based study. Int J Obes. 2000; 24: 1707–1714.

[13] Van Vlierberghe L, Braet C, Goossens L, Mels S. Psychiatric disorders and symptom severity in referred versus non-referred overweight children and adolescents. Eur Child Adolesc Psychiatry. 2009; 18: 164–173.

[14] Schuetzmann M, Richter-Appelt H, Schulte-Markwort M, Schimmelmann BG. Associations among the perceived parent–child relationship, eating behavior, and body weight in preadolescents: results from a communitybased sample. J Pediatr Psychol. 2008; 33: 772–782.

[15] Decaluwe V, Braet C, Fairburn CG. Binge eating in obese children and adolescents. Int J Eat Disord. 2003; 33: 78–84.

[16] Morgan CM, Yanovski SZ, Nguyen TT, et al. Loss of control over eating, adiposity, and psychopathology in overweight children. Int J Eat Disord. 2002; 31: 430–441.

[17] Stradmeijer M, Bosch J, Koops W, Seidell J. Family functioning and psychosocial adjustment in overweight youngsters. Int J Eat Disord. 2000; 27: 110–114.

[18] Agranat-Meged AN, Deitcher C, Goldzweig G, Leibenson L, Stein M, Galili-Weisstub E. Childhood obesity and attention deficit/hyperactivity disorder: a newly described comorbidity in obese hospitalized children. Int J Eat Disord. 2005; 37: 357–359.

[19] Schwimmer JB, Burwinkle TM, Varni JW. Health-Related Quality of Life of Severely Obese Children and Adolescents. American Medical Association. 2003; 289(14): 1813–1819.

[20] Wille N, Bullinger M, Holl R, et al. Health-related quality of life in overweight and obese youths: Results of a multicenter study. Health and Quality of Life Outcomes. 2010; 36: 1–8.

[21] Kurth BM, Ellert U. Gefühltes oder tatsächliches Übergewicht: Worunter leiden Jugendliche mehr? Ergebnisse des Kinder- und Jugendgesundheitssurveys Kiggs. Deutsches Ärzteblatt. 2008;105: 406–412.

[22] Wabitsch M, Moss A (federführend für die Arbeitsgemeinschaft Adipositas im Kindes-und Jugendalter). Evidenzbasierte Leitlinie zur Therapie der Adipositas im Kindes- und Jugendalter. S3-Leitlinie, Version 2009. http://www.adipositas-gesellschaft.de/fileadmin/PDF/Leitlinien/Leitlinie-AGA-S3-2009.pdf. (letzter Zugriff 31.03.2016)

[23] Okely AD, Collins CE, Morgan PJ, et al. Multi-site randomized controlled trial of a child-centered physical activity program, a parent-centered dietary-modification program, or both in overweight children: the HIKCUPS Study. J Pediatr. 2010;157: 388–394.

[24] Wabitsch, M., Kunze, D. (federführend für die AGA). Konsensbasierte (S2) Leitlinie zur Diagnostik, Therapie und Prävention von Übergewicht und Adipositas im Kindes- und Jugendalter. Version 15.10.2015; http://www.a-g-a.de.

[25] Barlow SE, Dietz WH. Maagement of child and adolescent obesity: summary and recommendations based on reports from pediatricians, pediatric nurse practitioners, and registered dietitians. Pediatrics. 2002; 110: 236–238.

[26] Oude LH, Baur L, Jansen H, et al. Interventions for treating obesity in children. Cochrane Database Syst Rev. 2009; 1: CD001872.

[27] Hoffmeister U, Bullinger M, van Egmond-Fröhlich A. Übergewicht und Adipositas in Kindheit und Jugend – Evaluation der ambulanten und stationären Versorgung in Deutschland in der „EvAKuJ-Studie“. Bundesgesundheitsbl. 2011; 54: 128–135.
[28] Mühling Y, Wabitsch M, Moss A, Hebebrand J. Weight Loss in Children and Adolescents. A Systematic Review and Evaluation of Conservative, Non-Pharmacological Obesity Treatment Programs. Dtsch Arztebl Int. 2014; 111: 818–824.
[29] Reinehr T, Kerstin M, Wollenhaupt A, et al. Evaluation der Schulung „OBELDICKS“ für adipöse Kinder und Jugendliche, Klin Padiatr. 2005; 217: 1–8.
[30] Goldschmidt I, Di Nanni A, Streckenbach C, Schnell K, Danne T, Baumann B. Improvement of BMI after Lifestyle Intervention Is Associated with Normalisation of Elevated ELF Score and Liver Stiffness in Obese Children. BioMed Research International. 2015; Article ID 457473,8 pages, http://dx.doi.org/10.1155/2015/457473.
[31] Jablonka A, Saßmann H, Harvalos K, et al. Gesundheitsbezogene Lebensqualität adipöser Kinder und Jugendlicher – aus Sicht der Eltern vor und nach Teilnahme an einem interdisziplinären Schulungsprogramm. Adipositas. 2013; 4: 253–258.
[32] Reinehr T, Kleber M, Toschke AM. Lifestyle intervention in obese children is associated with a decrease of the metabolic syndrome prevalence. Atherosclerosis. 2009; 207: 174–180.
[33] Stachow R, Stübing K, von Egmont-Fröhlich A, Vahabzadeh Z, Jaeschke R, Kuhn-Dost A, et al. „Leichter, aktiver, gesünder – interdisziplinäres Konzept für die Schulung übergewichtiger oder adipöser Kinder und Jugendlicher. Trainermanual. aid infodienst Verbraucherschutz, 2., aktualisierte und überarbeitete Auflage, Ernährung Landwirtschaft e. V. DVG, Bonn. 2007.
[34] Morgan JF, Reid F, Lacey H. The SCOFF questionnaire: assessment of a new screening tool for eating disorders. BMJ. 1999; 319: 1467–1468.
[35] Bech P. Measuring the dimensions of psychological general well-being by the WHO-5. QoL Newsletter. 2004; 32:15–16.
[36] Topp CW, Ostergaard SD, Sondergaard S. The WHO-5 Well-Being Index: A Systematic Review of the Literature. Psychother Psychosom. 2015; 84:167–176.
[37] Döpfner M, Schnabel M, Goletz H, Ollendick T. Phobiefragebogen für Kinder und Jugendliche (PHOKI). Göttingen: Hogrefe. 2006.
[38] Achenbach TM. Manual for the Child Behavior Checklist 4–18 and Profiles. Burlington, VT, University of Vermont, Research Center for Children, Youth, and Families. 1991.
[39] Dilling H, Freyberger HJ. Taschenführer zur ICD-10-Klassifikation psychischer Störungen: nach dem Pocket Guide von J.E. Cooper 8. 2013.
[40] Cousins JH1, Rubovits DS, Dunn JK, Reeves RS, Ramirez AG, Foreyt JP. Family versus individually oriented intervention for weight loss in Mexican American women. Public Health Rep. 1992; 107: 549–555.
[41] Reinehr T, Brylak K, Alexy U, et al. Predictors to success in outpatient training in obese children and adolescents. Int J Obes Relat Metab Disord. 2003; 27:1087–1092.
[42] Warschburger P. Verhaltenstherapie. In: Wabitsch M, Hebebrand J, Kiess W, Zwiauer K., Hrsg. Adipositas bei Kindern und Jugendlichen. Grundlagen und Klinik. Berlin Springer. 2005; 337–348.
[43] Campbell K, Crawford D. Family food environments as determinants of preschool-aged children's eating behaviours: implications for obesity prevention policy. Aust. J. Nutr. Diet. 2001; 58:19–25.
[44] Jiang JX, Xia XL, Greiner T, Lian GL, Rosenqvist U. A two year family based behaviour treatment for obese children. Arch Dis Child. 2005; 90: 1235–1238.
[45] Miller WR, Rollnick S. Motivational Interviewing: Preparing People for Change. New York, NY: GuilfordPress. 2002.

[46] Pietrabissa G, Manzoni GM, Castelnuovo G. Motivation in psychocardiological rehabilitation. Front.Psychol. 2013; 4: 827.doi:10.3389/fpsyg.2013.00827
[47] Castelnuovo G, Manzoni GM, Pietrabissa G, et al. The need of psychological motivational support for improving lifestyle change in cardiac rehabilitation. Exp.Clin.Cardiol. 2014; 20: 4856–4861.
[48] Bean MK, Powell P, Quinoy A, Ingersoll K, Wickham EP, Mazzeo SE. Motivational interviewing targeting diet and physical activity improves adherence to paediatric obesity treatment: results from the MI Values randomized controlled trial. Pediatr Obes. 2015; 10: 118–125.
[49] Borrello M, Pietrabissa G, Ceccarini M, Manzoni GM, Castelnuovo G. Motivational Interviewing in Childhood Obesity Treatment. Front Psychol. 2015; 6: 1732. doi: 10.3389/fpsyg.2015.01732.
[50] Ravens-Sieberer, U. & Bullinger, M. Assessing health related quality of life in chronically ill children with the German KINDL: first psychometric and content-analytical results. Quality of Life Research. 1998; 4: No 7.
[51] Mast M, Körtzinger I, Müller MJ. Ernährungsverhalten und Ernährungszustand 5-7jähriger Kinder in Kiel. Akt Ernähr Med. 1998; 23: 282–288.

Karin Lange

6.3 Diabetes: Schulung und psychosoziale Betreuung

Verglichen mit anderen chronischen Krankheiten des Kindesalters, zeichnet sich der Typ-1-Diabetes durch eine ausgesprochen anspruchsvolle Therapie aus, die alle Lebensbereiche eines Kindes und seiner Familie betrifft. Das heute gültige zentrale Prinzip der intensivierten Insulintherapie, d. h. die kontinuierliche Imitation der physiologischen Insulinsekretion, setzt nicht nur regelmäßige Medikamentengaben, sondern auch deren Abstimmung mit Nahrungsaufnahme, körperlicher Belastung, Stress und diversen anderen Einflüssen auf den Glukosestoffwechsel voraus [1, 2, 3]. Daher müssen Eltern und – mit wachsender kognitiver Reife – auch Kinder und Jugendliche lernen, diese komplexen Zusammenhänge zu verstehen und vorherzusehen. Darauf aufbauend müssen sie durch ihr Diabetesteam in die Lage versetzt werden, die eigenverantwortliche Therapie vorausschauend an die jeweiligen Alltagsanforderungen anzupassen und sachgerecht auf akute Komplikationen zu reagieren [1, 2, 4, 5].

6.3.1 Diabetesschulung als wirksames und notwendiges Therapieelement

Bereits zu Beginn der Insulinära in den 1920er Jahren betonten die damaligen Protagonisten der pädiatrischen Diabetologie, z. B. Elliott Proctor Joslin in den USA und Karl Stolte in Deutschland, die zentrale Bedeutung der Schulung der jungen Patienten und ihrer Eltern: „*Wir müssen dafür sorgen, dass die Umgebung des Kindes oder das Kind selbst über die Insulinbehandlung genauestens unterrichtet wird.[...] Intelligente Kinder können von 10 Jahren aufwärts die Trommersche Probe und die Insulindosierung und Injektion ganz einwandfrei durchführen. Sonst aber müssen es die Eltern tun*" [6]. Nachdem in den folgenden Jahrzehnten die Diabetesschulung vor allem auf das „Befolgen ärztlich vorgegebener Therapieschritte (Compliance)" zielte, rückte Ende der 1970er Jahre der „Empowermentgedanke" in den Fokus der Diabetesbetreuung [7].

In Deutschland wurde dies seit den 1980er Jahren durch strukturierte Schulungsprogramme für Kinder, Jugendliche und deren Eltern mit dem damals noch kritisch diskutierten Ziel umgesetzt, „Eltern zu Therapeuten ihrer Kinder" zu machen [8]. Inzwischen wurden einige selbstmanagement-orientierte Schulungsprogramme systematisch evaluiert und durch strukturierte Curricula und Ausbildungskurse für Schulende ergänzt [1, 9]. Es zeigte sich dabei auch, dass Schulungsangebote, die primär Wissen über die Krankheit und die Behandlung vermittelten, keinen systematischen Einfluss auf behandlungsrelevante Verhaltensweisen oder Parameter der metabolischen Kontrolle ausübten [1, 4, 5]. Demgegenüber konnten systematische Reviews und Metaanalysen für selbstmanagement-orientierte Schulungen positive Effekte auf die Qualität der Stoffwechseleinstellung, das Diabeteswissen, das Therapieverhalten, die Selbstmanagementfähigkeiten, die psychosoziale Integration und die Lebensqualität der Patienten nachweisen [1, 4, 7]. Die Effekte waren dabei besonders ausgeprägt, wenn die Schulungsangebote, unter Einbeziehung der Eltern, Teil eines kontinuierlichen Langzeitbetreuungskonzepts waren. Außerdem fielen die Schulungsformen besonders effektiv aus, die gezielt die Förderung der praktischen Problemlösefähigkeiten, der Selbstwirksamkeit und der altersgemäßen Kooperation der jungen Patienten mit ihren Eltern zum Ziel hatten [1, 2, 4, 7].

6.3.2 Qualitätsstandards der Typ-1-Diabetes-Schulung

Heute ist die qualitätskontrollierte Diabetesschulung ein unverzichtbarer integraler Bestandteil der Diabetestherapie, sie ist jedoch ohne eine darauf abgestimmte adäquate medizinische Behandlung nicht erfolgreich [1, 2, 3, 4, 5]. Nach den aktuellen evidenzbasierten Leitlinien sollen alle Kinder, Jugendlichen und deren Eltern oder andere primäre Betreuer von Diagnosestellung an kontinuierlich Zugang zu qualifizierten und evaluierten Schulungsangeboten erhalten. Außerdem soll auch weiteren Betreuern von Kindern mit Typ-1-Diabetes in Kindereinrichtungen (z. B. Lehrkräfte in der Grundschule, Erzieher und Erzieherinnen in Kindergarten, Hort und Krippe) eine Schulung angeboten werden [1].

Wie im einleitenden Abschnitt 6.1 dargestellt, sollen die Typ-1-Diabetes-Schulungen von einem multiprofessionellen Diabetesteam durchgeführt werden, das hinreichende Kenntnisse über altersspezifische Bedürfnisse, Möglichkeiten und Anforderungen aktueller Diabetestherapien aufweist. Jedes Schulungsangebot soll dazu unter allen Teammitgliedern abgestimmt werden und gemeinsam formulierten Therapiekonzepten und Therapiezielen folgen [10].

Schließlich soll der Lernprozess durch evaluierte Schulungsunterlagen unterstützt werden, die sich an dem kognitiven Entwicklungsstand und den Bedürfnissen der Kinder und Jugendlichen orientieren. Gleiches gilt für die Schulungsmaterialien für Eltern, die deren Erziehungsaufgaben und die altersspezifische Diabetestherapie ihrer Kinder einbeziehen sollen [1, 4, 5, 9]. In der folgenden Übersicht sind dazu die evaluierten deutschsprachigen pädiatrischen Schulungsprogramme und -materialien zusammengestellt, außerdem die entsprechenden Curricula für die Schulungsteams. Die Kosten für die Schulungsunterlagen für Kinder und Jugendliche werden dabei im Rahmen des DMP Typ-1-Diabetes durch die Kostenträger erstattet.

Übersicht: Evaluierte deutschsprachige Schulungsprogramme für

Eltern von Kindern und Jugendlichen mit Typ-1-Diabetes
- Kinder und Jugendliche mit Diabetes. Medizinischer und psychologischer Ratgeber für Eltern (2016) (zertifiziert durch die DDG) [8, 11],
- Delfin – das Schulungsbuch für Eltern von Kindern mit Diabetes (2015) [12, 13],
- Fr1da – Typ 1 Diabetes früh erkennen – früh gut behandeln. Eine Information für Eltern von Kindern im Frühstadium eines Typ-1-Diabetes (mehrere positive Antikörper ohne typische Diabetessymptome) (2014) (noch nicht evaluiert) [14].

6- bis 12-jährige Kinder mit Typ-1-Diabetes
- Diabetes-Buch für Kinder: Diabetes bei Kindern: ein Behandlungs- und Schulungsprogramm (2013) (DDG-zertifiziert und akkreditiert im Rahmen des DMP Typ-1-Diabetes) [15].

Jugendliche mit Typ-1-Diabetes
- Diabetes bei Jugendlichen: ein Behandlungs- und Schulungsprogramm (2009) (akkreditiert im Rahmen des DMP Typ-1-Diabetes) [16].

Curricula für Diabetesteams
- Diabetesschulung: Schulungsprogramme und Curricula für Kinder, Jugendliche mit Typ 1 Diabetes, deren Eltern und andere Betreuer (2014) [17],
- Didaktischer Leitfaden mit Curriculum (CD) zum Programm: Diabetes bei Jugendlichen: ein Behandlungs- und Schulungsprogramm [18],
- Delfin – das Schulungsbuch für Eltern von Kindern mit Diabetes. Leitfaden für Trainerinnen und Trainer (2015) [19],
- Fit für die Schule. Ein Trainingsprogramm für 5-7-jährige Kinder mit Typ-1-Diabetes (2015) [20],
- SPECTRUM Schulungs- und Behandlungsprogramm zur kontinuierlichen Glukosemessung (CGM) für Menschen mit Typ-1-Diabetes (2016) [21].

Außerdem wurden von der Arbeitsgemeinschaft für Pädiatrische Diabetologie e. V. (AGPD) Broschüren und Filme für Lehrkräfte und Erzieher in Kindereinrichtungen entwickelt. Sie werden auf der Website der AG zur Verfügung gestellt (s. http://www.diabetes-kinder.de). Ausbildungskurse für Trainer und Trainerinnen werden von kassenärztlichen Vereinigungen, den Programmautoren oder der AGPD angeboten. Termine werden auf der Website der AGPD bekannt gegeben.

6.3.3 Individualisierte bedarfsgerechte Schulungen

Jedes strukturierte Schulungscurriculum sollte so flexibel eingesetzt werden, dass es die Bedürfnisse, die persönlichen Haltungen, das Vorwissen, die Lernfähigkeit und Lernbereitschaft der Patienten und ihrer Eltern und anderer primärer Betreuer berücksichtigt. Zentrale Kriterien, die im Rahmen der Anamnese erhoben und dokumentiert werden sollten, sind dabei das Alter und die kognitive Reife des Kindes, die Diabetesdauer, die Art der Insulinsubstitution und Glukoseselbstkontrolle, akute Diabeteskomplikationen, somatische und psychische Komorbiditäten sowie kulturelle Besonderheiten und psychosoziale Belastungen der Familien [1, 4].

Der Initialschulung direkt nach der Übermittlung der Diagnose Typ-1-Diabetes kommt eine zentrale Bedeutung zu, weil in ihr die Weichen für den langfristigen Umgang der Familien mit der Stoffwechselstörung gestellt werden [4]. Im deutschen Gesundheitssystem findet sie – auch wegen der relativen Seltenheit des Typ-1-Diabetes – individuell für jede Familie statt und erstreckt sich über die ganze Zeit des durchschnittlich 13-tägigen stationären Aufenthaltes. Die Spanne der erforderlichen Stundenzahl für Eltern ist dabei sehr weit, im Mittel sind ca. 30 Stunden theoretischer und vor allem auch praktischer Unterricht erforderlich, um Müttern und Vätern ausreichende Kenntnisse und die notwendige Sicherheit bei der Behandlung zu vermitteln [1, 4, 11].

Etwa den gleichen Stundenumfang benötigen Jugendliche, die von Anfang an lernen sollen, ihren Diabetes eigenverantwortlich – mit Unterstützung ihrer Eltern – zu behandeln [16, 18]. Für Kinder im Grundschulalter ist ein Umfang von durchschnittlich acht Stunden Theorie und 18 Stunden Praxis angemessen [17]. Didaktisch besonders wirksam sind dabei Schulungssequenzen, in denen Eltern und Jugendliche die Insulindosis unter Supervision des Diabetesteam selbstständig erarbeiten und lernen, die eigene Therapie mit Hilfe systematischer Stoffwechselkontrollen zu optimieren. Erfolgserlebnisse in der ersten Phase des Diabetes motivieren und stärken das Selbstwertgefühl. Außerdem fördern sie die Akzeptanz des Diabetes, indem sie Gefühlen von Hilflosigkeit und Angst entgegenwirken und die Selbstwirksamkeit stärken.

6.3.4 Themen der Initialschulung

Während der Initialschulung sollten folgende Themen mit den Eltern oder in altersgemäßer Form teilweise auch mit Kindern und Jugendlichen bearbeitet und – wenn sinnvoll – möglichst praktisch geübt werden [1, 4, 8].

Übersicht: Schulungsthemen der Initialschulung

- Physiologie/Pathophysiologie des Diabetes (zur Unterstützung der emotionalen Bewältigung der Diagnose und Akzeptanz der Erkrankung, gegebenenfalls Abbau von Schuldgefühlen, die durch Fehlinformationen hervorgerufen wurden, und Reduktion von Zukunftsängsten),
- theoretische Grundlagen der Insulintherapie mit differenzierter Basal- und Prandialinsulinsubstitution und dazu viele praktische Übungen zur Insulindosisberechnung,
- praktische Durchführung der Insulintherapie (Umgang mit Blutzuckermessungen, Spritzen, Insulinpen, Insulinpumpe, gegebenenfalls CGM),
- Grundlagen einer ausgewogenen Ernährung, Blutzuckerwirksamkeit der Nahrungsbausteine (Kohlenhydrate, Fette, Proteine, Ballaststoffe) mit praktischen Übungen (Einschätzung und Bewertung von Nahrungsmitteln und komplexen Mahlzeiten),
- Anpassung der Insulintherapie an Nahrungsaufnahme, körperliche Aktivität, Stress, Infektionserkrankungen und weitere individuelle Faktoren (z. B. Reisen. Schule),
- Stoffwechselselbstkontrollen und Beurteilung der Qualität der Stoffwechseleinstellung in der Familie mit altersgemäßen Therapiezielen,
- Hypo- und Hyperglykämien sowie DKA kennen, vermeiden, Symptome erkennen und sachgerecht behandeln,
- Folgekomplikationen des Diabetes (Prävention, Kontrolluntersuchungen, realistische, hoffnungsvolle Prognose) für Eltern und Jugendliche,
- gesetzliche Regelungen (Schwerbehinderung, Schulbesuch, Versicherungen, Führerscheine) und soziale Hilfen für Kinder und Jugendliche mit Typ-1-Diabetes,
- weitere altersspezifische Themen zum Alltag mit Diabetes in der Familie, in Kindergarten, Schule und Freizeit im Rahmen der Initialschulung oder in einer weiteren Einzel- oder Folgeschulung, z. B. Schulung für Erzieher und Lehrer,
- Beratung zur Integration der Diabetestherapie in den Familienalltag, zu Geschwistern und ggf. zu Erziehungsfragen [8, 12].

Insbesondere bei den jüngsten Kindern (**Kleinkinder- und Kindergartenalter**) sollte deren begrenztes Verständnis von abstrakten Zusammenhängen und Zeit in der Schulung berücksichtigt werden. Statt einer strukturierten Schulung reicht es aus, ihnen ein Gefühl der Sicherheit zu vermitteln und ihre Fragen einfach und anschaulich im Hier und Heute zu beantworten. Sie müssen wissen, dass sie nichts falsch gemacht und keine „Schuld" am Diabetes haben und dass ihre Eltern dafür sorgen, dass es ihnen gutgeht und dass sie weiter mit anderen Kindern in den Kindergarten gehen und spielen können. Wichtig ist hier vor allem, sensibel auf die persönlichen Sorgen, Ängste und Fragen zu reagieren und einfache, möglichst anschauliche Erklärungen anzubieten.

Für Kinder im **Grundschulalter** sind die wichtigsten Themen, die Kinder benötigen, um altersgemäß selbstständig aufzuwachsen, im entsprechenden Schulungsprogramm zusammengestellt und didaktisch passend zu deren kognitiven Entwicklungsstand aufbereitet [8, 15]. Trotz guter technischer Fertigkeiten sind Kinder dieses Alters bei ihrer Insulintherapie aber weiterhin vollständig auf die verlässliche Unterstützung durch ihre Eltern angewiesen. Etwas ältere Kinder können jedoch schon mit ihren

Eltern schrittweise im Programm lernen, wie Insulin dosiert wird und wie sie nach und nach selbstständiger werden können.

Die initiale Diabetesschulung für **Jugendliche** umfasst alle in der Übersicht oben dargestellten Themen [15], sie müssen jedoch auf die alterstypische Lebenssituation und Entwicklungsaufgaben übertragen werden (Autonomie von den Eltern, Integration in die Gruppe der Gleichaltrigen, Aufbau eines stabilen Selbstbilds, positives Körperbild und Gewichtsregulation, Schule, Sport, Partnerschaft, Freizeit mit nächtlichen Aktivitäten, Nikotin, Alkoholkonsum und Drogen). Besonders in dieser Altersgruppe ist es für die langfristige Motivation und Diabetesakzeptanz unerlässlich, von Anfang an Erfolgserlebnisse und praktische Fertigkeiten bei der Therapie im Alltag zu vermitteln.

Abhängig von dem Alter und Entwicklungsstand des Kindes mit Typ-1-Diabetes benötigen Eltern in der Initialschulung praktische Anregungen, wie sie zukünftig den neuen Alltag mit ihrem Kind gestalten können. Typische Themen sind beispielsweise [8, 12]:
- „Welches Diabetesrisiko haben die Geschwister?“
- „Wie können Eltern ihrem Kind den Diabetes erklären?“
- „Wie können Eltern Ängste vor Injektionen, Katheter- und Sensorsetzen abbauen?“
- „Was sollten Kinder in welchem Alter selbstständig beherrschen?“
- „Wie können Eltern ihrem Kind erklären, was es beim Essen und Trinken beachten muss?“
- „Das richtige Maß für Süßigkeiten finden.“
- „Wie können Regeln im Alltag abgesprochen und eingehalten werden?“
- „Angst vor Selbstkontrollen.“
- „Wenn hohe Blutzuckerwerte die Stimmung drücken.“
- „Das HbA_{1c} ist keine Schulnote!“
- „Was spüren Kinder bei einer Unterzuckerung?“
- „Angst vor Hypoglykämien.“
- „Was sollten Kinder über Folgeerkrankungen wissen?“
- „Was kann helfen, die Angst vor Folgeerkrankungen zu vermindern?“
- „Was sollten Erzieherinnen im Kindergarten/Lehrkräfte über Diabetes wissen?“
- „Welche Hilfen bieten die Pflegeversicherung, das Schwerbehindertengesetz?“

6.3.5 Strukturierte Folgeschulungen zum Typ-1-Diabetes

Folgeschulungen für Kinder, Jugendliche und deren Eltern orientieren sich an der zunehmenden kognitiven Reife der Kinder und Jugendlichen einerseits (Schuleintritt [20], Wechsel in die weiterführende Schule, Pubertät und Autonomie, Vorbereitung der Transition in die internistische Diabetologie), an neuen Therapien (CSII [16] oder CGM [21]) und akuten Komplikationen andererseits. Gleiches gilt, wenn die Diabetestherapie durch die Diagnose einer zusätzlichen Krankheit, z. B. Zöliakie oder auch ADHS, oder bei ersten Folgekomplikationen angepasst werden muss. Neben sachlichen Informationen kommt der individuellen Beratung zu Risiken und zur Prognose und vor allem der Ermutigung und psychischen Stabilisierung große Bedeutung zu. Angesichts der Komplexität der Problematik bei Komorbiditäten und gleichzeitigen psychosozialen Risiken muss die Schulung in der Weise personalisiert werden, dass sie sich an individuellen Barrieren und Ressourcen orientiert. Strukturierte Gruppenschulungen sind hier oft nicht umsetzbar. Dies gilt auch für Kinder und vor allem Jugendliche, bei denen ein Typ-2-Diabetes diagnostiziert wurde. Angesichts der noch relativ kleinen Patientenzahl in Deutschland liegen bisher keine strukturierten und evaluierten Schulungsprogramme zum Typ-2-Diabetes bei Kindern und Jugendlichen vor. Für diese Patienten wäre sicher die langfristige Teilnahme an einem qualifizierten Adipositas-Programm (s. Kapitel 6.2.2.2) sinnvoll, das durch Module zur medikamentösen Therapie des Typ-2-Diabetes und zu weiteren Risiken (z. B. Hypertonie, Fettstoffwechselstörung) erweitert wird.

Umfangreichere Folgeschulungen für psychosozial hoch belastete Familien können außerdem während mehrwöchiger Rehabilitationsmaßnahmen (Eltern-Kind-Rehabilitation, Rehabilitation für Kinder oder Jugendliche) nach § 40 SGB V und § 31 SGB VI in dafür qualifizierten Einrichtungen angeboten werden [1].

6.3.6 Psychosoziale Betreuung von Kindern und Jugendlichen mit Diabetes

... während der Initialphase

Zwischen psychosozialen Belastungen und der Qualität der Stoffwechseleinstellung bei Diabetes besteht eine wechselseitige Abhängigkeit [1, 3, 7, 22, 23]. Die Diagnose der lebenslangen Krankheit eines Kindes belastet viele Eltern psychisch erheblich. Vor allem die Mütter, aber auch Kinder und Jugendliche, reagieren in der ersten Phase mit Symptomen einer Anpassungsstörung (ICD-10: F43.2) oder affektiven Störung (ICD-10: F30–F39). Gerade bei Müttern jüngerer Kinder werden posttraumatische Belastungsstörungen (ICD-10: F43.1) oft noch Jahre nach der Diabetesdiagnose beobachtet.

In der Regel stabilisiert sich aber das Befinden der Familien innerhalb des ersten Jahres nach Krankheitsbeginn auch dank der multiprofessionellen Diabetesbetreuung. Bleiben psychische oder auch soziale Probleme länger bestehen, wirken sich diese ungünstig auf das Therapieverhalten und damit auf die Stoffwechseleinstellung des Kindes aus. Die typischen Risikokonstellationen, d. h. Verhaltensstörungen des Kindes und/oder sozioökonomische und psychische Belastungen der Eltern, sind in Kapitel 6.1.7 zusammengestellt.

Außerdem beeinträchtigt eine hohe Stressbelastung den Glukosestoffwechsel bei Typ-1-Diabetes auch direkt über eine Hyperaktivität der HPA-Achse. Es werden vermehrt ACTH und Kortisol ausgeschüttet. Kortisol reduziert die insulinstimulierte Glukoseutilisation, die insulininduzierte Suppression der hepatischen Glukoseproduktion und die Hemmung der Lipolyse von Fettdepots. Dieses geht unmittelbar mit der Steigerung der Insulinresistenz und einem Anstieg des Blutglukosespiegels einher [22]. Besonders bei Kindern, die über lange Zeit belastenden Familienkonflikten oder Überforderungssituationen ausgesetzt sind, wird ein erhöhter Insulinbedarf beobachtet.

Psychische und soziale Belastungen sollten daher beim initialen Kontakt mit der Familie anamnestisch erfasst werden [1, 4], um frühzeitig soziale Hilfen (z. B. Nachsorgeleistungen nach § 43 Absatz 2 SGB V) oder psychologische Beratung zur Stabilisierung der Familie während der stationären Erstschulung anzubieten. Beim Vorliegen einer psychiatrisch relevanten Störung beim Kind, z. B. AD(H)S (ICD-10: F90.-), Entwicklungsstörung (ICD-10: F80–F89), Störung des Sozialverhaltens (ICD-10: F91.-), internalisierenden oder externalisierenden Störung (ICD-10: F92.-) oder Essstörung (ICD-10: F50.-) wird empfohlen, einen Kinder- und Jugendpsychiater oder psychologische Psychotherapeuten hinzuziehen, um ggf. eine Mitbehandlung und eine Abstimmung mit der Diabetestherapie zu planen.

Bei Jugendlichen mit einem neu diagnostizierten Typ-2-Diabetes ist eine umfassende psychosoziale Anamnese unverzichtbar, da psychische Faktoren oft zur Entstehung des Krankheitsbilds beigetragen haben und auch prognostisch und für die Therapieplanung relevant sind.

… während der ambulanten Langzeitbehandlung

Die internationale Studienlage zur seelischen Gesundheit und Prävalenz psychischer Störungen unter Kindern und Jugendlichen mit Typ-1-Diabetes ist inkonsistent. Einige Autoren (vor allem aus Mittel- und Nordeuropa) zeigen in aktuellen Metaanalysen, dass sich keine empirische Evidenz für eine erhöhte Rate klinisch relevanter psychischer Störungen bei Kindern und Jugendlichen mit Typ-1-Diabetes finden lässt. Diese Ergebnisse decken sich auch mit deutschen Studien, in denen – gegenüber einer bundesweit repräsentativen Stichprobe (KiGGS-Studie) – bei Jugendlichen mit Diabetes eher eine bessere oder vergleichbare gesundheitsbezogene Lebensqualität festgestellt wurde. Auch die Rate an emotionalen und Verhaltensproblemen war bei den Jugendlichen mit Typ-1-Diabetes gegenüber der bundesweiten Stichprobe nicht erhöht. Andere Autoren, vor allem aus den USA und Australien, berichten dagegen über erhöhte Raten psychischer Störungen vor allem unter Jugendlichen mit Typ-1-Diabetes. Letztere betreffen vor allem subklinische und klinisch relevante affektive Störungen, die bei Kindern und Jugendlichen 2- bis 3-mal häufiger beobachtet wurden. Außerdem ergaben sich erhöhte Raten für ein essgestörtes Verhalten insbesondere unter weiblichen Jugendlichen. Hier steht das so genannte „Insulin-purging“, die gezielte Unterdosierung von Insulin mit dem Ziel der Gewichtsreduktion, im Vordergrund.

Zusammenfassend stimmen die meisten Autoren darin überein, dass selten bei Kindern, häufiger jedoch bei Jugendlichen mit Typ-1-Diabetes psychische Belastungsreaktionen und subklinische psychische Störungen vorliegen. Diese sind ebenso wie klinisch relevante psychische Störungen mit einer unzureichenden Stoffwechseleinstellung assoziiert und stellen ein erhöhtes Risiko für akute Komplikationen wie DKA und schwere Hypoglykämien als auch für Folgekomplikationen und Mortalität im jungen Erwachsenenalter dar. Weibliche Jugendliche tragen ein erhöhtes Risiko für affektive und für Essstörungen. Bei männlichen Jugendlichen und jungen Erwachsenen stehen akute Krisen im Zusammenhang mit Risikoverhalten, exzessivem Alkoholkonsum und Drogenkonsum im Vordergrund und begründen eine erhöhte Mortalität [24].

Vor diesem Hintergrund wird diskutiert, in welcher Form das psychische Befinden und die soziale Situation von Kindern und Jugendlichen mit Diabetes während der Langzeittherapie erfasst werden sollten. Bei jeder ambulanten Vorstellung, ganz besonders aber bei akuten Krisen und unzureichender Stoffwechseleinstellung, sollten besondere Belastungen erfragt und dokumentiert werden – ebenso aber auch die schulische, emotionale und soziale Situation allgemein. Dies schließt den familiären Zusammenhalt und die psychische Gesundheit der Eltern ebenso ein wie die Fähigkeit, die Diabetestherapie im Alltag sachgerecht und verantwortlich umzusetzen. Besondere Aufmerksamkeit soll dabei Familien gelten, bei denen sich Hinweise auf kulturell oder sprachlich bedingte Schwierigkeiten oder Akzeptanzprobleme ergeben. Kurzfristige emotionale Belastungsreaktionen und Anpassungsstörungen nach akuten Krisen, z. B. nach einer schweren Hypoglykämie, sollten dabei von überdauernden psychischen Störungen unterschieden werden.

Ein systematisches Screening auf psychosoziale Belastungen/Wohlbefinden bei Jugendlichen mit Typ-1-Diabetes konnte in einigen Studien positive Effekte auf die Therapiezufriedenheit und die Lebensqualität zeigen [22]. Die Kosten-Nutzen-Relation eines solchen generellen Screenings ist jedoch noch nicht hinreichend untersucht. Einige validierte deutschsprachige psychologische Screeninginstrumente zu spezifischen Störungen (Ängsten, Depression, Anpassungsstörung, Essstörung, Verhaltensstörung, ADHS) und zur allgemeinen Lebensqualität sind in Tab. 6.1 zusammengefasst. Diese kurzen Fragebogen liefern Hinweise auf häufige Belastungen oder Störungen. Für die Diagnose einer psychischen Erkrankung ist jedoch eine fachgerechte Psychodiagnostik unverzichtbar.

6.3.7 Psychosoziale Interventionen

Durch familienbasierte, verhaltensmedizinische Interventionen können Familien darin unterstützt werden, die Therapie gemeinsam und möglichst konfliktfrei bei guter Lebensqualität zu verantworten [22]. Viele ambulante Diabetesschulungen greifen dazu zentrale Themen, z. B. Zusammenarbeit der Familien, Selbstständigkeit des Kindes, Motivation, Bewältigung von Hypoglykämieängsten sowie Problemlöse- und Selbstmanagement-Training, auf. Durch Trainings zur Verbesserung der diabetesspezifischen Erziehungskompetenz (positive Eltern-Kind-Beziehung und autoritativer

Erziehungsstil) der Eltern jüngerer Kinder konnten deren psychische Belastung und familiäre Konflikte wegen des Diabetes reduziert und ein verbessertes Selbstmanagement erreicht werden [13]. Weiterhin verbesserten Gruppenangebote für Jugendliche zur Förderung von Problemlösefähigkeiten, zum Stressmanagement und zu Bewältigungsstrategien die Qualität der Stoffwechseleinstellung, die Lebensqualität und die soziale Kompetenz [22]. Die Technik der motivierenden Gesprächsführung, „Motivational Interviewing", hat sich als Beratungsansatz zur Unterstützung von Jugendlichen zunehmend bewährt. Es konnten damit eine verbesserte Stoffwechseleinstellung und Lebensqualität erreicht werden [24].

Die Umsetzung dieser nachweislich wirksamen psychosozialen Interventionen ist im Deutschen Gesundheitssystem außerhalb von Diabetesschulungen jedoch massiv eingeschränkt, da psychologische oder soziale Beratungen im ambulanten Diabetessetting nicht oder nur unzureichend finanziert werden. Hier besteht dringender Handlungsbedarf.

6.3.8 Psychotherapeutische Konzepte bei Typ-1-Diabetes

Angesichts der relativen Seltenheit des Typ-1-Diabetes und der niedrigen Prävalenz klinisch relevanter psychischer Störungen bei Kindern und Jugendlichen mit Typ-1-Diabetes ist die Datenlage zu spezifischen Therapiekonzepten sehr begrenzt. Eine individuelle, auf die aktuelle Problemkonstellation der Familie abgestimmte Beratung oder Behandlung war standardisierten Konzepten meist überlegen. Dabei sollen die in den Leitlinien der Deutschen Gesellschaft für Kinder- und Jugendpsychiatrie, Psychosomatik und Psychotherapie (DGKJP) für das jeweilige Störungsbild empfohlenen psychotherapeutischen Konzepte und ggf. auch der Einsatz von Psychopharmaka handlungsleitend sein.

Die häufigste psychische Komorbidität bei Jugendlichen mit Typ-1-Diabetes ist die Depression. Bei Verdacht auf eine Depression soll im Anamnesegespräch die Diagnose erhärtet oder ausgeräumt werden, indem die Symptomatik, ihr zeitlicher Verlauf und der aktuelle diabetesbezogene und allgemeine Entstehungskontext der Depression erfasst werden. Bei einer leichten Depression, die im Zusammenhang mit einer unzureichenden Diabetestherapie und der Erfahrung von erlernter Hilflosigkeit steht, sollten die oben unter Interventionen für Jugendliche aufgeführten psychoedukativen Trainings- und Gruppenangebote eingesetzt werden. Bei mittelgradig und schwer Betroffenen sind die psychotherapeutischen (kognitiv verhaltenstherapeutischen oder interpersonellen Psychotherapien) und pharmakologischen Therapien (primär SSRI) entsprechend den aktuellen Leitlinien der Deutschen Gesellschaft für Kinder- und Jugendpsychiatrie, Psychosomatik und Psychotherapie indiziert.

Kasuistiken von Jugendlichen mit Diabetes und einer Essstörung berichten über positive Therapieergebnisse vornehmlich im stationären Setting durch eine psychotherapeutische Behandlung. Wegen des erhöhten Mortalitätsrisikos wird bei dieser

Komorbidität eine fachpsychotherapeutische Behandlung, die eng mit dem Diabetesteam kooperiert, als dringend erforderlich angesehen.

Die häufigste diabetesspezifische Angststörung von Eltern und Jugendlichen mit Typ-1-Diabetes ist die Hypoglykämieangst. Wenn sie zu einer Beeinträchtigung der Lebensqualität und der Stoffwechseleinstellung führt, sind psychotherapeutische Konzepte zur besseren Hypoglykämiewahrnehmung und zur Bewältigung von einschränkenden Ängsten indiziert. Zu den therapeutischen Ansätzen zählen Psychoedukation, kognitive Verhaltenstherapie und systematische Desensibilisierung.

Derzeit sind diabetesspezifische Psychotherapien für Kinder und Jugendliche ambulant nur in Ausnahmen möglich. Im Rahmen der integrierten ambulanten Diabetesbehandlung wird ein solches spezifisches Therapieangebot nicht erstattet. Niedergelassene psychologische oder ärztliche Psychotherapeuten für Kinder und Jugendliche verfügen dagegen nur selten über die erforderlichen Kenntnise hinsichtlich des Diabetes. Auch hier besteht akuter Handlungsbedarf, um psychisch belastete Kinder und Jugendliche mit Typ-1-Diabetes adäquat und zeitnah zu unterstützen.

Literatur

[1] Neu A, Bürger-Büsing J, Danne T, et al. Diagnostik, Therapie und Verlaufskontrolle des Diabetes mellitus im Kindes- und Jugendalter S3–Leitlinie der DDG und AGPD 2015. AWMF-Registernummer 057–016. Diabetologie. 2016; 11: 35–94.

[2] American Diabetes Association (ADA). Standards of Medical Care in Diabetes – 2015. Section 11: Children and Adolescents. Diabetes Care. 2015; 38: S70–76.

[3] International Society for Pediatric and Adolescent Diabetes (ISPAD). Clinical Practice Consensus Guidelines 2014. Pediatr Diabetes. 2014; 15(20): 1–290.

[4] Lange K, Swift P, Pankowska E, Danne T. Diabetes education in children and adolescents: ISPAD Clinical Practice Guidelines 2014 Compendium. Pediatric Diabetes. 2014; 15(20): 77–85.

[5] Martin D, Lange K, Sima A, et al. on behalf of the SWEET group. Recommendations for age-appropriate education of children and adolescents with diabetes and their parents in the European Union. Pediatric Diabetes. 2012; 13(16): 20–28.

[6] Stolte K, Wolff J. Die Behandlung der kindlichen Zuckerkrankheit bei freigewählter Kost. Erg Inn Med Kinderheilk. 1939; 56: 154–193.

[7] Haas L, Maryniuk M, Beck J, et al. Standards Revision Task Force. National standards for diabetes self-management education and support. Diabetes Care. 2014; 37(1): 144–153.

[8] Hürter P, von Schütz W, Lange K. Kinder und Jugendliche mit Diabetes. 4., aktualisierte Aufl. Heidelberg, Berlin, Springer. 2016.

[9] Lange K, Klotmann S, Saßmann H, et al. and the SWEET group. A Paediatric Diabetes Toolbox for creating Centres of Reference. Pediatric Diabetes. 2012; 13(16): 49–61.

[10] Cameron F, de Beaufort C, Aanstoot HJ, et al. the Hvidoere International Study Group. Lessons from the Hvidoere International Study Group on childhood diabetes: be dogmatic about outcome and flexible in approach. Pediatr Diabetes. 2013; 14: 473–480.

[11] Lange K, Kinderling S, Hürter P. Eine multizentrische Studie zur Prozess- und Ergebnisqualität eines strukturierten Schulungsprogramms. Diab Stoffw. 2001; 10: 59–65.

[12] Saßmann H, Lange K. Delfin – das Schulungsbuch für Eltern von Kindern mit Diabetes. Mainz, Verlag Kirchheim. 2015.

[13] Sassmann H, de Hair M, Danne T, Lange K. Reducing stress and supporting positive relations in families of young children with type 1 diabetes: a randomized controlled study for evaluating the effects of the DELFIN parenting program. BMC Pediatr. 2012; 12: 152.
[14] Lange K, Ziegler AG. Fr1da – Typ 1 Diabetes früh erkennen – früh gut behandeln. Mainz, Verlag Kirchheim. 2014.
[15] Lange K, Remus K, Bläsig S, Lösch-Binder M, Neu A, von Schütz W. Diabetes-Buch für Kinder: Diabetes bei Kindern: ein Behandlungs- und Schulungsprogramm. 4., aktualisierte Auflage. Mainz, Verlag Kirchheim. 2013.
[16] Lange K, Burger W, Holl R, et al. Diabetes bei Jugendlichen: ein Schulungsprogramm. 2., überarbeitete und aktualisierte Auflage. Mainz, Verlag Kirchheim. 2009.
[17] Lange K, von Schütz W, Neu A, et al. Diabetesschulung: Schulungsprogramme und Curricula für Kinder, Jugendliche mit Typ 1 Diabetes, deren Eltern und andere Betreuer. Lengerich, Pabst Science Publishers. 2014.
[18] Lange K, Walte K, von Schütz W, Saßmann H. Didaktischer Leitfaden mit Curriculum zum Programm: Diabetes bei Jugendlichen: ein Behandlungs- und Schulungsprogamm. 2., überarbeitete und aktualisierte Auflage. Mainz, Verlag Kirchheim. 2009.
[19] Saßmann H, Lange K. Delfin – das Schulungsbuch für Eltern von Kindern mit Diabetes. Leitfaden für Trainerinnen und Trainer. Mainz, Verlag Kirchheim. 2015.
[20] Remus K, Bläsig S, Lange K. Fit für die Schule. Ein Trainingsprogramm für 5-7-jährige Kinder mit Typ-1-Diabetes. Mainz, Verlag Kirchheim. 2015.
[21] Gehr B, Holder M, Kulzer B, et al. SPECTRUM Schulungs- und Behandlungsprogramm zur kontinuierlichen Glukosemessung (CGM) für Menschen mit Typ 1 Diabetes. Mainz, Verlag Kirchheim. 2016.
[22] Delamater AM, de Wit M, McDarby V, Malik J, Acerini CL. Psychological care of children and adolescents with type 1 diabetes. Pediatr Diabetes. 2014; 15(20): 232–244.
[23] Cameron FJ, Wherrett DK. Care of diabetes in children and adolescents: controversies, changes, and consensus. Lancet. 2015; 23, 385: 2096–2106.
[24] Channon SJ, Huws-Thomas MV, Rollnick S, et al. A multicenter randomized controlled trial of motivational interviewing in teenagers with diabetes. Diabetes Care. 2007; 30: 1390–1395.

Karin Lange

6.4 Fettstoffwechselstörungen: Schulung und psychosoziale Betreuung

Alle aktuellen Leitlinien zur Therapie von Fettstoffwechselstörungen im Kindes- und Jugendalter stimmen darin überein, dass die jungen Patienten und deren Eltern möglichst frühzeitig über die Krankheit und die damit verbundenen kardiovaskulären Risiken aufgeklärt werden sollen. Als erste therapeutische Maßnahmen werden Veränderungen der Lebensgewohnheiten empfohlen. Dazu gehören eine Ernährungsmodifikation, regelmäßige körperliche Aktivität, ggf. Reduktion von Übergewicht, Nikotinverzicht sowie die Vermeidung von Passivrauchen [1, 2, 3, 4, 5]. Damit diese weitreichenden Veränderungen nachhaltig umgesetzt werden, sollten alle Familienmitglieder und auch weitere Betreuer eines betroffenen Kindes oder Jugendlichen geschult und verantwortlich in die Therapie einbezogen werden. Wenn die Stoffwechselstörung auf Grund anamnestischer Hinweise bereits im Kleinkindalter diagnostiziert wird, sollten Eltern geeignete Ernährungsgewohnheiten und einen körperlich aktiven Lebensstil von Anfang an so konzipieren, dass ihr Kind damit selbstverständlich aufwächst.

Außerdem sollten Eltern und Jugendliche über mögliche Pharmakotherapien derart informiert werden, dass sie – wenn erforderlich – gemeinsam mit dem Stoffwechselteam eine dem individuellen Risikoprofil angepasste Medikation auswählen können. Eine eigene, gut begründete Entscheidung bildet eine wichtige Voraussetzung dafür, dass ein Medikament langfristig konsequent eingenommen wird – selbst wenn dadurch kurzfristig weder positive noch negative Wirkungen spürbar sind [6].

Obwohl die wichtigsten Inhalte der Schulungen bei den verschiedenen Ausprägungen von Hyperlipidämie vergleichbar sind, müssen sie doch auf die individuelle Situation der betroffenen Familien und vor allem auf deren persönliches Risikoerleben zugeschnitten werden. Wenn eine Hyperlipidämie bei einer kinderärztlichen Untersuchung zufällig diagnostiziert wird, ohne dass die Familie bisher spürbare Symptome beobachtet hat, ist die Ausgangssituation eine völlig andere als die Situation eines Jugendlichen, dessen Elternteil relativ jung an einem Herzinfarkt verstorben ist [7, 8]. Die einfühlsame Vermittlung des kardiovaskulären Risikos und der Prognose des Kindes oder Jugendlichen mit einer Hyperlipidämie nimmt zu Beginn der Schulung eine Schlüsselstellung ein. Erst wenn Familien das Risiko ihres Kindes realistisch einschätzen können, werden sie bereit sein, sich für weitreichende Veränderungen ihres Lebensstils zu entscheiden [6]. Mit Kindern oder Jugendlichen, die ein schweres kardiovaskuläres Ereignis bei einem Eltern- oder Großelternteil traumatisch erlebt haben, müssen dagegen oft übertriebene Ängste abgebaut und eine hoffnungsvolle Zukunftssicht entwickelt werden [8].

6.4.1 Pädiatrische Schulungen zur Hyperlipidämie

Für Erwachsene mit einer Hyperlipidämie werden seit über einer Dekade evaluierte, strukturierte Gruppenschulungen im Rahmen der Disease-Management-Programme zur KHK und zum Typ-2-Diabetes bundesweit angeboten und durch die Kostenträger erstattet [9]. Demgegenüber liegen für pädiatrische Patienten und ihre Eltern bisher keine evaluierten Schulungsprogramme vor. Gründe dafür sind u. a. die Heterogenität der verschiedenen Fettstoffwechselstörungen, die relativ geringe Zahl von Kindern mit einer früh diagnostizierten Hyperlipidämie, die hohe Zahl nicht diagnostizierter Kinder [10] sowie der große Aufwand bei der Erstellung und Evaluation von Programmen [11].

Da die aktuellen Leitlinien zur Hyperlipidämie unisono wiederholte, strukturierte Schulungen zur Lebensstilmodifikation und zur medikamentösen Therapie für pädiatrische Patienten und deren Eltern und weiteren Betreuer empfehlen [1–5], besteht hier erheblicher Handlungsbedarf. Die Effektivität qualifizierter, multiprofessionell geleiteter Schulungen konnte in Längsschnitt-Studien und Metaanalysen belegt werden [12, 13, 14]. Die langfristige Beratung durch pädiatrisch qualifizierte Diätassistenten (Zertifikat: Pädiatrische Diätetik VdD) ist dabei wichtig [15], um neben der Senkung der Lipidwerte auch die ausreichende Versorgung der Kinder mit Mikronährstoffen – und damit eine altersgemäße körperliche Entwicklung – zu gewährleisten. Dabei sollte die Umsetzung der Therapie im Alltag mit vielen praktischen Übungen, Motivationshilfen und Problemlösetrainings gegenüber wissensorientierten Schulungselementen im Vordergrund stehen [15, 16].

In Deutschland werden diese qualifizierten Beratungen und Schulungen meistens ambulant durch interdisziplinäre Stoffwechselteams an dafür ermächtigten Stoffwechselzentren (nach § 120 SGB V) angeboten. Eine enge Kooperation des Stoffwechselteams mit dem hausärztlich tätigen Kinder- und Jugend- bzw. Hausarzt ist erforderlich, um die Familien in ihrem Alltag wohnortnah zu unterstützen.

Übergewichtigen oder adipösen Kindern und Jugendlichen, bei denen gleichzeitig eine Fettstoffwechselstörung diagnostiziert wurde, sollte die Teilnahme an altersgemäßen qualifizierten multimodalen Programmen zur Gewichtsreduktion (s. Kapitel 4.1 und Kapitel 6.2) ermöglicht werden. Bei dieser komplexen Risikokonstellation ist eine Kostenerstattung durch die Krankenkassen für übergewichtige Patienten möglich [17]. Die Programme zur Adipositas sollten durch zusätzliche Module zur Ernährung bei Fettstoffwechselstörungen ergänzt werden.

Zur Unterstützung der individuellen Beratung liegen einige Schulungsmaterialien für Eltern, Kinder und Jugendliche vor, ebenso umfangreiche Tabellen zum Fettsäurengehalt vieler Grundnahrungsmittel und Fertigprodukte (s. folgende Übersicht).

Übersicht: deutschsprachige Schulungsunterlagen und Tabellen – für Eltern und Kinder mit einer Hyperlipidämie

- Koletzko B, Dokonpil K, v. Schenck U. Hast Du auch hohes Cholesterin? Ein Ernährungsratgeber für Kinder und Eltern [18],
- Kordonouri O, Danne T, Lange K. Fr1dolin – Familiäre Hypercholesterinämie: Ein Ratgeber für Eltern und ihre Kinder [19],
- Deutsche Gesellschaft zur Bekämpfung von Fettstoffwechselstörungen und ihren Folgen (DGFF e. V.). Fettstoffwechselstörungen bei Kindern und Jugendlichen. Ein Ratgeber für Eltern. Die Broschüre ist erhältlich über die Website http://www.lipid-liga.de. Über diese können auch weitere Broschüren, z. B. zur Hypercholesterinämie, zur Hypertriglyceridämie, zur Lipid-Apherese und zu cholesterinarmer Ernährung mit vielen Rezepten bestellt werden.
- Im Buchhandel sind diverse umfangreiche Tabellenwerke zum Gehalt an Fettsäuren und Cholesterin von Grundnahrungsmitteln und Fertigprodukten erhältlich, z. B.
  - Müller SD. Cholesterin- & Fett-Ampel: Auf einen Blick: Cholesterinwerte und Fettsäuren von über 2500 Lebensmitteln. Trias, Stuttgart. 2011,
  - Elmadfa I, Aign W, Muskat E, Fritzsche D. Die große GU Nährwert-Kalorien-Tabelle 2016/17 (GU Tabellen). Gräfe und Unzer, München. 2015,
  - Angaben zu Fettsäuren und Cholesterin sind ebenso als App erhältlich, z. B. „Cholesterin senken" (GU).

6.4.2 Zentrale Schulungsthemen zur Hyperlipidämie

Möglichst zeitnah nach der Diagnose einer Fettstoffwechselstörung sollte den Eltern, betroffenen Jugendlichen und älteren Kindern eine Schulung angeboten werden. Die zentralen Inhalte sind in der folgenden Übersicht zusammengestellt. Sie sollten mit dem Alter und der kognitiven Reife des Kindes, der Ausprägung der Hyperlipidämie, weiteren kardiovaskulären Risiken, den Vorkenntnissen der Familie sowie deren kulturellen Besonderheiten und psychosozialen Belastungen abgestimmt werden.

Übersicht: Themen der Initialschulung

- **Einordnung der bei der Diagnose festgestellten Lipidwerte** und Aufbau einer realistischen Risikoeinschätzung. Dabei sollte deutlich werden, dass erhöhte Cholesterinwerte auf längere Frist ein Risiko für die Gesundheit der Blutgefäße eines Kindes darstellen; es sollte aber auch besonders für Kinder deutlich werden, dass ihre „Blutgefäße jetzt gesund" sind.
- **Altersbezogene Referenzwerte** für Lipidwerte bei Kindern und Jugendlichen vorstellen; dabei sollte auf die Unterschiede zu den Werten für Erwachsene hingewiesen werden; für Kinder und Jugendliche sollten realistische Therapieziele abgestimmt werden.
- **Physiologie/Pathophysiologie des Lipoproteinstoffwechsels** (Cholesterin, LDL, HDL, Triglyceride) und damit verbundene langfristige kardiovaskuläre Risiken sollten orientiert an Vorkenntnissen und Vorerfahrungen der Familien verständlich erklärt werden; ggf. sollten traumatisch erlebte schwere kardiovaskuläre Ereignisse in der Familie angesprochen und Ängste vor einer Wiederholung aufgefangen werden.
- **Ursachen erhöhter Fettstoffwechselwerte** bei Kindern und Jugendlichen: exogener und endogener Lipidmetabolismus; Einfluss von Infekten oder Katabolismus auf die Lipidwerte erklären; Bewältigung und Abbau von Schuldgefühlen.
- **Familiäre Hyperlipidämie** mit heterozygotem oder homozygotem Erbgang sowie polygen vererbten Formen anschaulich erklären; Auseinandersetzung mit elterlichen Schuldgefühlen, gesundheitlichen Beeinträchtigungen in der Eltern- und Großelterngeneration; Gesundheitsrisiken für Geschwisterkinder, Eltern, Großeltern.
- **Therapieansätze zur Reduktion erhöhter Lipidwerte** alltagsorientiert vermitteln: Ernährungsumstellung, körperliche Aktivität [20], ggf. Reduktion von Übergewicht, Verzicht auf Nikotin, wenn erforderlich auch medikamentöse Therapie und LDL-Apherese.
- **Ernährungsmodifikation:** Bei Hypercholesterinämie sollte eine begrenzte Zufuhr gesättigter sowie trans-isomerer Fettsäuren (zusammen bis ca. 8–12 % der Energiezufuhr) mit Ersatz durch einfach ungesättigte Fette (> 10 % der Energie) und mäßiger Zufuhr mehrfach ungesättigter Fettsäuren (ca. 7–10 % der Energie) sowie begrenzter Cholesterinzufuhr (bis ca. 200 mg/Tag im Kindesalter bzw. 250 mg/Tag bei Adoleszenten) empfohlen werden. Bei der praktischen Ernährungsberatung sollten altersangepasste Mahlzeitenbeispiele mit älteren Kindern, Jugendlichen und deren Eltern erarbeitet, Kochrezepte der Familien berechnet und die Nutzung von Fettsäuren-Tabellen geübt werden. Geeignete Nahrungsmittel sollten ungeeigneten gegenübergestellt und für Letztere schmackhafte Alternativen gesucht werden. Eltern vor allem jüngerer Kinder sollten darin praktisch unterstützt werden, wie sie die Mahlzeiten ihres Kindes schmackhaft gestalten und eine adäquate Mikronährstoffversorgung sicherstellen können. Dazu können die in der ersten Übersicht vorgestellten Unterlagen, Kochbücher und Tabellen genutzt werden.

- Eine zuckerarme und ballaststoffreiche Ernährungsweise hat ebenfalls einen positiven Einfluss auf die Lipidwerte; Ziel der Schulung sollte es sein, den Zuckerverzehr auf ein vertretbares Maß zu begrenzen, ohne die Lebensfreude der Kinder und Jugendlichen zu sehr zu beeinträchtigen.
- Bei Kindern mit einer Hypertriglyceridämie sollte eine Diät mit begrenzter Zufuhr an Mono- und Disacchariden und gesättigten Fettsäuren empfohlen werden, die ggf. durch Supplementierung von omega-3 Fettsäuren aus Fischöl (ca. 40 mg/kg täglich) ergänzt werden kann.
- Die Bewertung der Nahrungsmittel und die Berechnung des Fettsäurengehalts gelingen vielen Eltern und Jugendlichen nach ausreichender praktischer Übung in der Regel gut. Sehr viel schwerer fällt es ihnen, diese Ernährung unter **Alltagsbedingungen** mit Kindergarten, Schule, Schulmensa, Klassenfahrten, privaten Feiern oder Einladungen zu Grillabenden beizubehalten. Die Schulung sollte daher ausführlich praktische Tipps vermitteln, wie die neue Ernährungsweise erfolgreich beibehalten und gegenüber Lehrkräften und anderen Betreuern dargestellt werden kann.
- Wie in der Schulung für Eltern von Kindern mit Typ-1-Diabetes kann es auch hier sinnvoll sein, Elemente einer **Erziehungsberatung** in die Schulung für Eltern von Kindern mit einer Fettstoffwechselstörung zu integrieren (z. B. altersangepasste Familienregeln erstellen, Motivation und Selbstdisziplin bei Kindern fördern, Einhaltung von Verhaltensregeln einfordern und konsequent auf Regelverletzungen reagieren, eine positive Beziehung zum Kind aufbauen, Kindern Erfolgserlebnisse vermitteln und deren Problemlösefähigkeiten fördern).
- Insbesondere **Jugendliche**, denen es sehr wichtig ist, von Gleichaltrigen anerkannt zu werden und „dazuzugehören“, benötigen Anregungen, wie sie ihre „ungewöhnlichen“ Ernährungsgewohnheiten anderen erklären und während gemeinsamer Aktivitäten beibehalten können. Derzeit finden vegetarische und vegane Ernährungsweisen in dieser Altersgruppe sehr viel Zuspruch. Jugendliche können diesen Trend nutzen, um ihre Ernährung unkompliziert zu begründen.
- Schließlich sollte den Eltern jüngerer Kinder die Bedeutung einer normalen Größen- und vor allem **Gewichtsentwicklung** vermittelt werden. Bereits übergewichtigen und adipösen Kindern und Jugendlichen sollte über die Schulung zu ihrer Fettstoffwechselstörung die Teilnahme an einem strukturierten Programm zur Gewichtsreduktion ermöglicht werden.
- Positive Einflüsse regelmäßiger **körperlicher Aktivität** sowie des Verzichts auf Nikotin können mit Eltern und ihren Kindern bezogen auf deren Erfahrungen angesprochen und jede sportliche Aktivität anerkannt werden.
- Damit Kinder, Jugendliche und Eltern die Erfolge ihrer Bemühungen erfahren und zum „Weitermachen“ motiviert werden, sollten in der Schulung sinnvolle **Kontrolluntersuchungen** (Triglyceride, LDL- und HDL-Cholesterin sowie weitere Fettwerte, z. B. Lp(a)) alle drei bis sechs Monate empfohlen werden. Die Familien sollten dazu wissen, wie die Untersuchung stattfindet, wer ihr Ansprechpartner am Wohnort ist und wo sie Hilfen finden, wenn die Untersuchungsergebnisse unbefriedigend ausfallen.
- **Medikamente** zur Senkung erhöhter Blutfettwerte sollten allen Eltern jüngerer Kinder und auch Jugendlichen während der Initialschulung im Überblick vorgestellt werden. Dabei sollten das Wirkprinzip und das zu erwartende Resultat – auch mögliche unerwünschte Wirkungen – kurz skizziert werden. Es sollte dabei deutlich werden, dass Medikamente zusätzlich wirksam sind, wenn eine Umstellung des Lebensstils nicht ausreicht. Medikamente allein können aber einen gesunden Lebensstil nicht ersetzen. Detaillierte Informationen über die Wirkweise der verschiedenen Medikamente zur Behandlung einer Hyperlipidämie sind erst sinnvoll, wenn deren Einsatz möglich (Mindestalter des Kindes) und indiziert ist (z. B. stark erhöhtes LDL-Cholesterin).

- Die **Lipidapherese** wird nur bei einer sehr kleinen Gruppe von Patienten mit schweren angeborenen Hypercholesterinämien (extreme Erhöhung von LDL-Cholesterin) durchgeführt, wenn alle anderen Therapiemöglichkeiten ausgeschöpft und einige andere Voraussetzungen erfüllt sind. Eine ausführliche Darstellung der Lipidapherese im Rahmen der Schulung ist daher lediglich individuell für Patienten mit einer entsprechenden Indikation sinnvoll.
- Schließlich sollte jede Schulung Zeit für **individuelle Fragen** der betroffenen Familien vorsehen. Einige Eltern fragen nach finanziellen oder sozialen Hilfen (z. B. nach dem Schwerbehindertengesetz). Als besondere Hilfen für Kinder und Jugendliche, die ihre Stoffwechselstörung durch eine Modifikation der Lebensgewohnheiten behandeln, sieht das Schwerbehindertengesetz (SGB IX) keine zusätzliche Unterstützung vor. Bei schweren angeborenen Hypercholesterinämien wird die Beeinträchtigung im Alltag individuell bewertet.

Kinder vor dem Schuleintritt können ein für sie symptomfreies Gesundheitsrisiko noch nicht verstehen. Die Verantwortung für ihre Therapie tragen ihre Eltern. Sie gestalten die Ernährung und den Alltag ihres Kindes und wirken vor allem durch ihr Vorbild. Das begrenzte Zeitverständnis erlaubt Kindern nicht, ihre kardiovaskulären Risiken in ferner Zukunft zu verstehen. Sie würden durch entsprechende Informationen nur verängstigt.

Auch **Grundschulkinder** können die für sie abstrakte Fettstoffwechselstörung in ihrem Körper noch nicht verstehen. Erschwerend kommt hinzu, dass sie auch dann nichts spüren, wenn sie die Ernährungsregeln ihrer Eltern nicht befolgen. Dagegen können sie geeignete und für sie ungeeignete Nahrungsmittel zuverlässig unterscheiden. Dafür sollten sie von ihren Eltern gelobt und in ihrem Bemühungen bestätigt werden. Trotzdem sollten sie einfache, ihrem kognitiven Niveau angepasste Erklärungen für ihre Therapie erhalten.

Die initiale Schulung für **Jugendliche** sollte alle in der Übersicht oben dargestellten Themen ansprechen und auf ihre alterstypische Lebenssituation und Entwicklungsaufgaben übertragen werden (Autonomie von den Eltern, Integration in die Gruppe der Gleichaltrigen, Aufbau eines stabilen Selbstbilds, positives Körperbild und Gewichtsregulation). Besonders in dieser Altersgruppe sind ein stabiles Selbstbild und eine positive Zukunftssicht für die langfristige Therapiemotivation und Akzeptanz der Stoffwechselstörung unverzichtbar.

6.4.3 Psychosoziale Betreuung von Kindern und Jugendlichen

Die Studienlage zu psychosozialen Fragestellungen bei Fettstoffwechselstörungen im Kindes- und Jugendalter ist sehr begrenzt. Belastbare repräsentative Daten zur Lebensqualität und psychischen Gesundheit von betroffenen Kindern und Jugendlichen liegen für den deutschen Sprachraum nicht vor. Spezifische psychotherapeutische Konzepte für pädiatrische Patienten und deren Eltern, die über eine strukturierte Schulung und Beratung hinausgehen, wurden bisher ebenfalls nicht publiziert.

Mögliche Gründe dafür sind der meist symptomfreie Verlauf in den ersten zwei Lebensdekaden, das Fehlen akuter Komplikationen oder psychosozialer Beeinträchtigungen und schließlich die Tatsache, dass auch eine unzureichende Therapie zunächst über Jahre zu keinen spürbaren Beschwerden führt.

Demgegenüber ist die psychische Belastung der wenigen Kinder sehr hoch, die ein schweres kardiovaskuläres Ereignis bei einem Elternteil traumatisch erlebt oder bereits den Vater oder die Mutter in Folge einer schweren homozygoten Lipidämie verloren haben. Ihr Krankheitserleben ist durch Zukunfts-, Verlustängste und oft durch sozioökonomische Belastungen der Eltern geprägt.

... bei Diagnose

Wie in Kapitel 5.3 dargestellt, kann auch bei Hyperlipidämien im Kindes- und Jugendalter davon ausgegangen werden, dass psychosoziale Belastungen und familiäre Risikokonstellationen die sachgerechte Therapie der Fettstoffwechselstörung gefährden. Daher sollten auch hier psychische und soziale Belastungen beim initialen Kontakt mit der Familie anamnestisch erfasst werden, um frühzeitig soziale Hilfen (z. B. Nachsorgeleistungen nach § 43 Absatz 2 SGB V) oder psychologische Beratung zur Stabilisierung der Familie zu initiieren. Beim Vorliegen einer psychiatrisch relevanten Störung beim Kind oder Jugendlichen (z. B. postraumatische Belastungsstörung, Ängste) sollte ein Kinder- und Jugendpsychiater oder psychologische Psychotherapeuten hinzugezogen werden.

Viele Eltern profitieren in Gruppenschulungen besonders von einem Austausch mit anderen Familien. Sie finden Verständnis für ihre Ängste und Sorgen und erhalten vielfältige praktische Anregungen für den Alltag mit ihrem Kind [6]. Weitere Kontakt- und Informationsmöglichkeiten bietet eine bundesweite Selbsthilfeaktion für Eltern, deren Kinder von einer Fettstoffwechselstörung betroffen sind („Cholesterin & Co: Patientenorganisation für Patienten mit Familiärer Hypercholesterinämie oder anderen schweren genetischen Fettstoffwechselstörungen e. V.“). Ein Kontakt zu anderen erfahrenen Eltern wird über die Geschäftsstelle hergestellt (http://www.cholco.org).

... während der Langzeittherapie

Bei jeder ambulanten Vorstellung im Stoffwechselzentrum, vor allem aber bei akuten Krisen und unzureichender Stoffwechseleinstellung, sollten besondere Belastungen erfragt und dokumentiert werden – ebenso die schulische, emotionale und soziale Situation des Kindes und seiner Familie allgemein. Dies schließt den familiären Zusammenhalt, die psychische und körperliche Gesundheit der Eltern ebenso ein wie die Fähigkeit, die Therapie im Alltag sachgerecht und verantwortlich umzusetzen. Besondere Aufmerksamkeit soll dabei Familien gelten, bei denen sich Hinweise auf kulturell oder sprachlich bedingte Schwierigkeiten oder Akzeptanzprobleme ergeben.

Es kann analog zu den positiven Erfahrungen bei anderen chronischen Krankheiten des Kindes- und Jugendalters davon ausgegangen werden, dass Familien durch familienbasierte, verhaltensmedizinische Interventionen besser darin unterstützt werden können, die Therapie gemeinsam und möglichst konfliktfrei bei guter Lebensqualität zu gestalten (s. Kapitel 6.1 und 6.3). Bisher werden entsprechende Kurse nur sehr selten angeboten, da dafür kaum qualifizierte Teammitglieder zur Verfügung stehen und diese im ambulanten Sektor nicht oder nur unzureichend finanziert werden können.

Angesichts der großen Bedeutung einer frühzeitigen und beständigen Lebensstiländerung sollte die ambulante multiprofessionelle Langzeitbetreuung um verhaltensmedizinische Konzepte erweitert und diese angemessen finanziert werden. Auch frühzeitige psychologische Beratungen bei subklinischen psychischen Störungen sollten zeitnah angeboten werden können, um die langfristige Prognose der Kinder und Jugendlichen mit Hyperlipidämien zu verbessern.

Literatur

[1] Chourdakis M, Buderus S, Dokoupil K, et al. S2k–Leitlinien zur Diagnostik und Therapie bei Hyperlipidämien bei Kindern und Jugendlichen. AWMF 027/068;. 2015; http://www.awmf.de23.03.2016.

[2] Watts GF, Gidding S, Wierzbicki AS, et al. Integrated guidance on the care of familial hypercholesterolaemia from the International FH Foundation. Int J Cardiol. 2014; 171:309–325.

[3] Wiegman A, Gidding SS, Watts GF, et al. Familial hypercholesterolaemia in children and adolescents: gaining decades of life by optimizing detection and treatment. Eur Heart J. 2015; 36: 2425–2437.

[4] Nordestgaard BG, Chapman MJ, Humphries SE, et al. Familial hypercholesterolaemia is underdiagnosed and undertreated in the general population: guidance for clinicians to prevent coronary heart disease. Consensus statement of the European Atherosclerosis Society. Eur Heart J. 2013; 34: 1–14.

[5] Cuchel M, Bruckert E, Ginsberg HN, et al. Homozygous familial hypercholesterolaemia: new insights and guidance for clinicians to improve detection and clinical management. A position paper from the consensus panel on familial hypercholesterolaemia of the European Atherosclerosis Society. Eur Heart J. 2014; 35: 2146–2157.

[6] Ernst G, Szczepanski R. Modulares Schulungsprogramm für chronisch kranke Kinder und Jugendliche sowie deren Familien „ModuS"; Band 1: Modulare Patientenschulung. Pabst Science, Lengerich. 2014.

[7] Kools S, Kennedy C, Engler M, Engler M. Pediatric hyperlipidemia: child and adolescent disease understandings and perceptions about dietary adherence. J Spec Pediatr Nurs. 2008; 13: 168–179.

[8] Weiner K, Durrington PN. Patients' understandings and experiences of familial hypercholesterolemia. Community Genet. 2008; 11: 273–282.

[9] Richtlinie des Gemeinsamen Bundesausschusses zur Regelung von Anforderungen an die Ausgestaltung von Strukturierten Behandlungsprogrammen nach § 137 f Abs. 2 SGB V (DMP-Richtlinie/DMP-RL) in der Fassung vom 16. Februar 2012 (BAnz AT 18. Juli 2012 B3) in Kraft getreten am 19. Juli 2012; Aktualisierung (BAnz AT 6. Januar 2015 B1).

[10] Kusters DM, de Beaufort C, Widhalm K, et al. Paediatric screening for hypercholesterolaemia in Europe. Arch Dis Child. 2012; 97: 272–276.

[11] Ernst G, Szczepanski R, Lange K. Patientenschulung in der Kinder- und Jugendmedizin – Bestandsaufnahme deutschsprachiger Konzepte und Bedarfsanalyse. Prävention und Rehabilitation. 2013; 25: 18–24.

[12] Van Horn L, Obarzanek E, Friedman LA, Gernhofer N, Barton B. Children's adaptations to a fat-reduced diet: the Dietary Intervention Study in Children (DISC). Pediatrics. 2005; 115: 1723–1733.

[13] Obarzanek E, Kimm SY, Barton BA, et al. Long term safety and efficacy of a cholesterol lowering diet in children with elevated low density lipoprotein cholesterol: seven year results of the dietary intervention study in children (DISC) Pediatrics. 2001; 107: 256–264.

[14] Niinikoski H1, Lagström H, Jokinen E, et al. Impact of repeated dietary counseling between infancy and 14 years of age on dietary intakes and serum lipids and lipoproteins: the STRIP study. Circulation. 2007; 28: 1032–1040.

[15] Thompson RL, Summerbell CD, Hooper L, et al. Dietary advice given by a dietitian versus other health professional or self-help resources to reduce blood cholesterol. Cochrane Database Syst Rev. 2003; 3: CD001366.

[16] Martin AC, Coakley J, Forbes DA, Sullivan DR, Watts GF. Familial hypercholesterolaemia in children and adolescents: a new paediatric model of care. J Paediatr Child Health. 2013; 49: E263–272.

[17] Wabitsch M, Kunze D (federführend für die AGA). Konsensbasierte (S2) Leitlinie zur Diagnostik, Therapie und Prävention von Übergewicht und Adipositas im Kindes- und Jugendalter. Version 15.10.2015; http://www.a-g-a.de (Stand: 23.03.2016).

[18] Koletzko B, Dokonpil K, v. Schenck U (Hrsg.). Hast Du auch hohes Cholesterin? Ein Ernährungsratgeber für Kinder und Eltern. Darmstadt, Steinkopff-Verlag. 1996.

[19] Kordonouri O, Danne T, Lange K. Fr1dolin – Familiäre Hypercholesterinämie: Ein Ratgeber für Eltern und ihre Kinder. Verlag Kirchheim, Mainz. 2016.

[20] Pahkala K, Heinonen OJ, Simell O, et al. Association of physical activity with vascular endothelial function and intima-media thickness. Circulation. 2011; 124: 1956–1963.

7 Referenzwerte

7.1 Langzeit (24-Stunden) Blutdruckmessung

Normwerte für die oszillometrische Langzeitblutdruckmessung bei Kindern nach Geschlecht und Körperlänge (S2, Leitline, DGPK, 08/2013, modifiziert nach Wühl).

Jungen

Systolischer Blutdruck

Länge	24-Stunden P90	24-Stunden P95	24-Stunden P99	Tag P90	Tag P95	Tag P99	Nacht P90	Nacht P95	Nacht P99
120	114	117	123	122	125	133	103	106	112
125	115	118	124	122	125	132	105	108	114
130	116	119	125	122	126	132	106	110	116
135	117	120	126	122	126	132	108	111	119
140	118	121	127	123	126	132	109	113	121
145	119	123	129	124	127	133	111	114	123
150	121	124	130	125	128	134	112	116	124
155	123	126	132	127	130	136	113	117	125
160	124	127	133	129	133	139	114	118	126
165	126	129	135	132	135	142	116	119	127
170	128	131	137	134	138	145	117	121	128
175	130	133	138	135	140	147	119	122	130
180	131	134	139	138	142	149	120	124	131
185	133	135	141	140	143	151	122	125	132

Diastolischer Blutdruck

Länge	24-Stunden P90	24-Stunden P95	24-Stunden P99	Tag P90	Tag P95	Tag P99	Nacht P90	Nacht P95	Nacht P99
120	74	77	83	80	82	87	61	63	66
125	74	77	82	80	82	86	61	63	67
130	74	77	82	80	82	86	62	64	68
135	74	77	82	80	82	86	63	65	69
140	75	77	82	80	82	85	63	65	70
145	75	77	82	79	81	85	64	66	70
150	75	77	82	79	81	85	64	66	70
155	75	77	82	79	81	85	64	66	70
160	75	77	82	79	81	85	64	66	70
165	75	77	82	80	82	85	64	66	70
170	75	78	82	80	82	86	64	66	70
175	75	78	83	80	83	87	64	66	70
180	76	78	83	81	83	87	64	66	70
185	76	78	83	81	84	88	64	66	70

Mittlerer arterieller Druck (MAD)

Länge	24-Stunden P90	24-Stunden P95	24-Stunden P99	Tag P90	Tag P95	Tag P99	Nacht P90	Nacht P95	Nacht P99
120	86	89	96	93	96	101	76	79	88
125	87	90	96	93	96	101	77	80	88
130	87	90	95	93	96	100	77	81	88
135	88	90	95	93	96	100	78	81	88
140	88	91	96	93	95	100	78	81	87
145	89	91	96	93	95	100	79	81	87
150	89	91	96	93	96	100	79	81	86
155	90	92	96	94	96	100	79	82	86
160	90	93	97	95	97	101	80	82	86
165	91	93	97	95	98	102	80	82	86
170	92	94	98	97	99	103	81	83	86
175	93	95	99	98	100	104	82	83	87
180	94	96	99	99	101	106	82	84	87
185	94	96	100	100	103	107	83	84	87

Mädchen

Systolischer Blutdruck

Länge	24-Stunden P90	24-Stunden P95	24-Stunden P99	Tag P90	Tag P95	Tag P99	Nacht P90	Nacht P95	Nacht P99
120	112	114	119	118	120	125	103	106	110
125	113	116	120	119	121	125	104	107	111
130	114	117	121	120	122	126	106	108	113
135	115	118	122	120	123	127	107	109	115
140	116	119	123	121	124	129	107	110	116
145	117	120	125	122	125	130	108	112	118
150	119	121	126	124	127	132	110	113	119
155	120	122	127	125	128	133	110	114	120
160	121	123	128	126	129	134	111	114	120
165	122	124	128	127	130	135	112	114	119
170	123	125	129	128	130	135	112	115	119
175	124	126	129	129	131	135	113	115	119

Diastolischer Blutdruck

Länge	24-Stunden P90	24-Stunden P95	24-Stunden P99	Tag P90	Tag P95	Tag P99	Nacht P90	Nacht P95	Nacht P99
120	71	72	75	80	82	85	63	65	69
125	71	73	75	80	82	85	63	65	70
130	72	73	76	80	82	85	63	66	70
135	72	74	77	80	82	86	63	66	70
140	73	75	78	80	82	86	63	66	71
145	73	75	79	80	82	86	63	66	71
150	74	76	79	80	82	86	63	68	71
155	74	76	80	80	82	86	63	68	71
160	74	76	80	80	82	86	63	65	71
165	74	76	80	80	82	85	63	65	71
170	74	76	80	80	82	85	67	71	79
175	74	76	80	80	82	85	63	65	70

Mittlerer arterieller Druck (MAD)

Länge	24-Stunden P90	24-Stunden P95	24-Stunden P99	Tag P90	Tag P95	Tag P99	Nacht P90	Nacht P95	Nacht P99
120	84	85	88	91	93	97	77	79	85
125	84	85	89	91	94	97	77	79	84
130	85	87	90	92	94	98	77	80	84
135	86	87	91	92	94	98	77	80	85
140	86	88	91	92	95	99	77	80	85
145	87	89	92	93	95	99	78	80	85
150	87	89	93	93	95	99	78	80	85
155	88	90	93	93	95	99	78	81	85
160	88	90	93	94	96	99	79	81	85
165	89	91	94	94	96	99	79	81	85
170	90	91	94	94	96	99	80	82	85
175	90	92	94	95	96	99	80	82	86

DOI 10.1515/9783110460056-008

7.2 Blutdruck (alters- und körperhöhenabhängig)

95.Perzentilkurve und 99. Perzentilkurve + 5 für Blutdruck (mmHg) bei Jungen im Alter von 3 bis 18 Jahren [KiGGS 2003–2006] differenziert nach Körpergröße

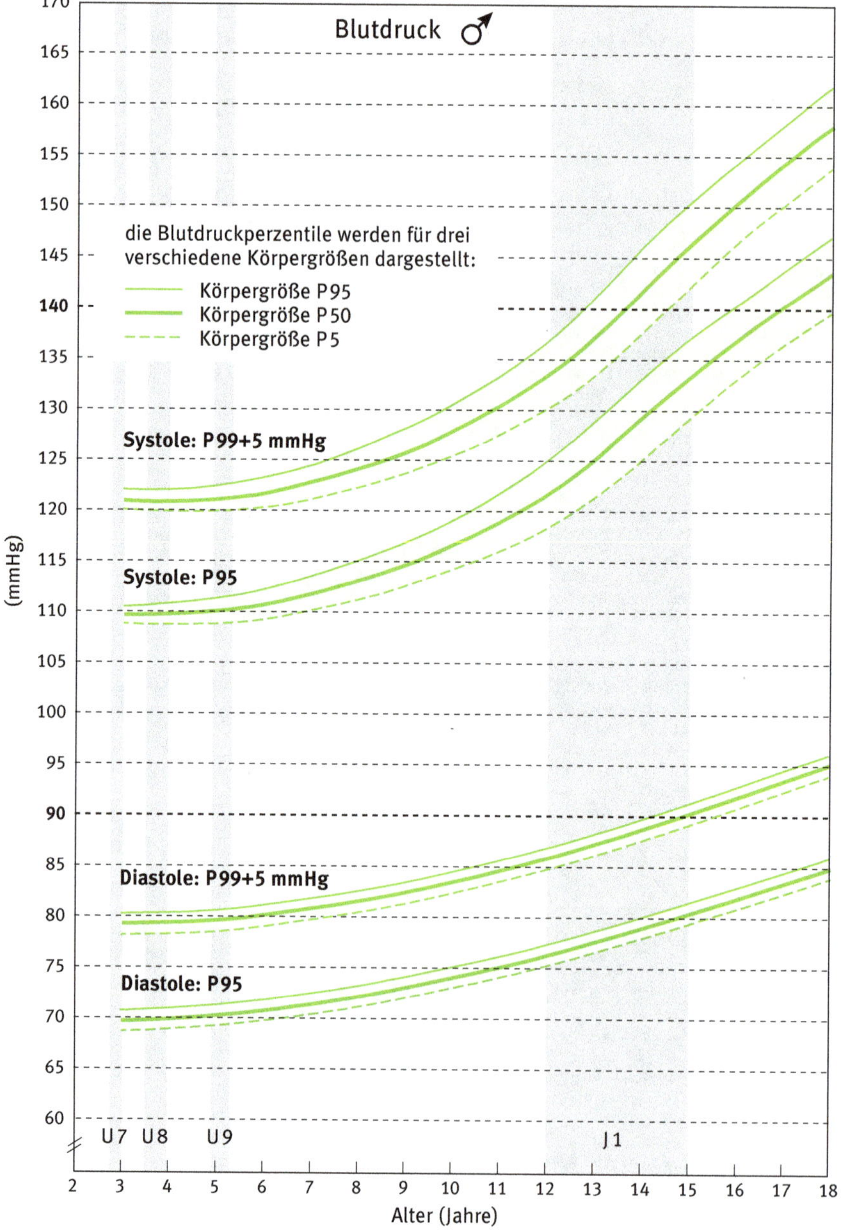

95.Perzentilkurve und 99. Perzentilkurve + 5 für Blutdruck (mmHg) bei Mädchen im Alter von 3 bis 18 Jahren [KiGGS 2003–2006] differenziert nach Körpergröße

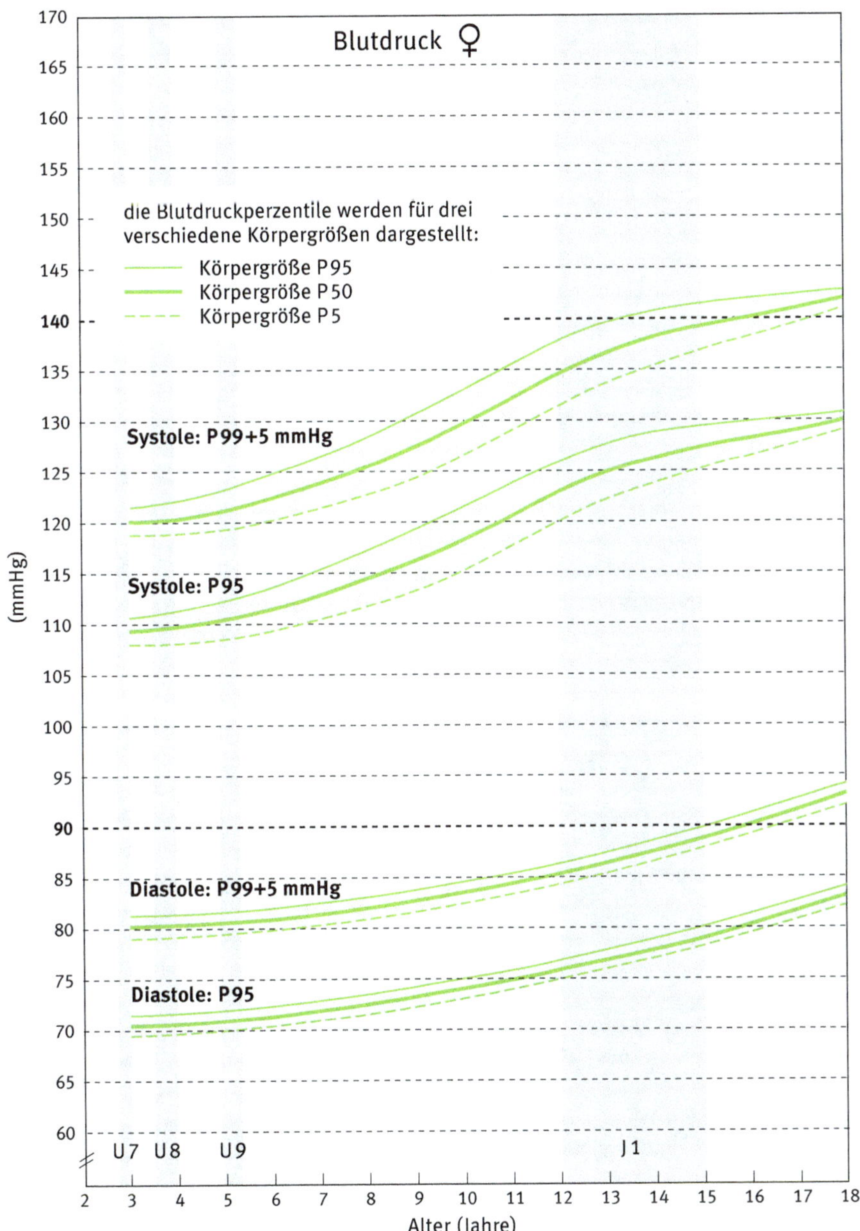

7.3 Body-Mass-Index Perzentilen (Jungen, Mädchen)

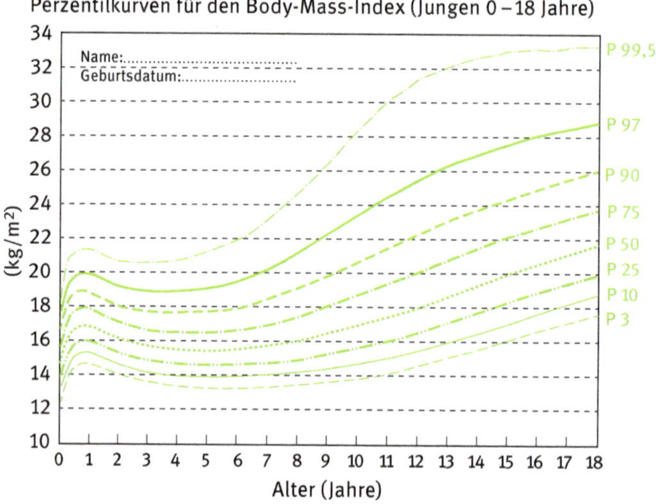

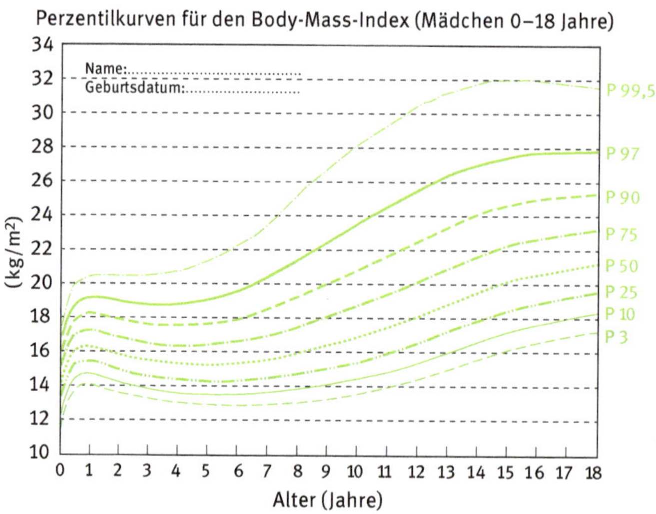

7.4 Waist-to-Hip-Ratio Perzentilen (Jungen, Mädchen)

Perzentilkurven für Waist-to-Hip-Ratio (WHR) bei Jungen im Alter von 11 bis 18 Jahren (KiGGS 2003–2006)

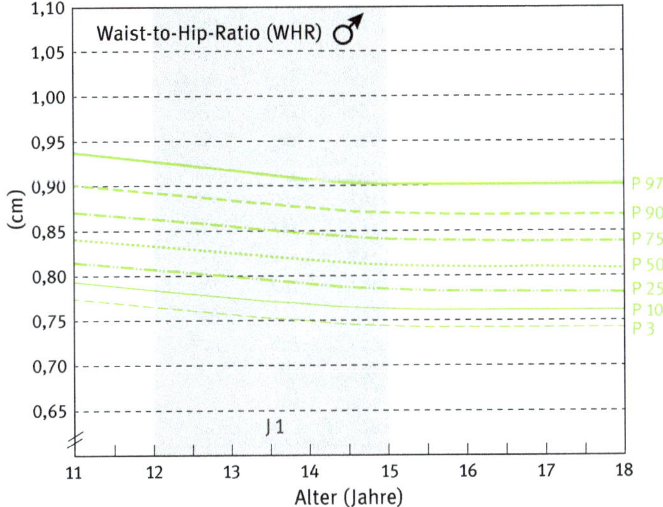

Perzentilkurve für Waist-to-Hip-Ratio (WHR) bei Mädchen im Alter von 11 bis 18 Jahren (KiGGS 2003–2006)

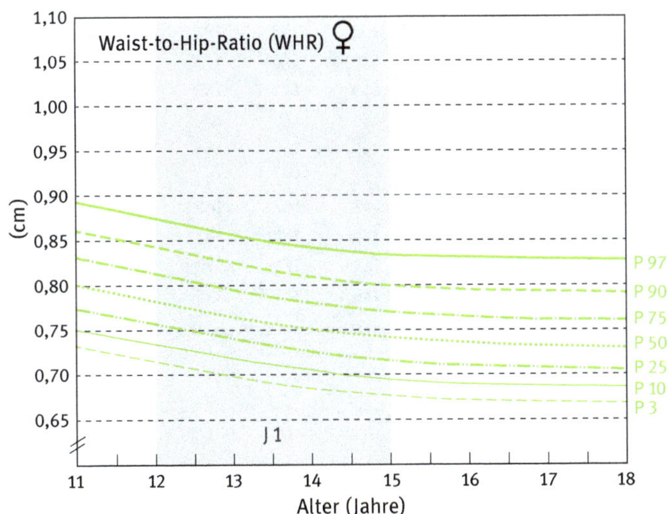

7.5 Laborwerte Gesamtcholesterin (Jungen, Mädchen)

Geglättete Perzentile für Gesamtcholesterin (mg/dl) **Jungen (N = 7.297)**

Alter*	P3	P5	P10	P25	P50 (Median)	P75	P90	P95	P97
1,5	103	108	116	131	149	168	188	200	209
2	105	110	119	133	151	171	190	203	211
2,5	108	113	121	135	153	173	193	205	213
3	110	115	123	138	156	175	194	207	215
3,5	112	117	125	140	158	177	196	209	217
4	114	119	127	142	159	179	198	210	218
4,5	116	121	129	143	161	180	199	211	219
5	117	122	130	145	162	181	200	212	220
5,5	118	123	131	146	163	182	200	212	220
6	119	124	132	146	163	182	200	212	220
6,5	120	125	133	147	164	182	200	211	219
7	120	125	133	147	163	182	199	211	218
7,5	120	125	133	147	163	181	199	210	217
8	121	125	133	147	163	181	199	210	217
8,5	121	126	133	147	164	182	199	210	217
9	121	126	134	148	164	182	200	211	218
9,5	122	127	134	148	165	183	201	212	220
10	122	127	135	149	166	184	202	214	221
10,5	123	128	135	150	167	185	203	215	223
11	122	127	135	150	167	186	204	216	223
11,5	122	127	135	149	166	185	204	215	223
12	120	125	133	148	165	184	202	214	222
12,5	118	123	131	145	163	182	200	212	220
13	115	120	128	142	160	178	196	208	216
13,5	113	117	125	139	156	175	193	204	212
14	110	115	123	136	153	171	189	201	208
14,5	108	113	120	134	151	169	187	198	206
15	106	111	119	132	149	167	185	196	204
15,5	105	110	118	131	148	166	184	196	204
16	105	110	118	132	148	167	185	197	205
16,5	105	110	118	132	150	169	187	199	207
17	106	111	119	134	151	171	190	202	210
17,5	107	112	120	135	153	173	193	205	214

*exaktes Alter in Jahren (der Wert für z.B. 2 Jahre gilt approximativ für Kinder von 1,75 bis unter 2,25 Jahren)

Geglättete Perzentile für Gesamtcholesterin (mg/dl) **Mädchen (N = 6.951)**

Alter*	P3	P5	P10	P25	P50 (Median)	P75	P90	P95	P97
1,5	105	111	120	136	154	173	191	201	208
2	107	113	122	138	156	175	193	204	211
2,5	109	115	124	140	158	177	195	206	213
3	111	117	126	142	160	179	197	208	215
3,5	113	119	128	144	162	181	199	209	217
4	115	121	130	145	164	182	200	211	218
4,5	117	123	132	147	165	184	202	213	220
5	119	124	133	148	166	185	203	214	221
5,5	120	126	134	150	167	186	204	215	222
6	121	127	135	150	168	187	205	216	223
6,5	122	128	136	151	169	187	205	216	223
7	123	128	137	151	169	187	205	216	224
7,5	124	129	137	152	169	188	205	217	224
8	124	129	137	152	169	188	206	217	224
8,5	124	129	138	152	169	188	206	217	225
9	124	129	138	152	169	188	206	217	225
9,5	124	129	137	152	169	188	206	217	225
10	124	129	137	151	168	187	205	217	225
10,5	123	128	136	150	167	186	204	216	224
11	122	127	135	149	166	185	203	215	223
11,5	121	126	134	148	165	183	202	213	221
12	120	125	132	146	163	182	200	212	220
12,5	119	124	131	145	162	181	199	211	219
13	118	123	130	144	161	180	198	210	218
13,5	117	122	129	143	160	179	198	210	218
14	117	121	129	143	160	179	198	211	219
14,5	116	121	129	143	160	179	199	212	221
15	117	121	129	143	160	180	200	214	223
15,5	117	122	129	144	161	182	203	216	226
16	118	122	130	145	163	184	206	220	230
16,5	118	123	131	146	165	187	209	224	235
17	119	124	133	148	167	189	213	228	239
17,5	120	125	134	149	169	192	216	233	244

*exaktes Alter in Jahren (der Wert für z.B. 2 Jahre gilt approximativ für Kinder von 1,75 bis unter 2,25 Jahren)

7.6 Laborwerte LDL-Cholesterin (Jungen, Mädchen)

Geglättete Perzentile für LDL-Cholesterin (mg/dl) **Jungen (N = 7.291)**

Alter*	P3	P5	P10	P25	P50 (Median)	P75	P90	P95	P97
1,5	49	52	59	71	86	104	122	134	142
2	50	54	60	72	88	106	124	136	144
2,5	51	55	62	74	90	107	125	137	145
3	52	56	63	75	91	109	127	138	146
3,5	53	57	64	76	92	110	128	139	147
4	54	58	65	77	93	111	129	140	148
4,5	54	58	65	78	93	111	129	140	148
5	55	59	66	78	94	111	129	140	147
5,5	55	59	66	78	94	111	128	139	147
6	55	59	66	78	93	110	127	138	145
6,5	55	59	66	78	93	110	126	137	144
7	55	59	65	77	92	109	125	136	143
7,5	55	59	65	77	92	108	125	135	142
8	55	59	65	77	92	108	124	135	142
8,5	54	59	65	77	92	108	124	135	142
9	54	58	65	77	92	109	125	135	142
9,5	54	58	65	77	93	109	125	136	143
10	54	58	65	78	93	110	126	137	144
10,5	54	58	65	77	93	110	126	137	144
11	53	58	65	77	93	110	126	137	144
11,5	53	57	64	77	92	109	126	137	144
12	52	56	63	76	91	108	125	136	143
12,5	51	55	62	74	90	107	124	134	141
13	49	54	61	73	88	105	122	132	139
13,5	48	52	59	72	87	103	120	130	137
14	47	51	58	70	85	102	118	128	135
14,5	46	50	57	69	84	100	116	126	133
15	45	49	56	68	83	100	115	126	132
15,5	45	49	56	68	83	99	115	125	132
16	44	49	55	68	83	100	116	126	133
16,5	44	49	56	68	84	101	117	127	134
17	44	49	56	69	85	102	118	129	136
17,5	44	49	56	69	85	103	120	130	138

*exaktes Alter in Jahren (der Wert für z.B. 2 Jahre gilt approximativ für Kinder von 1,75 bis unter 2,25 Jahren)

Geglättete Perzentile für LDL-Cholesterin (mg/dl) **Mädchen (N = 6.942)**

Alter*	P3	P5	P10	P25	P50 (Median)	P75	P90	P95	P97
1,5	50	55	63	76	93	110	126	137	144
2	51	56	63	77	93	111	127	138	145
2,5	52	56	64	78	94	112	128	139	146
3	52	57	65	78	95	112	129	140	147
3,5	53	58	66	79	96	113	130	141	148
4	54	59	66	80	96	114	131	142	149
4,5	54	59	67	80	97	115	132	143	150
5	55	60	67	81	97	115	132	143	150
5,5	55	60	68	81	97	115	133	144	151
6	56	60	68	81	98	115	133	144	151
6,5	56	60	68	81	98	115	133	144	151
7	56	61	68	81	97	115	133	144	151
7,5	56	61	68	81	97	115	133	144	151
8	56	61	68	81	97	115	133	144	151
8,5	56	61	68	81	97	115	133	144	152
9	56	61	68	81	97	115	133	144	152
9,5	56	61	68	81	97	115	132	144	151
10	56	60	67	80	96	114	132	143	151
10,5	55	60	67	79	95	113	131	142	150
11	55	59	66	78	94	112	130	141	149
11,5	54	58	65	77	93	111	128	140	148
12	53	58	64	77	92	110	127	139	147
12,5	53	57	63	76	91	109	126	138	146
13	52	56	63	75	90	108	126	137	145
13,5	52	56	62	74	90	107	125	137	145
14	52	56	62	74	90	107	125	137	146
14,5	52	56	62	74	90	108	126	138	147
15	52	56	62	74	90	108	127	140	148
15,5	52	56	63	75	91	110	129	142	151
16	52	56	63	76	92	111	131	144	153
16,5	53	57	64	77	93	113	133	147	157
17	54	58	65	78	95	115	136	150	160
17,5	54	58	65	78	96	117	138	153	163

*exaktes Alter in Jahren (der Wert für z.B. 2 Jahre gilt approximativ für Kinder von 1,75 bis unter 2,25 Jahren)

7.7 HbA1c, mittlere Glukose

Tabelle Umrechnung der HbA_{1c}-Einheiten und Beziehung zur mittleren Durchschnittsglukose

(eAG = estimated Average Glucose)
nach http:/professional.diabetes.org/eAG

HbA_{1c}		Durchschnittsglukose	
%	mmol/mol	mg/dl	mmol/l
4,4	25	80	4,4
4,7	28	88	4,9
5,0	31	97	5,4
5,3	34	105	5,8
5,6	38	114	6,3
5,9	41	123	6,8
6,0	42	126	7,0
6,2	44	131	7,3
6,5	48	140	7,8
7,0	53	154	8,6
7,5	58	169	9,4
7,7	61	174	9,7
8,0	64	183	10,2
8,3	67	192	10,6
8,6	70	200	11,1
9,0	75	212	11,8
9,2	77	217	12,1
9,8	84	235	13,0
10,0	86	240	13,4
10,4	90	252	14,0
11,0	97	269	14,9
12,0	108	298	16,5

Stichwortverzeichnis

www.ingramcontent.com/pod-product-compliance
Lightning Source LLC
LaVergne TN
LVHW081801240826
846425LV00005B/24

* 9 7 8 3 1 1 0 4 5 9 3 6 4 *